문제해결의 이론에서 사례까지

건축설계 프로그래밍

Programming for Design

- from theory to practice -

Edith Cherry, FAIA 저

김 수 인 옮김

기 문 당

학생들이여, 그대들의

과거, 현재, 그리고 미래,

여러분의 컬러는 바로 나 자신입니다.

To my students, past, present, and future.

You color my mind.

차 례

제Ⅱ부 건축 프로그래밍 프로젝트

격 려 사

Bill Caudill과 나는 건축설계 프로세스의 개선에 관한 "Architectural Analysis-Prelude to Good Design" 건축의 분석-바람직한 설계의 서문 이라는 주제의 논문을 Architectural Record지에 기사로 실었다. 그 당시는 아직 "Architectural Programming"이라는 용어는 없었지만 매우 적절한 시기에 알맞은 질문들을 함으로써 건축설계에 대한 프로세스가 개선 및 발달된다고 믿었다.

동시에 우리는 좋은 건축을 만들기 위해 프로젝트 초기부터 클라이언트와 함께 참가하는 능동적인 팀 구성에 의해 이루어져야 한다고 생각했고, 그 성공 여부는 팀 플레이에 달려 있다고 믿었다. 그로 인해 우리는 고객/이용자가 프로젝트에 참가하는 것이 그들 자신을 위해 가장 좋은 방법이라는 프로세스의 필요성을 느끼게 되었다.

내가 Bill Caudill Rowlett Scott 건축사무소 CRS, 후에 CRSS 에서 개발한 "Architectural Programming Method"로서 「Problem Seeking」이 아메리카 건축사 시험과목으로 선택되는 등 폭넓게 받아들여지게 된 것은 매우 바람직한 성과였다고 본다. 적합한 시기에 적절한 의문을 제기하면 개선될 수 있다는 생각에서 새로운 팀에 의한 적극성을 가진 구성원의 자세와 고객은 물론 건축에 깊은 신념을 가지고 있었고, 이러한 의미 있는 연관성에 대비할 프로세스가 필요했다. 이때 우리는 고객과 건축가의 만족도에 높은 효력을 보일 수 있다는 것을 발견했으며, 어떤 사람은 자격

시험에 문제탐색의 수단으로 이러한 내용의 프로그래밍 문제를 출제한 예도 있었다.

이와 같이 초기 단계에서부터 우리는 CRS에서 개발한 Problem Seeking Programming Process를 향상 · 개선시켰고, 또한 건축 프로그래밍이 편리한 전달 프로세스의 필수적인 부분으로 어디까지 받아들여지고 있는지 알아보고자 했다. 건축 프로그래밍 분야의 전문가로서 오랜 경력을 쌓은 저자는 많은 전문가들에게 이를 소개해왔다. 어느 건축가나 알고 있듯이 당신이 새로운 전문가와 작업을 할 경우 당신의 직책이 교사이거나 스승이 되어야 할 것이다. 이 프로그램의 실행은 물론, 나는 Bill Caudill이 "북서부의 비공식 대학원"에서 그 전문가들을 교육시켰다.

프로그래밍 팀에 합류하기를 희망하는 사람들이 입사하면, 가장 먼저 그들이 "수리적 분야에 강한가 numerical ?"를 파악하기 위해 간단한 테스트를 하고 있다. 훌륭한 프로그래머가 되기 위해서는 숫자를 잘 다루고 그것을 즐겨야 한다. 물론 그 외의 것에 대한 기술도 필요했고, 인간에 대한 관심도 가져야 했다. —즉 인간의 희망, 관심사, 그리고 행동 패턴에도 흥미를 가져야 하고, 또 명심해야 할 것은 거기서 새롭게 창안된 중요한 아이디어에 기민하게 반응해야 한다. 건축에 대한 프로그래밍은 과학임과 동시에 예술로서 존재하기 때문이다.

대학원 학생 중에 Edie Cherry라는 학생이 있었는데 그녀는 이 책을 프로그래머 지망생들 중, 특히 건축학도들에게 권하고 있다. Edie는 무리 없이 숫자들을 다룰 수 있지만, 무엇보다 그녀는 프로그래밍의 인간적인 측면을 더 좋아했다. 1970년대 초 인디애나주 콜롬버스에 소재한 Fodrea Elementary School의 프로그램에 관해 Paul Kennon과 작업하고 있을 때, 그녀는 그 초등학교 학생들을 면담해보자고 건의했었다. 우리는 당시 6세에서 10세의 아이들을 인터뷰했던 일은 한 차례도 없었다. 공유지 정주라는 "Squatters"의 프로그래밍을 진행하는 도중에 학생들은 새로운 학교에 대한 놀라운 아이디어와 도면을 제출했다. 그곳에는 실내 슬라이드, 꽃과 식탁보가 갖추어진 작은 식탁도 있었다. 물론 인디애나주에서 들여온 것이었고, 농구 코트도 여럿 포함되어 있었다. 최종 설계는 식탁보와 꽃을 제외한 모든 것들을 동원해서 포함시키려 했지만, 결국 관리방식을 제공받을 때까지 과제로 남았다.

이 텍스트북에서 프로그래머는 반드시 사람들과 공동작업하는 것을 좋아해야 한다는 사실을 중요하게 제시하고 있다. 독자들은 반드시 심리학자, 인류학자, 경영상담가, 예술가는 물론 수학자가 되어야 한다. 유능한 프로그래머란 그가 참여한 프로젝트의 방대한 상황을 이해할 능력이 있어야 하고, 동시에 그 상황 속에서 개인적 역할에 대한 식별 및 인식이 뛰어난 경청자가 되어야 하기 때문이다. 본 서는 더 광범위한 상황을 이해하는 접근법과 더불어 프로그래밍이 발생되는 배경에 대해 먼저 주목하도록 하였고, 다음으로 기술적인 측면에 주목하도록 해 두었다.

더 많은 필수 과목을 현재의 전문건축 프로그램 과정에 추가할수록 한 명의 학생은 훌륭하게 될지 모르지만, 인간성을 배양하는 일반적인 자유교육을 받기란 더욱 어려워진다는 것은 사실이다. 이 텍스트북은 다른 분야의 관련 지식을 학생들에게 알림으로써 이러한 상황을 극복하려고 노력하였다. 에디는 건축에 있어 훌륭한 것들 중 단 한 가지라도 특히 건축 프로그래밍과 같은, 바로 모든 것에 흥미를 가질 구실을 제공한다고 주장하고 있다. 만일 단 한 명의 학생이라도 Plato나 Lao Tzu(노자)에 대해 충분한 호기심을 가지고, 그것을 익힌다면, 모든 교사들이 이룩하고자 했던 것을 그녀가 이루어낼 것이라고 그녀는 믿고 있다. 다시 말해 학생들 스스로 그것을 배우도록 동기를 부여해 주는 일을 말하는 것이다.

이 텍스트북에서는 "Architectural Programming"과 만나게 되는 여러분들은 건축의 인간적인 측면에 깊은 흥미를 가지고, 인간을 위한 진실하고, 유익한 건축을 창조하는 일에 조금이라도 도움이 될 날을 기대한다.

William Pena, FAIA

머 리 말

왜 이 책을 집필했는가 Why This Book Written

건축 프로그래밍은 1960년 이후 건축 기초분야의 한 요소로서 알려져 왔다. 그러나 지난 25년 동안 건축 프로그램을 가르치면서 필자는 이미 사용되고 있는 이론에서부터 실제 응용에 이르기까지 전 과정에 걸쳐 초보 프그래머들을 가이드 해줄 입문서가 필요하다는 사실을 알게 되었다. 이 과정은 기술 발전을 포함하며, 어느 프로그래밍 프로젝트에서 발생하는 수많은 문제와 다양한 고객들을 상대해야하는 판단력도 포함하고 있다. 다른 교과목의 텍스트 방식들의 단계적 해설과 광범위하고 풍부한 사례들을 소개하여 이론과 실제를 연결시켰고, 여기서도 이론과 실천을 결합하여 보다 쉬운 이해를 도모하기 위해 그와 같은 유사한 접근방법을 사용하였다.

다만, 이 텍스트북만을 고수하려 하지 않았으며 건축 프로그램뿐만 아니라 다양한 정보가 수록된 현존하는 책들을 이 텍스트북에 전반적으로 언급하였다. 훌륭한 입문서는 초보자들을 위해서 건축 프로그램의 주제에 관한 내용을 익숙하게 하여 건축 프로그램에 흥미를 가지고 있는 학생이 그것을 수행하도록 해주는 것이라고 생각했다. 그와 동시에 어떤 학생은 한 주제에 대해서 반드시 그 정황을 알아야 할 것이고, 또한 그렇게 알게 된 것들은 교과과정 이외의 정보에 대한 문의도 필요로 하고 있는 것이다.

텍스트북의 목표 Goals of The Book

이 텍스트북의 주된 1차적 목표는 독자들에게 이론적 근본원리와 기술에 대한 실전체험을 제시하고 독자가 적당한 규모의 프로젝트를 프로그램하는 능력을 개발하여 두는데 필요한 충분한 실질적 경험을 제시해 두는데 있다.

2차적 목표는 바로 건설환경을 둘러싸고 있는 학습을 통해 사용토록 했고, 장래 클라이언트나 유저와 공동작업을 하는 방법이나 자세를 몸에 익혀 그 과정에서 발생하는 모든 사항에 대한 서비스와 그러한 사람들과 협력하는 자세를 독자들로 하여금 향상시키도록 하는 데 있다. 보다 더 근본적인 목표는 바로 널리 흩어져 있는 문제에 대해 효과적으로 대처하는 명쾌한 사고법이나 그 전략을 확장시키는 접근법이 향상되도록 독자를 돕는 일을 할 것이다.

몇몇 문제에 대한 해답이 없는지 모르지만 해결할 수 있는 문제에 대해서는 우리들의 접근방식에 그 성공 여부가 달려 있다. 문제를 증명하는 효과적인 접근법은 유익한 것이다. 먼저 우리는 분명하게 생각할 필요가 있다. 명확한 사고란 매우 어려운 것이지만, 그것은 다양한 사고력에 대한 기술과 자각으로부터 시작된다. 이 텍스트북은 학생들의 사고력에 대한 기술을 확대하려 노력했다.

텍스트북 구성 Organization

텍스트북은 2부로 구성했다. 제Ⅰ부 "건축 프로그래밍의 기초지식"에서는 설계에 관한 문제를 신중하게 취급하기 위해 이론적인 사항을 고찰했다. 설계 문제 분석과 정의의 프로세스인 "건축 프로그래밍"에 필요한 사고 프로세스나 어프로치를 폭넓게 검증했고, 또 클라이언트의 역할과 중요성에 대해 기술했다. 제Ⅱ부 "건축 프로그래밍의 연습"에서는 텍스트북을 단계적으로 읽어가는 것을 독자가 프로그래밍의 기술을 습득하도록 구성했다. 그 중에서도 제4장에서부터 제8장까지는 각 장의 말미에 4가지 타입의 동일한 사례를 소개하고 각 단계에서 전개한 것들을 추적하는 것에서 실천적인 독자의 이해 촉진을 의도했다.

텍스트북의 대상 독자 The Audience

텍스트북은 이미 건축설계의 프로세스를 대강 배운 건축학과의 고학년 단계나 건축프로그램을 배우지 않은 건축가나 계획가를 대상 독자로 하고 있다.

다른 분야와의 연관성 Connections With Other Disciplines

오늘날 건축교육은 전문과정의 요구에 대한 필요성이 증가되면서 일반 대학에 개설된 교과목을 동시에 수강하는 일이 매우 어려워졌다. 즉 앞으로의 건축교육은 전문과정의 요구가 증가되는데, 건축교육에 대해 필요한 인간의 생활, 역사와 문화 등, 일반교양에 관한 학습시간 확보와 배려가 어렵게 되었다. "건축은 문화적인 배경과 인문적인 지식과 철학적인 이해와 과학적인 기술에 의해서 이루어지기 때문이다." 건축가의 학습은 반드시 생애를 통해서 폭넓게 이루어져야 한다. 그것은 인간학, 정치과학이나 사회학 등을 포함한다. 이 텍스트북은 그러한 공부를 해야 하는 독자들이 스스로의 트레이닝을 통해 폭넓게 탐구해가는 계기가 될 것을 기대한다. 이러한 우려 때문에 필자는 서구의 아리스토텔레스나 플라톤, 동양의 노자와 장자 같은 위인들을 소개하는 것이다. 호기심 많은 학생들이 그 위인들에 대한 궁금증에 대한 해답을 얻기 위해, 그리고 그러한 문제들을 풀기 위해 여름 방학이 지나고 많은 위인들의 사상에 대해 더욱 많이 읽을 것이라는 희망을 가져본다. 인류학과 정치학, 사회학에 관한 발췌문을 소개한다.

나는 건축학과 학생들의 중압감을 이해하는 편이지만, 그와 동시에 교육이란 한평생 짊어지고 lifetime undertarking 가야 할 과업이라는 것도 알고 있다. 만일 건축과의 한 학생이 처음으로 이 텍스트북에서 아리스토텔레스라는 이름을 알게 되겠지만, (놀랍게도 college juniors 3년생들은 대부분 아리스토텔레스와 플라톤의 관계와 이름을 모르고 있다.) 만일 지금으로부터 10년이 지난 후에도 그 이상 알지 못한다면 그 교육적 과업은 여전히 미완성상태로 진행중이라고 할 것이다.

여백과 주석 The Marginal and End Notes

이 텍스트북의 여백에는 많은 주석들을 수록해 두었다. 이 주석은 각기 다른 의도가 있다. 일부는 프로그래밍과 관련된 보고서를 쓰고자 하는 학생들을 위한 참고자료를 제공할 의도에서 제시해 두었고, 또 일부는 특별한 프로그램 작업을 위해 제공되기도 한다. 이 텍스트북은 단순히 프로그래밍의 이론과 실제의 기본 구성 요소만을 소개하고 있기 때문에 참조될 그러한 추가 세부사항도 첨가시켰다.

일부 주석은 강의 시간의 토론이나 주제를 제공하고 있고, 인용된 인물에 대한 학생들의 궁금증을 자극시키려는 의도로 쓰인 인용구이고, 일부 주석은 강의 중 여담으로 했던 사적인 의견들이기도 하다.

클라이언트 소유 Having A Client

독자는 누군가를 위해 클라이언트를 필요로 하고, 누군가와 함께 프로그램이 개발되어야 한다는 것이 이 책 제Ⅱ부의 생각이라고 본다.

나의 첫 번째 시도는 건축 프로그래밍을 가르치는 일로, 기술과 문제를 묘사하는 건축프로그래머에 대해 체험했다. 나는 곧바로 실행했다. 그리고 건축프로그래밍은 경험에 의해 아주 박식해질 수 있고, 여러 방법에서 체험에 의해 디자인을 배워야 된다고 생각한다.

학생들은 건축프로젝트의 전후관계인 배경과 클라이언트와의 관계를 직접 체험할 필요가 있다. 제Ⅱ부의 개요는 이 조직적인 연습의 목적과 클라이언트들이 얻고자 하는 것을 위해 제안한 암시적인 준비이다.

가상의 연습 작업 설정 The Assumption of A Low-Cost Operation

가상적인 클라이언트의 존재와 더불어 텍스트북에서 이루어지는 연습은 수준 높은 전문지식이나 컴퓨터의 지원을 필요로 하지 않는 것을 전제로 설정했다. 다만 프로그래밍을 시작하는 많은 학생이나 건축가가 처음부터 수준 높은 작업을 할 수 없다고 생각하기 때문이다.

감사의 글 Acknowledgments

저자는 1960년대 후반과 1970년대 초 CRS(Caudill, Rowlett, and Scott)에서 건축 프로그램 분야에 대한 경력을 쌓았고, 그곳에서 7년간 재직했었다. 그 때 Bill Caudill은 나의 교수이자 건축에 대한 맨 처음의 멘토 first Architectural mentor 였다. 필자에게 기회를 제공받도록 해준 그 분께 많은 도움을 받았다. 더욱이 Willie pena는 나의 진정한 스승이었다. 이번에는 프로그래밍에 대한 전문수업에서였고, 그들은 계속해서 나의 멘토가 되어 주었다. 그들과 James Thomas는 내게 단지 건축에 대해서만이 아니라 사회에서 건축의 목적에 관한 비전을 갖는 중요성에 대해서도 많은 분량의 지식과 기술을 가르쳐 주었다. 나는 여전히 그러한 가르침을 고수하고 있다.

지금 너무 그리운 또 한 사람은 Jonathan King이다. 그는 항상, 기억에 남고, 내 것으로 쉽게 만들 수 있도록 하는 재치와 혹독한 충고를 해 주었다.

매일 반복되는 "프로그래밍을 하면서", 나는 일찍부터 Willie pena, Bob Mattox, John Focke와 Laban Wingert의 도움을 받았다. John Petronis는 일을 잘 해나가는 덕분에 현재도 계속해서 프로그래밍에 관한 것들은 그의 스승에게 전수받고 있다. 그와 ARC 건축연구 자문위원회=Architectural Research Consultants, Inc. 의 다른 직원들은 현재 실행되는 것을 보아도 다른 어떤 프로그램들을 능가하는 프로그래밍에 접근할 새로운 접근법을 개발해 왔다. Tom Park와 Boyd Pratt를 비롯해 다른 많은 학생들이 본 서를 전개하는데 많은 도움을 주는 제안도 해주었다. Jamal Khalid Al-Hajji, Lemoyne Blackshear, Cynthia Dobson, A nita Hardy, Audry Ross, Debra Hankison이 이 텍스트북의 수정을 담당했다. 뿐만 아니라 Debra, Joni Hill, Flo Padilla, Qunnellie Dilley는 그래픽 개발에 많은 도움을 받았다. 몇 년에 걸쳐 충고를 아끼지 않고, 자료를 제공한 동료들로는 Pat Richards, Susan Strand Johnson, Steve Dent, Min Kantrowitz, Jay Farbstein이 있다. 나는 프로그래밍과 설계 사이에서 은연중 전환의 크리틱을 해준 Dick Nordhaus's에게 감사하고, Don Schlegel와 George Anselevicius은 이 책을 완성하는데 나를 종용했고, Kurt Koger는 능률적인 부문에서 거들어 주었다. 나는 편집 부문에서는 Wiley와 Jerry Mayfield, Jonathan Tesgue, Mushroom Montoya가 도와주기를 원했고, 나의 서투른 집필을 편집하는 데는 편집위원들이 관여했다. Andy pressman encouraged me to contact Amanda Miller at Wiley, whose enthusiasm got to past my notion of self publishing. 1980년 봄 1997년 가을, 필자가 책을 쓰도록 안식년을 제공한 University of New Mexico에 대해 감사의 뜻을 전하고 싶다.

이 텍스트북은 필자가 이룩하고자 하는 경향뿐만 아니라 강의 중 사용했던 컴퓨터의 초고작성 때문에 제작하는데 오랜 시간이 소요되었다. 그로 인해 초고는 한결 나아졌지만 타이피스트는 3, 4개의 과학기술 분야에서 일할 정도였다. Cori Taylor가 나의 낡은 휴대용 타자기로 작업을 했다. Peggy Lewis는 IBM Selectric을 사용하다가 IBM Computer를 사용했고, Pam Eisentein과 Joni Hill은 Macintosh Computer를 사용했다. 끝으로 Christine Romero는 MS Word를 사용해 원고를 작성해주었다. 또한 Sunshine McDonald가 타이핑 해주어서 낡은 기기로 작업을 마쳐야 한다는 압박감도 줄었다. 또 다시 외부적 압박에 시달리게 된다면, 아마 다른 꽃으로 날아가 버린 벌, 나비의 마음이 될 것이다.

연구 사례, 그래픽 허가에 도움을 준 ARC직원들에게 감사의 뜻을 전한다. John Petronics와 더불어 Ingrid Biel, Flo Padilla, Bill Winker, Qunnellie Dilley 모두가 막바지 작업에 도움을 주었다. Cherry/See건축가 스태프 여러분과 Ian Schultz, Tina Reames와 Charles Rowland에게서 상당히 오랜 시간동안 많은 도움과 정신적 원조를 아끼지 않으셨다.

끝으로, 매우 영광스럽게도 친구이자 동료, 남편이자 연인인 Jim See에게 감사한 뜻을 전하고 싶다. 그는 상아탑에서 눈을 돌려 세상을 명확히 보도록 해준 렌즈와 같은 존재이다.

역 자 서 문

외국의 문헌을 번역한다는 것! 참으로 힘든 일이었다. 더구나 그것이 특수한 지적 전문 분야일 경우!

영문판의 이 책(Programming for Design-form theory to practice)을 처음 접하게 된 것은 1998년~1999년 일본 동경대학 구내서점에서다.

귀국 후, 한국의 건축계는 국제화 바람에 의해 일부 대학들은 미국의 교과체제와 기준을 우선적으로 받아들이던 시기로 국내 대학들은 앞다투어 5년제를 도입하기 시작한 시기였다. 이와 동시에 몇몇 교재들의 저작 및 번역출간도 발빠르게 진행되었다. 그와 함께 기존의 학과문제, 교과목과 교수들의 관계 등 혼란과 갈등의 시기였었다.

기존 4년제의 "건축계획" 교과목은 오랜 동안 건축교육의 중심으로 자리매김하고 있는 가운데 "건축프로그래밍"은 일부 대학원 강의나 설계교과목의 부교재적 성격을 띠는 정도였지, 합당한 교재가 없는 시기였다. 이때 UNESCO/UIA, NACAB, AIA 등이 추천하는 이 책은 설계위주의 5년제 건축학과 교과목으로 기존의 건축계획을 대신하는 교재로서 새로운 전환을 맞게 된 매우 적절한 교재가 되었다. 특히 이 책은 세계 여러 나라에서 번역 출판되었다.

귀국 후 학과에 새로운 교과목으로 개설했다. 그러나 외국어에 한계가 있는 나로서는 여러 해 고생을 하였다. 그러던 중 일본에서도 번역판이 출간되었다. 그 후 이 두 권의 책을 비교하면서 오늘에 이르게 되었다. 일본어 번역물의 내용이 원본과 달리 누락 부분이 많고, 생략과 간략 내지는 자기화된 부분으로 인해 이해하는 데 난해함도 있었으나 우리나라 건축계의 일반화된 사용어휘들은 영문해석에 많은 도움이 되었다.

타이핑은 물론 원본 전체를 읽고 비교하는 데는 여러 해에 걸친 힘겨운 작업이었으며 중간에 포기도 여러 차례 있었지만, 강의실을 생각하며 다시 일어섰고, 이 책이 완성되기까지 많은 분들의 힘을 얻어 십여 년이 소요되었다. 종반에 많은 도움을 준 영문학과 출신의 김민정 선생과 심선희 양, 그리고 일본어과 출신인 대학원생 김경모 군과 연구실 정종진 군과 박준 군의 도움이 있었다.

본 서는 역자의 욕망 때문에 출판의 어려운 현실 사이에서 주저하고 있던 중, '책 만드는 것이 생의 보람이고 즐거움'이라며 용기를 주셨고 원저자측의 섭외와 비용 등 어려운 문제가 해결된 것은 기문당 강해작 사장님과의 오랜 우정에서 비롯되어 세상에 내놓게 되었다. 또 한 분은 악필의 원고를 처음부터 다시 시작한 교정과 편집에 무려 한 학기가 지나도록 노고해 주신 기문당 편집부, 그분들의 덕분으로 이 책이 격조 있게 만들어졌기에 진심으로 고마움을 드린다.

수리학에 취미가 없는 사람은 건축을 할 수 없다는 본문의 구절! 프로그래밍시 초등학생들을 인터뷰 또는 참가시켜야 한다는 저자의 생각, 프로그래밍은 사람들과 작업하는 것을 좋아해야 한다는 말, 심리학자, 인류학자, 매니지먼트와 컨설턴트, 예술가, 수학자들의 능력까지 갖추어야 한다는 것, 인간적 측면의 깊은 관심과 인간을 위한 진실하고 유익한 창조력, 플라토닉(정신적, 우애적 또는 관념적 이상주의 형이상학)이나 노 · 장자의 사상 등 저자의 말을 쉽게 받아들이기에는 버거운 것들이다. 건축공부하기도 어려운 좌절의 문구들은 밤잠을 설치게 하는 것들이었다. 건축은 다만, 심미적 요건만으로 생각했던 학창시절, 그리고 기능과 공학 등의 어려운 준령들을 넘고 있지만, 아직도 접근하지 못한 문제들이 많다.

세상은 급속히 변해가고 있다. 나노의 세계, 초자연적 요소인 이들

소립자까지를 건축에 적용해야 한다거나, 소양을 갖추어야 한다는 것 등 지금의 건축학도는 이러한 배경에서부터 출발해야 한다. 이러한 길잡이가 될 이 책은 그래서 소중한지도 모르겠다. 또한 건축가 자격을 위한 인증제도에 맞는 필독서로 지정한 것일 수도 있다. 상세한 방법이나 테크닉에 앞서 국제화에 대응한 창의적 건축교육의 유일한 지표로 UNESCO/UIA 건축교육을 위한 "인정기준"에 합당한 국제적 건축가 자격에 알맞은 인문적인 텍스트북으로 하고 있다. 그리고 프로그래밍 능력개발을 위해 구성되었고, 대학의 상급생, 대학원생, 건축실무가 및 기존 건축사 등 프로그래밍을 배우지 않은 사람들을 대상으로 하고 있다. 세계에서 가장 많이 읽히고 있는 책으로 선정, 소개되는 이유도 여기에 있다고 본다.

이 책을 비롯해 국내에 번역된 다른 책도 있다. 이강훈의 「건축계획방법론 - problem seeking」이 있고, 김종인의 「프로그래밍 연구 - The Architect's Guide to Facility Programming」, 김광문 외 1인의 「건축프로그래밍방법 - The Architect's Guide to Facility Programming」이 있다.

이 책의 특징은 제Ⅰ부-프로그래밍을 위한 준비와 제Ⅱ부-건축프로그래밍 프로젝트 등 총 11장에 3개 부록과 여섯 개 프로젝트의 사례로 구성되었으며 다음과 같다.

제1장 서론(5절), 제2장 사고에 관한 생각(15절), 제3장 클라이언트(6절), 제4장 프로젝트의 조사계획(4절), 제5장 목적과 목표확인(3절), 제6장 정보수집과 분석(18절), 제7장 프로그램전략특성(6절), 제8장 양적 요구의 확립(11절), 제9장 설계문제의 통합(4절) 제10장 문서자료정리 보고서 작성(4절), 제11장 건축프로그래밍작업 통합(2절), 부록1. 대지선정기준, 부록2. 경영의 타당성 분석, 부록3. 전통방식에 의한 주택설계과정을 수록하고 있다.

졸업 후 건축가가 되기를 희망하는 학생들은 인턴과 레지던트 과정을 거치고, 각종 국가고시에 의한 자격증을 취득해야 하고, 또 석사나 박사학위를 취득한다면 금상첨화가 될 것이다. 국제적인 사람으로서 준비가 필요하다고 본다. 그 만큼 어렵고 힘들기 때문에 사회의 상위급으로서 존경과 명예를 같이 한다고 하겠다. 건축 속에 사는 여러분들은 격조 있는 건축가가 되어 사회의 지도자 반열에 오르게 될 것이다.

미래의 건축은 개념을 달리하는 소위 임상건축(Renovation, Innovation)과 예방건축(Creation)을 해야 할 것이다. 새로운 분야의 접근과 아직 밝혀지지 않은 미지 세계의 것들을 건축으로 적용하는 탐구는 그래서 가슴이 뛰는가! 보다.

독자들의 많은 질책으로 거듭나겠습니다.

2009년 8월

無等山麓 龍鳳벌 慧山堂에서

垞舌과 아내 麓松이 함께

I

프로그래밍을 위한 준비

Preparing for Programming

그림 1.1 프로그래밍은 수많은 정보 속에서 가치 있는 정보를 구별하고 분별하는 일이다. 지금까지 생각했던 많은 결론에서 가장 중요한 결론을 이끌어내는 행위이다. 다시 말해 그것은 잡음 속에서 미리 정해진 것을 발견하는 일이다.

1

서 론

Introduction

이 장은 건축 프로그래밍이 발생되는 합리적인 추리의 배경과 그 배후에 있는 이론적 해석에 대해서 논의하고 있다. 건축 프로그래밍의 정의와 역사에 대해 살펴보기로 한다. 설계과정과 건축의 전문직에서 건축 프로그래밍의 역할에 대해 자세히 시험관찰하기로 한다.

1.1 건축 프로그래밍이란?

What is Architectural Programming

이 텍스트북의 목적을 위해 건축의 맥락에서는 프로그래밍을 다음과 같이 정의한다.

"건축 프로그래밍이란 설계를 할 때에 당연히 해결해야 하는 과제의 정의에 이르기까지 조사와 의사결정을 하는 하나의 프로세스이다."

왜 정의가 프로젝트의 영역으로 설정되었는가?

건축 프로그래밍 과정은 프로젝트 범위에 대한 정확한 정의와 성공적인 해결 방안을 위한 기준을 설계자에게 제공하는 것이다.

이와 같은 건축 프로그래밍의 정의에 기준하여 이 텍스트북의 내용 범위를 정하고 있다. 또 건축형태에 영향을 미치는 요인인 대지(건축용지/부지/대지, 이하 '대지'라 함)나 기후와 같이 여기서는 클라이언트의 요구에서

건축 분야에서는 오로지 건축 프로그래밍을 인간요소의 일부분에 포커스를 맞추고 있는 전문가들이 있다. 이러한 특성을 실용적 프로그래밍이라 한다.

얻어지는 인간적인 요소나 기능을 중요하게 다루고 있다. 클라이언트의 시설 운영을 지원하기 위해 이루어지는 액티비티와 스페이스의 관계에 대해서 창의성을 개발한다. 그리고 클라이언트의 예산과 설계의도 사이에 조정된 결과로 필요한 스페이스에 대한 리스트를 작성한다. 끝으로 정보를 종합하고, 설계시 해결해야 할 과제를 요약한 지시서를 작성한다.

일반적으로 프로젝트의 설계 제안에는 무한한 가능성이 있지만, 그 프로젝트가 완성될 때에는 단 하나의 해석(건물)으로 이루어지는 것이 상식적인 일이다. 건축 프로그래밍은 프로젝트에 따라 특별한 설계 크리테리아 과정을 설정하게 되고, 그에 의해 설계자가 가장 적합한 형태를 선택하기 위한 과정을 제공하는 일이다.

1.2 건축 프로그래밍의 역사

History of Architectural Programming

건축 프로그래밍 역사의 발전 과정에 대하여 검토하기 전에 건축 프로그래밍은 어떠한 종류의 지식과 어느 정도 수준의 바탕 위에서 이루어지는 학문인가를 먼저 이해해야 한다. 다음과 같은 시나리오의 예를 따라 접근해 보도록 한다.

1. 한 남자가 울창한 산림 속을 걷고 있을 때 비가 내리기 시작했다. 그는 비에 젖지 않도록 바위 밑으로 달려 들어갔다. 특별한 의식 없이 "젖는 것을 막기 위해"라는 과제를 정의했다. 그는 "조금만 젖을까, 피신할 움막을 찾을까"라는 선택의 기로에서, 그는 자연환경을 조금도 변화시키지 않고 바위 아래로 피해야겠다는 물리적인 방식을 취하는 선택 방향으로 과제를 해결했다.
2. 전통을 존중하는 Tools Pueblo족의 젊은 남녀 한 쌍이 결혼했다. 두 신혼부부는 그들의 전통 구조방식 돌이나 ADOVE로 지은 인디언의 집단주택의 부락 의 집에 자신들의 신방을 증축하는 쪽으로 방향을 결정했

다. 방의 위치나 사용하는 재료는 이미 전통 방식을 따라야 한다는 규칙을 절대적으로 지켜야 했다. 방의 폭은 지붕 들보의 길이에 따라야 하고, 방의 깊이는 부부가 이 정도면 적절하다고 생각하는 공간의 크기에 따라 결정한다. 이 부부는 몇 백 년 동안 사용했던 그들의 전통적인 규범을 그대로 답습한다. 그들이 고수하고 있는 이와 같은 규범은 "어떻게 만들어야 하는가"에 대해서 똑같은 닮은 형상을 보여주고 있다. 결국 이러한 상황에 직면한 신혼부부는 그 프로세스가 의식적이지만, 다른 한편으로는 무의식적인 차원에서 집을 설계한 것이다.

그림 1.2 일반적인 상식선에서 말하는 프로젝트의 설계 제안에는 무한한 가능성이 있지만 완성 시에는 일상적으로 단 하나의 해석(건물)으로 결정된다. 건축 프로그래밍은 프로젝트마다 적절한 설계 크리테리아를 설정하고, 그에 따라 설계자가 가장 적합한 형태를 선택하기 위한 지표를 제공한다.

3. 학교 이사회가 새로운 학교시설이 필요하다는 하나의 의견을 내놓았다. 그리고 그들은 프로그래머들에게 학과를 위한 교과과목을 작성하도록 지시했다. 건축계획가는 그 교과과목을 검토하면서 건축설계를 위한 프로그램을 정리한다. 건축가는 건물을 설계하고, 시공자는 공사를 하도록 하고, 그 공사에 필요한 설계도서와 각종 계약서들을 갖추도록 한다. 건물을 계획하고, 의견을 제시하는 등, 프로젝트의 여러 가지 결정에 참가했던 교직원이나 학생들은 완성된 그 건물을 사용하게 된다. 프로젝트에 참가했던 누군가는 학교건축이 내포하고 있는 전통적인 이미지를 받아들이게 된다는 것은 확실하다. 그래서 이러한 프로젝트는 어떤 특이한 프로세스나 조건하에서 구조물을 설계해야 한다는 의식적인 내용에 따른 작업에 의해서 추진하게 된다.

어떠한 건축물을 축조하든 언제나 프로그램이 있기 마련이다. 프로그램은 어떠한 방식으로든 기능을 수행해 왔다. 고고학자들이 어떤 대지를 발굴했을 경우, 그들은 그 발견된 것에 의해 그곳에서 어떤 일들이 발생되었는지를 예측한다. 또 어떤 방식으로든 그 대지에 어울리는 건축 프로그램이 무엇인지 알아내려고 시도하고 있다.

Ai' kidáá ashtió náásgóó라는 말은 "과거가 미래를 만든다."라는 나비호족(*Navajo*)의 말이다.

위의 3가지 줄거리는 쉘터를 필요로 한다는 문제 해결 방식에 대해 각각 다른 접근방식이 있다는 것을 나타내고 있다. 중요한 차이는 참아리스토텔레스 시대 이후에 심리학적인 사고와 문제해결에 대한 연구가 시작되었다해도 이러한 과학적 실험은 과정상 오직 설계가 가지고 있는 특수한 성질을 이해하는데 초점을 두게 된 것은 불과 1950년대 이후부터이다.
Gary T. Moor, 1970, 9.

가한 사람들이 설계 프로세스 물리적인 해결책의 선택 에 대해 이미 의식적인 견해가 형성된 사고 차원이라는데 있다. "Note on the Synthesis of Form"에서 Christoper Alecxander는 자의적인 의식의 설계와 비자의적인 의식의 설계를 구별하고 있다. 비자의적인 의식 설계 프로세스는 시행과 실패를 반복하면서 사회의 기초구조와 물리적인 요구에 일치하는 형태를 만들어낸다. 이 작업과정에서 전통이 표출되고 또 설계까지도 바르게 정의된다. 전통은 건축 프로그램을 더욱 제어하게 된다. 이러한 사실은 설계자나 건물 시공자에게도 존재하게 되고, 유저에게도 존재하게 된다. 이와 같은 이유는 건물설계의 성공이나 실패에 대한 반성적 커뮤니케이션 행위나 동작이 무의식적으로 이루어지고 있기 때문이라고 볼 수 있다.

그러나 복잡한 사회에서는 자의적 의식에 의한 설계방식을 택하는 것이 오히려 결함이 없다. 자의적 의식에 의한 설계과정에서 볼 때, 전통이란 원형을 제공하는 것이지만 그것은 절대적인 것은 아니다. 그것은 형태의 선택상 많은 자유가 있고, 그러한 관계 및 결과가 평가되기도 하고, 필요한 것들은 그 상황에서 더욱 세밀한 대책을 강구하게 된다.

일반적으로 설계자들은 자신이 설계한 건물을 건설한다든가, 사용하는 것이 아니라 건물의 성공이나 실패에 대한 커뮤니케이션을 의식적으로 진행한다. 만약 이러한 과정이 없다면 다음 단계의 프로젝트에서 실패한 사례가 정정되지 않기 때문이다.

미국의 건축 프로그래밍 방법들은 자의식의 배경으로 폭넓게 영향을 미쳤다. 근대적 시점에서 보는 건축 프로그래밍의 전개에 대한 기원은 제2차세계대전으로 거슬러 올라간다. 우리가 무엇을, 어떻게 해야 하는가의 물음에 대한 해답은 전쟁중에는 물론, 그 후에도 사회 전반에 걸쳐 많은 분야에서 요청되었다.

1.2.1 과학과 기술 분야 The Science and Technology Area

제2차세계대전 중에 "Communication Technology"는 놀라운 진보와 발전을 이룩했다. 적국의 움직임을 파악하고 보고하는 능력이야말로 승리를 위한 조건이었다. 즉 빈약한 커뮤니케이션은 패배를 의미했다. 전후에도 통신기술과 정보처리기술은 그 잠재효력이 경제활동이나 산업 분야에서까지 인식되고, 활용되는 것에서 발전을 계속했다.

컴퓨터 기술은 대량의 정보를 정확하고 순식간에 처리해야 한다는 필요성에 의한 것이다. 1950년대에는 하드웨어와 소프트웨어에 대한 획기적인 연구가 이루어졌고, 컴퓨터 프로그램 개발에서 이끌어낸 무조건 명백하게 무의식적으로 처리했던 사고가, 의식적인 수준에서 이루어졌고, 이러한 커뮤니케이션을 위해 각자의 생각을 기술해야만 된다는 것이 하나의 조건으로 자리매김하게 되었다. 컴퓨터 프로그래머들은 현재 시점에서 이전에 원하던 상태가 어떤 것이었나?하는 의문을 제기했다. 서구사회는 입력과 출력이라는 그 자체를 보는 것이 아니라 그 사이에 이루어지는 과정을 지켜보기 시작했다. 많은 전문가가 컴퓨터 테크놀로지에 대해 우위적인 입장을 확보하게 되었고, 그렇게 되기 위해 "당신의 목적은 무엇인가?", 그리고 "당신은 어떻게 작업해 나가는가?"와 같은 질문을 하게 되었다.

그림 1.3 시스템 분석과 컴퓨터 테크놀로지에 따라 지상에서 분명하게 나타난 커뮤니케이션이 요청되었다. St. Augustine in New Mexico 대초원의 "Very Large Array"는 다른 우주와의 커뮤니케이션을 위해 설치하고 있다.

1957년에 소련 연방이 최초의 인공위성인 sputnik를 발사했다. 소련이 서방측의 과학적 공적을 훨씬 앞질렀다는 인식은 미국으로 하여금 미래를 향한 과학적 연구에 더욱 박차를 가하는 계기가 되었고, 우주여행에 완벽하게 작동하는 상호보완적 기술시스템을 필요로 했다. 시스템 분석은 새로운 시스템을 설계하고, 기존 시스템을 동일하게 검증하기 위한 기술을 개발하고, 시스템 분석과 컴퓨터 테크놀로지는 상호보완 시스템에 의해 더욱 발전하고, 동일한 문제에 대해서도 해답을 얻게 된다. 이러한 시점에 이르기 전의 일이라고 생각한 행동이나 생각을 깨닫도록 하고, 분리 · 결합해야 한다. 그 곳에서는 직종에 대한 외부나 내부의 커뮤니케이션이 더욱 중요하게 되었고, 그리고 "당신이 하기에 알맞은 일을 어떻게 할 것인가?"를 물었다.

사람들은 자주 묻게 된다. 당신의 목표는 무엇인가? 직업은 무엇이고?와 같은 질문에 답할 때 망설이는 곤란함에 처하게 되는 경우가 있다. 우리는 질문에 대한 답을 찾음으로써 최상의 것들을 배우게 된다. 예를 들면, 당신은 누군가에게 당신이 어떻게 영어를 하는지 설명할 수 있는가? 어떤 언어학자는 이와 같은 복잡한 과정을 능숙하게 설명할 수 있지만, 아마 당신은 힘들어 할 것이다.

1.2.2 사회·정치학 분야 The Sociopolitical Arena

> 왜곡된 역사의 고통에도 불구하고, 그 역사가 청산될 수 없다면, 역사가 용기를 내는 일에 직면하게 될 경우, 그것은 다시 사라질 필요가 없다.
> Maya Angelou

시스템 분석과 컴퓨터 기술이 발전하는 시기에 미국에서는 또 다른 종류의 문제가 제기되었다. 1950년대 종반부터 1960년대 초에 이르기까지 본래의 인종문제는 조정하지 못하고, 어반 센터나 도시재생프로그램의 실패를 표적으로 하는 대중의 눈을 향하게 했다. 정보처리, 시스템분석, 그리고 인공위성을 발사시킨 일은 성공을 거두었지만, 도시계획에 대한 성공 사례는 사실상 거의 없었다.

1962년 Herbert Gans는 "The Urban Villagers"에서 당시 도시재생 프로세스에 대해 가장 무감각하고 비인도적이라는 낙인을 받았다. Gans가 사회적 손해라고 평가한 Boston's West End 재생 프로젝트(그림 1.4)를 시작한 전국적인 실패 사례는 건축가, 설계 전문가들, 그리고 사회 여러 계층의 사람이나 정치가들의 주의를 환기시켰다. 도시재생계획이 끝날 때까지 팽대한 양의 정보가 수집·처리되는 일에 관여하지 않고, 빈곤지역 주민 합병된 집합단체 에게서 정보가 수집되었다. 정보처리는 도시재생 작업의 일부에 지나지 않지만 그 정보의 질은 매우 중요한 요소이고, 정보의 근원이 될 것이다. 도대체 "누구의 가치가 거기에 반영되어 있다고 할 것인가?"라는 의문이 발생한다.

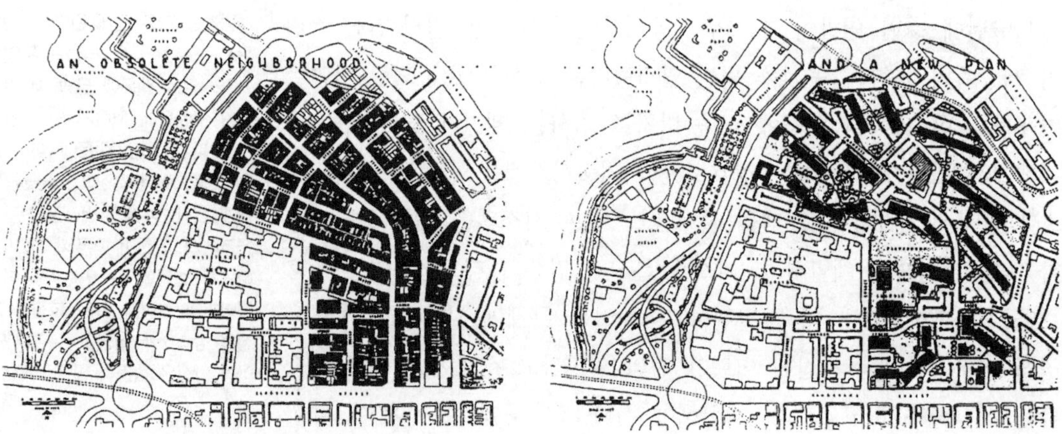

오래된 패턴의 가구 새로운 패턴의 가구

그림 1.4 1950년, West End in Boston재개발계획. (쓸모없는 도로구획–neighborhood)인 기존의 area를 해체하고, 이제까지의 패턴과는 전혀 다른 neighborhood를 제안했다.

정보처리 방법보다 더 중요한 것은 "누구에게서 정보를 얻었는가"이다. 이러한 인식은 도시재생 프로젝트의 계획 단계에서 공동체 참가를 규정하는 법률 제정에 공헌했고, 건축가 및 설계가들은 프로젝트에 영향을 미치는 주민들을 대상으로 참가 계획 방법을 모색하기 시작했다. 이때, 완성 건물에 대한 사회의 각 계층에서 반응을 단순하게 받아들이는 것은 불만족스런 프로세스라는 것이 밝혀지게 되었다. 어떤 건물이, 커뮤니티 승인위원회의 판단이나 비판의 표준과 또 다른 기준을 근거로 세워진다면 막대한 설계시간이 낭비될 것이다. 따라서 확실한 프로젝트를 위한 기준의 공적 설정을 위해서는 프로세스가 필요하게 되었다.

분명히 말하건데, 근본적인 목표는 모두에게 어떤 일이 진행되고 있는지 알 수 있도록 설계과정을 공개하게 되면, 어떤 설계자의 지식과 경험 외의 정보와 통찰력과 같은 이러한 내용은 설계행위에 지대한 기여를 하는 것이 된다.
J. Christopher Jones in Moor, 1970, 3-4.

기준을 설정하는데 있어서 사회 각 계층의 참가를 원하기 이전에 설계 전문가가 기준을 설정하는 방법을 제시해야 한다. 그러나 이전까지의 설계 기준 설정 프로세스나 디자인 선정 프로세스는 막연하게 기존의 이해를 근간으로 진행되었다는 사실이 밝혀졌다. 건축가는 설계 자체에 대해서는 매우 의식적이다. 그러나 또 다른 면에서 생각할 때, "어떻게 설계를 진행할 것인가?"에 대해서는 이론이나 사고의 요지를 파악한 후 정리 · 정돈이 절실히 필요하게 되었다. 그리고 건축가는 묻기 시작했다. "우리들은 어떻게 작업을 해야 하는가?", "우리들은 어떠한 설계 기준을 설정해야 하는가?", "우리들은 어떠한 디자인을 선택할 것인가?"라는 문제이다.

1.2.3 학문적인 분야 The Academic Arena

"어떻게 설계할 것인가?"라는 물음에 대해서는 이제까지의 "설계수법이나 설계방법론의 연구"가 진행되었다. 초기의 연구는 Host Rittel 등에 의해 서독에서 시작하였고, 그 후 영국에서도 소개되었는데, 이는 Bruce Archer, Christopher Jones이나 Geoffrey Broadbent 등에 의해 전개되었다. 1960년대에 Rittel은 캘리포니아 버클리대학으로 옮겼다. 한편, 크리스토퍼 알렉산더(Christopher Alexander)는 Massachusetts

Institute Technology(MIT)나 하버드대학을 거쳐 버클리대학에서 이 분야에 대해 많은 공헌을 하였다.

설계방법들에 대한 연구에서는 설계비평론을 설정하는 프로세스를 명시할 필요가 있다는 의견이 많았고, 대부분의 사람들은 건축 설계에는 반드시 이용자 user 가 참가해야 한다는 것을 적극 추진하는 방향으로 진행하였다. 크리스토퍼 알렉산더 버클리대학에 설치된 환경구조센터에서 사회의 여러 분야에서 설계를 직접 진행할 수 있는 많은 방법 개발을 시험했다. Habraken, Friedman, Brolin, Zeisel, Deasy나 Sanoff 등은 디자인 프로세스에 실제 사용자의 참가를 테마로 하는 많은 문헌을 남겼다.

설계방법에 관한 연구의 대부분이 사회 각 층의 참가를 촉진한다거나 컴퓨터 기술 및 체계분석의 관계성만을 염두에 둔 것은 아니다. 물론 그 대부분이 설계에 대한 교육에서 폭넓게 영향을 미쳤다. 설계시 의사결정 프로세스를 명확하게 기술하는 것에서 학생들은 설계를 배울 것인가, 어떨 것인가라는 가설을 세웠다. 건축가의 작풍을 배우는 대신에 설계 프로세스를 배움으로써 보다 많은 상황에 대한 건전하고 적절한 대응이 가능하게 되는 학습을 할 수 있다고 생각했기 때문이다. 그 결과 다양한 설계방법들을 배운 학생은 그러한 분위기 속에서 가장 적절한 디자인 프로세스를 선택할 수 있게 된다.

프로그래밍의 한계를 주창하는 학문적 견지도 있다. 근·현대적인 사상가에 의해 하나는, 사용하는 상황에 따라 전개되는 기능적인 다양성이 다를 수 있다. 만일 "현대 사회의 급격한 변화의 흐름 속에서 프로그래밍은 정확할 것인가?" 시설의 프로그래밍을 엄밀하게 함으로써 "건물의 유연한 가능성을 변화시키고, 우리는 사회의 위험을 제한하여 마감할 수 없는가?"에 대해 1980년대 초기까지 어떤 학파에게 프로그래밍은 시대적 착오로까지 보였다.

> "오늘날 프로그램에 관심을 가지는 것은 관념론적 건축사상이 몇 십 년 동안 의식적으로 배제되었던 금단의 땅에 들어가는 일이다. 프로그램 표제에 대한 관심은 인본주의의 잔존물과 기능주의자들의 정책적 가르침을

소생시키는 시도를 양쪽 다 미련없이 버렸다." – Bernard Tschumi

프로그래밍은 미적, 심리적, 기타 많은 과제로 정의되는 것을 인식하지 못하고, 전통적인 몇몇 학구파들이 반대하고 무시했던 것은 단순히 기능적인 과제의 정의로만 보았다. 또 다른 생각을 가지고 있었던 사람은 Peter Rowe이다. 그는 그의 저서인 「Design Thinking」*역자주)으로 설계방법론에 대한 관심을 다시 불러 일으켰다.

역자 주) "건축계획이론에 대한 사적 견해는 미, 심리, 기능, 경제, 그리고 성능, 환경은 물론 "Geomant zone과 영적인 인지능력 일명 영적인 과학점술"까지를 포함해야 하는 종합설계 방법을 말한다. 이들에 의해 과제의 명확한 개념이 설정된 정의에 따라 프로젝트의 과제를 해결하는 학문을 말한다. 이는 동양과 서구적 사고의 바탕에서 풀어간다."

1.2.4 전문실무 분야 The professional Practice Arena

다양한 학문 분야에서 설계방법이 널리 활용되고 있는 동안, 건축가들은 현장실무에 적용하였다. 전쟁 후 출생률 급상승에 따른 사회적 변화는 설계방법들과 실제 사용자 참여의 분절적 접합이 건축의 직무적인 능력 속에서 시작되었다. 1940년대 후기에 태어난 수많은 아이들은 미국이 지양하고 있는 교육시설이 가져야 하는 본연의 자세에 대해 아주 많은 부담을 주었다. 1950년에 미국건축가협회는 교육시설에 대한 문제의 중대성을 인식하고, 그 해결책을 찾기 위해 교육관계자들과의 회합을 가졌다. 이 회합은 많은 건축가들과 이용자들이 처음 만나는 자리였고, 이 회의에서 거론된 몇 가지 토론의 주제는 "대규모시설의 건축계획"에 이용자가 반드시 참가해야 한다는 중요성을 표면화시켰다.

이 토론에 참가한 건축사무소 중의 하나가 Caudill Rowlett Scott CRS, 후에 CRSS 였다. 오클라호마주 Norman시의 교육자들과 작업을 하게 되면서 CRS는 1950년대 후반에 Norman시의 새로운 고등학교시설을 위한 Design Criteria를 설정하는 보고서의 초안을 이끌어냈다.

이 후에도 CRS는 설계작업이 개시되기 전에 클라이언트와 함께 Design Criteria를 만들어내는 프로세스 연구와 개발을 계속하였다.

1959년에 William Pena와 William Caudill이, 나중에 Architectural Programming이라 불리는 계기가 되었고, "Architectural Analysis-Prelude to Good Design"의 타이틀 논문이 Architectural Record지에 발표됐다. 그 내용은 설계가 시작되기 전 클라이언트와 함께 구체적인 설계의 기준을 세우는 과정을 설명했다. 그들이 architectural analysis라 했던 것이 나중에 Architectural programming으로 불리게 되었다.

Pena와 Caudill는 회사의 다른 동료들과 함께 "건축설계실무"의 중요한 부분으로 프로그래밍을 촉진하는 것을 계속했다. Pena는 John Focke와 함께 1977년에 「Problem Seeking」을 출판했고 이를 계기로 CRS는 설계사무소를 대상으로 하는 세미나를 통해 "Problem Seeking method"가 세상에 널리 알려지게 되었다.

그 후 CRS는 몇 가지 변천을 거치게 되었고, 나중에는 HOK(헤름 오버타 + 캇사바움)건축사무소에 매수되었지만, Steven Parshall을 포함한 프로그래밍 전문가들은 「Problem Seeking」수법을 답습하고, 그 외에도 다른 요소들을 포맷 수법으로 적용하는 가능성을 확장시켜 나갔다.

건축 프로그래밍의 실무에 있어 기타 개척자로는 환경분석 그룹의 Gerald David, Hervert Mclaughlin, James Burns, Edword T. White 등이 포함된다. 또 Wolfgang Preiser는 프로그래밍의 어프로치에 대한 몇 가지 저서를 편집 · 출판했다. 오늘날 미국에서 "건축 프로젝트에 관한 프로그래밍은 건축표준업무계약이나 건축사 등록시험 과정에까지 적용"되고 있다.

설계에 있어 "실행 설계서의 서술" 건축의 성능을 위한 마감 등=시방서 조건에 대한 개념 개발에는 시스템 사고가 적용되었다. "실시 설계도의 마감에서 설계되는 건물은 어떻게 보일까와 "무엇에 의해서 나타나는가?라는 것보다는 그 시설이 어떠한 역할을 완수할 것인가?"에 대한 특징을 사실대로 서술한다. 예를 들면, 도시계획 스케일에서 볼 때 "간선교통로는 시속 35마일로 1시간에 1,000대의 자동차를 통과시켜야만 된다." 라고 실행설계서에 따른 성능을 기술한다. 그 결과를 가지고 설계에 적용할 때, 그에 적합한 폭의 도로는 물론, 보다 세밀한 도로의 집적,

자동차를 적재하고 시속 35마일로 항해하는 Ferry 등 기타 많은 다른 해결책을 선택할 수 있다.

건축 프로젝트에서는 '책상 위는 하루 24시간 계속 일정한 조도로 비출 수 있는 조명 시스템이 준비되어야 한다.'라는 조명단위의 성능에 대해 시방서에 명시된 결과의 설계에 조명기구는 천장에 부착하는 특별인공조명 또는 자연조명 등과 조합시켜야 된다. 건축 프로그래밍은 성능에 대한 설명서의 속성을 가지고 있기 때문에 그 책정과정에서 개발자는 설계상의 해결책에 관계된 선입관을 버려야 한다. 우수한 건축 프로그램은 '건축물이 어떻게 보일 것인가, 그리고 그것이 무엇으로 만들어지고 있는가?'라는 점에서 일반적으로 널리 알려져 있지 않은 요구성능을 기술하고, 설계자가 그 성능을 만족시키기 위해 창의적인 노력을 해야 한다는 여지를 남기고 있다.

'커뮤니티 설계 센터'도 역시 설계전문가 그룹에서 클라이언트의 참가로 '설계의 구체적인 나타냄', 즉 구체화에 부응하고 있다. 센터는 1980년대에 설립되어 현재까지 존속하고 있고, 보수를 받지 못한 전문가들을 위한 설계업무나 플래닝업무를 제공하고 있다. 플래닝이나 건축설계에 대해 사람들을 참가시키는 방식이 중요하다면 그러한 기회는 보수를 지불하는 일부 사람들에게 한정될 수밖에 없다. 대부분 초기의 CDCs는 VISTA의 직원에 의해 운영되었지만 의장이었던 John. F. Kennedy에 의해 시작되어 뒤이은 대통령들에게까지 계속 지지되었다. 현재는 몇 개의 CDCs가 대학에서 건축교육의 일부로 존속하고 있고, 학생들에게 재학 중 실무 프로젝트에 참여하여 작업할 기회를 제공하고 있는 것이다. Architectural programming은 잠재적인 자금의 원천을 위한 계획의 필요성을 설명하기 위한 전략이기 때문에 그들의 프로젝트에서 중요한 부분인 경우가 많다.

그림 1.5 New Mexico 주립대학에 있는 Design and Planning Assistance Center(DPAC)의 학생들이 클라이언트와 작업을 하고 있다. 1969년 설립 이래, DPAC에서 이루어진 프로그래밍이나 기본계획은 프로젝트를 위한 자금이 부족한 클라이언트에게 많은 공헌을 했다.

업무의 구체화, 대중의 참여, 그리고 시스템 분석

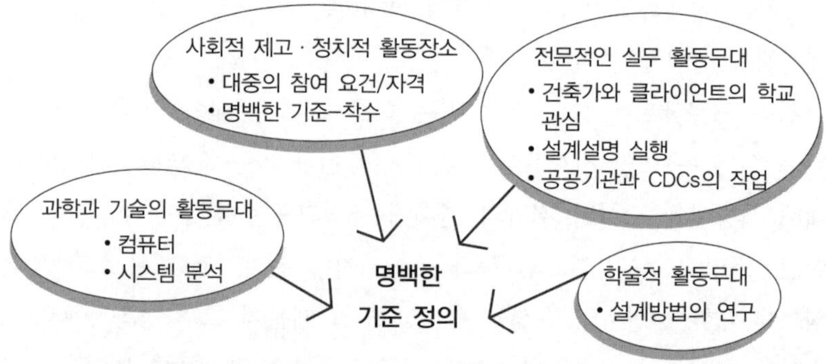

그림 1.6 건축 분야에서 전문적인 프로그래밍은 criteria를 명시하지 않으면 성립되지 않고 다른 분야와 동일한 context로 발전했다.

에 대한 개념은 모두 정책 결정의 과정에서 소통의 필요에 기여했다(그림 1-6). 다양한 분야의 참가자들은 자문자답이나 서로가 문답을 실행해야만 되게 되었다. '우리는 어떻게 작업할 것인가?, 우리는 어떻게 목적을 설정할 것인가?, 우리들의 의사결정 프로세스는 무엇인가?' 더불어 민주적인 도시 디자인의 프로세스는 '설계 프로세스에 누구나 참가할 기회를 어떻게 제공할 것인가?' 그리고 설계의 유용한 제공과 급료지불을 위해, 그리고 '일반 대중의 정보전달을 어떻게 할 것인가?'라는 물음에서 답을 찾았다. Urban Planning, Land-Scape Design, Architecture Design에서 프로그래밍이라는 명확한 프로세스가 중요한 요건이 되었다.

그림 1.7 설계와 프로그래밍 영역의 관계에 대해서 지금까지 논쟁이 끊이지 않고 있다.

지난 40여 년에 걸쳐 프로그래밍 발전에 있어서 중요한 또 다른 측면은 프로그래밍 활동 자체가 디자인 활동으로부터 기준을 정의하는 과정이 분리되어야 함을 내포하는 것이다. 이 두 가지 개념은 역사적으로도 뒤엉켜져 왔다. 심지어 오늘날 이 분리의 본질도 완전히 명확하지 않은 것이 사실이다. 이는 프로그래밍에 있어 가장 논쟁적인 측면 중 하나로 남아 있다.(그림 1.7)

1.3 전문적 직능과 프로그래밍

Professional Issues and Programming

건축가는 건축 프로그래밍의 모든 단계에서 각 전문적 직능에 따른 능력은 물론 필요한 기술방식에 숙달되어 있다는 것이 많은 전문가들 사이에서 알려져 있다. 그러나 소규모 프로젝트에서 건축 프로그래밍 작업은 추가 · 보수를 부과하는 일없이 경제적으로 제공되지만, 대규모 프로젝트에서는 반드시 그 보수를 요구한다. 예를 들면 '대형 병원건축물'의 프로젝트는 전문 프로그래머를 별도로 선임하고 그에 합당한 보수를 지불하는 클라이언트가 있다. 반드시 건축가가 아니라도 프로그래밍의 전문가를 선임하는 경우도 있다.

전문가들은 프로그래밍 행위는 설계를 하기 이전에 선행되는 것으로 설계와 분리시켜 진행하는 작업으로 인식하고 있다. 또 어떤 경우, 프로그래밍은 건축가가 하는 업무의 범주가 아니라고 생각하기도 한다. 그들은 이 분야를 모두 새로운 전문 분야로서 규정하여 프로그램을 결정하고, 이를 수행하는 일은 프로그래머의 입장과 수준에 따르거나 기준에 의해 보수를 지불한다. 그리고 프로그램을 건축가에게 제공하는 일은 클라이언트의 책임이라고 생각하고 있다.

"기능 프로그램"을 제공하는 것은 클라이언트의 책임이고, 건축 프로그램의 기능을 실현하기 위해 건축의 상태나 예산(질적인 목적과 전략, 혹은 공간의 최종 리스트, 그리고 예산 등)에 관한 프로그램을 제안하는 것은 건축가의 책임이라고 하는 또 다른 전문가 그룹도 있다.

더욱이 건축가는 단순히 프로그래밍을 수행하는 일뿐만 아니라 그 직능에 따라 클라이언트의 한계를 확장할 수 있다고 생각하는 전문가들도 있다. Murry Silverstein과 Max Jocobson은 말하기를 "건축가는 클라이언트가 프로젝트에서 요구하는 미리 제시된 것을 묻고, 바르게 정리해 가고, 서로 돕는 일을 총괄하는 것"이라고 제안하고 있다. 모든 건물은 사회가 기대하는 기본적인 '사회 · 물리적 형태'로서 '비장한 프로그램'을 가지고 있다고 말한다. 그러나 '진정, 그것은 사회에서 받아들여져야 하는 모습인가?'라고 솔직하게 물어야 할 일이다. 이러한 생각은 Bernard Tschumi의 작업에서 최근에 다시 착수되고 있다.

어떤 전문가들은 프로그래밍을 디자인으로부터 분리한다는, 즉 구별해야 한다는 시도가 필요하다는 가정에 대해 의구심을 갖기도 한다. 분명, 고객이든, 설계실무를 담당한 사람이든 참여하는 사람이 거의 없는 소규모 프로젝트는 그 기준이 그저 구두상으로 진행될 수도 있다. 그러나 많은 클라이언트나 건축가에 의한 그룹이 참가하는 대규모 프로젝트에서는 이러한 참가자에 의한 프로그램 책정이나 승인을 거친 기준을 확립한 다음 설계작업을 시작해야 한다.

설계와 프로그래밍이 명쾌한 분리를 필요로 하지 않는 프로젝트는 실제 거주 목적의 주거지를 설계하는 일이다. 프로그래밍과 설계가 통합되는 이유의 하나는 클라이언트가 처음부터 설계의 물리적인 결과에 관해서 강한 흥미를 갖기 때문이고, 문화적 주택의 설계에서 클라이언트는 유일한 실제 사용자이므로 설계중 발생되는 새로운 요구에 따라 기준을 변경한다.

프로그래밍과 설계가 종종 뒤섞이는 또 다른 형태의 프로젝트는 프로그래밍을 하는데 있어서 구체적인 한계를 설정해 놓고 현재 건물의 상태를 재구성하는 '작거나 중간 규모의 재건축사업명'이다. 이러한 경우에 초안을 먼저 그려보고 그 제한점이 어디까지인지를 실제 건물에 직접 시험하는 것이 현명한 방법이다. 그 프로그램은 구체적인 건물의 환경을 미리 인식한 상태에서 고치고, 조정할 수 있는 것이다.

준비! 조준! 발사!

설계 과정에 대한 연구의 모든 것에 대해 회의적인 건축가도 있다. 이들은 "건축이란 창조적인 성과물이라는 견해를 가지고 있다고 생각된다. 그렇기 때문에 창조성은 본질적으로 배타적 성격을 만들어내는 것"이라 하고 있다. 건축가들은 오히려 무언가 일어나는 것을 좋아한다. 그리고 그들의 오랜 관습을 위해 기능을 한다. 따라서 창조성에 접근하는 연구를 한다는 것은 그 신비적 권위를 희박하게 한다고 생각하고 있다. 이러한 관료주의적인 독선적 건축가들은 육체적 편리성을 추구하는 것은 선호하지만 대부분 참가자에 의한 동일한 의미가 내포된 프로세스에는 능숙하게 협동하지 않는다. 우리의 사회는 진실한 질문에 대한 보답에 대해 보다 더 많은 진실한 대답으로 보답해야 한다. 우리는 문답방식에 대한 학습을 강화해야 한다. 답하는 배움을 강화한다. 해결과 행동하는 성질은 우리가 인정을 필요로 하는 사회적 특색이다.

설계작업을 분리하여 미리 작업하는 프로그램 단계에서는 문제점이나 편견은 물론 건축가들의 모순을 발견하고, 빠른 시기에 해결해야 한다는 것을 의도하고 있다. 결국 시간이 해결해 준다는 기대에 따라 문제점이 현실적으로 나타나는 것을 피하려는 마음은 이해하지만 이러한 어프로치는 사실 순간적인 대처법이므로 그다지 바람직하지 못한 대처 방법이다.

예를 들면, 두 사람의 공동경영자가 연관된 건물을 설계하게 되었다고 하자. 이 때 두 사람이 그들의 비즈니스에 각기 다른 이미지를 가지고 있다는 것을 발견했다고 하자. 만약 이와 같은 의견의 차이가 일찍 발견되거나 협의되지 않으면 설계작업은 서로 다른 것을 바라게 될 것이고, 이들의 승인을 얻기 위한 설계는 결말 없는 작업으로 이어지게 될 수도 있다. 경험이 풍부한 프로그래머와 건축가라면 이러한 모순을 떠 앉은 상태에서 미리 진행할 수 없다는 의견을 제시할 것이다. 더욱이 이러한 문제를 방치한다면, 그 파급효과는 기하급수적 지수함수 으로 증가한다는 것도 잘 알고 있기 때문이다(그림 1.8 참조).

충돌을 피하려면 결정을 해라!
ZZ Top

Skidmore Owners and Merrill사무소(SOM)의 Nat Owens가 '만약 당신이 한 건축설계사무소에 동일한 생각을 가진 두 파트너가 있다면, 그들 중 어느 쪽은 필요 없다'라고 말하는 것과 같은 것이다. 이러한 차이는 흔히 있는 일이고, 생각이 같다는 것이 클라이언트의 공동경영자에게도 해당되는 일이다. 공동경영자 중 영업담당자는 고객에게 어필하는 건물의 이미지를 원하는 것이 확실하고, 회사의 생산담당자는 과다하게 치장한 장식이 없는 공간을 바랄 것이다.

클라이언트가 바쁜 경우, 프로그래밍작업이 어렵게 될 수도 있다. 결정을 주저하고 미룬다든가, 자리를 자주 비우는 클라이언트는 프로그래머나 설계자에게는 어려운 문제를 불러일으키는 결과를 가져 오게

그림 1.8 입주 예정인 새로운 건물을 놓고, 파트너끼리 서로 다른 생각을 가지고 있는 경우가 있다. 이와 같은 차이를 논의하고 해결하는 일들을 프로그래밍의 프로세스에서 그것을 명쾌하게 해야 한다.

된다. 이때 '클라이언트는 신뢰할만한 종업원이나 프로그래머에게 의사결정을 맡길 것인가 말 것인가'의 선택을 해야 한다. 후자의 경우 클라이언트는 건축가가 이야기하는 것을 수락하거나 원하는 변화에 대한 비용을 지불해야만 한다. 이러한 결정을 내리기 전에 클라이언트는 일단 일이 끝났을 경우 그들이 불가피하게 작업에 참여했거나 투자했던 것에 대해 염두에 두어야 하고, 만약 클라이언트가 믿을만한 직원에게 책임을 맡기는 일을 원하지 않거나 그들이 직접 관계하는 것을 원하지 않을 경우 건축가는 수정하는 부분에 있어서 부가서비스에 대한 계약상의 지불금에 대한 조정을 반드시 확인해야 한다.

필요 이상으로 사실을 과장해서는 안 된다. 이러한 진술은 14세기 철학자인 William of Occam이 처음 사용했던 말이다. 이는 오캄의 면도칼이라 불리는데, 그렇게 부르는 이유는 어떠한 상황이 발생할 경우, 이론이나 각기 다르게 생각하는 과정들에 대해서 가장 적합한 범위로 한계를 국한시키는데 긴요하게 작용되기 때문이다.

어떤 건축가는 프로그램이 자신들의 창조성을 제한한다고 느끼고 있다. 그러나 우수한 프로그램은 멀리 할 수 없기 때문에 기준만을 설정한다. 만약 프로젝트의 예산이 400,000달러였다면 사전에 알아 두어야 할 일은, 더욱 값비싼 건축물의 설계를 진행하면서 그것을 이해하는 것이 보다 나은 일이라고 확신한다. 클라이언트가 두 개의 공간에 기능상 특수한 관계를 바라고 있는 것이라면 설계가 진행되기 이전에 그것을 파악해두는 것이 최선의 일이다.

프로젝트가 필요로 하는 것 보다 더 상세하게 작성하는 프로그램은 건축가 입장에서는 불필요한 일이고, 프로그램에서는 프로그래머가 메모한 모든 의견이나 수집된 데이터를 포함할 필요는 없다. 프로그램의 정보는 설계에서 해결해가는 과제를 정의하는데 필요한 것만으로도 충분하다. 어느 정도가 되어야만 충분한가라는 판단은 이후에 검토하는 평가감정에 근거를 두고 있다.

실제 사용자와 긴밀하게 작업하는 것은 어렵고, 귀찮기 때문에 계획 진행 과정을 좋아하지 않는 건축가도 있다. 그들은 설계 프로세스에 대해 상세히 설명하는 것을 좋아하지 않는다. 또 클라이언트가 프로그래밍에 대한 보수를 지불하지 않기 때문에 프로그래밍을 하지 않는다고 말하는 건축가도 있다. 그러나 프로그램이 없는 상태에서 설계를 하게 되면, 거듭되는 설계변경으로 인하여 최종적인 프로그램 확정이 어려운 결과를 초래하게 된다. 이러한 프로세스를 '설계에 의한 프로그래밍'이라 말하는데, 이는 많은 건축가의 재정적 실패의 원인이 되었다. 더불어, 끝없이 반복되는 설계변경은 건축가를 지치고, 쇠약하게 만드는 결과를 초래하는 최악의 방법이다.

여기까지 건축프로그램에 관한 몇 가지 관점에 대해 검토를 해보았다. 이를 통해 프로그램을 취급하는 범위와 내용에는 여러 가지 견해가 있다는 것을 알았다. 그러나 어떻든 건축프로그램은 전문적 조직단체에 의해 보다 더 명확하게 자리매김을 한다면 앞으로의 전개가 기대되는 특별한 분야가 될 것이다.

1.4 건축 프로그래밍은 누가 하는가?

Who does Architectural Programming?

지금까지 건축 프로그래밍에 관한 몇 가지 어프로치에 대해 접촉해 보았다. 오늘날 이러한 것들은 고도의 전문성을 요구하게 되고 여러 분야의 전문가에 의해 제공되고 있다. 프로그래밍은 기본적으로 고객,

*CCA : Clients, Consultants and Architects

전문기술자, 건축가의 3자〈CCA〉 중 어느 한 쪽에 의해 이루어진다.

프로그래밍을 능숙하게 통달하고 있는 클라이언트는 대부분 건설프로젝트에 관계하고 있는 사람이다. 학교나 정부, 그리고 병원의 대리인이 이에 속한다. 이들은 기능적인 계획행위로서 실제 사용자가 요구하는 것만 정리한다. 이 외에 건축프로그램인 건물의 질과 예산에 관한 프로그램 작성은 건축가에게 기대하고, 클라이언트는 경험이 풍부한 프로그래머를 포함하고 있다.

프로그래밍을 하지 않는 클라이언트는 프로그램 작성을 위한 컨설턴트를 고용하고, 건축적 교육이나 트레이닝 여부는 명확하지 않지만 병원시설, 교육시설, 교통시설과 같은 특수한 건물에 대해서 우수한 전문지식을 가지고 있다. 그들은 건축사무소에 소속된 경우도 있지만 그렇지 않는 경우도 있다.

건축 프로그래밍 컨설턴트 사무소는 대도시에 소재하는 경우가 많다. 어떻든 오늘날 전자기술의 발달은 그들이 어디서 살 것인가의 바람에 대해 프로그래머들은 인정한다. 이와 같은 실무경력이 20년 이상이고, 경험이 풍부한 사무소는 John Petronis가 이끄는 Architectural Research Consultants, Inc.(ARC)가 있다. 뉴멕시코시티의 Albuquerque에 소재한 ARC는 건축프로그래밍과 계획을 전문으로 하고 있는 곳이다. 이 책의 제Ⅱ부 케이스 스터디에서 언급한 두 가지 프로젝트를 ARC가 제작한 것이다.

국내에서 설계된 프로젝트의 대다수는 규모가 작기 때문에 그러한 유형의 프로그래밍은 건축사무소 내에서 이루어지는 것이 일반적이다. 그러나 프로젝트가 대규모인 경우는 외부 컨설턴트들에게 프로그램을 위탁해야 하는데, 이러한 경우 예산 확보가 성립되어 있어야 한다.

프로그래밍이 건축사무소에서 이루어지는 경우는 William Pena가 말한 "그 담당자는 두 가지의 마인드를 가져야 한다." 설계자가 프로그래머의 업무를 겸할 경우 형태상 선입견을 피하기는 어렵고, 이 경우 프로그래머와 설계자 사이의 커뮤니케이션에 혼동이 있을 수 있다.

대규모 사무소의 직원들은 직종에 따라 전문화체제로 운영되고 있고, 이러한 사무소는 클라이언트와의 관계를 계속 유지하기 위해 각 프로젝트마다 처음부터 끝까지 프로젝트 매니저가 관여하는 일이 많다. 프로그래머는 한 번에 몇몇의 프로젝트를 각 설계 담당자에게 프로그램을 직접 전하는 이점이 있다.

어떤 특정 타입의 빌딩설계에 전담인원을 배치하여 전문성을 향상시키도록 하기 위해 조직을 보다 작은 사무실이나 스튜디오의 집합체로 재조직화하는 대규모 사무소도 있다. 이 경우는 하나의 팀을 프로젝트에 할당시키고, 프로그래밍으로부터 입주에 이르기까지 계속 관여한다. 프로그램의 질은 진행하는 프로세스보다 실제로 프로그래밍을 진행하는 담당자의 책임감과 경험에 근거할 때가 많고 프로그래머는 이러한 소규모 사무실에서의 경험을 바탕으로 더 나은 설계가가 되는 것이다.

프로그램의 질은 그들을 고용하는 회사나 그들이 사용하는 프로세스보다는 일하는데서 얻는 자부심과 경험이 더욱 중요하고, 좋은 정보를 찾아가는 접근법 또한 중요한 요소이다.

프로그래밍된 보고서에 상관없이 설계자는 설계를 시작하기 전에 전반적인 부분을 파악해 둔다. 또 프로그램이 클라이언트나 컨설턴트에 의해서 선택되었다면, 건축가는 설계업무계약을 체결하기 전에 미리 검증해 두고, 프로그래밍의 작업 범위는 그 폭이 넓기 때문에 여러 가지 다른 어프로치가 있다. 따라서 건축은 설계를 시작하기 전에 그를 위한 정보를 꼼꼼하게 확실히 해둘 필요가 있다.

1.5 요약
Summary

건축 프로그래밍 행위는 설계 측면에서 해결해야 할 과제에 대한 정의를 내려야 한다. 이를 위해 조사와 의사결정의 프로세스라고 정의했다. 어떤 때는 무의식의 프로세스이고, 또 어떤 때는 의식적인 프로세스이기 때문에 설계작업과 중첩되기도 한다. 건축 전문분야 중의 하나로 인식되는 프로그래밍은 대부분 사회변화 속에서 발전하였다. 프로그래밍은 대부분 설계작업에 앞서 진행되므로 이를 쉽게 받아들이지 않는 건축가도 있지만 우리는 프로그램이란 왜 이루어져야 하고, 언제, 누가, 그 일을 해야 하는지에 대해서 뿐만 아니라 이유에 대해서도 다시 살펴보았다.

다음 장에서는 '우수한 건축 프로그래머'에게 필요한 '사고방식의 종류'에 대해서 검토한다. 우수한 프로그래밍은 명쾌한 사고를 요구하지만 매우 어려운 일이다.

MEMO

그림 2.1 United Feature Syndicate, Inc.의 허락하에 발췌

2

사고력 있는 의견에 관한 마음가짐

Think about Thinking

이 장에서는 건축 프로그래머로서 알아 두어야 할 사고에 대해 언급할 것이다. 먼저 "자신의 사고 프로세스와 뇌가 하는 일"에 대해서 다루고자 한다. 왜나하면, 이러한 자각이야말로 클라이언트나 그들의 사고 프로세스를 이해하는 맨 처음 단계에서 필요하기 때문이다. 건축 프로그래머는 커뮤니케이션에 원활해야 하고, 즉 상대방의 말을 잘 경청하고, 명확히 이해해야 한다. 모든 클라이언트는 각자 다른 사고의 전략을 가지고 있고, 프로그래머들도 여러 전략적인 사고에 대처해야 할 것이다. 각자의 개성에 따라 선호하는 사고의 성향이 포함되어 있다.

단순히 자기중심적인 입장에서 벗어나야 한다. 그리고 프로그래머는 자신의 사고 범주와 방식을 포함한 여러 가지 사고법에 익숙해져야 한다. 사고에 대한 주제는 결코 새로운 것이 아니다. 각자의 문화나 시대에서 볼 때, 철학자들은 우리들이 어떻게 생각하고, 왜 생각하는가를 설명하도록 했다. 다른 문화를 가진 사람들이 다른 사고법으로 생각하거나 다른 프로세스로 생각하는 것은 명백한 사실이다.

이 장에서는 '분석과 통합', '귀납적 추리와 연역적 추리', '선형사고와 전체사고', '수평사고와 수직사고'에 대한 사고법을 알게 될 것이다. 이러한 언어를 사용할 때는 구체적인 것은 물론, 추상적인 것에 대해서도 기술한다는 사실을 확실히 알고 그 뜻을 이해해야 한다. 예를 들면, 애완용 고양이를 생각할 때 과연 무엇인가라는 구체적인 사실에 추상적인 생각이라 해도 건축 설계에서는 매우 중요한 것들이다. 설계의 해결책을 발견해내는 일은 아직 존재하지 않는 어떤 것을 상상해내는 일을 요구하게 된다. 건축설계는 구체적인 해결책의 이미지를 만들어내는 추상적 사고의 단계이다.

대해 생각하게 된다. 그러나 고양이가 인간과 같다고 생각하는지, 어떤지를 생각할 때는 무엇인가 추상적인 것을 생각하게 된다. 사실 그곳에는 실제로 접촉할 수 있는 것이 존재하지 않지만 추상적인 어떤 것에 관해 사고할 경우는 어떤 원인의 상황에 대한 이해의 범위를 초월하게 된다.

건축을 계획하는 일을 배우고 익히는 단계에서는 이론적으로 이해할 수 있을 때까지 추상적인 생각에 의존해야 하고, 특별히 구체적인 해결책이 필요한 아이디어인 경우에도 반드시 그렇게 해야 한다. 본 장에서는 추상적이고 분명하게 사고하는 것을 배우고자 한다.

2.1 분석과 종합

Analysis & Synthesis

먼저, "분석과 종합이 무엇인가"에 대해 이해해야 하는 것이 중요하다. 분석이라는 의미는 지적 작업에 의해 어떤 사실과 대상에 대해 별개의 정신적으로 분해하고, 또한 그 부분에 대해 구체적으로 검증하는 일이다. 이 결과에 따라 일어나고 있는 사회의 상황이나 건물과 같은 것들의 구체적인 사실이 드러나고 검증되는 결과에 따라 참(진실)이 밝혀지게 된다. 예를 들면,

* 사회상황을 분해한다고 하는 것에 소속되어 있는 것은 누구인가? … 소속인은?
* 그들과 관계는? … 관계는?
* 그들을 개인적으로 동기를 부여하고 있는 것은 무엇인가? … 동기는?
* 그러한 그룹으로서 Activity를 돕고 있는 것은 무엇인가? … 돕는 것은?
* 개개인의 역할은 무엇인가? … 역할은? 등을 검증하는 일이다.

이러한 주제는 더욱 상세하게 분석된다. 예를 들면, "그들에게 각자 동기를 부여하게 하는 일이 무엇인가?"를 분석하기 위해서는 그룹의

각 개인을 관찰해야 한다. 이러한 경우 개인의 일상생활을 분석할 필요가 있다.

'건물의 분석이란 비용, 스타일, 대지와 장소, 거리, 내부디자인, 구조시스템, 그리고 구조적 구성방식의 시스템 등에 대해 검증하는 일이다.' 이러한 주제는 보다 세밀한 부분으로 나누어 분석된다. 이렇게 진행된 분석 결과가 막대한 정보량을 얻는 것을 쉽고 편리하게 상상해 본다.

'종합이란 부분을 총괄하여 전체를 이해하는 것을 의미한다.' 예를 들면, 사회 상황을 표현하는 하나의 진술을 만들어 전반적인 상황을 종합한다. '원주민들은 오늘 밤 쉬지 않는다.'는 상황을 종합하는 진술이다. 종합은 일상생활에 있어 중요한 사항으로 존재한다. 사람은 사회생활을 영위하기 위해 항상 상황을 종합해야 한다. "요점이 무엇인가?", "무엇을 의미하고 있는가?", "어떻게라든가?", "여보게, 무슨 일이 일어나고 있는가?" 등의 설명은 사회적 상황을 종합해야 한다는 것을 요구하는 진술적 행위인 것이다.

건물과 같은 구체적인 것을 종합하기 위해 "이 건물은 neo- Colonial Architecture의 고전적 케이스다"라든가 아니면 "이 건축물은 몹시 탐나는 부동산의 정취를 나타내고 있다."라는 의미의 표현으로 진술하고 있다. 이러한 방식은 어느 것이나 건물의 성격에 대한 아주 많은 내용을 함축하고 있다. 만약 건물을 분석한다면, 그것은 종합적인 설명 속에 함축되어 있는 특성들을 개발하는 작업이 될 수 있다.

'분석과 종합은 반대의 뜻을 가진 언어라고 이해된다.' 인간은 사물을 분해하거나 종합하고 싶어 한다. 그러나 그것은 한 자루 막대의 양쪽 끝에 대치하고 있는 연속체라고 하기보다는 둥근 고리의 다른 쪽 선상에 자리잡고 있는 상태로 인식하는 편이 더 적절할 것이다.

Willie Pena는 "프로그래밍은 분석하는 행위이고, 설계는 종합하는 행위이다"라는 말을 즐겨 사용했다. 즉 프로그래밍은 설계된 건축물을 각 요소와 항목이 주어진 대지

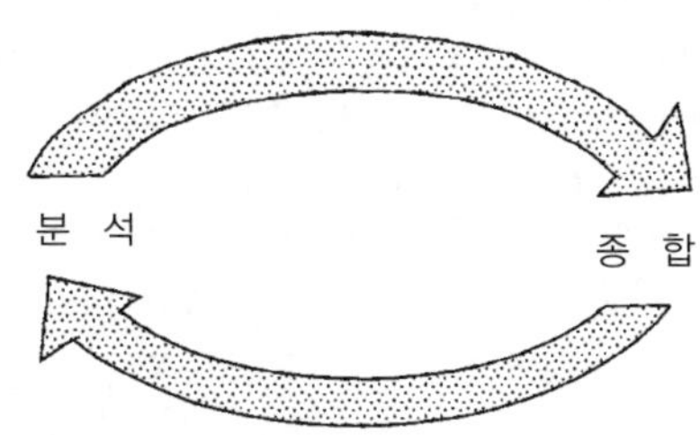

그림 2.2 분석과 종합은 사고라는 둥근 고리의 다른 측에 위치한다.

와 건축주의 의도대로 조성된 주변상황을 디자이너가 인지하고 진행되어 온 과정의 내용에 대한 전체적인 부분을 설정하여 이를 조립한 유기적 집합체로 종합 · 구성해 가는 일이고, 설계는 낱낱이 해체 · 분석된 항목과 그 내용들을 귀납적이거나 연역적으로 정리해간다는 행위 전반을 일컫는 행위이다.

*) 프로그래밍은 프로젝트의 컨텍스트를 분해하는 부분을 검증한다. 한편, 설계는 다른 정보와 착상이나 예산 등을 취급하고, 그것을 심리적 형태 *경험의 통일적 전체라는 형태심의 모양이나 형태를 뜻함* 로서 부분이 모이는 집합 이상의 매우 새로운 전체로 취급한다. 그러나 분석과 종합은 이와 같은 레벨에서만 발생되는 것이 아니다. 오히려 프로그래밍 자체나 설계행위 자체 속에서 분석과 종합이 계속 반복되는 행위이다.

대부분 모든 사고활동에서 우리는 부분을 전체로 확장하고, 다시 전체를 부분으로 축소시켜 가는 변화를 계속한다. 만약 우리들이 전체, 즉 큰 아이디어를 다루는 것이라면, 우리는 전체 계획을 위험에 빠뜨리게 되는데 이는 중요한 세부사항을 간과했기 때문일 것이다. 그리고 우리가 다만, 세부 사항들만을 다루려 한다면, 이 계획은 전체적인 방향과 진술이 미비하게 될 것이다. 그 결과 상황은 연관 없는 세부사항들만 수집하는 것으로 끝나게 될 것이다.

종업원이 400명 정도인 어떤 기업의 오피스 건물을 프로그래밍할 때, 사람들이 그곳에서 일하는 세밀한 방식, 커뮤니케이션하는 방법, 또 이러한 일들을 위해 필요한 것 등, 세부적인 사항들을 상세하게 검토하게 된다. 예를 들면, 설계자에게 400명 정도인 종업원의 정보를 건네주면서 "400명을 위한 설계를 부탁한다고" 의뢰할 수는 없는 일이다. 설계자는 이 400명 개개인의 정보에 대한 종합적인 사항을 필요로 한다. 그 보다는 모든 것에 대하여 상세한 검토를 하고, 거기서 공통사항을 찾아내는 일이 필요하다. 예를 들면 고용인으로부터 제안된 아이디어를 그룹별로 묶기 시작했을 때, 각기 다른 18그룹의 직원들이 사무실 안에 존재한다는 사실을 알게 될 수도 있다. 우리는 400명의 직원들이 하는 일의 유형에 따라 18가지 타입으로 분석하고 종합하게 된다. 즉 사무실에서 하는 일에 영향을 미칠 수도 있는 다양한 판단이 내려지게 되었다.

비록 실재적으로 필요한 것을 종합하는 일이라 할지라도, 건축에서는 분석단계를 넘어선다해도 절대적으로 얻을 수 없는 거대한 계획이 있다. 아무것도 없는 것은 분석과 통합을 구분하는 것보다 더 위험하다 : 분석과 통합은 필연적으로 연관되어 있는 것이다.
Avar Aalto

'분석과 종합은 건물의 설계과정에서 동일한 모습으로 발생된다.' 오피스빌딩을 위한 대지계획을 검토하고 있는 설계자는 '지형이나 식물의 생태, 풍향, 태양의 각도, 필요로 하는 면적, 조망, 증축에 필요한 공간, 주차장'에 대해서 생각하고, 많은 사항이 검토되고 분석된다. 이러한 정보를 통해 대지의 여러 가지 특징 중에서 가장 적합하다고 판단되는 배치계획의 몇 가지 방안을 내놓게 된다. 이렇게 계획된 방안의 종합이 진술로서 '건물의 위치는 여기가 최선이라고 생각한다. 이 방향으로 증축하고, 주차장은 여기에 배치한다.'라는 결론에 이르게 된다. 이와 같이 간결하게 처리된 종합적인 설명이지만 분석작업이 끝나는 과정에서 이와 같은 모든 부분이 고려되는 행위가 분석과 종합이다.

2.2 귀납적 추리와 연역적 추리

Inductive and Deductive Reasoning

분석과 종합의 특징인 둥근 고리상의 서로 다른 위치 관계는 귀납적 추리와 연역적 추리에도 적용된다. '귀납적 추리'는 부분으로부터 전체로 또는 특수성으로부터 전체성으로 사고를 전개한다. 예를 들면, 어떤 중간 규모 기업의 오피스 빌딩을 프로그래밍할 경우 그곳에는 15명의 비서가 있지만 모두 그들의 사장을 위해 카피하는 일이 어렵다고 지적하고 있는 문제에 주목한다. 그들은 복사기까지의 먼 거리를 이동하면서 전화를 이용할 수 없다. 특히 '그곳에서 복사작업을 해야 한다.'라고 상세히 검토되어야 할 문제라고 귀납한다. 즉 15명의 특이성에 알맞은 복사기의 배치는 문제가 있다는 큰 방향을 잡게 된다. 이 아이디어가 나중에 검증되면 가설로 성립된다.

'연역적 추리'는 이것과는 반대방향으로 전개된다. 그것은—이론이나 가설들—을 전체에서 부분으로 전개한다. 예를 들면 복사하는 일은 많은 업무 중에서 문제가 되고 있다. 모든 사람이 이용하므로 중앙의 큰 복사기는 있어야 하고 복사는 집중화가 되어야 하는가? 또는 회사 전체에 걸쳐 복사기가 곳곳에 배분되어야 하는 것인가?, 복사는 중앙집중화가 될 필요가 없는 것인가? 등 우리가 유추해 볼 수 있듯이 주체적인 프로젝트에서 비서들은 자신의 책상 근처에 복사기를 반드시 둘 필요는 없다. 아마도 복사는 중앙집중식이 될 것이다. 우리의 사고는 사무실에서 복사가 종종 문제가 된다는 큰 틀의 생각과 지식에서 시작하여 이 특정 사무실에는 복사와 관련된 문제가 있다는 인식으로 흘러간다. 우리는 이

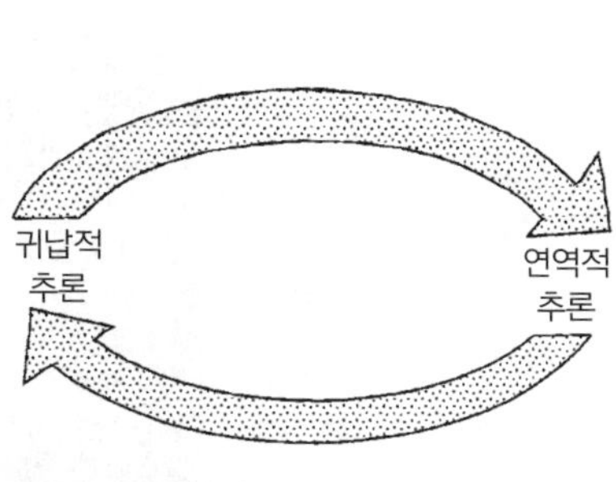

그림 2.3 귀납적 추론과 연역적 추론은 사고력 회전의 정반대에 있다.

사무실의 문제점에 대한 정확한 본질이 무엇인가를 좀 더 심도 있는 결론으로 끌어내기 위해 조사과정을 통해 분석과 종합할 수도 있다. 새로운 시설에서 복사문제를 처리하기 위한 해결책을 제시할 수 있도록, 결론은 책임자와 직원들이 함께 작업할 수 있을 것이다.

여기서 주의해야 할 것은, 두 방식의 추리는 전혀 다른 결론을 이끌어낼 수 있다는 것이다. 귀납추리의 예에서 보는 바와 같이 비서가 복사를 하는데 어려운 점에는 몇 가지 이유가 잠재해 있을 수 있다. 복사기까지의 거리가 문제라고 말하는 귀납은 단순히 하나의 가능성에 지나지 않는다. 매우 먼 거리보다는 줄을 서서 기다려야 하는 점, 복사기 속도가 느려서 기다려야 하는 등의 이유가 있을 수 있다. 연역적 추론의 예에서는 결점이 있는 복사기인가 아니면 성능이 떨어지는 복사기인가의 문제를 해결하려 할 때 중앙집중화를 시키느냐 아니면 분산시키느냐에 대한 문제와 마주하게 된다.

우리가 살펴야 하는 문제는 귀납적 사고와 연역적 사고의 확인이다. 동일한 문제에 대한 귀납적 추리에서 상호 확인을 통해 필요한 결론은 보다 확실한 성질의 것이 될 것이다. 우리가 다만, 복사기는 상당히

그림 2.4 확증은 없지만 때때로 발견될 수도 있다.

오랜 동안 같은 장소에 방치되어 있다는 것을 알게 되었을 때 복사 문제에 대하여 접근하게 되는 것이다. 확인은 어쩌면 아주 가까이에 있었을지도 모른다.

2.3 철학자들의 사고력

Philosophers Think about Thinking

어떠한 사고법이 최선인가의 문제는, 그리스 시대의 철학으로 거슬러 올라가 논의할 수 있다. 예를 들면, 플라톤은 인간의 사고는 형 forms, 예술 등의 형식, 구조, 바람직한 상태)이라는 큰 개념으로부터 시작한다고 믿고 있다. 그가 말하기를 인간은 태어나기 전부터 모든 인간이 아름답다고 느끼는 형들을 내재하고 있기 때문에 인간은 무언가 아름다운 것을 처음 볼 때도 그것을 아름답다고 인식하는 것이라고 생각했다. 그는 또 지식은 통합에서 시작하여 분석으로 향한다고 믿었다. 앞서 거론한 예는 복사를 하는 문제에 대한 형을 미리 학습하기 위해 복사작업 과제를 인식해야 하는 것이고, 개별 상황을 형과 비교한 것이다.

아리스토텔레스는 반대의 관점을 가졌다. 인간은 부분을 인식하는 것으로부터 시작하고 그것을 그룹핑하는 것에서 보다 더 큰 개념을 전개한다고 생각했다. 예를 들면 장미꽃을 조사하는데 있어 그것이 잎이라든가, 가시, 줄기, 꽃밥, 꽃가루, 색으로 이루어지고 있다는 것을 관찰한다. 다음에 엉겅퀴, 튤립, 곤충, 이탈리아 국화, 조개나 팬지에서도 몇 가지는 장미와 비유되는 부분이 있다는 것을 관찰한다.

이러한 것들과 비유되는 구조적인 조사에 의해 꽃이라는 물체의 개념을 전개했다. 이 개념은 플라톤의 형식과 매우 비슷하게 닮은 것으로 되어 있다. 이처럼 백합을 처음 볼 때 그것을 꽃으로 인식할 수 있다. 아리스토텔레스는 말하기를 "지식은 분석에서 시작하여 종합으로 움직인다."라고 말했다.

여기에서 보면, 아리스토텔레스의 유파적 사고자가 꽃에 대한 관찰을 할 때 "유래되는 부분을 그룹화하는 방법은 무엇이고, 그것은 어떻게 해서 아는가?"라고 물을 경우, 이 두 가지 사고는 당당히 순환작용을 시작한다. 그의 뇌리에는 꽃잎의 개념으로서 꽃의 형태가 존재하고 있었을까? 아니면 플라톤 학파는 어떻게 해서 아름다운 형식을 학습할 수 있을 것인가?

건축 프로그래머들이 직면한 클라이언트의 다른 어프로치의 경우도 동일하게, 어떤 클라이언트는 먼저 일의 개요에 집중하고, 나중에 상세한 것을 바라는가? 하면, 어떤 클라이언트들은 보다 큰 개념에 이르기 전에 모든 상세한 것을 확인하기를 바란다. 제1장에서 설명된 두 명의 파트너는 아마도 아리스토텔레스와 플라톤만큼 다를지도 모른다. 프로그래머의 일은 이러한 두 종류의 사고법을 이해하고, 프로젝트에서 표출되는 두 타입의 생각을 종합하는 일이다.

2.4 선형사고와 전체사고

Linear and Holistic Thinking

사고법에는 선형 프로세스와 전체 프로세스가 있다. 이 두 가지를 '수직사고'와 '수평사고'라고도 한다. 이들의 차이는 어떤 궤적을 따라 이동하여 그 근방에 있는 물체를 상세하게 관찰하는 선형사고자의 관점과 어떤 지형의 상공을 비행하여 관찰하는 전체사고자의 시점을 비교하는 방식에 따라 이해된다.

서양 사람들은 세계를 1차원적인 선형적으로 보는 경향이 있다. 추후에 프로그램의 포맷을 선형적으로 하는 문제에 대해 설명하기로 한다. 실제로 어떤 일들은 정해진 대로 일어나는 것은 아니다. 생각이라는 것은 갑자기 떠오르고 계속해서 다시 순환한다. 개념은 재분석되고 고쳐지며 재통합되는 과정으로 진행된다. 그러나 우리가 가지고 있는 학습 패턴은 선형적인 설명에 따라 재조율 및 적응되어 있다. 이러한 학습형태는 우리가 사건을 표현하는 방법과 같다.

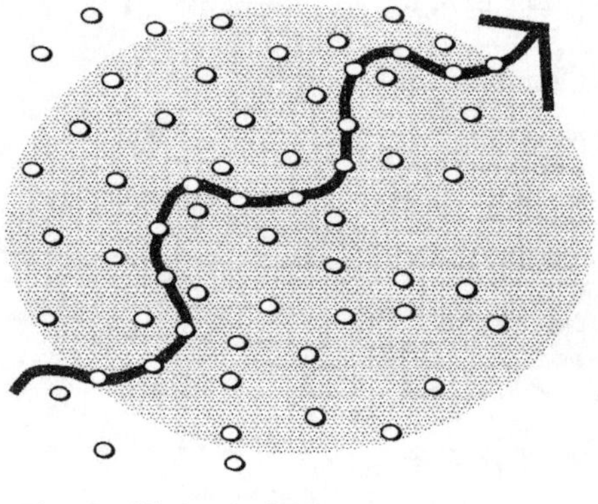

그림 2.5 선형사고와 전체사고

측면적인 사고로 지금까지 불려왔던 전체론적 사고는 다른 관점을 가진다. 이 차이점은 한 길을 따라 이동하면서 그 길에 인접한 것들을 관찰하는 일차원적 사색가와 비행기 안에 있는 총체적 사색가를 비교함으로써 가장 잘 이해될 수 있을 것이다. 선형사고자가 궤적상의 장해물에 멈추어 서도록 하는 한편, 전체사고자는 다른 관점에서 우회하는 길을 모색해 볼 수 있다. 전체사고자는 보다 큰 콘텍스트를 취할 수 있고, 선형사고자는 미세한 것에 주의를 기울일 수 있다.

만약 두 여인이 그들이 진정한 어머니라고 믿었다면, 솔로몬이 어떻게 판결을 내렸을지 우리는 알 수 없다. 만약 두 여인이 아이의 생명을 구하기 위해 아이를 포기하는 것을 제안했을 경우, 당신이 솔로몬이었다면 어떻게 했겠는가?

Edward de Bono는 그의 저서인 「New Think」에서 수직사고로는 해결되지 않고 진보가 정체되어 있는 상황에서 수평사고의 활동 예로서 다음과 같이 언급했다. 적어도 수직적 또는 수평적 사색가 관점에서 볼 때, 그는 진행에 차질이 있어 보이는 상황에서도 수평적으로 생각하는 능력을 개발하려는 논의를 만들어낸다. 해결할 수 없다고 생각하는 과제를 제시한다면, 먼저 그 전제를 검증하고 다음에 그것으로부터 더 나아가 근시인직으로는 인식시킬 수 없는 해결을 이끌어내어 보다

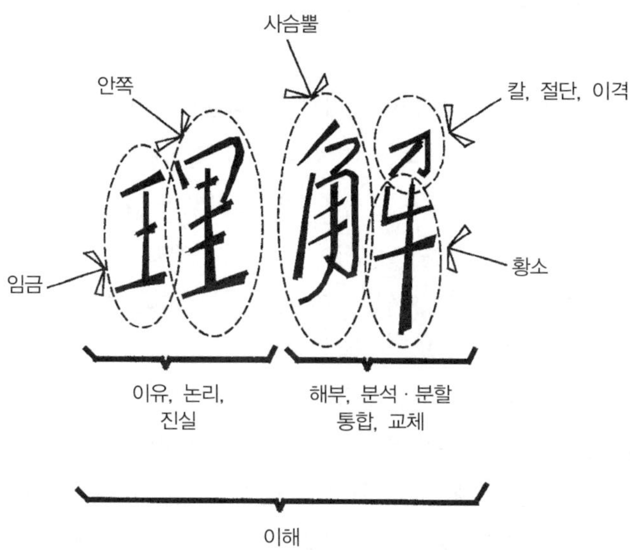

그림 2.6 Marshall McLuhan은 medium을 message라고 말하고 있다. 서양 문학은 선형적이고 그것은 선형사고를 촉진하고 있다. 동양 문학은 전체적으로 그것은 전체사고를 촉진하고 있다. 이러한 예에 나타난 동양의 문자는 영어로 "understanding"이라고 번역한다.

넓은 전제에 대해서 사고해 보는 것이다.

Edward de Bono의 기록에 수평사고는 기원 전부터 있었다고 말한다. 솔로몬은 자신이 한 아이의 어머니라고 서로 주장하는 두 사람의 여성을 앞에 놓고 어느 쪽이 진실을 말하는가를 물었다. 어머니와 아들의 외관상으로는 판단할 수 없어서 그는 상황 증거로부터 한 걸음 나아가 어머니와 아이의 관계에서 본질을 확인하는 일을 했다. 울고 있는 여성은 자녀의 안전에 마음을 두지 않는 한편, 진짜 어머니는 아이를 기르고 싶다는 것뿐만 아니라 아이의 안전을 지키는 일에 마음을 두는 여인이었다. 솔로몬은 아이를 반으로 나누어 두 여성에게 나누어 주도록 했다. 진짜 어머니는 그것을 반대하고, 솔로몬은 그녀가 청원하는 것을 받아들였다. 그래서 그녀를 진짜 모친으로 보고 아이를 주었다고 한다.

2.5 동양철학의 사고법

The Way of Eastern Philosophy

단계적 프로세스 사고에 의한 것에는 동양과 미국 원주민의 철학에 내재되어 있는 '진실'이라는 것과 본서의 목적인 '과제의 이해'를 얻을 수 없다고 생각하는 내용의 동 · 서양 철학자가 있다. 사실, '이해'를 비유적으로 말하면 사람이 정신을 비우고, 통찰을 위한 여지를 만들 때 자발적으로 찾아온다. 이와 같이 생각하는 것은 물리적 방식에 의한 세계의 분석이어야만 모든 것을 이해할 수 있다고 하는 서구의 전통에서 '교화되어 길러진 사람들'에게는 생각하기 어려운 일이다.

비서구적 사고법에는 언어가 되지 않는 것이나 비가시적인 것, 혹은 분명하지 않은 것에 가장 가치가 있고, 그것이 진실하다고 생각하고 있다. 그러나 많은 동양철학자들의 사고법은 모순을 언급할 때 효력이 있다. 문제를 해결하는 사람의 참여 정도는 현재 존재하고 있는 것만큼이나 잠재적으로 그곳에 존재하지 않을 때 더욱 잘 이해될 것이다. 서구적 사고법의 기초인 이원론적 논리에서는 컴퓨터 프로세스의 기본과 같이 물체는 A나 B이지만 동양의 사고법에서는 동시에 A와 B라든가, 어느 것도 아니고, B도 아니다.라는 모순을 받아들일 수 있다. 모순은 시점과 관계가 있고, 동양의 사고법은 복안적인 관점을 허용한다.

나는 내가 무지하다는 것을 안다(소크라테스).
누군가 알고 있는 것을 알지 못하는 것이 최고다(노자=Lao Tzu).

인식하고 있는 것에 반해 못보고 지나치는 것이나 모순, 그리고 다양한 관점에 마음을 쓰는 것은 프로그래밍에 있어 매우 중요한 일이 된다. 프로그래머의 책임은 정의되지 않는 것을 정의하는 일이다. 프로그래밍을 전개하는데 있어 정돈되지 않는 여러 가지 생각에 접촉하는 것으로부터 이루어지게 되지만, 그 중에서도 미지의 카오스와 우연히 만날 때에는 비서구의 철학자가 가리키는 지적인 태도를 끌어들이는 경우가 있다.

2.6 퍼지 논리

Fuzzy Logic

미국 서부와 동부의 지식 습득 방법은 컴퓨터를 이용한 연구자들이 퍼지논리라고 하는 부분에서 공통점이 있다. 현재 인공지능에 종사하고 있는 컴퓨터 종사자들에게 인간의 마음은 변하기 쉬운 것이고, 세밀하고 선형적 1차원 인 과정은 인간의 마음을 움직이는 여러 방법 중 유일한 방법이라는 것은 분명하다. '있다 또는 없다'와 같은 이원성이나 오직 켜거나 끌 수 있는 전기회선을 사용하는 것을 생각하는 것은 매우 한정적이다. 우리 모두는 '삶'이라는 것이 우리가 생각하는 것 이상으로 복잡하다는 것을 알고 있다. 작가 Douglas Clark이 우리는 컴퓨터가 Charles Dickens's의 「두 도시 이야기」의 서두에 나오는 역설로 '생애 가장 최고의 시간이자, 최악의 시간이었다.'라는 말의 진정한 의미가 무엇인지 알 수 있도록 어떻게 개발할 수 있는지를 묻는다. 현재로서는 동부의 사고방식이 모순법을 다룬다는 점에

그림 2.7 모순이나 사실임을 함께 인정하기 위한 퍼지이론

서 더욱 바람직하다.

퍼지논리는 언젠가는 사고의 심미적인 부분과 식견의 도약, 그리고 다차원적인 사고방식의 편의를 도모할 것이다. 이러한 이유로 이 논리는 건축 프로그래머들과 디자이너들에게 유용할 것이다. 왜냐하면 항상 예술과 과학기술 사이에서 일하고 있기 때문이다. 한편, 의외의 상황에 서로 연결되는 다차원적인 흐름의 결과와 원인을 받아들일 수 있어야 한다.

2.7 다채로운 사고법 운용

The Versatile Thinker

어떤 종류의 사고법이 다른 사고법보다 우수하다고 단정지을 수는 없고 모든 종류의 사고법에는 동일한 모습의 가치가 있다. 여러 레벨에서 분석과 통합이나 귀납적 추리와 연역적 추리를 번갈아가며 시험해야 한다. 또 어떤 때에는 선형사고보다도 전체사고가 보다 유익하고, 동시에 그 반대도 있다. 경우에 따라서는 구속되는 것을 버리고, 그곳에 없는 것에 집중해야 한다. 어떤 종류의 사고가 특수한 상황에 적절한가를 선택할 필요가 있는데, 이를 Fuzzy logic이라 한다. 이를 위해서 개인이나 대리인의 경험은 양쪽 모두 경험을 쌓는 일로부터 뛰어난 통찰력이 생기는 것이다. 동시에 자신의 판단이 의구심이 있다는 것도 배워야 한다.

어른이 되지 않는 것은 아주 쉽다. 만약 나를 이해시킬 책을 갖고 있고, 나를 따뜻하게 어루만져주는 목사가 있고, 나의 식이요법을 결정하는 의사가 있다면, 나는 내 스스로 괴로울 필요가 없다. 만약 내가 다른 사람들이 나를 위해 이렇게 지루한 일을 기꺼이 맡아주는 것에 돈만 지불한다면, 나는 생각할 필요가 없다. 이 장에서 Kant의 "계몽 *Enlightenment* 이란 무엇인가?"라는 것이 있는데 이는 도덕적인 형이상학의 기초가 될 것이다 *the Metaphysics of Morals*.

우수한 건축 프로그래머나 설계자도 '다채로운 사고자'일 필요가 있고, 눈 앞의 과제를 해결하기 위한 가장 적절한 사고수법을 획득할 필요도 있다. 다재다능한 사고는 경험과 자신의 특유한 사고 과정에 대한 자각을 동반한다는 내용에 대해서는 의심할 여지가 없다.

사고에 대한 모든 논쟁은 어떻게 생각하고 있는가에 대해 알 수 있는지 추정하는 것이다. 어떻게 우리가 무언가를 아는지에 대한 질문은 아직 해결되지 않았다. 철학의 한 부류인 인식론은 지식의 원리와 기원의 이론을 연구한다. 어떻게 사물을 인지하는가?, 어떻게 꽃이라는 아이디어와 고용인이라는 서로 다른 아이디어를 인지할 수 있는가? 논제가 프로그래밍 회의에서 언급될 것 같지 않더라도 인식론과 정통한 사람들은 보다 더 명확한 사고활동을 하도록 가르침으로써 더 나은 프로그래머가 될 수 있도록 만든다.

자신을 생각해달라고 부탁하는 젊은 사람에게 우리는 그들에게 아주 확고하게 안돼! 라고 말해야 한다.
Albert Camus

이와 같은 지식을 얻는 데는 풍부한 경험과 자신의 사고 프로세스에 대한 자각이 수반되는 것을 알아야 한다. 이제까지는 건축 프로그래밍에 필요한 사고법을 소개했다. 여기서부터는 이 수법을 적용할 '과제의 본질'에 대해서 검토하고자 한다.

그림 2.8 3인의 심판이 〈플레이 선언에 대해서 어떻게 생각하는가?〉를 질문했다. 한 사람이 〈이전에 보아두었던 대로 하면 좋다〉고 말하고, 또 한 사람은 〈그렇게 하면 좋다〉라고 말하고, 또 한 사람은 〈플레이를 선언하기까지는 아무것도 일어나지 않는다.〉고 말한다. 3인의 심판은 바른 방법으로 진실을 말하고 있다. 그들의 차이는 무엇일까?

2.8 문제의 본질

The Nature Of Problems

문제를 이해하도록 할 때 가장 중요한 것은 어떠한 문제라도 그 전후의 관계가 있다는 것에 대한 생각을 하게 된다. 문제는 적어도 하나의 사정이나 문맥에 속하는 것이고, 많은 경우는 복수의 콘텍스트를 갖게 된다. 따라서 문제를 능숙하게 해결하기 위해서는 콘텍스트를 이

배워서 아는 것이 가장 중요하다.
Harry Truman

항상 다음에 다가올 큰일을 생각해라.
Eliel Saarinen to Eero Saarinen

몇몇 건축주들은 더 큰 문제에 대한 질문을 했을 때 화를 낸다. 가끔 그들은 말하는 시점에 이르기 위해 대규모의 조사라는 거래 행위를 한다. 모든 복잡한 문제에는 간단한 해결책이 있지만, 그러한 해결책은 옳지 못하다. 때때로 건축주들은 "우리는 빌딩이 필요해" 또는 "우리는 전문적 설계가 필요해"라는 요점에 도달하기 위해 많은 조사를 한다. 때로는 단순히 건물을 계획하거나 신축을 요구할 때도 있다. 이 프로젝트에 관한 사전지식이 당신의 질 높은 일의 수행에 있어 필수적인 것이라 설명할 수 있다. 만약 건축주가 잘못된 결론으로 일을 진행하고 있다는 사실을 발견하기 위해 그들의 자존심을 지나치게 건드린다던지, 또는 일을 해주는데 소요되는 비용을 바라지 않고 논의한다면, 건축주들은 당신에게 감사의 뜻을 표현할 것이다.

해해야만 한다.

고객은 전형적으로 건축 프로젝트에서 나타날 수 있는 문제의 징후를 완화시키기 위해 건축서비스를 고용한다. 건축 프로그램을 잘 처리하기 위해 앞으로 건축공사에서 일어날 일뿐만 아니라 징후, 즉 문제의 원인에 대해서도 이해해야 한다. 그러나 문제를 명확히 인지하려면 이 텍스트북의 내용을 숙지하고 있어야 한다. 우수한 건축 프로그램을 수행하기 위해서는, 문제가 놓여 있는 콘텍스트를 이해해야 하고 그에 따른 현상뿐만 아니라 원인을 이해하는 일도 필요하다. 콘텍스트를 이해하는 것은 눈 앞의 '문제'에 대해서 '무엇이 그 문제의 원인인가?' 그래서 문제의 원인이 되고 있는 근본 원인은 무엇일까?라고 묻는 것을 찾는 일이다.

더 복잡한 문제일수록 전통적인 건축설계가 이제는 유효하지 않기 때문에 다른 영역을 탐구하는 일에 신경을 써야 하더라도 콘텍스트를 이해하는 것은, 보다 적절한 건축적 해결에 의한 결과임을 알 수 있다.

"사회적 문제를 건축적인 해결책으로 풀어갈 수는 없다"라고 W. Pena는 말하고 있다. 그러나 물리적인 해결책으로 사회적 문제를 해결할 수는 없지만 건축적인 해결책이 무엇이냐에 따라 사회를 변화시킬 수 있다는 것을 건축 역사는 말하고 있다. 프로젝트의 콘텍스트를 잘 이해하는 것이 우수한 프로그램에 익숙하게 된다 하더라도 결코 피해가 되는 것은 아니다.

문제에 대한 콘텍스트의 예로서, 노인 급식 센터의 설계를 검토한 경우를 살펴보자. 그림 2.9의 다이어그램은 프로젝트 내용의 도표이다. 전통적인 건축설계는 어떤 레벨에서는 유효하지만 그 외에는 유효하지 않다는 것을 알 수 있다. 그러나 유효하지 않은 부분을 이해하지 못하면 프로젝트에 어떠한 손해 남의 감정을 상하게 하거나 상처를 주다를 주게 될 것인가?

예를 들면, 어떤 자치단체가 노인을 대상으로 하는 건설을 위해 자금을 정부로부터 받아내도록 했다. 운영위원회에서는 식사 공급은 가까운 병원에서 조달하도록 하고, 완성 후의 운영자금은 몇몇 행정지구

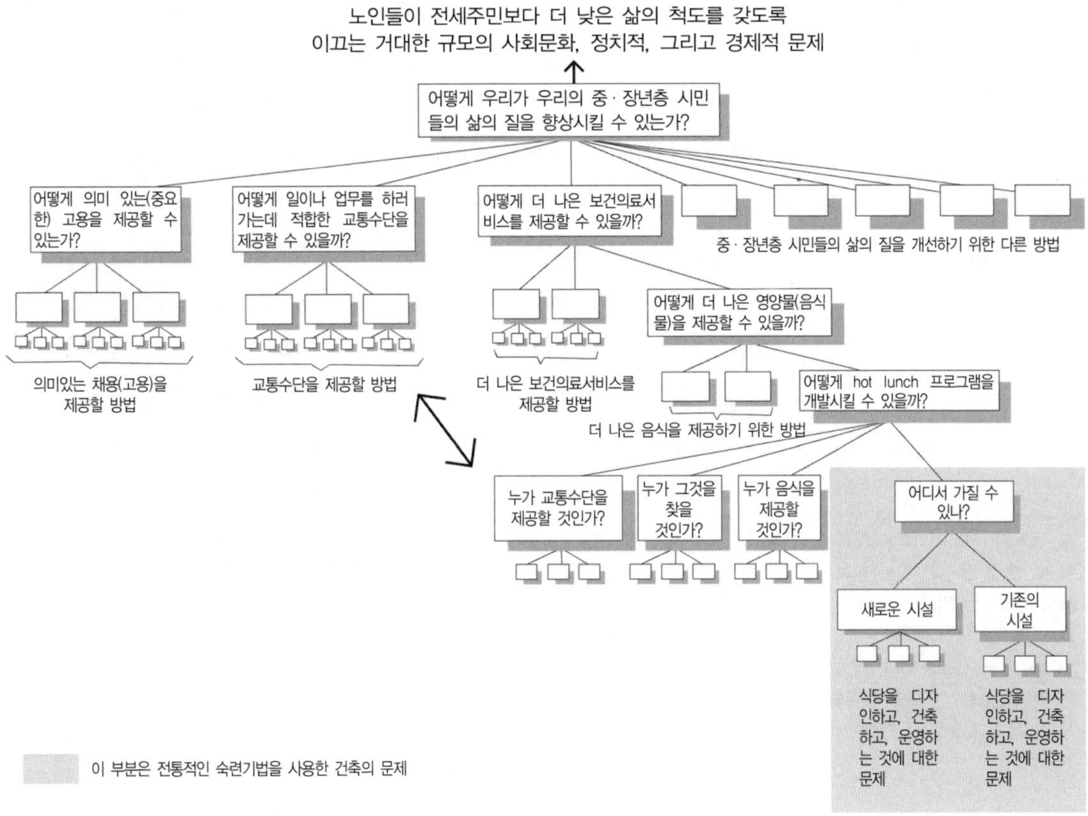

그림 2.9 문제의 구조에 관한 조직도

가 제공하는 것으로 되어 있으며, 대지는 어느 교회에서 제공하고, 설계자가 정해지면 공사가 성립되어 시설을 완성한다. 이때 "여기서 무엇을 빠뜨리고 있는가?"라고 의문을 제기할 때 노인시설로의 접근성 문제를 미처 생각못했던 부분이다. 즉 몸이 불편한 노인들은 자동차도 없고, 운전도 못하며, 먼 거리를 오래 걸을 수도 없는 보호대상인 것이다.

노인은 어떤 수단을 이용하여 급식센터에 올 수 있을 것인가?를 묻지도 않고, 그러한 시설을 만든다는 것은 일반적으로 생각할 수 없는 일이지만 만약 교통문제의 전문가나 노인문제 전문가들이 건설 프로세스에 참가하지 않은 상태이거나 설계자가 이 문제를 거론하지 않는다

모든 문제를 복합 관념으로 해석해 가는 일은 그릇된 일이지만, 이는 단순한 해법이다.
Umberto Eco

많은 건축가들은 사회라는 집단에서 소유하게 되는 것처럼 보이는 일들이 한정된 권력에 의해 좌절된다. 그러나 그들이 자신의 위세를 펼칠 수 있는 기회를 갖게 되거나 공석인 자리를 차지할 기회를 포착하게 되었을 때, 그들은 종종 자신의 일이 아니라고 주장한다.

면 이 프로젝트는 실현될 수 없을 것이다. 그것은 건축가의 일이 아니고 누군가 다른 사람의 일이라고 말하는 것은 간단할지 모르지만, 이 문제가 누군가의 관심을 가지게 될 경우 결과는 시설활동의 성패에 큰 영향을 미치게 될 것이다. 이러한 문제의 자금이나 프로젝트 관계자의 역할이 매우 중요하다고 본다.

문제 해결을 위해서는 어떤 프로젝트에 대한 여러 가지 문제의 본질을 이해하는 것이 무엇보다 중요하다. Host Rittel은 과제를 해결하기 쉬운 과제와 해결하기 어려운 과제로 서술하고 있다. 해결하기 쉬운 문제는 옳고 그름의 해결책이 분명하기 때문에 정확한 수량화가 가능하고, 더욱이 합의를 이끌어낼 수 있다. 한편 해결하기 어려운 문제는 '명석한 해결책'을 얻기가 쉽지 않고, 계획상에서 다루어지지 않는다면 본질적으로 해결하기 어려운 문제라고 지적하고 있다.

두 물체가 서로 힘을 미치고 있을 때, 한쪽 물체가 받는 힘과 다른쪽 물체가 받는 힘은 크기가 같고, 방향이 반대이다.라는 아이삭 경*(Isaac Newton's)*의 제3법칙은 종종 난해한 문제로 간주되는 사회작용에 적용될 수 있다.

사회는 생태계가 이루고 있는 양상과 같다고 생각한다. 어떤 한 부분에 대한 문제의 해결책이 다른 부분에 영향을 끼치기도 하고, 변화를 주기도 한다. 즉 문제의 주제에 따라 프로그래밍 작업을 보다 효과적으로 진행할 수 있다.

2.9 가치체계의 규칙

The Rule Of Value Systems

해결하기 어려운 과제라는 개념은 중요한 문제를 이끌어낸다. 가치관의 체계가 건축 프로그래머들의 작업에 영향을 받는다. 해결하기 어려운 문제는 어떤 하나의 관점으로만 '바르게' 하는 해결책을 가지게 된다. 이러한 것은 개인적 가치관의 체계에 의존하게 된다. 어떤 사람이 바르다고 생각하는 해결책은 그들과 동일한 가치관의 체계를 공유하는 사람들에게만 지지를 얻는 것이다.

예를 들면, 대규모 단지의 매우 넓고 오염되지 않은 전자제조공장플랜트의 공장을 거주지역 가까이에 건설하는 프로젝트가 있다고 하자. 그러한 행위가 가능하도록 하기 위해 도시의 용도지역을 변경하는 결정을 하도록 하는 상황을 상정해 보도록 한다. 공장의 주인은 공장 커뮤니티에 의한 1,500명의 일자리를 제공하고, 아름다운 경관이나 볼륨이 좋은 건축물을 제안하고 있다. 건설이 이루어질 대지는 기존의 주택가와 초등학교 사이에 있다. 먼저 이 제안에 대한 반대자는 대지이용이 매우 과밀하고, 교통발생에 따른 소음문제는 물론, 통학하는 아이들에게 위험하고, 사람들에게 해를 끼치는 것들이 생긴다고 주장한다. 한편 찬성자들은 지역에서도 일자리를 필요로 하고 있고, 시설물은 시각상 좋고 소음은 반대자들이 주장하는 정도까지는 아니라고 주장한다. 이와 같이 이웃주민들의 대표자들은 각각의 문제가 원인이 되어 분열되어 있다. 만약 당신이 결정해야 할 입장이라면 어떻게 결정할 것인가?, 당신이 지지하고자 하는 가치는 무엇인가?

제2차 세계대전 당시 글을 썼던 신학자인 Deitrich Bonhoffer가 말하기를, 때때로 우리의 선택은 좋은 것과 나쁜 것 사이에 있는 것이 아니라, 우리가 참아내는 것을 선택했던 죄책감 사이에 있다고……!

가치 있는 목표는 물론 목표 그 자체이고, 가치-함유적인 주장이다.
Jon Lang

이와 같이 의사결정뿐만 아니라 그러한 시점과 상황에 이르기까지 모아진 수많은 정보에도 영향을 주게 될 것이다. 가치관 체계는 사람의 개인적 사고와 성향에 영향을 미친다. 이와 같이 어떤 사람이 가지는 가치관의 체계는 질문 방법에 따라 명확할 수 있다. 예를 들면, 클라이언트에게 다음과 같이 물어본다. "계획을 위해 당신은 어느 정도의 성장을 바라고 있습니까?" 첫 번째 질문은 모든 클라이언트는 성장하는 것을 바라고 있다는 가치관을 전제로 하고, 두 번째 질문은 보다 중립적인 전제상에서 성립될 것이다. 성장을 바라지 않는 클라이언트라 한다면 최초의 질문에 대해서 "아니오, 전혀 아니다. 우리들은 소규모의 운영을 좋아한다."라고 말할 것이다. "보스턴의 웨스트엔드재개발"과 같이 다른 가치체계에 따라 여러 가치 있는 결과를 이끌어낼 수 있다.

우리는 사고과정의 한계, 특히 문제의 본질과 자신의 가치체계 관계를 이해하고 있기 때문에 사고의 프로세스, 과제의 본질이나 가치관 문제 등을 몇 가지 소개하고, 다음 과제를 훌륭하게 정의하기 위해서는 어떠한 작업을 조직하면 좋을지 검토해 본다. 프로그래머들은 방대한 정보량을 처리하고, 우리는 데이터를 조직화하는 수법을 살펴볼 필요가 있다.

Gertrude Stein이 죽어 있을 때 한 이야기가 있는데, Alice B. Tokias가 그녀에게 물었다. Gertrude, 답이 뭐야? 그녀가 대답하길 Alice, 질문이 뭐야?

2.10 서열 정리

Ordering the Order

첫째, 혼란스럽고 복잡함 외의 단일성을 찾아라. 둘째, 논쟁으로부터 조화를 이루어라. 셋째, 어려움 가운데 기회를 찾아라.
Albert Einstein

분석과 통합에서 400명의 종업원에 대한 프로파일을 분석하고, 그들의 역할을 18가지 범주로 통합한 예에 대해서 기술했다. 한정된 시간 안에 400명의 프로파일을 설계자가 하나씩 파악하기는 불가능해 보였지만 주어진 시간 안에 하나씩 파악할 수 있었다. 그 때, 그 사실을 승인하지 않는다면 우리는 각 직원들에 대한 개인적 욕구를 처리할 만큼 시간이 넉넉한 것이 아니라는 가정을 하게 된다. 더욱이 종업원에 부여된 작업에 대한 역할은 일시적이라 말하는 것보다 오히려 보다 항구적이라는 전제를 내세웠다. 종업원의 참가에 따라 일의 종류를 18가지 카테고리로 결정해 두고, 그 과정에서 '일의 역할과 그 일이 이루어지는 물리적 환경은 어떠한 모습이어야 할 것인가?'를 질문했다. 시간의 가치와 사무실 환경에서 개인적 디자인의 반응 가치에 대한 판단은 보편적이지도 않고 또 비인간적이다. 그러나 여기에 카테고리의 형성이나 정보의 조직화가 어떻게 이루어지고 있는가라는 의문이 생긴다. 아리스토텔레스가 꽃의 한 부분을 정의한 것과 비슷한 의문의 사례이다.

인류학자나 심리학자들은, 사람은 성장하는데 따라 카테고리를 만드는 방법을 배운다고 생각하고 있다. 사람은 그가 속해 있는 문화 속에 능숙하게 활동하기 위해 외부로부터 정보를 타인이 하는 것과 같은 그룹으로 분류하는 것을 배운다. 그렇지 않으면 다른 사람과 의사소통을 할 수 없다. 이 카테고리는 인식력 카테고리로 알려져 있고, 사람은 그가 속해 있는 그룹에 의해 인식 카테고리가 달라진다. 예를 들면 어떤 그룹에서는 곤충을 식품의 카테고리로 생각하고 있지만 다른 그룹에서는 그렇지 않다.

한 계급 제도가 폐지되면, 다른 계급제도가 자리를 차지 할 것이고, 아마도 그것은 첫 계급 보다 덜 좋을 것이다.
Camille Paglia

서구적 의식에서 볼 때, 사람은 카테고리의 체계를 형성할 뿐만 아니라, 그것을 분류함으로써 조직화한다. 그것은 어쩌면 서구식 선형사고의 경향에 의한 관계일 것이라고 생각한다. 위계분류는 정보를 카테고리 속에 보조 카테고리와 병행하여 바꾼다. Herbert Simon은 Tempus와 Hora라는 두 사람의 시계기술자에 대해서 재미있는 이야기를 하고 있다. 두 사람은 똑같이 훌륭한 솜씨를 가진 사람인데 그들에게 주문이 쇄도했다. 조립작업을 하면서 전화를 받게 되면 시계에서 손을 떼지 않으면 안 되게 되었다. 그 때, 조립중인 시계는 흐트러지게 된다.

또 한 사람은 조립 시스템을 생각하면서 만들었다. 조립작업 도중에 전화를 받아야 할 상황이라도 그 조립작업부분만을 멈추지 않고 끝냈다. 그러나 조립 시스템으로 작업하지 않는 다른 쪽 시계기술자는 전화가 울릴 때마다 멈추었기 때문에 처음부터 다시 시작해야만 했다.

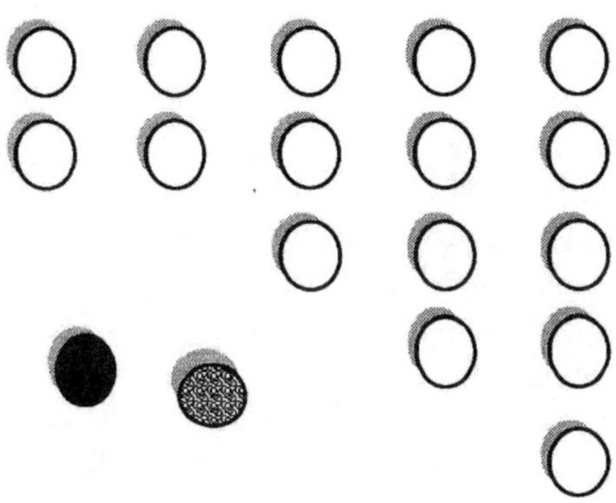

그림 2.10 서열의 정리

정보처리의 경우에도 동일하다. 정보를 몇 개의 카테고리로 분류하고, 조직화한다면 프로세스를 중단할 경우 모든 정보를 되돌릴 필요는 없다. 정보를 조직화할 때 가치관의 체계가 결정 및 질문의 종류에 영향을 주는 것처럼 조직화의 방법에도 영향을 준다. '절대적 이익의 최대화'에 가치를 두고 있는 사람은 '코스트의 효율성'에 관한 정보보다 질에 관한 정보를 낮은 위치의 분류로 조직화할 것이다. 또 건강유지에 가치를 둔 사람은 건강식품이나 운동정보를 분류의 최상위에 놓고, 음식쓰레기나 담배의 자본매출을 낮은 위치로 하게 된다.

감정은 정보의 부조리들로 만들어질 것이고, 더 합리적인 정보를 만드는 것에 의해서가 아니라, 부조리를 다루기 위해 유능한 기계의 창조에 의해 만들어질 것이다.
Marshall McLuhan

이는 정보를 카테고리 체계로 하거나 분류 체계로 하는 프로세스를 의미하고 있다. 직장에서 보스가 가장 위쪽이고, 다음은 중간 관리직, 그리고 가장 아래에 종업원순의 조직표는 역할 관계와 의사결정 프로세스를 나타내는 것이다. 조직 내에서 커뮤니케이션은 여러 가지 방향으로 흐르지만, 무엇으로 할 것인지에 대한 책임은 가장 위쪽이다.

2.11 문제해결 프로세스

Problem-Solving Process

사람의 뇌가 다음에 일어나는 복수의 상황을 그릴 수 있다는 점에서 문제해결의 프로세스가 존재한다. 옛날의 수렵가는 일정 장소에서 사

그림 2.11 Francis Bacon's의 과학적 방법은 서양에 있어 가장 초기의 과제해결 처방이다.

냥감이 모두 사라지면 사냥감이 있는 다른 장소를 생각한다. 문제의 인식과 해결 없이 인간은 생존할 수 없다. 원시적인 레벨에서 보는 과제의 어프로치는 다툼, 논쟁, "yes-but" 반응, 우호적인 회화, 이해를 위한 청취를 포함한다고 건축가와 건축프로그래머인 Pat Richards는 관찰하고 있다. 마지막 이 두 가지 외는 문제에 찬성하는 것보다, 문제를 강제로 해결하려 한다고 지적한다.

문제해결의 접근과정은 정보를 수집하고, 조직화할 때 가치체계에 따르게 된다. 해결책을 밀어붙인다면 문제해결의 프로세스에 직면하게 된다. 이 때, 프로그래머는 누군가의 지시에 의한 역학문제를 취급하고 있는 것에 마음을 쓸 것이다. 정치사는 이 역학의 기록이기도 하다.

서론에서 설계프로세스가 무의식 프로세스로부터 의식화 프로세스로 전개된 것에 연결된다고 기술했다. 오늘날 문제해결의 프로세스 역시 의식적으로 되고 있다. 어떻게 비자의적인 프로세스가 자의적인 프로세스로 진화하는가를 검증할 때 먼저 '과학적 방법'의 전개를 회고해 보도록 한다.

과학적 방법 실제 목적은, 당신이 실제로 모르는 어떤 것을 알고 있다는 잘못된 생각으로 이끌지 않도록 할 것이다. 이는 신뢰가 가는 자연을 만들기 위함이다.
Robert M. Pirsig, "Zen and the Art of Motorcycle Maintenance"

과학적 방법은 17세기에 Francis Bacon에 의해서 정의되었다. 과학적 학습은 일반적으로 되어가는 것이지만, 그렇게 해도 개개의 업적 정보를 다른 방법으로 조직화하기 위해서 과학자들은 쉽게 이용할 수 있게 되었다. 베이컨은 과학적 프로세스를 다음과 같은 스텝에 따라 표준화하는 포맷을 제안했다.

- ◆ 현상을 관찰
- ◆ 관찰을 측정
- ◆ 그것이 어떻게 작용하는가를 설명
- ◆ 설명을 입증

Bacon's의 포맷은 19세기까지 사용되었고, 과학자들에 의해 오늘날 사용되고 있는 것은 다음과 같은 과학적 방법으로 포맷을 개정하였다.

- '왜 해왕성의 괘도는 불규칙한가?'라는 의문을 제시를 한다.
- 상세한 해왕성의 괘도 등, 관련 증거를 수집한다.
- 보다 멀리 있는 혹성이 해왕성을 괘도로부터 겹치지 않도록 한다는 가설을 세운다.
- 천왕성이 괘도를 신중하게 측정하는 일에 의한 관계를 시험한다.
- 만약 또 하나의 혹성이 있다면 그것은 동일한 천왕성의 괘도에도 요철을 낳게 한다와 같은 관계의 연역을 시험한다.
- 천왕성의 괘도에서 발견된 것을 모토로 가설을 수락, 거부 또는 수정 실시한다.

과학적 방법의 포맷에 있어 중요한 것은 정보의 조직이 프로세스를 서열화할 수 있고, 정보의 포맷이 스태프의 접근을 지시하고 있다. 바꾸어 말하면, 포맷은 프로세스를 지시하고 있다. 21세기에도 계속된 과학적 사고의 인기는 그 방법이 다른 과학자에 의해 과학적 검증을 허용한다는데 있다. 가정의 검증 프로세스는 시험된 현상이 반복적이고, 비틀어짐을 불러일으키는 변수를 특정하여 그 장소에서 제어되는 것을 전제로 하고 있다.

이 과학적 방법은 건축 분야 연구에서 널리 사용되고 있지만, 건축 프로그래밍에서는 대부분 사용하지 않는다. 과학적 방법에서는 반복적으로 의지하고 있는 한편, 건축 프로그래밍에서는 프로젝트의 특이성을 정의하는 것을 시험한다. 거의 대부분의 건축적 해결책은 반복되지 않는다. 적어도 세부적으로는 그렇지 않다. 그 대신 우리는 특이한 창조에 의한 결과를 내놓는 작업의 조직화를 찾고 있다.

의식적인 결정은 전통에 의한 자문이나 논리적 추론과 과학적 분석에 의해 내려질 것이다. 전통은 같은 문제를 가지고 많은 세대들의 실험을 한 다음, 그 후에 오는 결과물이 이미 전통 속에 포함되어 있기 때문에 이 두 과정은 동일한 결과물을 가져와야 한다. 반면에 과학적 분석은 문제의 현상을 체계적으로 관찰하는 것이다.
Hassan Fathy, "Architecture for the Poor", University of Chicago Press, Copyright 1973, used by permission.

2.12 다른 분야로부터 문제해결을 위한 포맷

Problem-Solving Formats from Other Disciplines

건축의 방법들은 가끔 과학에서 이용하는 방법들과 일치하고, 자연과학을 사용하는 조사의 종류 또한 건축에 적용될 수 있다. 건축에 있어 조사연구는 이전보다 더 정연해지겠지만, 건축연구의 정수는 결코 분석적이지 않을 수도 있다. 건축연구는 언제나 단순한 재능과 본능 이상의 것이어야 한다.
Alvar Aalto

건축 프로그래밍에서 사용되는 포맷을 다루기 전에 다른 분야에서 사용하고 있는 포맷에 대해 검토해 둔다. 우리는 먼저 이성적 문제, 즉 문제를 해결하는 방법 자체는 문제를 해결하려고 노력한다는데 합의점을 두고 있다는 사실에 주목해야 한다.

우리가 위에서 언급하고 있는 문제해결 형태를 검토할 때, 관계자들은 공정하고 긍정적인 접근방법을 채택하는 것이 당연하다. 동시에 문제해결 형태는 개발하는 사람의 가정과 잠재적인 가치를 나타낸다.

건축 프로그래밍 초기에는 System Analyst와 컴퓨터 기술자에 의해 명석한 사고 프로세스의 기술을 찾는 일에 주의했고, 전형적인 시스템 분석에 있어 문제해결의 포맷은 다음과 같다.

1) 시스템 분석의 포맷

- ◆ 일반적인 용어에서 목적을 기술한다.
- ◆ 계측 가능한 용어로 목표를 기술한다.
- ◆ 목적과 목표를 달성하는 방법인 전략을 정의한다.
- ◆ 가장 정확도가 높은 전략에 의해 얻은 대체안을 창출한다.
- ◆ 평가와 선택을 한다.

일찍이 미국의 군대에 의해 사용되었던 또 다른 포맷을 다음과 같이 나타냈다.

2) 과거 미군에 의한 문제 분석

- ◆ 문제 제시…무엇을 이룩할 것인가?
- ◆ 사실과 전제의 리스트 작성과 다르게 요구되고 있는 조사의 결정과 실행
- ◆ 규범 설정…해결책은 어떻게 평가할 것인가?
- ◆ 해결책 리스트

◆ Criteria에 의한 해결책 평가
◆ 추천문 작성…결과의 문서화

3) 미국 정부의 대리인(또는 행위자)이 사용하고 있는 포맷

◆ 계측 가능한 용어로 문제를 제시한다.
◆ 계측 가능한 목표를 설정한다.
◆ 전략을 제시한다.
◆ 평가계획과 일정 및 시간을 기술한다.

이러한 세 가지의 포맷을 검증하고 확인된 공통적 특징을 다음과 같이 간추려 보았다.

1. 수단은 목적이나 목표가 제시하고 있는 모든 포맷이 가지고 있다. 예를 들면 목적은 '실업자에게 일을 제공하는 것'같은 의미를 내포하고 있고, 목표는 '다음 2년간, 뉴잉글랜드주에서 300명 정도의 새로운 자리를 창출한다.' 것처럼 수량화할 수 있다.
2. 군대의 포맷은 사실적인 것과 전제의 리스트를 요구하고 있다. 다른 두 가지 포맷으로 이용 가능한 자원과 그 자원을 사용하는 방법의 전략을 말한다. 이러한 의미에서 사실을 수집하는 스텝은 세 개의 모든 포맷에 포함되어 있다.
3. 전략적 구축이나 대체안의 형성은 해결하려는 견지에서부터 목적을 주시하고, 그 두 가지를 묶어 아이디어 창출을 요구한다. 이러한 조치는 어느 포맷에 있어서나 가장 독창적인 부분이다.
4. 세 개의 포맷은 평가의 수단을 포함하고 있다. 평가는 곧바로 하는 것과 나중에 평가하는 것이 있다.

어떤 남자가 포장라인에서 오렌지를 선별하는 자신의 친구에게 물었다. "그런 결정은 어떻게 해?" 친구가 대답했다. "큰 오렌지를 구별하는 것은 쉬워, 작은걸 찾아내기도 쉽지. 중간 크기의 오렌지를 결정하는 것이 정말 어려운 문제야"

다음은 이러한 포맷이 강조하는 잠재적인 가정을 살펴 조사보자. 세 가지 모두 실제 살펴본 포맷의 정보가 범주에 쉽게 저장된다는 가정을 하고 있다. 모든 포맷에 있어 정보는 범주별로 쉽게 분류되거나 상정된다. 그러나 일단 건축 프로그래밍 프로젝트를 시작하면 그러한 결정이 그다지 쉽지 않다는 것을 깨닫게 된다.

모든 포맷은 정보가 정확하지 않을 때도 있다. 예를 들면, 큰 목표를 목적으로 생각할 수 있다. 또 아이디어의 스케일이 불명확하기 때문에 그것이 목적인지, 목표인지를 결정하기가 어렵다. 만약 다른 정보가 매우 구체적이라면 어떤 아이디어는 목적처럼 포괄적이라 생각할 것이고, 혹은 다른 정보가 일반적이라면 자기 주위에 미치는 범위의 아이디어는 비교적 구체적으로 같이 생각한다. 여기서는 정보 스케일의 상대적 관계성이 된다.

또, 포맷에서 아이디어는 한마디로 끝내는 일이 가능하다는 생각을 전제로 하고 있다. 미군의 포맷은 "해결책의 리스트를 작성하시오"라 말하고 있지만, 해결책을 목록화하는 것은 쉽지 않다. 더욱이 거기에는 수많은 해결책이 함축되어 있다.

특히, 세 번째의 포맷은 특별히 프로젝트의 성과를 용이하게 양적으로 평가되는 것을 전제로 하고 있다. 이것은 국가 재원에 의한 프로젝트의 코스트 효과를 의회에서 승인시킬 필요가 있다는 것에 기인하고 있다. 이 포맷은 양적인 절차에 따라 과제에 대한 질적인 관심이 생략되는 경향이 자주 발생한다.

문제해결을 위해 요구되는 것은 단순히 포맷에 의해 작업이 이루어지게 하는 것 이상이다. 거기에는 협정하여 문제를 해결하려는 것은 참가자의 자세나 적절한 지시가 있어야 한다. Pat Richards는 사람들이 문제를 해결하려는 상태로 전환되기 위한 조건으로 다음과 같이 지적하고 있다.

- ◆ 불일치가 당연한 것으로 인정된다.
- ◆ 모든 관점을 받아들인다.
- ◆ 상호 관심이 있는가, 어떤가를 결정하기 위해 시간을 확보하도록 한다.
- ◆ 비난을 위한 요구가 아니다.
- ◆ 문제의 관심을 해결의 관심으로 치환한다.
- ◆ 서로 다른 것이 독특한 상황이나 상태의 결과로 본다.

지금 우리는 몇 가지 건축 프로그래밍 포맷에 대해 엄밀하게 검토하고 있다.

2.13 건축 프로그래밍 포맷

Architectural Programming Formats

현대는 수많은 종류의 건축 프로그래밍에 관한 포맷이 사용되고, 이들 그룹은 건축 프로그래밍 서비스를 제의하고 있다. 지금까지 그 다양성을 설명하는 몇 가지 사고방법을 다루었다. 포맷은 어떤 쪽도 어떤 원인의 전제에 따르고, 더욱이 그 전제는 여러 가지가 있다. 건축을 만드는 것 자체가 특이한 해결책의 탐구라고 말할 수 있으며, 특이한 어프로치로 이끌어간다.

과학과 예술의 가장 큰 차이는, 17세기에 과학이 본질적으로 계측하는 것을 취급하는 한편, 건축을 포함한 예술이란 가치 결정을 취급하는 것이다. 건축 분야에서 포맷의 표준화에 동의하는 사람은 없다고 할 수 있지만 상관하지 않고 현재 사용하고 있는 몇 가지 포맷에 본질적인 유사성이 있다는 것도 사실이다. 학문 분야의 특징은 가까운 미래나 그 보다 먼 미래에 표준화된 형식에 관한 의견일치를 방해할 수 있다. 그러나 건축과 다른 분야의 형식도 상당한 유사점이 있다. 오늘날 우리는 일부 형식을 검토하고 있다.

"programming the Built Environment" 가운데 J. Farbstein은 다음 3가지의 요점을 종합하는 프로그래밍 수법을 소개하고 있다. ① 행동과학의 관심과 수법, ② 유저의 참가, ③ 전문적인 건축 · 환경프로그래밍의 업무이다. 여기서 개발된 포맷은 프로세스에 따른 다섯 단계가 있다.

1. '문헌연구' : 시설과 실사용자에 관한 문헌조사
2. '유저에 관한 조사' : 실사용자와 그 행동의 상세한 조사
3. 설비를 위한 성능조건 개발
4. 공간의 질적 레벨과 종류, 코스트에 따른 옵션을 생각한 안

5. 공간의 마감 결정 : 시설공간이나 환경 특징의 기술

앞에서 서술한 세 가지 요점은 위의 다섯 가지 각 단계마다 연관된다. 평가 프로세스에 대해서는 프로그래밍과 함께 설계, 건설, 입주 후의 각 단계에서 이루어지게 하는 것이라고 지적하고 있다.

"Architectural Programming, Creative Techniques for Design Professionals" 가운데서 Robert Kumulin은 프로그램을 보고서로 해야 하는 포맷을 소개하고 있다. 그는 '프로그램 요소의 체크리스트'에 대해서 다음과 같이 언급했다.

- 우선 순위 제시
- 공간의 기준
- 조직 도표
- 공간의 리스트
- 비슷한 것과 분류
- 흐름 도표
- 룸의 데이터 시트
- 법률, 조례, 그리고 규칙
- 기기의 디지털
- 대지 평가
- 코스트 평가와 예산 개발
- 스케줄
- 미해결 과제
- 기타 정보(디자인 지침 등)
- 대지선정 조건
- 과제, 프로그램 목표, 그리고 프로그램 개념
- 건축적, 그리고 엔지니어링적(환경적인 요구) 조건
- 기존 시설의 분석(기존 시설의 개수인 경우)
- 일반적인 조건과 표준(프로젝트 전체로서)

Kumlin은 이러한 리스트를 카테고리나 정보의 종류, 포맷으로 조직화하는 것은 하지 않고, 프로그래밍의 프로세스 경영을 강조하고 있다. 그는 적절한 경영에 의해 운용되는 체크리스트로서 제시된 항목을 다루고 있다.

Donna. P. Duerk는 "Architectural Programming : Information Management for Design" 중에서 "과제를 베이스로 한 프로그래밍"을 제창하고 있다.

- ◆ 과제의 정의
  - • 과제
  - • 사실
  - • 해결책

- ◆ 가치
  - • 우선사항의 목적
  - • 질적인 계속성
  - • 모순되는 가치
  - • 사항의 체크리스 개발
- ◆ 주요한 의사결정
- ◆ 정보검색 전략

Duerk는 프로그램 개발도중에 발생하는 모든 문제는 각각 분리하고, 문제에 대한 서로간의 영향은 설계단계에서부터 설계자가 해결하는 것이라고 설명하고 있다. 또 모든 과제는 우선순위가 할당된다고 말하고 있다.

가장 가치 있는 건축 프로그래밍 포맷인 「Problem Seeking」은 Caudil Rowlett Scott의 건축사무소(CRS, 현재는 HOK)에 의해서 개발되었다. 1965년에 CRS는 Williem Pena와 Robert Mattox를 프로그래밍의 전문부서에 임명했다.

나중에 John Focke가 이 작업에 참가하고, 1969년에 Williem Pena는

「Problem Seeking」이라는 명제의 저서를 출판했다. Pena가 '건축 프로그래밍은 설계에서 해결해야 하는 과제의 정의를 탐구하는 프로세스'라고 주장했던 것이 그 명제의 유래가 되었다. Pena는 포맷을 유포하고, 많은 세대들의 프로그래머를 교육시켰다. 'Problem Seeking method'는 건축 프로그램 자료가 the pre-Design service 부문의 시험으로 만들어질 때까지 한동안 국가건축등록시험의 기초에 도움을 주었다.

State the Problem 구문은 목표 설정이나 계획 전체의 초기 단계에서 다양한 형태로 나타난다. 한 형태는 이 모호함을 해결하기 위한 단계로 Program Synthesis나 State Problem for Design이라는 구문을 사용할 수 있는 것이다.

「Problem Seeking」은 건축 프로젝트를 위해 특별히 개발한 최초의 포맷이 되었으며, 다음과 같은 스텝을 포함한다.

- ◆ 목적 확립
- ◆ 사실의 수집, 조직화, 그리고 분석
- ◆ 컨셉 발견과 검증
- ◆ 니드의 결정
- ◆ 문제 지시

위의 다섯 가지 수단은 다음 네 가지 속성에 따라 각각 영향을 끼친다. ; 형태, 기능, 경제, 그리고 시간이다. 그 속성은 전체 설계과제의 본질을 발견하기 위해 각 스텝에 적용시킨다. 「Problem Seeking」의 가장 특이한 점은 이 최후의 스텝에서 통합시켜 가는 작업을 하는 일이

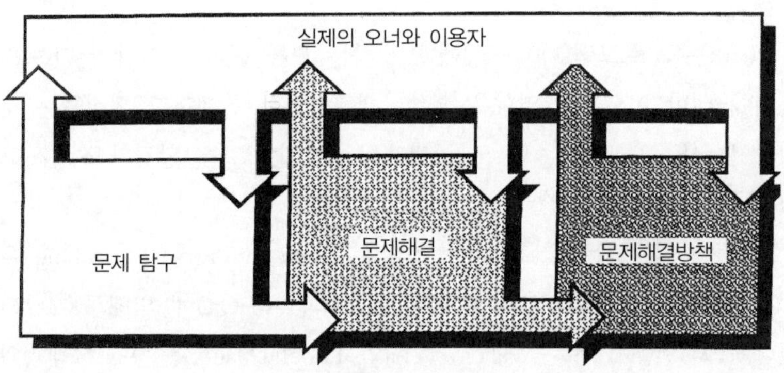

그림 2.12 Architectural Research Consultant에서는 William Pena's의 「Problem Seeking」의 포맷을 20년 이상 사용하고 있다. 프로세스를 클라이언트로 설명하기 위해서 CRS *Candill Rowlett Scott*를 개발한 그래픽을 사용하고 있다.

다. '설계과제 제시-State the problem'-는 프로그래밍과 설계를 연결하고 이어주는 역할을 담당한다. 이와 같이 「Problem Seeking」으로부터 설계로의 추이가 명쾌한 포맷은 그 외에 달리 없을 것이다.

2.14 건축 프로그래밍 포맷의 공통적 특징

Common Characteristics of Architectural Programming Formats

건축 프로그램의 주요 모든 부분은 전체를 계획하는 기준으로 간주할 수 있다.

이러한 포맷은 다음과 같은 특징을 공유하고 있다.

1. Farbstein's Process는 문헌연구로부터 시작한다. 그 외의 프로그래머는 building typology 연구를 수행하지만 그 연구는 프로세스에서 스텝으로 확실하지 않다.
2. 목적, 조건, 목표로서 문제 정의 : Farbstein's의 제3스텝에서는 '성능조건'을 설정하고 있다. Kumlin은 '우선순위'를, 그리고 Duerk는 '우선사항의 목적'을 설정하기 위해 '가치'를 사용하고 있다. Pena's가 다루고 있는 초기 스텝에서는 달성해야 할 '모든 목적을 정의'하고 있다.
3. 정보 수집과 분석은 Farbstein's의 제1스텝에서 다룬 '문헌조사'와 제2스텝에서 '유저에 관한 조사', Kumlin's가 작성한 리스트인 '룸의 표준', '법률', '대지평가', '일반적인 조건과 표준' 등 많은 항목, 그리고 Duerk's에 의한 '문제의 정의'와 '정보검색 전략', Pena에 의한 사실의 수집, 조직화, 그리고 분석이 포함되어 있다. 단순한 정보 수집만으로는 불충분하기 때문에 그 조직화나 분석에 의해 설계자가 이해 가능한 정보로 통합해야 하는 정보를 가리킨다.
4. 목적을 위한 대체안, 전략, 그리고 어프로치 개발은 Farb stein's의 제4스텝에서 옵션 디자인과 성능조건을 개발시킨 제3스텝, 그리고 Duerk's의 '문제의 정의'나 중요한 의사결정에서 「Problem Seeking」의 제3스텝인 목적을 달성하기 위한 전략에 대항하여 개념 발견과 검증에서 볼 수 있다.

5. 평가는 이러한 프로그램에 따라 중요하고, 어프로치마다 그것을 프로그래밍 프로세스에 포함하거나 독립된 스텝으로 자리잡고 있다.
6. 이러한 포맷은 전반적으로 프로그래밍을 설계에서 분리해야 한다는 원리를 받아들이고 있다. 「Problem Seeking」의 제5스텝인 '문제 제시'는 모든 아이디어가 검토되고, 그 후의 설계단계에서 우선해 중요 사상이 제시되는 프로그램의 통합 부분이다. 이것은 프로그래머와 설계자가 협력하여 과제 제시를 개발하는 일이 이상적이라 할 수 있다.
7. 코스트와 우선순위 설정은 Farbstein's에 의한 제4스텝의 '옵션의 고찰', Kumlin에 의한 '코스트 평가와 예산 개발'에서 취급하고 있다. 「Problem Seeking」의 방법에 의한 필요성 결정은 프로젝트의 양적인 정보(면적 : square feet, 코스트 : dollar, 스케줄 : time schedules)의 제시이다. 면적 요구의 결정은 Wolf Preiser calls에 의하면 공간의 'the Shopping list'이다. 「Problem Seeking」에서는 최초의 스텝으로 설정된 예산 목표에 대해 쇼핑리스트의 경제적 실행 가능성을 검증한다.

이러한 포맷도 다른 분야에서 사용하고 있는 포맷과 같이 몇 가지의 전제조건이 있고, 이는 정보가 쉽게 분류되는 것과 같이 표현된다. 그러나 최선의 건축 프로그래머들은 현실적으로 각각의 아이디어가 포맷에 정돈되어 있어서 그것과 합리적으로 들어맞는 것은 드물다고 본다.

실제 프로그래밍 작업에서는 이러한 포맷이 가리키고 있는 선형 프로세스는 거의 없는데 정보가 포맷의 순서대로 얻어지는 것이 아니기 때문이다. 프로젝트 진행방식에 따라 정보를 입수하는 것은 가능하지만 그러한 것에 관여하지 않는 포맷의 각 스텝을 되돌리는 것은 피할 수 없다. 또 정보의 흐름을 풍부하고 신비롭게 하면 정보를 제공하는 유저를 소외시키는 경향이 되므로 주의하는 것이 매우 중요하다. 정보 출현은 프로젝트의 조직화에 대한 방법이 잘 처리되었지만, 스텝들은 때때로 포맷을 서로 되풀이 하고, 정보의 흐름에 대한 많은 조절을 한다. 우리는 가끔 이것을 바라지만 유저들로부터는 멀어진다.

Duerk's model은 설계자에게 쉽게 액세스되는 것을 전제로 하고 있지만 현실적으로 그 접근은 불가능하다. 4명의 프로그래머들은 실 사용자가 참가하는 것이 결정적이라고 보고 있지만 실 사용자를 지휘하는 방법에는 차이가 있다. 더불어 실 사용자의 참여 여부를 건축 프로그래머에 의해 제어하는 것은 아니다. 또 모든 의견에는 가치가 있다고 말하는 자유스러운(민주적인), 무책임한 생각에 대해서 전력을 다할 수 없다고 하는 정책방침을 가지고 있는 조직도 있다. 이러한 부류의 클라이언트에 대해서는 실 사용자를 참여시킨다는 생각을 교육시키기도 한다.

어떤 비평가는 프로그래밍 포맷이 클라이언트에 대해 미완성상태인데도 의사결정을 성급하게 강요하고 있다고 말한다. 그러나 이것은 단순히 프로그래머 한 개인의 능력 부족에 의해서 발생하는 문제이다. 여기서 이루어진 포맷에 대해 비교하는 것은 매우 광범위한 검증을 필요로 한다. 그리고 공통적인 특징과 프로그래밍하는데 통용되는 어프로치를 소개하는 것은 흥미로운 일이다.

2.15 건축 프로그래밍의 단계적 실행

Phasing Architectural Programming

이 장에서는 정보의 스케줄(내용이나 양)과 정보의 포맷(단계)에 관한 내용을 다룬다. 포맷이 일반적인 문제를 해결하거나 건축 프로그래밍을 하는데 사용되지만 각각의 카테고리 안에 포함된 많은 정보에 대한 논란은 항상 존재한다. B.C.4세기에 아리스토텔레스는 말하기를 "만약 우리의 논의가 주요 문제로 여겨질 만큼 명확하다면 그것으로 충분할 것이다. 왜냐하면 명확하다는 것은 모든 논의 중에 똑같이 추구하는 것은 아니기 때문이다. 오직 주제의 본질로 인정되는 한도 내에서 각기 다른 사물의 분류에서 명확함을 찾는 것은 잘 교육받은 사람이라는 증거이다."

명확함은, '만약 우리의 논의와 노력을 특정한 위치나 상황의 범위(척도, 규모-새)에 맞추게 된다면 논의와 노력은 명확해질 것이다. 건축 프로그래밍에는 규모가 큰 복합시설의 종합계획으로부터 규모가 작은 증·개축의 프로젝트에 이르기까지 스케일상 규모가 큰 프로젝트도 취급하고 있고, 여러 종류의 프로젝트에 대해서 각각 어떤 스케일 정보가 가장 적합한가를 결정해야 한다.

건축 프로그래머에게 있어 언제, 어떤 지식 분야가 유용한지를 결정할 때, 직접적인 경험으로부터 오는 실제 설계과정에 대한 지식은 뛰어난 경력이다.

또 정보스케일(appropriate)의 적절성에 대해 검토하는 방법은 대상 프로그램의 독자를 고려하는 일이다. 독자로는 클라이언트, 일반 대중, 자금제공자, 자금관리사, 의회, 건축가, 조경 설계자, 계획가가 포함된다. 프로그램이 제공하는 정보 스케일은 그들에게 적절해야 한다.

프로그램의 가장 많은 독자는 설계자들이다. 그들은 대규모 스케일로부터 설계를 개시한다. 예를 들어, 건물은 종업원 사이의 커뮤니케이션을 촉진시켜 빨리 나가게 한다. 그 목적은 사용하는 각 공간과 건물의 전체적인 디자인에 관해서 미리 암시한다. 건물에서 충분한 전기콘센트를 갖추어야 한다는 것은 어떤 건물에 적용되어야 한다. 적당한 콘센트 배치는 건물의 일상적인 이용을 위해 중요하지만 콘센트 정보를 설계 초기 단계에 포함시키는 것은 그 건물의 특성과는 관계없다. 설계자는 개념설계단계에서 콘센트의 필요성에 대해 배려하는 일은 온당하지 않다. 이와 같은 정보를 부록에 실을 것인지 의문이지만, 오히려 실시 설계프로그램에 포함시키는 것이 적절하다. 건물에서 활동하는 개인 작업이 건축 전체에 영향을 미치는 경우도 있다. 예를 들면, 그 작업이 자연광을 필요로 하는 경우 밖의 빛을 받아들이는 것이 건물의 외관에 영향을 준다. 따라서 설계자는 설계를 개시하기 전에 그러한 요구를 알아둘 필요가 있다.

각 단계마다 존재하는 소음으로부터 신호를 분리해라.

예를 들면 어떤 특정 공간이 그 건물 안에서 여러 번 반복되는 상황이다. 많은 비서실을 필요로 하는 오피스를 생각해 보면 이상적인 비서실의 상세나 비서실 사이의 관계를 미리 설정할 필요가 있다. 이에 따라 개념 설계 단계에 있는 비서실의 이상적인 배열이 가능하게

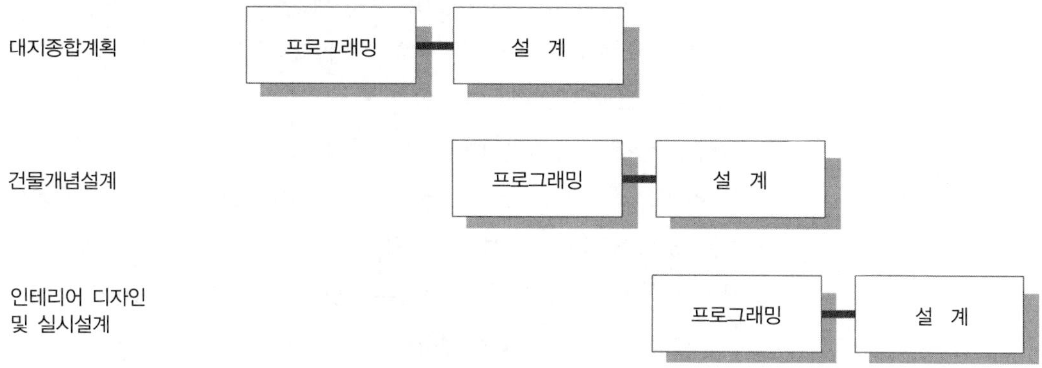

그림 2.13 프로그래밍의 내용이나 양은 프로젝트의 규모와 작업 단계에 합치해야 한다.

되는 것이고, 비서실마다 미묘한 차이가 요구되어 그 미세성이 특수한 조명, 음향 등에 관한 요구가 없으면 설계자는 나중에까지 그 세세한 부분을 염려할 필요는 없다.

상세도가 개념설계 프로그램에 포함되는 것이 중요할지 결정은 주로 프로그래머의 경험에 근거를 둔다. 그러나 프로그래밍 단계에서 설계자가 결정하는 프로젝트인 경우나 프로그래머 자신이 설계자를 선호하지 않는 경우 프로그래머는 "정보가 건물 전체 설계에 강한 충격을 가져올 수 있을까?"라고 자문할 수 있다.

다시 말해, 정보는 언제나 바라고 있는 순번대로 포착할 수는 없다. 클라이언트는 부지 내의 건물 배치계획이나 기본설계, 실시설계를 위해 어떠한 정보가 가치 있는가를 알 수 없다. 따라서 정보를 받아서 카테고리로 분류하고, 그것을 클라이언트와 확인하고, 독자가 이해되도록 처리하는 것이 프로그래머 자신이다.

정보제공 단계와 정보의 스케일 문제는 Pena가 말한 건축 프로그래밍의 2단계 프로세스를 다시 상기시킨다. 기본설계에 관련된 정보는 기본설계 프로그램에서 다루고 있고, 실시설계에 관한 정보는 실시설계 프로그램 안에서 취급되고 있다.

기본설계 프로그램과 실시설계 프로그램의 차이는 단순히 포함되는 정보의 스케일 문제뿐이다. 하나의 스페이스와 다른 스페이스와의 관계, 건물의 전체적인 형태, 대지, 전체 예산 등에 관한 정보는 기본설계프로그램에 포함될 것이다. 개별 스페이스의 작업에 대한 정보는 실시설계 프로그램에 포함될 수 있다.

이러한 생각은 개념설계보다 스케일의 크기, 대지 안에서 건물의 배치계획에도 적용된다. 건설자금 확보를 위해 대지에 마스터플랜을 요구하는 프로젝트가 빈번하다. 이럴 경우 1단계의 디자인 개발을 위한 문제와 1단계의 개념설계를, 다음은 1단계 프로그램을 위해서는 디자인을 개발한다. 대지의 종합계획을 위한 프로그램을 만들게 된다.

2.16 요약

Summary

건축 프로그래머에게 유용한 분석과 통합, 귀납적 추리나 연역적 추리, 선형과 전체사고, 동양적 생각, 그리고 Fuzzy logic의 사고법에 대해 검토해보았다. 여기서 알게 된 것은 그 어떤 것도 단지 하나가 최선이 아니라는 것이 요점이다. 건축 프로그래머는 다채로운 사고자일 필요가 있고, 상황에 따라 여러 가지 사고법을 적용해야 한다.

다음은 과제의 본질을 검토했다. 과제를 해석하기 위해서 사고 프로세스를 사용했고, 과제에 대한 context의 이해가 중요했으며, 모든 사람들에게 합의된 해결책을 가진 과제가 전부가 아니라는 것을 지적하고, 거기에는 가치관의 체계가 관계되어 있다는 것을 지적했다. 단순히 정보란 문제해결의 프로세스가 마련한 정보로 변질되도록 정리한 것을 검토했다.

이러한 프로세스의 건축적 과제의 적용을 검토하기 위해 몇 가지 건축 프로그래밍의 어프로치를 비교했다.

다음 장에서는 클라이언트에 초점을 맞추었다. 작업을 위한 도구를 개발하고, 개인이나 그룹과의 작업에서 클라이언트에 대한 의사결정 프로세스 및 그들의 의도를 설계자에게 이해시키고 공동화되도록 전달하기 위한 방법을 검토한다.

MEMO

그림 3.1 여러 타입의 클라이언트가 있다.

3

클라이언트

Clients

당신이 사람에 대해 생각할 경우 -
사람은 가장 중요한 존재가 된다.
당신이 사람에 대해 생각하지 않을 경우 -
사람도 중요한 존재가 아니다.

건축물은 대부분 인간을 위해 존재한다. 완성된 건축물은 관련된 사람들 - 설계자나 시공자가 그것을 실제로 사용하는 사람 - 이 어디에, 얼마 만큼의 관심을 가지고 있는가를 확실하게 반영한다. 이러한 빌딩의 방법은 중요한 사회적 증거이다. ; 그들은 인간에 대한 가치관을 건축물로 표현하고 있다. 이 책의 공식적인 목적 중 하나는 '건축물을 사용한다든가, 거기에 살고 싶다고 하는 사람들의 공동작업 방법과 그때의 태도나 자세를 독자로서 또는 전문가 입장에서 생태학적 사회적 문화적 환경에서 실제 몸으로 체험해보는 일'이다. 이 장에서는 클라이언트 입장에서 생각하는 한 그룹의 시설 이용자에 대해서 토론한다.

좋은 건축은 사람과 관련이 있다. 우리가 설계를 할 경우 사람을 잊어버린다면, 우리는 본질과 실질보다는 유행과 외적 방식에 관심을 갖게 된다.
Pietro Belluschi

일반적인 클라이언트의 조건에서 건물과 함께 모든 사람들이 같이 사용한다. 클라이언트란, 시설의 오너나 그 대리인, 시설의 이용자나 일반인을 포함하는 것은 물론 시설에 관여한 모든 사람들을 의미한다. 따라서 건축 프로그래머는 집단 속의 개인, 큰 그룹의 사람들, 그리고 다른 문화권에 속하는 사람들과도 함께 작업해야 한다. 또 건축 프로그래머는 사람에 관한 정보를 수집 · 분석하기 위하여 데이터를 수집하는 기술에 익숙하고 친숙해야 할 필요가 있다.

3.1 클라이언트의 속성

Type of Client

클라이언트의 몇 가지 속성은 시설과 관련이 있다. 그 대상에 따라 건축 프로그래머의 어프로치는 클라이언트의 타입에 따라 다르게 나타난다. 프로젝트에 관한 그들의 상호관계성과 함께 여러 클라이언트들로부터 원하는 정보의 종류도 프로젝트에 대한 클라이언트와의 관계 정도에 따라 다양하다.

조직의 부서에서 결정이 내려는 경우, 정치학자의 시각에서 볼 때, 그것은 권위로 보여질 수 있다.

소유자의 유형	정치적 유사함
형식	유추법
개인 자영업자	군주제 (군주정치)
조합 또는 주식회사	독재 정치
공공단체	
• 1인 1표	민주제
• 선출된 관원	공화제

프로젝트의 오너는 건물을 짓는 법률상의 권리를 가진 사람이나 조직공공단체 및 기업이다. 프로그래머나 건축가의 계약은 거의 대부분 오너와 함께 한다. 어떤 프로젝트이든지 법률상 오너는 프로젝트의 최종적인 정책방향 결정자인 셈이다.

몇몇 오너는 프로젝트에 대해 극단적인 의사결정권을 가지고 이 결정권을 유지하고 있는 오너도 있지만 건설위원회 그룹에 권리를 위임하는 오너도 있다. 프로젝트의 오너가 조직단체일 때 의사결정자는 동일한 권리를 다른 대리인에게 위임한다. 대리인은 클라이언트의 또 다른 형태로서 프로젝트에 영향을 미치거나 영향을 받는 클라이언트이다. 또 건축허가권을 가진 대리인은 프로젝트를 감시하기 위해 임명되어 건축허가를 부여할 수 있다. 예를 들면, 주택도시개발국으로부터 자금이 제공되는 하우징 프로젝트에서는 건물이 그 대리인이 정하는 최저기준에 합당하지 않으면 그 프로젝트는 인정되지 않는다. 공공프로젝트의 대부분은 일반 공중의 건강과 복지를 지키기 위해 설립된 에이전트에 의해 감리되고 있다.

시설에서 일하고, 놀고, 살고 싶은 이용자는 가장 관심을 끄는 클라이언트 그룹이 된다. 예를 들면, 초등학교시설은 아동, 교사, 보조원, 학부모, 학교장, 간호사, 도서관직원, 유지관리자, 조리사, 사무원들이 사용한다. 이러한 그룹은 프로젝트에 대해서 각각 다른 관점을 가지고 있기 때문에 그에 관한 모든 것을 이해하는 것이 시설 조성의 성공을 위해 중요한 요소의 하나라고 볼 수 있다.

대부분의 경우 프로그래머에게 시설의 실제 사용자는 이용 가능하나 대상은 아니다. 예를 들어 하우징 프로젝트가 진행되고 있다해도 개개의 미래 입주자들을 알 수는 없다. 대리 이용자를 설정해서 사회적, 경제적으로 상정되는 입주자와 동일한 주민에게서 정보를 얻을 수 있게 된다.

일반적인 공공성 역시 클라이언트로서 생각되는 것뿐이다. 초등학교의 경우도 커뮤니티는 시설 조성에 대한 성공과 실패를 좌우한다고 볼 수 있다. 커뮤니티는 시설과 사회관계를 맺는 것이 당연하지만 주민들은 커뮤니티 영역에서 이루어진 자신들의 물리적 프로젝트에 보다 더 큰 관심을 기울이고 있다. 그 커뮤니티의 이미지는 건축된 건물의 총체에 따라 만들어지기 때문에 이때의 프로젝트는 커뮤니티의 가치 향상에 공헌할 책임을 가진다.

이와 같이 서로 다른 커뮤니티의 긍정적인 유용성과 클라이언트에 대한 프로그래머의 책임 태도와 자세은 가지각색이다. 복합적 클라이언트 그룹이 참가하는 프로젝트에는 다양한 성향의 사람들과 능숙하게 작업하는 방법을 깨우치는 일이 무엇보다 중요하다. 건축 프로그래밍에 대한 작업을 진행할 때의 준비는 참가자 가운데 누군가는 프로젝트에 대해 무엇인가 가지고 있다는 것을 잊어서는 안 되고, 누가 무엇을 가지고 있다는 전제는 존경의 태도를 가지고 그에게 접근하는 것이 쉬워진다. 프로그래밍작업을 성공시키기 위해서는 사람들과의 친밀성이나 신뢰감을 구축하는 관계가 중요하고, 이를 위해서는 존경의 태도로 사람들과 접촉해야 하는 것이 개발관계에서 최선의 방법 일치나 조화를 특징으로 하는 교신관계이다.

예를 들면, 어떤 프로그래머가 대리인과 작업하는 프로젝트에 대해 어려움을 느낀다면, 그는 대리인을 비인간적 시스템 부분인 형식주의자 입장에서 보다 더 기민하고, 빈틈없는 고객이 모일 것이다. 건축

systematic partners들이, 온전한 상태로 남겨져 있다고 제시했던 조직 단체(체계적 양상의 사고를 제외한 시스템 단체)를 만약 어떤 혁명으로 인해 그것을 파괴한다면, 그러한 pattern은 그 형태를 스스로 존속시켜 가는 과정에서 반복될 것이다. 이러한 systematic에 대한 많은 주장은 있지만, 그에 대한 이해는 거의 하지 않는다.
Robert M. Pirsig, "Zen and the Art of Motorcycle Maintenance"

프로그래머는 불가피한 지도자이다. 다만, 사람들을 가르치는 것이 아니라 당신이 지금 무엇을 원하고 있는지를 일깨워줄 뿐이다. 그렇기 때문에 그들은 사물을 어떻게 추이하고 좋아하는가를 찾아내야 하고, 이와 같은 대리인을 만나게 될 때 가장 바람직한 방법은 존경하는 자세로 그들에게 접근해야 한다는 것이다.

사람들과 작업하는데 있어 도울 수 있는 어프로치는 전이를 포함하는 일이다. 처한 입장에 대해 알고 싶은 것들을 단순히 사람들에게 묻지 않고, 왜 그것을 알고 싶은가를 전하는 것이다. 이렇게 프로젝트를 전개하면 클라이언트는 보다 정확한 정보를 제공해야 한다.

프로세스에 대해 어느 정도까지 설명할 것인가는 클라이언트의 관심의 대상에 따라 다르다. 단, 결과만큼이나 관심대상에 대한 프로세스를 길게 설명하도록 하지 않는 한편, 프로세스에 관심을 가지고 그것이 어떻게 이루어지는가를 알고 있는 경우도 있다. 이렇게 적절하게 조화를 이루고, 수법의 전이가 이루어지면 참가자가 단순히 프로그래머의 지시에 따르는 것보다 더 원만하게 프로젝트가 진행될 것이다.

3.2 클라이언트 그룹과의 작업

Working with Clients Groups

인간 단체의 모든 형태는 하나의 human society의 type이다. 그리고 human society의 모든 유형은 하나의 community이다.
Mortimer J. Adler, "Vision of the future"

클라이언트의 참가는 우수한 시설의 설계와 건설의 성공을 위해 빠뜨릴 수 없다. 클라이언트는 시설에 대한 유용한 정보를 가지고 있기 때문에 프로젝트에 대한 의사결정뿐만 아니라 프로그래밍의 프로세스에도 참가할 수 있다.

이러한 참가형은 건축 프로그래밍 그룹의 일원으로서 그룹회의 의사결정을 포함한 건축 프로그래밍에 있어 대부분이 작업을 구체화시킬 수 있다. 그룹에 대한 질문의 구성이나 그룹의 의사결정 프로세스를 촉진시키는 것은 건축 프로그래머의 책임이다.

1) 오너의 승인 The Owner's Approval

클라이언트 참가를 조직화하는 것은 참가형 어프로치에 대한 오너의 승인을 얻는 일이 무엇보다 먼저 필요하다. 대부분의 오너는 스태프와 고객, 교육생들이 프로세스에 참가하는 것을 받아들인다. 그 이유는 참가형 어프로치방식이 더욱 만족감을 주고 시설에서 결정적 역할을 하는 것으로 이해하기 때문이다.

그러나 참가형 어프로치에 대해 소극적인 오너도 있다. 왜냐하면 참가자가 원하는 것을 인위적으로 증대시킨다는 점이 있기 때문이다. 더욱이 참가에 대한 계획이나 사업을 단념하는 오너도 있다. 그들은 스텝의 참가 없이도 모든 질문에 답할 수 있을 만큼 조직의 일을 잘 알고 있다고 생각함으로써 참가형 어프로치에 투자하는 시간을 무의미하다고 느끼는 것이다.

오너가 참가형 어프로치에 찬성할 경우, 곧 바로 프로그래밍의 프로세스를 개시해야 한다. 그러나 오너가 반대하는 경우에는 몇 가지 어프로치를 시험해야 한다. 첫 번째 어프로치는 접근 예방법(계약이 이루어지기 전에 참가형 어프로치를 막는 것)의 특이성을 설득하는 것에 따라 업무를 촉진하는 일이다. 오너가 그 아이디어를 받아들이게 되면 참가 문제는 별다른 착오 없이 해결되고, 반대로 받아들이지 않은 때는 참가형을 채용하지 않으므로 문제는 자연 해소된다.

참가형 어프로치를 채용한 결과에 대해 프로그래머는 능숙한 기능을 발휘하는 건물이 경제적인 이점이 있다는 것을 강조한다. 보다 많은 이익이 있다는 것을 설명하면 오너는 받아들일 수도 있다. 사실 여부가 어떻게 되었든 프로그래머는 전문가로서의 윤리적 관점에서 이러한 결단을 신중하게 해야 한다.

2) 그-룹 멤버들의 진행 회의 Group Meeting

참가형 어프로치방식으로 결정되면, 조직의 주요 그룹 대표자들로 이루어진 건설위원회는 오너에게 임명받는 것을 원할 것이다. 이 위원회는 오너에게 프로그램을 주장할 권리를 갖게 되고, 그 규모는 조직 전체에 따라 대략 20인 이하가 적절하다. 회의에는 일상적인 프로젝트에 관심 있는 모든 사람이 참가하지만 그들의 희망은 건축위원회를 통해서 여과시킬 수 있다.

다음 단계로 프로그래머는 오너와 함께 참가자 리스트를 작성한다. 초등학교의 경우는 아동, 학부모, 교사, 관리자 및 시설의 유지자가 있을 것이고, 변호사사무소는 파트너, 연합회동료, 법률비서, 회계사나 사무직원 등이 있다. 프로젝트에 따라 커뮤니티의 대표를 참가시키는 것도 좋은 방책의 하나라고 볼 수 있다.

공공섹터의 프로젝트에서는 프로젝트에 관심 있는 Voluntary 등의 참가자를 모집하기 위해 신문, 다이렉트 메일, 구전 등 공모 메커니즘을 검토한다. private-sector 프로젝트에서 조직 내부의 의사소통 시스템은 이미 그 장소 안에 존재하고 있다.

프로그래머는 초기 회의 때 자기소개를 하고, 자신의 역할이나 회의에서 얻고 싶은 것에 대해 설명한다. 단, 건축 프로그래머는 생소한 언어를 사용하지 않도록 주의해야 한다.

그림 3.2 커뮤니티-프로젝트를 위한 그룹 회의

그룹이 20인 이하의 소규모인 경우, 참가자는 서로 자기소개를 하고, 프로젝트에 대해서 합당한 관심을 서술하는 것도 올바른 방법이 된다.

그룹의 조직이 대규모이거나 참가자의 역할이 불분명한 경우에는 "이 중에서 학교 교사는 몇 명입니까?"라는 형식으로 묻는 것에서 프로젝트에 필요한 역할의 리스트가 완성된다. 그리고 이 리스트의 마지막에 "이 프로젝트에 관심은 있지만 언급되지 않은 사람이 있거나 알고 있는 분이 있습니까?"라고 묻고 "그렇다면 이 프로젝트에 관심 있는 사람은 몇 명이고, 누가 관심을 가지고 있는지 아는 사람은 누구이며, 여기에 누가 있는지, 그리고 언급할 사람은 없는가? 또 최초의 의회에서는 프로젝트 현황과 참가자의 의견을 어떻게 찾아야 하는가?"를 설명해 둔다.

회의가 장시간 진행되거나 빈번하게 있다면, 그것은 책임 있고, 유능한, 그리고 진정한 대표자가 없는 그룹의 회의장소로 전락할 수 있다. 따라서 시간을 유익하게 사용하기 위해서는 소규모 그룹의 의견을 대규모 그룹의 의견으로 집약시키도록 하는 조직으로 구성할 필요가 있다.

회의가 종료되기 전에 그 회의에서 어떤 문제가 취급되었는가에 대해 총괄한다. 가능하다면 다음에 언급해야 할 문제와 스태프들에 대해서도 알 수 있도록 사전에 게시해 두는 것도 재검토하는데 좋은 방책이 될 것이다. 가능하면, 중요한 토픽을 기록하도록 하고, 매회 동일한 폼으로 문서화한다. 또 연락을 하기 위해 참가자의 이름, 주소, 전화번호 및 메일을 기록으로 남기는 것도 필요하다. 이러한 문서기록도 나중에 참가자들과 접촉하는데 도움을 줄 것이고, 참가증거로 입증될 자료가 되기 때문에 이러한 것들을 필수적으로 갖추어야 한다.

때로는 한 집단의 몇몇 구성원들이 결정을 내리는 일에 대해 누구나 참여할 수 있도록 장려되어야 한다. 그들은 스스로 정책입안자라고 여기지 않을 것이다. 대부분 그들이 알고 있는 부분에 대해 "그들은 작업을 어떻게 쉽게 처리할 것인가?", "발인된 공공시설을 어떻게 사용할 것인가?"와 같은 부분에 대해 결정을 내릴 확신이 필요하다.

3) 의사결정에 대한 방법과 규칙 Deciding How to Decide

워킹 그룹이 확정되면 다음은 그룹 내에서 결정을 내릴 때의 규칙을 결정해 두는 일이다. 결정방법은 개인, 몇 명에 의한 결정, 혹은 다수결이나 전원 합의에 따르는 등 여러 가지가 있지만, 시간적 관점에 의 어떤 그룹이 의사결정을 하기 위한 방식은 프로그래머에게 어떻게 그들과 잘 어울릴 것인가에 대해 많은 것을 표출해 낼 것이다.

하면 개인에 따른 의사결정이 가장 효율적이다. 그러나 다수의 참가라는 관점에서 보면 전원 합의에 의한 의사결정이 가장 포괄적이다(그림 3.3). 또 합의에 의한 의사결정은 좋은 방식이기는 하지만 많은 시간을 필요로 한다. 하나의 문제에 대해서 합의를 하는 과정에서 그룹에 따라 의견이 분분하다고 판단되는 경우, 멤버는 합의를 멈추고, 다수결에 따른 방법으로 바꿀 수도 있다.

대다수의 의견을 결정하기 위한 조언 :

1. 논의가 논쟁보다 더욱 생산적이다. 논리적으로 업무에 접근하라. 참가자들은 왜 그들이 논쟁을 하는 것처럼 느끼는지 설명할 수 있어야 한다.
2. 다만, 찬성하기 위해 당신의 마음을 바꾸는 것을 피하라.
3. 다수결의 원칙에 따르려고 투표하거나 평균화하거나 거래하는 것은 진정한 다수의 의견이 아니다.
4. 의견이 다른 내용의 것에 대한 의견 일치에 도달하려고 시간을 지체시키기 보다는 한 사람의 관점을 넓히는 것으로 여겨져야 한다.

조기에 정리해 둘 것은 그룹에 의한 결정 결과가 가지는 권한의 정도이다. 그룹이 마지막으로 합의 결정자라는 것에 동의하는 오너도 있겠지만, 그룹을 고문기관으로 생각하는 경우도 있다. 또 오너는 단순히 프로젝트의 관심을 자각시키는 정도만 원할 수도 있다. 예를 들면 주지사가 시민 헌장에 따라 그 권리를 다른 의사결정 주체에 합법적으로 건네 줄 수는 없다. 왜냐하면, 투표자가 주지사를 마지막 책임자로 선택·선출하기 때문이다. 주지사는 고문위원회의 추천은 받아들이지만, 그 시행의 결단에는 스스로 책임을 져야 한다.

그룹의 권한이 미치는 범위를 미리 이해하면 참가자는 일하는 목적을 명료하게 알 수 있다. 만약 그들의 결정이 보다 높은 차원에서 이루어져야 한다면 사전에 알고 있어야 할 것이다. 또 마지막 의사결정자가 결정을 위한 규범을 가지고 있다면 그것은 사전에 위원회에 알려야 된다.

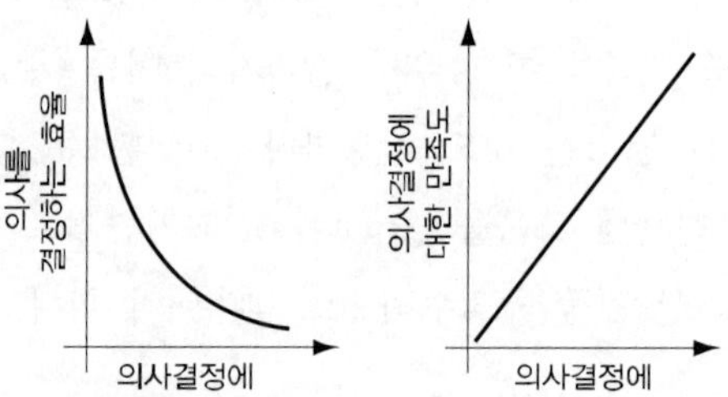

그림 3.3 결정해야 할 참가자 수의 증가는 의사결정의 비율에 반비례하지만, 참가자 수의 증가와 결정에 대한 만족도는 정비례한다.

4) 작업 개시 Getting to Work

결정해야 할 일을 정하고, 그 결정사항에 따라 다음의 일까지 명확해지면 일을 시작할 수 있다. 일반적으로는 두 종류의 작업이 있다. 정보수집과 의사결정이다. 정보수집은 몇 가지 방법에 따라 진행된다.

그룹이 많은 대표자로 구성되어 있는 경우 각 대표자와 소규모 회의를 실시하여 그들의 생각을 이해하고, 종합하기 위해 보다 큰 그룹을 재소집하는 것이 효율적이다. 중점적인 활동강습회는 누구에게나 유익한 것이고, 여기서 다른 그룹도 서로 다양한 생각을 가지고 있다는 것에 역점을 두어야 한다.

어떤 역할의 대표자가 다른 그룹의 관심사를 배우는 것은 모든 것에 대해 호감이 간다. 왜냐하면, 그들은 프로젝트가 진행되는 동안 타협해야 할 이유가 발생하기 때문이다. 만약 자신의 역할 외에도 생각에 정당한 인식을 가지게 되면 타협은 보다 원만하게 이루어지고, 모든 세션에 있어 이러한 방식으로 하면 정보수집의 세션도 문서화해 두어야 한다.

그룹으로부터 팽대한 정보 제공을 받아들이도록 하는 경우에 건축 프로그래머는 그 정보를 얻기 위해 많은 세션을 정리해둘 필요가 있다.

정보를 문서화하는 목적에는 프로그래머가 정보를 적절하게 기록해 두고 있는가를 참가자가 확인하는 의미도 포함한다. 디지털 프로젝트 이용은 문서화에 대한 하나의 방법이다. 아이디어는 어느 정도 확인시키고, 나중에 최종기록으로 편집하기 위해 카드에 기입하여 벽에 붙이거나 흑판에 기록해 둔다. 누구나 쉽게 볼 수 있는 장소에 정보를 게시하는 것은 유익한 일이다. 아이디어를 정확하게 전달하고, 상호 자극을 받게 해두는 것이 가능하다. 또 나중에 참조하기 위해 기록하기도 한다.

chalkboard를 사용하는데 있어 한 가지 결점은 아이디어들이 바로 다시 필름이나 종이에 기록되어야 하는 것이다.

의사결정의 세션은 대규모 그룹이나 소규모 그룹에서 실시한다. 결정은 그룹, 프로젝트의 목적과 목표, 대체안, 그리고 우선순위마다 실행할 수 있다. 여기서 중요한 것은, 예를 들어 "누구의 아이디어나 들을 가치가 있는 것"이 있고, 반대는 인격에 대해서 뿐만 아니라 아이디어에 대해서도 할 수 있다.

우선순위 설정은 "의사결정의 중요한 요소의 하나"이다. 하나의 그룹이 생각한 목적과 목표를 이미 달성했다고 생각하는 것은 현실적이지 않기 때문이다. 그 그룹은 많은 목표에 우선순위를 설정하여 둔다. 동일한 양상의 그룹은 어떤 대체안을 지지해서 진행할 것인가에 대해서도 우선순위를 설정해 두어야 한다.

경제학자에게 한계효용의 개념에 대해 물어라!

Gaming은 그룹이 우선순위를 용이하게 설정하기 위한 하나의 어프로치이다. 게이밍에서는 아이디어의 가치를 수량화한다. 예를 들면, 그룹이 20이라는 목적의 리스트를 만들고, 이러한 우선순위를 정하도록 하고 있다고 하자. 각자는 중요성에 따라 그러한 목표에 순위를 정하고, 20이 가장 낮은 중요도라고 가정한다. 리스트를 모두 집계하고, 그 최소합계득점의 목표를 가장 높은 위치에 링크시킨다. 만약 여기서 그들이 합의에 따른 의사결정 방법을 택한다면, 우선순위의 서열에 대한 합의가 형성되기까지 토론을 반복해야 한다.

우선순위 설정에는 많은 변화가 있지만 여기에서는 다루지 않았다. 건축 프로그래머는 우선순위를 설정하기 위해 Tool에 익숙해야 한다.

우선순위 설정에는 어떠한 종류의 결정에도 사용할 수 있지만 간과해서는 안 된다. 즉 소수의 좋은 아이디어를 간과하는 경우가 있기 때문이다. 처음에는 공유할 수 없는 아이디어지만 나중에는 우수한 것으로 폭넓게 성장시킬 수도 있을 것이다.

한 그룹에 의해 이루어진 모든 결정은 반드시 문서로 기록되거나 그 밖의 회의기록으로 문서화되어야 한다. 그룹 또는 프로그래밍 중의 의장은 의사결정자가 다음 단계로 진행할 수 있는 결정권을 주는 책임도 있다. 가능하면 이러한 결정은 언어가 그룹의 취지에 방해되지 않는다는 것을 참가자 본인과 논의되어야 한다.

3.3 촉진자

The Facilitator

건축 프로그래머는 그룹회의의 촉진자로서 기능해야 한다. 우수한 촉진자는 능동적으로 듣는 입장에서, 큰 아이디어를 발견하고, 보다 작은 아이디어를 이 큰 아이디어의 카테고리로 배분하는 것을 시험한다.

만일 그가 현명하다면, 그대를 지혜의 집으로 들어가야 한다고 강요하지 않을 것이며, 오히려 그대가 그대 자신의 마음의 문으로 들어가도록 그대를 인도하리라.
Kahlil Gibran

우수한 촉진자는 다른 의견에서 공통의 가치를 발견하고, 공유할 수 있는 아이디어 수립을 촉진한다. 또한 개인적 의견을 기술하는 것에 주의하고, 만약 촉진자가 두 사람의 불일치, 즉 "우리들 중 어느 쪽이 바르다고 생각하는가?"라는 물음에 답하는 상황에 놓이게 되면 어느 한 쪽을 지지하지 않고 대신에 다른 프로젝트에서의 동일한 체험 결과를 기술하는데 역점을 둘 것이다.

일반적인 불일치는 양과 질의 상관성에 관계한다. 한 쪽 그룹은 보다 많은 양을 위해 질을 희생시키는 것을 바랄 것이고, 또 다른 쪽의 그룹은 보다 수준이 높은 쪽을 유지하기 위해 양을 희생시키는 것을 바랄 것이다. 이러한 두 가지 상황에 놓임으로써 촉진자의 양과 질의 문제는 올바른 것인지, 아니면 전혀 다른 것인지의 문제가 아니라는 것이다. 그것은 그룹의 가치체계에서 해결해야 하는 '해결해 가는 과제'이다. 각자의 극단적인 이론은 진행 프로젝트 모두 가치가 없다는 결론에 이르러야 끝난다〈그림 3-4〉. 이 양과 질의 문제에 있어서도 그룹이 초기에 결정한 결정 규칙의 메커니즘에 따를 뿐이다.

의견 차이의 본질은 언제든지 인간 모두가 "질적인 문제냐 양적인 문제냐"와 같은 개인적 성향을 배제하고 논쟁할 수 있도록 해 주어야 결정하기 힘든 카테고리와 연관될 수 있다. 만약 우리가 작은 그룹, 국가 또는 세계의 생존 여부에 대한 문제를 우리가 평화적으로 해결해야 할 딜레마를 우리 모두는 경험하게 된다. 이러한 딜레마는 자연스러운 현상이라는 것이 어떤 긴장감을 상기시키는데 이러한 긴장감은 어느 모임에서 발생될 수도 있고, '우리의 평가에 합의를 거쳐야 한다.'라는 '우리의' 문제를 해결하기 위해 하나의 팀으로서 다시 일할 수 있도록 한다.

이야기는 흘러간다…
낙관론자가 말하길, "크림 좀 건네 주시겠습니까?" 비관론자가 말하길, "우유 좀 건네 주시겠습니까?" 현실주의자가 말하길 "주전자 좀 건네 주시겠습니까?" 등 같은 주전자의 물리적 증거에 대한 이들 세 사람의 반응에 주목하라! 이들의 차이점은 모두 개인적인 컨트롤에 있다.

촉진자는 그룹에서 수용해야 할 문제를 시사해야 하는 책임이 있다. 그러나 시사해야 할 그룹의 주제에 따라 시간이 소요되더라도 최종적인 아이디어는 구해야 한다.

그룹회의에서는 다음과 같은 것들이 포인트가 된다. 회의장은 참가자의 아이디어를 그림에서 보는 바와 같이 생생하게 게시되도록 할 것, 회의장은 예약제에 따라 착석하도록 할 것, 또 커피, 홍차, 기타, 다른 음료를 준비해 두어 참가자의 긴장을 풀어주는데 유용할 것, 또 스케줄을 정하고 그를 위해 적절한 휴식을 가질 것, 참가자의 다른 아이디어 창출을 위해서라도 휴식시간은 회의계획상 반드시 편성해 넣어야 한다.

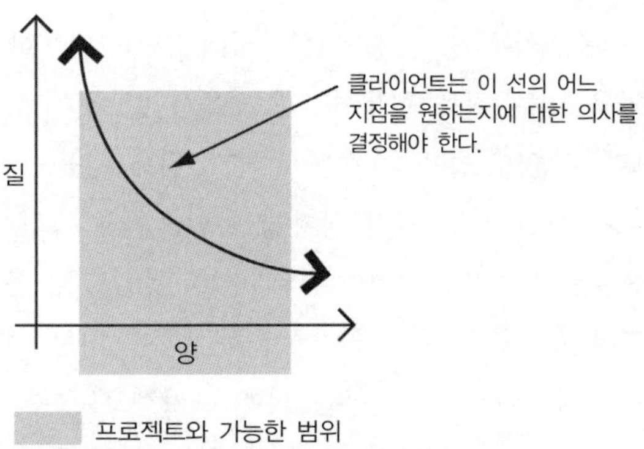

그림 3.4 질과 양의 관계는 반비례한다. 상급 재료로 만들어진 공간과 동일 비용으로 일반적인 재료로 만들면 그보다 더 넓은 공간을 얻을 수도 있다.

3.4 다른 문화권에 속한 클라이언트

Client form Other Cultures

세계화의 필연적인 결과로서 건축 프로그래머는 전 세계 문화의 차이에 당면하게 된다. 다른 문화권의 클라이언트와 준비작업을 하는 것에서 앞으로 이루어지는 작업에 대한 전제를 재검증해 둘 필요가 있다. 왜냐하면, 보편적인 전제라고 생각하고 있는 것이 사실은 어떤 특정 문화에 대한 전제인 경우가 많기 때문이다.

이 점을 설명하기 위해서는 동일한 가공 프로젝트에 관여하고 있는 가공의 3가지 문화권에 속하는 멤버에 대한 회의를 상정해보도록 한다. 이 3인은 Nacirema, Mojobo, 그리고 Iliani이다. 나티레마는 건축 프로그래머이고, 모조보와 이리아니는 서로 인접해 있는 자신들의 국경에서 공동병원을 세워 운영하고 있는 정부대표들이다.

나티레마는 프로그래밍 작업으로서 회의와 행동의 스케줄을 만들기 위해 회의를 소집하지만, 그 프로세스에 대해서 어느 정도 설명을 하면 좋을까에 확신을 갖고 있지 않다. 다른 2인은 우수한 교육을 받은 사람이지만 건설 프로젝트에 관한 것인지, 어떤지는 불명확하다. 회의는 나티레마가 모조보의 수도에서 빌린 오피스에서 오후 3시에 시작하도록 계획을 세웠다.

그런데 3시가 지났는데도 아무도 나타나지 않았다. 나티레마는 3시 45분이 되어 두 사람에게 시간을 다르게 전한 것이 아닌가라고 우려하여 수첩을 보지만 3시가 분명했다. 4시 15분이 되어 겨우 모조보가 도착했고, 각각 다음과 같은 회의를 진행시켰다.

NACIREMA 어서 오시오 모조보! 회의에 관해서 무엇인가 잘못 처리된 것은 아닌가라고, 염려하기 시작했지만 오게 되어 매우 기쁘다.(그는 왜 늦었는가를 연락하지 않았는가? 그가 이 프로젝트에 대해서 관심이 있는지, 어떤지 의문이다).

MOJOBO 죄송합니다. 3시가 지나도 괜찮다고 생각했다.(그런가! 나티레마가 관심을 가지고 있다는 것은 시간이라는 것을 잊어버렸다. 그러나 나는 시간에는 관심이 없다. 그런데 지각했기 때문에 프로젝트에 무관심하다고 생각하지 않는 것이 좋을 것인가).

모조보는 머리 숙여 인사하고, 나티레마는 앞으로 다가갔다. 그것을 보고 모조보는 악수를 위해 손을 내밀었고, 나티레마는 머리를 숙여 인사했다. 그들은 서로의 눈치를 보며, 붙임성 있는 웃음으로 가볍게

옛날 옛적에, 신이 천사들을 불러 이 결정에 대한 책임을 지라고 제안했다 ; 그들은 변하지 않는 우주와의 완벽한 조화 속에 존재하는 것을 선호한 나머지 매우 현명하게 거절했다. 그래서 신들은 산 *mountain*에게 책임을 받아들이라고 제안했고, 그들 또한 자연의 힘에 수동적으로 지배를 받는 것을 수긍하면서 거절했다. 그러나 신이 인간에게 제안 했을 때, 인간은 그것이 어떤 일을 일으킬지 몰랐기 때문에 제안을 받아들였다. 그래서 지금도 인간들은 그 책임을 좋아하든 싫어하든, 인간은 천사들과 산들이 받아들이기 두려워했던 책임이라는 부담이 지워졌고, 그로 인해 자기 스스로 다른 것들 보다 더 아름답고 유용하게 향상시킬 수 있는 기회를 가지고 있다.
Hassan Fathy, "The Process of Decision Making, Architecture for the Poor," University of Chicago Press, Copyright 1973, used by permission.

모든 생각의 시스템은 문화적 가공품 소산들이다.
Sue Alvarado

총 비용 책정에 있어 나는, 전문 Architects와 Planners가 농경사회의 건축 문제에 직면했을 때, 자주 채택했던 그러한 판단을 피하고 싶었다. 다시 말해, 농경사회는 전문가가 심사숙고할 가치가 없다.라는 식의 판단과 모든 건축 문제는 정교한 도시 건축 접근법으로 풀릴 수 있다.라는 식의 판단을 피하고 싶었던 것이다. 가능하면 나는 건축가의 건축에서 민속건축을 분리시켜버리는, 그 간격을 연결시키고 싶었던 것이다. 이 두 건축물 사이에 형상을 갖추고, 공통점을 가진 모습으로 확고하고 눈에 보이는 연결통로를 만들고 싶었다. 그 연결통로를 통해 마을 사람들은 "친숙한 평가의 기준"을 찾을 수 있었고, 그로 인해 "새로운 평가기준"에 대한 그들의 이해력을 넓혔다. 또한 건축가는 그 지역과 그 지역 사람들에게 작업의 진정함을 시험하는데 그 연결통로를 사용할 수 있었다.

Hassan Fathy, "Architecture for the Poor, University of Chicago Press," Copyright 1973, used by permission.

악수를 했다.

NACIREMA (예의를 차리는 것을 잊어 버렸다. 그는 악수하는 것을 주저한 것일까? 정말일까, 그는 악수를 할 수 없는 것일까?)

MOJOBO (그가 좋아하는 악수를 잊어 버렸다. 적절하게 악수하기를 바란 것일까? 할아버지 시대에는 이와 같은 습관은 정말 불유쾌한 것이었다.)

NACIREMA 앉으시지 않겠습니까?, 작업을 하시겠습니까?, 아니면 함께 이리아니 씨를 기다리겠습니까?

MOJOBO 이리아니 씨를 기다리는 것이 좋겠습니다. 만약 불참한 상태에서 작업을 시작하면 그는 프로젝트에 반대할지도 모릅니다. 홍차를 부탁하겠습니다! (그때, 나티레마가 이미 커피를 마시고 있는 것을 알았다. 그를 성나게 했나? 우려한다. 나는 그가 왜 그렇게도 성급한가를 알 수 없다. 밤까지 충분한 시간이 있는데도).

NACIREMA 변명하는 것은 아니다. 나는 앞에 놓인 커피를 마셨지만, 모조보는 홍차와 케이크를 요청했다. (여기에서 나는 릴랙스하고, 나의 기대처럼 일을 진행하지 않도록 하는 쪽이 좋다는 것을 알았다. 또다른 약속을 취소하는 편이 좋을까?)

이리아니 씨가 도착했다.

ILLIANI (큰 소리로) 야~! 야~!! 미안하다. 새로운 리더-와 중요한 회의가 있었다.

이리아니는 활기차게 두 사람을 차례로 껴안는다.

NACIREMA (놀라서) 야~야~, 와주어서 고맙습니다.(나도 모르게 뻔뻔스러웠다. 나는 "이 녀석쯤이야!" 라고 비교한다는 것이 훨씬 편안했다.

MOJOBO (인사에는 손님답지 않게) 정숙했다. 우리들은 홍차를 마실 정도다. (어쩔 수 없는 태도였다!)

ILLIANI Tea-fine, 다른 강한 자극의 것은 없는가!? (티-! 언제나

티－다. 이 남자들은 대부분 정열이 없는 사회의 산물이다.)

이와 같이 세 사람 사이에는 확실한 차이가 존재한다.

병원건설을 이루려던 그들의 능력은 서로의 차이를 인정하려는 그들의 의지에 달려 있을 것이다. 이 간단한 시나리오는 그저 약속 시간을 잘 지키는 것과 낯선 사람들과 어떻게 만나고, 어떤 음식을 사교적으로 접대하는지에 대한 비교적 단순한 태도만을 다루었다. 세 사람은 모두 같은 언어로 대화가 가능하다고 가정되었는데 그렇지 않는 경우도 있다. 만약 이러한 일들에 대해 어려움이 있다면 그들은 병원을 계획하는데 있어서 엄청난 문제를 갖게 될 것이다. 예를 들면 한 명은 병원을 회복하기 위한 장소로 생각한다면 다른 사람은 사망하기 위한 장소로 생각할 수 있을 것이고, 어떤 사람은 정말 심지어 "질병에 대한 세균이론"을 전혀 받아들이지 않을 수도 있으며, 결국 그 일을 그만두게 될 것이다.

인간은 영구적으로 인간 역사의 총체와 그와 함께 하는 인류의 총체를 가져 온다.
Carl Jung

세 사람 모두 똑똑하고 실제로 최상의 일을 이룰 수도 있지만 그들은 반드시 각자의 문화적 입장 차이를 인식해야 한다. 즉 그들은 문화적인 객관성을 발전시켜야 하는 것이다. 그들은 공격적인 행동이란 공격의도가 있을 때에만 공격적이란 사실을 깨닫게 된다. 지각은 Nacirema에게 신중하지 못한 행동으로, 해야 할 일에 대해 책임감이 없는 일로 보이게 된다. Mojobo는 Nacirema의 걱정을 계획에 대한 걱정이 아닌 시계에 대한 걱정으로 보았다. 여기서는 옳고 그름의 문제라가 아니다. 다만, 사회에서 어떻게 일하느냐에 대한 생각이 다를 뿐이다.

성(性)에 대한 차이는 또한 문화적 차이로 인해 증폭된다. 어떤 문화는 여성이 직장에서 일해야 한다고 전혀 생각하지 않는다. 더욱이 어떤 일을 결정하는데 있어서 여성의 참여를 전혀 용납하지 않기도 한다. 이러한 문화권에서 전문직 회사들은 프로젝트에 여성을 참여시키는 문제에 대한 어려운 결정을 내려야 하고, 어떤 회사에서 한 여성이 정책결정자인 경우 그녀는 남성 지배적 문화 속에서 어떻게 회사의 신뢰도를 결정할 것인지에 대해 결정해야만 한다.

문화의 차이를 이해하기 위한 방법도 있다. 「기술민족학」이란 문화를 설명하는 인류학자들에 의해 쓰여진 학문이다. 「기술민족학」은 몇 가지 주의사항을 가지고 읽어야 한다. 「기술민족학」은 당시에 12년 전의 문화를 기술하고 있지만 어떤 문화는 훨씬 더 빠르게 변화하는 경향도 있다. 또 다른 이유는 그들이 하위문화를 다루기 때문이다. William L. Partidge의 「기술민족학」 The Hippie Ghetto는 미국인에 대한 글이지만 모든 미국인이 그 글에 해당된다고 가정하는 것은 잘못이다. 만약 당신이 다른 문화의 사람들과 일할 준비로 「기술민족학」을 이용하려고 한다면 예상되는 다양성에 대한 개념을 얻기 위해 적어도 두 가지는 읽어야 한다. 그리고 문화라는 판에 박힌 고정관념이 아니라 각 개인으로 구성된 것이라는 사실을 기억하라. 세계 대부분의 사람들이 미국인을 대표한다고 생각하는 TV 등장인물과 당신이 닮은 데가 얼마나 있는지 생각해봐라. 당신이 다루는 다른 문화 사람들은 아마 당신이 예상하는 것과 다를 수도 있다.

다른 문화에서 건축 프로그래밍을 하는데 있어서 또다른 일도 관련이 있다. 이들 중 하나는 특히 경제적으로 발전하고 있는 집단과 관계가 있다. 많은 개발지역에서 심지어 미국 내에서도 개발지역 안에는 보수적이고, 진보한 하위집단이 있다. 개발 집단 속에서 '보수적이고 진보적이다.'라는 말은 미국의 정치에서 우리가 사용하는 말과는 조금 다르다. 이 경우 '진보적이다.'라는 개념은 생활의 개선된 기준과 함께 새로운 문화적 방법을 특히 나아진 의료보장과 교육환경을 도입하는 반면 '보수적이다.'라는 말은 문화적 가치를 그대로 지켜나가려고 하는 것을 말한다. 그 논쟁은 문화적 변화를 받아들이지 않고 개선된 생활의 기준이 있을 수 있느냐 없느냐 하는 문제에 초점을 둔다. 대부분의 논쟁에는 경우에 따라 극단적인 견해와 의견에 많은 차이가 있다.

변화를 선호하고 외부에서의 기술적 도움을 기꺼이 추구하려는 것이 진보쪽이기 때문에 보통 건축프로그래머들을 고용하는 것은 진보적인 쪽이다. 이 타협은 프로그래머에게 심각한 외교적·윤리적 문제를 일으킬 수도 있다. 이것은 프로그램 과정에서 직원의 참여를 원하지 않는 오너가 가지는 문제와 비슷하다. 프로그래머의 전문가적 판단은 고객의 결정과 일치하지 않을 수도 있고, 프로그래머의 행동에 관한 윤리적 결정을 내려야 한다.

몇몇 기술적 변화는 거대한 문화적 충격을 일으킨다. 문화는 그들이 기술적인 변화에 어떻게 반응하는가에 따라 다양하게 나타난다. 기술적인 변화가 가져올 세부적인 사회적 충격은 아무도 예측할 수 없고, 심지어는 정부나 행동 과학연구학자들, 그리고 건축 프로그래머들조차 말이다. 외교적으로나 도덕적인 딜레마 속에서 변화된 행동은 문화의 변화에 대한 예상 범위의 영향을 받게 될 것이다. 또한 그 일을 끝까지 잘 해냈을 경우 성취하게 될 일과 대립하게 될 일 사이에 발생하게 될 계획에 의해 영향 받게 될 것이다.

이러한 문제를 처리할 집단을 도울 수 있는 한 가지 방법은 그들로 하여금 기술적이거나 시설의 변화를 함께 시행했을 경우 예상되는 결과에 대해 토론하도록 하는 것이다. 변화가 생길 경우 미래에 대한 현실적인 시나리오를 개발하도록 그들을 도와야 한다. 반드시 모든 행동은 어떤 것이든 그 결과를 가져온다는 것을 기억해야 하고, 심지어 아무런 가치가 없는 것도 결과를 가져온다. 우리가 할 수 있는 최선의 방법은 결과를 예측하고 부정적인 암시를 가지는 행동은 피하는 것이다. 다른 문화권에서 진행하는 프로젝트는 함께 일할 다른 문화권 출신의 동료를 갖는 일이다. 인류학자들은 그런 사람을 '정보원'이라고 한다. 그러나 이 말은 받아들이는 사람에 따라 부정적인 암시를 주기도 한다. 가장 좋은 방법은 다른 문화권 출신의 건축가나 건축 프로그래머와 함께 합의된 동의안을 내리는 것이다. 그것이 불가능한 경우에는 두 문화를 모두 알고 있는 동료나 좋은 중재자가 도움을 줄 수 있다.

다른 문화적 가치를 얻기 위해 외국 회사가 클라이언트 집단일 필요는 없다. 여러 가지 면에서 같은 도시의 이웃이라 해도 다른 문화를 가지고 있고 경제적 빈부의 격차도 이웃간에 얼마나 다르게 일이 행해지고 있는지를 고려하고, 프로그래머로서 다음을 기억한다면 잘해 낼 것이다.

–"로마에 가면 로마법을 따르라."–

교환 프로그램의 간행물을 통한 국제적 이해를 촉진하는 한 조직체인 "The Experiment in International Living"은 예상치 못한 것을 예상한다.라는 것을 조직의 모토로 삼고 있다.

다른 문화권 출신들과 함께 일할 수 있는 능력과 그 일의 윤리적인 면이 편안하게 느껴진다고 가정했을 때, 유기적인 프로그래밍 작업을 준비할 수 있을 것이다. 예상할 수 있는 일이 미처 예상치 못한 일이 되어 버리기 때문에 준비의 대부분은 고객 집단의 구성원과 함께 이루어져야 한다. 만약 장거리 여행을 해야 한다면, 필요한 자료를 결정하기 위해 준비하는 첫 번째 회의가 무한정 길어질 수 있는데 이러한 경우에는 계획상 융통성을 발휘하여 모든 변수를 미리 고려해야 한다.

3.5 클라이언트의 정보 수집

Obtaining Client Information

사람의 태도나 행동에 관한 정보를 모으기 위해 그룹회의 진행방식 이외의 수법을 정리해 둘 필요가 있다. 그러한 것은 관찰, 앙케트, 인터뷰, 인식 맵핑, 묘화, 그리고 일기가 포함된다. 기술들은 장·단점이 묘사되어 있고, 이러한 모든 기술들은 새로운 환경을 프로그래밍할 때나 현존하는 환경에 대한 시설평가시 사용된다.

1) 관찰 Observation

당신은 지켜봄으로써 많은 것을 관찰할 수 있다.
Yogi Berra

행동패턴을 정의하기 위한 가장 기초적인 수법의 하나는 관찰이다. 관찰은 그들이 보고, 행동하는 것보다 오히려 사람들이 하는 일에 대해서 말한다. 일반적으로 관찰은 왜 사람들이 그렇게 하는가에 대해 말할 수 없다. 그들에게 묻는 것을 그만두고 사용하는 기술에 대한 토론을 정리해야 한다. 관찰에서 얻은 지식에 따라 사람들의 행동을 이해한다. 관찰은 반복하는 행동패턴, 기기의 사용상태, 선호하여 앉는 장소 등을 이해하는데 사용된다. 많은 행동패턴은 물리적인 환경을 관찰하는 것에 의해 얻어진다. 예를 들면 가장 오염되고 균열이 있거나 마모된 부분의 바닥은 사람의 왕래가 빈번한 장소라는 것으로 판단된다.

행동관찰에는 비공식적인 것으로부터 고도로 조직화되어 있는 것까지 있다. 비공식적인 관찰에는－예를 들면, 시설이나 공간이 어떻게 사용되고 있는가－를 전체적 관찰에 따라 보다 철저히 조사하기 위한 특별장소를 정한다. 가장 소규모인 것, 중간규모의 건축과 도시디자인의 프로젝트에는 간단한 방식이 유일한 관찰방법이다.

대규모 프로젝트에서는 반복에 의해 실행되는 관찰 프로세스가 적합하다.(굳어져 가는 감정을 반복해서 연습했다) 여기에는 어떠한 행동을 어떻게 기록할 것인가에 대한 신중한 결심이 요구된다. 여러 명의 관찰자가 일률적인 방법으로 정보를 기록하는 방법을 생각해야 할 것이다. 또 행동에 대한 편중된 샘플을 만들지 않도록 관찰에 대한 스케줄을 결정해야 한다.

관찰조사에는 두 카테고리가 있다 ; 정점관찰과 시간추이관찰이다. 조사자가 관심있어 하는 것은 특정 공공공간에서－예를 들면, 공공광장－의 이용상황을 조사하는 경우 사람들이 어디를 걷고, 어디에 앉는가, 그곳에서의 체재시간 등을 조사하기 위해서이다. 정점 관찰에서는 무작위의 타임 스케줄에 따라 시간마다 얼마나 많은 사람들이 광장에서 체류하고, 그들은 무엇을 하고 있는가를 관찰한다.

추적조사는 시간추이관찰의 한 종류이다. 사람들이 광장에서 기다리고, 행동하는 것에 대한 정확한 시간의 길이를 기록한다. 사람의 추적을 조사하는 연구는 시간추이관찰 타입이다. 관찰자는 사람이 공원에 들어 설 때부터 추적을 시작하고, 일정시간이 경과할 때까지 움직이는 궤적을 기록한다.－ 그들이 광장을 벗어나거나 분당 몇 사람이 통과할 때까지 양쪽 모두를 조사한다. 또 다른 시간추이관찰 타입은 사람의 수를 센다. 즉 사전에 조사할 내용은 광장에 들어서면서부터 머물고, 오고 가는 사람들의 시간 길이에 대한 것이다.

그러나 도시는 도시의 과거를 말하지 않지만 소용돌이무늬, 움푹한 것, 휘갈김 돌로 새겨진 모든 부분, 깃발의 봉들, 불빛을 비추는 도로의 안테나, 난간의 계단들, 창문의 격자무늬, 길가의 모퉁이에 쓰여진 글씨와 같은 과거가 도시에 포함한다.
Italo Calvino, "Invisible Cities"

그림 3.5 과도한 사용에 의해 그것이 열악화됨을 볼 수 있다. 이 경우는 스케이트 보드가 사용되고 있다.

관찰연구는 비공식적이거나 지표시험의 제의된 방법들로부터 큰 이익을 위해 조심스럽게 계획되었다. 사용도구는–기록용지, 클립보드, 스톱워치–이러한 것들을 적절하게 사용하는 것을 사전에 예측 · 확인하여 둔다. 많은 피실험대상자를 대상으로 할 경우, 기록하는데 있어 정보량 소멸로 감소하는 현상이 발생되기 때문에 이때 기록자 수를 증가시키는 것도 고려해야 한다.

관찰방법이 우수하다는 점은 관찰자의 목적인 태도에 따라서 현장 사정이나 목적적인 기록을 얻을 수 있다. 결점은 관찰자가 가끔 상황이 미치는 조건의 영향으로 끝내버리는 점이다. 한 가지 예로 만약 그들이 공부를 해야 한다는 의식이 있다면, 사람이 붐비는 곳은 피하게 될 것이고, 도서관의 더 좋은 자리에서 공부할 것이다. 기록자는 하나의 자리를 이용하지 않는다는 이유에서 샘플은 약간 왜곡된 결과이므로 기록자가 자리를 선택하는 것은 조심스럽다.

기록방법이 객관적이라는 가정 하에 관찰방법의 이점은 당신이 객관

그림 3.6 공원(Jarisco, Guadarajara, Tapatia Plaza)에서 가족이 비둘기에게 먹이를 주고 있다.

적인 기록이나 사건을 수집할 수 있다는 데 있다. 한 가지 단점은 관찰자가 때때로 특정 상황에 대한 영향력을 가지고 있다는 것이다. 예를 들면 어떤 사람이 도서관에 자리를 선택하는 방식에 대한 관찰을 할 경우, 이를 인식한 사람들은 그 구역을 피하게 된다. 또는 기록자가 조용히 앉아 있는 경우에도 피실험자는 그 자리에 앉지 않게 된다. 그래서 누군가의 관찰 행동을 은폐하는 것은 윤리적으로 생각할 수 없기 때문에 관찰자의 영향은 이렇게 정보를 수집하는 유형이나 방법에 따라 문제가 발생한다.

또 다른 단점은 스케줄과 기록하는 기술에 대한 계획을 할 경우 그 성과에 대한 정확한 양을 정할 수 없다는 점이다. 공식적인 것과 비공식적인 방법은 모두 양적인 환경에 대해서 제공할 수 있다. 그러나 두 번째 프로젝트는 정당한 의지의 여부에 대해 동일한 판결은 연출되지 않는다.

사진술 *Photography*은 어떤 행동들을 기록하는데 사용될 수 있다. 여전히 사진은 특히 시간 경과의 연구에 존재하는 결점 관찰과 행동의 사진술에서 유용하다. 도덕적 문제들은 한 사진사가 사람들의 허락 없이 사진을 촬영했을 때 발생할 수 있지만, 공공장소에서 사진을 촬영하는 것은 일반적으로 조사방법으로 여겨진다.

2) 앙케트 및 설문지 조사 Questionnaires/Enquete

원하는 것을 알고자 할 때 사람들은 왜 생각을 하고, 새로운 환경에 대해 다른 입장에서 무엇을 하고, 또 다른 견해나 질문의 태도 등 질문상 없어서는 안 될 사항들이다. 사람들에게 질문해야 할 경우 설문지는 없어서는 안 될 주요한 도구이다. 관찰방법에서 설문지는 간편하고 신중하게 준비해야 한다. 개인적 인터뷰의 설문지는 리스트만을 질문할 수 있다. 그것은 인터뷰자의 질문들이다 ; 관찰과 같은 앙케트 조사에서는 간이형처럼 신중하게 생각하는 방법이 있다. 개인적 인터뷰에 의한 앙케트 조사는 인터뷰시 가지고 있는 리스트에 의해 질문이 진행된다. 그 사이에 회답자는 그 리스트를 볼 수 없다. 이에 반해 회답자 자신이 기입하는 형식의 앙케트는 포맷, 질문의 접근이나 질문 자체를 신중하게 고려해야 한다. 그리고 자신의 질문에 정성을 다해야 한다.

어떠한 앙케트 조사라도, 샘플로 한 대상자의 규모와 종류를 – 어느 정도의 인원수로 어떠한 속성을 가진 사람들에게서 정보를 얻고 싶은 전문적 감정가들은 작성된 설문 조사자료를 조사 수단이라 부른다. 설문 조사 자료에 응답하는 사람을 응답자라 불린다.

가-초기에 결정한다. 클라이언트의 유용한 리스트가 아직 작성되지 않았다면 접촉하는 사람들의 범주를 결정하기 위해 예비조사를 총괄한다. 초등학교의 경우는 400명의 아동, 40명의 교사, 600명의 학부모와 3,000명의 근린 거주자가 대상이 된다. 그 모든 것을 조사하지 않고, 대표 샘플에 의해서 정보가 얻어지면 각 그룹수를 결정해야 한다. 그리고 만장일치방식으로 응답할 수 없다는 것을 잊어서는 안 된다. 우편배송에 의한 앙케트 조사의 회수율은 30% 정도로 예측되었다. 건설위원회가 설립되면, 각 구성원의 수에 따라 대표자 표본은 각 카테고리 대표자에게 주어진다.

샘플의 규모와 종류가 결정되면 포맷을 디자인해야 한다. 우편 배송에 따른 경우는 인터뷰의 도움 없이 기입되는 표현방식이나 구성에 주의해야 한다. 그룹회의에서 앙케트 조사는 인터뷰로부터 도움을 요청하는 것이나 항목마다 인터뷰에 의한 기록물을 받을 수 있다. 샘플의 규모 및 프로젝트 예산은 앙케트 조사의 구성에 영향을 미친다.

이하 다음과 같은 몇 가지는 주목해야 할 점이 있다.

1. 앙케트는 될 수 있는 한 짧게 한다. 조사의 목적을 2~3개로 짜 넣고, 각 질문은 〈나는 이 정보를 어떻게 사용할 것인가?〉를 스스로 물으면서 작성할 것. 마음에 드는 부차적인 문제가 발생해도 무시해야 한다. 긴 앙케트는 회수율이 낮고, 원하는 기본적인 정보를 얻을 수 없게 된다.
2. 특히 정치적 질문이나 개인적 질문의 경우, 익명의 앙케트로는 보다 큰 반응이 있다. 응답자의 익명성을 지키는 방법으로 앙케트를 작성하도록 해야 한다.
3. 조사는 실행 가능하도록 할 것. 만약 보내는 주소를 가지고 있지 않다면 우편물 계획은 실행되지 않는다. 큰 규모의 조직(진용)이나 컴퓨터 평가를 위한 예산이 없으면 대형 그룹에 의한 회답은 평가되지 않는다.

프로젝트 목적을 설명하는 서론은 작성해야 한다. 회답자는 그 회답이 어떻게 유용하게 쓰일 것인가, 그 조사결과를 어떻게 하면 알 수 있는가를 사전에 전달해 둔다. 하나의 앙케트에 몇 가지 주제를 다룰 경우, 주제가 바뀌는 곳에 부제목을 부가하여 알기 쉽게 한다. 회답은 명쾌한 설명을, 적절한 위치에, 기입하여 두는 것을 잊어서는 안 된다. 그리고 감사하다는 문구를 전하고, 앙케트 기입을 끝마치려면 어떻게 이어가면 좋은가를 설명해 둔다.

끝으로 추가적 컨셉이 있을 경우 기입할 공간을 확보해 두도록 한다. 또 다음 차례의 분석과 코딩 작업을 쉽게 하기 위해서 모든 질문 항목에 확실한 번호를 부여해 둔다.

앙케트의 포맷이 작성되면 참가자의 각 카테고리로부터 소규모 샘플링 시험을 총괄한다. 이 시험의 목적은 질문 의도가 피실험자에게 정확하게 전달되었는지 알아보기 위해서이다. 만약 제대로 전달되지 않았다면 쓸모없는 앙케트가 되는 것이다. 특별히 인터뷰자가 어떤 커뮤니케이션에서 확실하게 제공되지 않은 경우에 대비하여 시행과 그에 따른 질문의 개선에는 시간과 에너지를 부여하고 싶은 것이다.

설문 타입은 크게 두 가지 카테고리로 분류된다 ; 개방형과 폐쇄형이다. 개방형의 질문에 대해 회답자는 자유로운 형식으로 답한다. 개방형 질문은 회답자의 자발적인 작성을 재촉하는데 매우 유용한 방식이다. 그러나 다른 한편으로 회답자에게 아주 귀찮은 부분도 내재하고 있다. 또 회답자수만큼이나 많은 답변이 있을 수도 있다. 따라서 간결하게 답하기 어려운 개방형의 질문을 하는 것은 피한다.

개방형 질문에는 미리 준비한 몇 가지 질문에 대해 회답자가 답을 선택한다.

승낙하고, 거부하는 질문이나 많은 항목에 대한 선택방식의 질문은 폐쇄형의 질문형식이다. 회답 선택에는 경우에 따라 자유로이 생각대로 대답할 수 있는 인터뷰의 한 요소를 포함해도 좋다. 이 종류의 질문형식은 분석하기 쉬운 한편, 회답자의 자발성이나 표현의 가능성을 회답자가 무엇을 생각하고 있는가에 대해서 정확하게 파악되지 않는

의견의 자유로운 표명을 구하는 문제의 예 ; "이 공공장소에서 당신이 좋아하는 것과 싫어하는 것은 무엇입니까?", "왜 당신은 이곳에 왔습니까?"

제한적 문제의 예 ; "이 공원에서 당신이 가장 좋아하는 것은 무엇입니까?"

_____분수대
_____벤치
_____나무
_____오픈 스페이스
_____동상
_____기타 (작성해 주시오.)

결점이 있다.

폐쇄적 성질의 질문에 대한 변화는 SD법이다. 이것은 정해놓은 척도에 따라 회답자에게서 평가를 찾는다. 예를 들어 다음과 같다.

밝음 1 2 3 4 5 어두움

그리고 가장 적극적인 경우는 1, 중간인 경우는 3, 가장 소극적인 경우는 5에 마킹한다. 이러한 종류의 질문은 표기가 쉽고, 더욱이 표정의 정도에 위계적 질서를 줄 수 있는 것이다. 그러나 인상을 긍정적-부정적 진술로 변화시킬 수 있는 화제에는 제한된다.

앙케트의 질문에 사용한 언어에는 다음과 같은 몇 가지 규정이 있다는 것을 잊어서는 안 된다.

1. 구체적인 것이어야 할 것. 애매한 단어는 피할 것. 〈여기에 가끔 오는가?〉라는 질문의 〈가끔〉라는 언어는 사람에 따라서 받아들이는 방식이 다르다.
2. 하나의 질문 내용은 하나의 항목으로 할 것. 〈1개월 중에 몇 회, 어떤 목적으로 이 클리닉에 오는가?〉 등은 두 개의 질문으로 분해된다.
3. 회답자에게 선입관을 불어 넣는 것을 피한다. 〈전문가는 이 광장을 멋지게 공공공간이라고 말한다. 당신은 찬성하는가?〉라는 질문은 답에 편견을 가져온다.
4. 회답자의 독해력 정도를 생각해야 한다. 우선 사항, 모든 상태, 구조와 같은 전문 용어는 어느 누구에게나 이해하는 범주에 들어가지 못한다.
5. 회답자의 고유 속성에 대해서 적절성을 유지해야 한다. 질문이 회답자에 대해 익숙하지 않는 개념에 대한 답은 신뢰가 없다. 예를 들면, 시골에 사는 사람에게 도시교통의 문제에 관한 질문을 할 경우, 그 답에는 알맹이가 없게 된다.

질문방식 설계와 같은 양상만큼이나 이 문제는 분명하게 보인다. IQ 테스트는 사람들을 테스트하기 위해 수년 동안 전문가들에 의해 사용되고 있다. 우리가 일반적이라 생각하는 것이 바로 문화적 공통점이다.

앙케트 조사에는 그 구성의 복잡성에 많은 불신감을 낳기도 하지만 잘 정리된 표기라 한다면 시각적인 신뢰감을 준다. 또 조사대상자 수가 많으면 그 결과는 신뢰성 있다고 느낀다. 그러나 과학적으로 신뢰할만한 규모의 앙케트에는 많은 비용이 소비된다. 대부분의 건축 프로젝트는 이 때문에 비용을 마련하기 어렵다. 앙케트 조사를 실시할 경우에는 프로그래머가 필요하다는 것을 고려하면서 주의 깊게 작성해야 한다.

3) 인터뷰 Interview

건축 프로그래머들이 사용하는 또 다른 정보수집의 기술에는 개인 인터뷰도 있다. 이 정보의 수집방법은 개인이나 8~12인 정도의 소규모 그룹에 대해서 이용한다. 집단의 목적에 따른 인터뷰는 대담자와 대면한다는 이점이 있다. 만약 오해가 생겨도 그것은 그 장소에서 발견되고, 해결된다. 인터뷰는 주제에 대한 유연성을 가지고 있다. 인터뷰는 문제에 회답자가 관심을 가지고 있는 것도 그 장소에서 곧바로 논의할 수 있다. 대규모 그룹의 정보수집방법을 알기 위해서는 64페이지의 3.2에 있는 "Working with Client Group"과 이전 페이지에 있는 "Questionaries"를 참조하기 바란다.

인터뷰의 단점은 개인적 편견이 앙케트의 경우보다도 뚜렷하다. 회답자는 익명성이 보장되는 설문지 작성보다 더욱 솔직할 수 있다. 그렇기 때문에 인터뷰의 유연성을 많이 이용한다면 그 결점을 보충할 수 없다. 설문지 작성에 의한 인터뷰는 주관적인 항목들이고 여론의 선택이다.

인터뷰를 계획할 때에는 다음과 같이 고려해야 할 사항을 마련해 두어야 한다.

1. 릴랙스한 인터뷰와 집중력 보호를 위해 다음 인터뷰의 시간을 충분히 확보할 것.
2. 회답자가 주제에 대해서 생각하는 시간을 가지도록 사전 회의에

서 주제의 개략적인 사항을 알아 둘 것.

3. 가능하면 인터뷰 장소의 상태를 확인해 둘 것.
4. 짧은 시간에 많은 정책 정보를 취급하는 경우 질문은 보다 구조화해야 한다. 또 인터뷰를 하는 사람은 정보를 체계적으로 잘 정리해야 한다. 질문 항목 중 다음에 이용 가능한 질문에 대한 답을 기록하는 것은 인터뷰하는 사람의 개인적인 일이다. 만일 인터뷰가 원활하다면 질문의 핵심 부분을 인터뷰할 수 있고, 카드 노트에 기록할 수 있을 것이다. 인터뷰는 대화에 대한 의견을 나타낼 수 있다.
5. 인터뷰는 회답자와 인터뷰 내용에 따라 즐거워야 한다. 상냥하고 다소 즉흥적인 회화를 위한 시간적 여유를 바란다.

인터뷰할 경우 첫머리에 다른 사람의 소개와 주제에 대해 적절히 소개해 둔다. 또 인터뷰에 앞서 회답자가 사전에 자료에 눈이 가 있는가를 적절히 확인한다. 만일 그렇지 않다면 자료의 내용에 대해서 설명해야 한다. 또 인터뷰에서 수집된 정보를 어떻게 사용할 것인가를 회답자에게 설명해 둘 필요가 있다.

질문항목은 앙케트 경우와 같이 논리적인 접근으로 적당히 배열한다. 다른 회답자에 대해서는 다른 말로 바꾸어 질문하는 것을 허락한다. 사람은 독자적인 체험을 가지고 있고, 주제에 대한 관심을 가지는 쪽이나 인터뷰에 대응하고 관여하는 각자의 방식이 있다. 그러나 인터뷰자의 관심은 일관성이 있어야 하고 필요한 주제는 모두 망라해야 한다. 절충적 교섭수단은 주제에 대한 인터뷰 배경의 필요성이 요구된다.

인터뷰 증빙자료는 질문에 대한 대답을 노트에 기록하거나 녹음기를 사용하여 녹음시켜 둔다. 노트를 이용할 때는 요점만 기록한다. 가능하면 인터뷰가 끊기지 않도록 질문자 한 사람이 요점만 질문하고, 기록하는 임무를 수행하도록 한다.

설문지 결과는 도표작성에 유효하게 사용된다. 그러나 때로는 작성된 설문지는 새로운 관점을 기록하는데 도움이 되지 않는 경우도 발생한다. 테이프 레코더는 많은 인터뷰에 사용된다. 가장 완벽한 인터뷰 기록이라고 할 수는 없지만, 나중에 정보의 요점을 추출하기 위해서는 인터뷰와 함께 정리할 필요가 있다. 또 테이프 레코더를 사용하는 경우는 사전에 회답자의 허가를 받아야 한다.

인터뷰를 끝낼 경우에는 인터뷰의 요점을 발췌한 후에 끝내야 하고, 질문에 대해 회답자가 납득했는지를 확인하는 일도 필요하다. 일치하지 않은 것 모순-discrepancies 이 있을 경우는 그 장소에서 정정하고 인터뷰가 끝나기 전에 스케줄에 대한 활동이나 행동에 대해서도 전달해 두어야 한다.

중 · 소규모의 건축 프로젝트 인터뷰는 가장 빈번하게 사용되는 정보 수집의 한 기술이다. 왜냐하면 건축 프로그래머는 쾌적하고 명쾌한 인터뷰 스타일을 개발하는 일에 집중함으로써 강력한 방법이 되기 때문이다. 여유 있거나 성실한 인터뷰는 회답자도 그와 같은 태도로 납하게 된다. 회답자는 프로그래머가 원하는 중요한 내용을 알게 된다는 것을 기억해 두어야 하고, 내재되어 있는 인격을 향해 무엇인가 소중하게 여기는 존경하는 마음으로 헤아려 접근할 경우 그들은 당신에게 마음을 열고 다가가게 되기 때문이다.

4) 기타 수법 : 인식 맵핑, 묘화, 일기

Other Techniques ; Cognitive Mapping, Drawings, Diaries

상황에 따라 관찰, 앙케트, 그리고 상담 이외의 방법은 물론, 그러한 것들을 서로 혼합시킨 기법을 사용할 수 있다. 인식 맵은 클라이언트의 태도를 이해하거나 특히 어반 디자인 및 대규모 사이트 플래닝의 프로젝트를 이해하는데 매우 유효한 기술이다. 인식 맵핑은 사람이 체험한, 즉 인식된 장소에 대해 그림으로 기록하는 의사전달방식으로 표현하는데, David Rothwell은 이를 세련된 묘사라 한다. 인식 맵핑 메뉴얼 작성에는 그들이 생각하는 사람들에 대해 능숙한 묘사의 기법을 사용한다. 장소의 인상적 인식을 표현하는 능숙하게 그려진 지도는 사람들이 장소에 대해서 느끼고 생각하고 있는 일을 풍부하게 전한다. 클라이언트가 편안하게 느끼는 장소 그렇지 않은 장소를 알 수 있고, 클라이언트에 의해 어떠한 장소가 훌륭하게 기능하고 있는가 또는 그렇지 않는가의 아이디어를 전달한다.

메뉴얼 맵핑은 개별적 인터뷰의 일부로 사용할 수도 있다. 수행을 위해 많은 시간을 필요로 하지만 중규모 그룹을 대상으로 하면 증대되는 커뮤니케이션 사이의 참여자들과 무리 없이 사용할 수 있다.

인식된 지도는 높은 차원의 개인적 진술로 그 결과 얻어진 정보를 약간 과학적으로 되돌리는 것은 비교하기 어렵다. 어떻든 자료에 대한 사용은 프로그래머와 설계자의 직감에 따라 작업할 수 있기 때문에 그 시점에서 클라이언트가 가지고 있는 관심을 보다 높은 차원으로 이끌어 올림으로써 이익이 된다는 점으로 이해할 수 있다. "Image of the City"에서 Kevin Lynch와 그의 학생들은 사람들에게 그들이 살고 있는 도시의 인상을 그려보도록 했다. 그 연구는 시민의 관심과 도시계획가의 관심이 크게 다르다는 것을 쉽게 알 수 있었고, 또한 그 이유를 밝혀 낼 수도 있었다. 이러한 체험에서 얻어진 교훈은 공통적으로 건축 프로젝트에서도 쉽게 빗나가는 일이 일어날 수 있다는 것이다.

관련 기법은 새로운 환경에서 가지고 있는 그들의 생각이 그려진 그림을 클라이언트가 가지고 있다. 어른들보다 어린이들에게 더 기술적인 작업이 된다. 왜냐하면 그려진 그림에 대한 감정이 억압된 어른들이 많기 때문이다. 그려진 그림에 대한 중요성을 확실히 정의하기는 어렵다. 그러나 이러한 연습은 클라이언트 그룹 멤버들, 디자이너와 프로그래머는 예리하게 자각할 수 있다. 화제가 되는 관심거리는 중간관계 주제들의 드로잉을 위해 선택되었다.

또 하나는 조사를 위한 총비용와 설계비, 시공비를 비교하여 제안한 조사에 대해 비용의 효과가 있는가를 자문해야 한다. 클라이언트가 조사의 제안에 대해 만족한다면 그와 관련된 비용과 시간의 가치를 클라이언트가 이해하게 될 것이다. 건축 프로그래밍 컨설턴트에 대해 공통으로 적용되는 비용은 조사방법에 대한 투자효과의 배려가 만족스럽지 못한 점이다. 프로그래밍 작업이 프로젝트의 규모에 비해 적절해야 한

그림 3.7 걸스카우트들은 새로운 본부를 위한 아이디어를 종이에 그린다.

다는 것을 항상 염두에 두어야 한다.

그들의 그림에서 당신이 무엇을 원하는가에 대해 아이들이나 다른 연령층의 그룹을 위한 약간의 예방조치를 해야 한다. 주제에 대해서는 가능한 한 개방될 수 있도록 그 상태에서 타협한다. 언어상의 발상에 대한 것은 드로잉에서 유리한 편이다. 중요한 것은 그들 머리 속의 생각을 끄집어내는 일이다. 그룹이나 개체는 사물에 대한 생각을 불러일으키지만, 그들의 환경에 사용하지는 못한다. 그러므로 섣불리 어린 아이들과의 약속을 하지 않도록 주의해야 한다. 그룹이나 개체를 안심시키기 위해 실제로 그들이 바라는 대로 그리도록 편안하게 시도하지만 그림을 그린다는 것은 어려운 일이다. 또 클라이언트를 이해한다는 것도 좋은 생각이다. 이러한 모든 생각들이 새로운 시설에 제공되는 것은 아니지만 항상 중요하다.

중요한 이해관계에 관한 정보수집의 또 다른 방법은 클라이언트가 일지를 쓰는 일이다. 환경에 관한 것을 기록하고, 연구 계획을 위한 기록은 물론 그들이 체험한 작업이나 그 수준에 대해서도 물을 수 있다. 그리고 당신이 제시한 여러 종류의 정보에 대해 당신이 바라는 것은 말을 삼가하고 중단하더라도 옳은 일이다. 일기는 정보를 평가하는 데 있어 프로그래머가 시간을 할애하는 것보다 클라이언트가 할애하는 시간이 더 탁월하고 자세한 정보를 얻을 수 있다. 많은 클라이언트로부터 일기를 요청할 수 없다면 정보를 평가하는 다른 수단을 발휘할 것이다. 단, 일기작성을 바라는 클라이언트라면 큰 규모의 그룹보다 작은 수의 사람들을 위한 설문지를 보다 면밀하게 준비한다. 그리고 코드와 평가를 위해 되풀이되는 작업에 소요되는 프로그래머의 시간도 많이 필요로 한다.

5) 사용방식 결정 Deciding Which Techniques to Use

불확실한 구역의 태도에서 건축설계 연구는 시설의 설계에 대한 유사한 태도에서 프로그램한다. "나는 지금 무엇을 알고 싶은가?"라는 질문의 답에 조사 목적이 있다. 그리고 "무엇을 사용해서 작업할 것인가?"를 자신에게 물어본다. 프로젝트에 참가하는 클라이언트의 수와 유형의 리스트를 작성한다. 시간이나 자료를 위한 예산, 직원, 컴퓨터 자료에 대한 리스트 등이다. 여기서 만약 회답자의 수가 적어 시간적인 여유가 있을 때는 개인적으로 인터뷰를 해도 좋다. 아니면 약간의 관찰이나 인식 맵핑을 할 수도 있다. 응답자가 많은 경우는 샘플링해서 앙케트를 작성해도 좋지만 앞서 언급한 여러 가지 수법의 이점이나 결점도 염두에 둔다. 그리고 만일 응답자가 어려서 읽을 수 없을 때는 표본 집단이 적은 경우 그림을 그려서 회답을 받아도 좋다. 그림은 프로그래머와 다른 언어를 사용해서 클라이언트의 경우에도 사용한다. 정보는 사전에 준비하여 처리해야 하고, 그 분석 과정에는 시간이 필요할 것이다.

가능하면 여러 가지 조사수법을 사용한다. 만약 프로그래머가 사람들이 커뮤니티센터에서 어떠한 종류의 활동을 바라는가를 알고 싶을 때, 남녀 모두는 모임의 작업을 그룹으로 계획해도 좋고 집단 토의를 계획해도 좋을 것이다. 어디에서나 착상한다는 것을 벽에 게시한다. 가장 중요한 게임 활동의 세팅계획을 먼저 결정할 수 있다. 두 번째 방법은 우선순위에서 어떤 액티비티를 바라는가를 질문하기 위해 이웃 주민에게 앙케트에 필요한 설문지를 배포해도 좋다. 이웃이 공공시설에서 어떤 액티비티를 하는가를 보기 위해 먼저 관찰할 수 있다. 예를 들어 BS법과 앙케트를 실시할 경우 야구를 들 수 있고, 또 아이들이 길에서 야구는 행위를 관찰함과 동시에 정보 획득도 확인할 수 있다. 3가지 다른 수법에 의해 동일한 답을 얻는－삼각법의 개념은 각 조사의 간이성에 관계하지 않고, 비공식적인 연구의 결과에 크게 신빙성을 가질 수 있다는 의미이다.

만약 정보 분석에 대해 요구했던 시간과 각 기술을 위한 반응이 가능하다면 스케줄은 접근하자마자 인원수와 이름에 대해 항목별로 기재할 수 있는 유용한 기술방식이 확립될 것이다. 그리고 시간이나 사료표 작성에 필요한 비용을 산출해야 하고, 그 조사방법의 접근에 필요한 항목의 일람표를 작성해야 한다. 이러한 간접비는 시간당 최소 2배를 곱한 정도의 조사에 필요한 가정된 총 비용이 작성되었다.

프로젝트의 목적을 위해 조사연구 전체 인건비와 전체 시공비용에 대한 토털 코스트를 비교·제안한 것에 대해 투자 효과가 있는가를 스스로에게 물어야 한다. 일과 목적을 위해 노력할 가치가 있는 기대되는 정보인가? 만약 조사의 제안에 있어, 클라이언트/오너의 희망과 욕망을 만족시키고 이해하게 한다면, 그들을 납득시키는데 보다 더 많은 기회를 가질 수 있다. 그러한 일은 관계된 것들에 대하여 이해를 시키는데 시간과 비용을 투자할 가치가 있기 때문이다. 건축 프로그래밍 컨설턴트에 가장 공통적인 비평의 하나는 조사 방법의 투자효과에 대한 배려를 만족시킬 수 없다는데 있다. 우리는 프로그래밍에 있어 프로젝트의 규모를 자기 것으로 전유하는데 노력해야 한다는 것을 기억해야 한다. (Occam's razor를 상기)

3.6 요약

Summary

종종 무의식적으로 우리의 행태를 이끌어 내는 우리 능력과 직관*(의도)*적으로 행태들을 만들어 내는 우리의 능력 사이에 불균형이 있다.
Jon Lang

이 장은 클라이언트에 대한 의미적 정의로부터 시작했다. 클라이언트는 시설의 프로그램에 의해 영향을 받게 되고, 또 그 시설을 제작하는데 있어서도 영향을 미치는 사람들이다. 이 클라이언트 그룹과 작업 방법이나 건축 프로그래머로서의 역할에 대해서 묘사해 보았다. 그리고 다른 문화권의 클라이언트와의 합의를 형성하는 전개사항에 대해서도 고찰했다. 끝으로 정보수집 방법을 간결하게 설명했다. ; 관찰, 설문지, 인터뷰나 드로잉에 대해서 연습했다. 각종 프로젝트 조사를 계획하고 결정하는 이론과 어떤 방법들을 서로 조합시키는 기술을 사용하는가에 대해서도 언급했다.

만나고자 하는 클라이언트 타입과 정보수집 방법과 대항하고자 하는 것들을, 우리는 실제적인 건축 프로그래밍의 프로세스로 이동해 갔다. 제Ⅱ부에서는 프로그래밍의 활동을 묘사할 수 있도록 가상적이 아닌 실제로 클라이언트/오너가 존재하는 것을 예로 들어 전개하였다. 제Ⅱ부에서는 제2장의 사례들은 각종 포맷의 공통 요소를 기초로 한 프로그래밍의 포맷을 인용하여 각 스텝을 위한 프로그램들의 다채로운 사례를 제시했다.

II

건축 프로그래밍 프로젝트

The Architectural Programming Project

제Ⅰ부에서는 건축 프로그래밍을 위한 정보의 배경에 관한 여러 가지 측면에 대해 언급했다. 즉 건축 프로그래밍의 역사와 전후관계에서 프로그래머들의 이익, 그리고 사고방법의 유형에 관해 토론했다. 또 그들이 제의했던 것들 클라이언트에 대한 이해와 그 사고의 특성과의 작업방법도 묘사했다.

제Ⅱ부에서는 프로그래밍의 프로세스 과정에 대한 접근을 단계적으로 진행해 간다. 건축 프로그래밍의 습득은 독서에 의해서만 이루어지는 것이 아니고 인간간의 상호작용에 의한 프로세스이기 때문에 이에 의해 이루어진다. 또한 설계를 통해서 이루어지는 프로그래밍 교육도 물론 마찬가지이다. 확실히 설계는 설계하는 것 designing에 의해서 배우고, 프로그래밍은 프로그래밍에 의해서 읽히고, 습득된다. 이러한 이유로 이 책에서 다음 단계인 프로그래밍을 위한 프로젝트 설정과 작업을 위해 독자의 정체성을 위한 진단과 조언에 대해서 다루었다. 만일 실제적인 프로젝트 실행이 불가능한 경우 가설적인 프로젝트가 거의 대부분의 사실적인 역할을 하게 한다.

프로젝트가 먼 미래에 존재할 것이라는, 가상적이든 실재적이든 아이디어는 인간간의 관계에 의해 습득되는 것이다. 즉 인간끼리의 커뮤니케이션에 의해 실제로 존재하게 하는 것이 중요하다. 클라이언트를 위해 임시 제안한 것들은 다음의 상자안 in the sidebar에서 볼 수 있다.

클라이언트로서 적당하다고 생각하는 사람들을 다음과 같이 선정해 두었다.

제Ⅰ부에서는 몇 가지 과제 해결이나 건축 프로그래밍 포맷을 소개했고, 일반적인 공통요소도 포함시켰다. 이 책에 따른 프로그래밍 연습을 위해 이러한 방법으로부터 나의 경험을 통해 그 요소를 축출 · 통합한 결과 제Ⅱ부에서는 다음과 같은 6단계를 설정한다.

- ◆ 프로젝트의 배경조사 연구
- ◆ 목적과 목표의 정체성 확립
- ◆ 정보 수집과 분석

◆ 양적 요구 설정

◆ 설계문제 종합

◆ 목적과 목표를 달성하기 위한 전략 선택

프로젝트에 대한 작업을 진행하는 과정 중에 프로젝트 프로세스가 선형이라 하더라도 상관하지 않고 실제적인 생활의 영위는 물론 전체적이라는 것을 밝힐 것이다. 프로젝트 진행방법에 대한 표현은 선형스타일의 사고방식이라 하더라도 실제적인 프로세스는 결코 잇달아 일어나는 것은 아니다. 그것은 프로젝트가 완료된 후에 정리된 것이다. 초기에 목적과 목표의 정체성을 확립하는 논리에서부터 관련 정보를 수집해야 한다는 논리는 서로 비슷하지만 현실적으로 볼 때 프로젝트 상에서는 일시에 목적과 목표가 설정되는 것은 아니다. 클라이언트는 맨 처음 타협단계에서 아이디어와 전략을 확실하게 결정할 수도 있지만, 전략의 배후에 있는 목적은 일정기간 동안 명확하게 나타나지 않을 것이다. 필요로 하는 모든 정보수집은 프로세스의 마지막 단계에서 완료된다.

이 연습의 목적에서 중요한 논점은 클라이언트가 인간의 삶 속이나 그룹 속에 실제로 존재한다는데 있다. 프로젝트는 전체가 가설적이거나 미래의 일정계획이 될 것이다. 커뮤니케이션의 방법을 배우고, 그 방법에 대해 많은 발상을 실행 *thinking skills*해 보는 일이 목적이다. 클라이언트를 찾아서 ;
출발과 함께 가장 근접된 당신의 자신과 접촉해 본다.

a. 의료에 종사하는 의사나 치과의사–클리닉 센터
b. 직장의 상사 또는 동료–사업체의 경영자
c. 목회자, 유대 율법자 또는 종교적 리더–자비로운 종교 및 그 집회시설
d. 단체에 소속된 독지가–회합이나 활동을 위한 시설

자신들의 소속 캠퍼스나 발전 가능한 커뮤니티에서 :
a. 캠퍼스 건축가나 오피스 플래너
b. 지역의 교육시설과
c. 연합단체, 청소년들의 클럽
d. 이웃 지역의 중개자나 대리자들

이 외에 아주 미약하지만 귀중하고 편안한 현실적인 체험은 구상하고 있는 프로젝트의 주변에 존재하는 가깝거나 친밀한 클라이언트를 설정한다. 의학부의 가까운 사람쪽의 시설에 대한 특별한 형태의 클리닉을 가진다. 시설의 요구에 대해 당신이 관여하고 있는 사람들의 단체는 큰 꿈을 원할 수도 있다.

건축프로그래머가 압축된 유기적 정보를 선택하는 것은 그 스스로 끝나는 것이 아니라 하나의 도구라는 것을 기억해야 한다. 알맞은 정보나 아이디어를 선택하지 못하는 것을 돌보아야 한다. 왜냐하면 그들은 정확한 시간에 반드시 그러한 일이 일어나지 않기 때문이다.

클라이언트와 초기 타협 이전에 제Ⅱ부에 대한 내용 전체를 읽어 둘 필요가 있다. 그 결과에 따라 프로그래밍 과정에서 발생된 내용을 클라이언트에게 설명할 수 있도록 한다. 제10장은 서류나 모든 정보에 관계된 증거자료 Documentation 정리에 관한 설명을 기술하였다.(우리는 이

장에서 첫째 6단계 이전의 토론을 검토했다. 그러나 먼저 물질의 질적인 내용을 덧붙이는 것은 무엇보다 더 중요하다.) 제10장에서 설명하는 여러 가지 내용들은 전체 프로세스에 적용된다는 것을 나타내고 있다. 또 그룹회의의 도큐멘테이션에 대해서는 제Ⅰ부의 제3장을 반복해서 읽어 두어야 할 것이다. 제11장은 본 서의 전반적인 내용에서 다룬 정보를 종합하고, 끝맺는 장이다.

미팅하는 것들을 포함하여 조사, 그리고 그 과정에서 이루어진 정보 분석이나 도큐멘테이션을 위한 시간, 작업 스케줄링은 결정적인 중요한 자료로 활용되게 된다. 초기 단계의 타협이 중요하기 때문에 건축 프로그래밍의 정의나 진행방법을 클라이언트에게 설명할 준비가 완벽하게 되어 있어야 한다.

제Ⅱ부에는 풍부한 많은 사례들을 함께 수록했다. 제4장에서부터 제9장까지는 프로그래밍의 각 스태프에 관계되는 작업 내용과 연결된 항목들을 프로그래밍 스태프들이 취급하였고 그 다음은 다채로운 변화의 사례들이 제공되었다. 물론 건축 프로그래머가 원하는 모든 것을 취급하거나 알고 있는 것이 아니라 앞서 기술한 프로그래밍의 작업 요점과 같이 유례없는 프로젝트의 특이성을 정의하는 일이기 때문이다. 따라서 당신이 앞으로 프로젝트에서 많은 것을 체험할 수 있다는 것을 예언으로 표현할 수 없는 것이다. 이러한 다양성이 내포되고 있기 때문에 건축 프로그래밍의 정취를 느낄 수 있고, 또한 프로그래밍을 하는 즐거움이기도 하다.

6단계의 스태프은 마지막 네 개의 케이스 스터디로서 설명하고 있다. 이러한 프로젝트의 사례연구에 관해 제공된 것은 Cherry/See Architects나 Architectural Research Consultants, Inc (ARS)에 의해서 실행된 것이다. 프로그램을 위한 4개의 사례 연구는 다음과 같다.

- ◆ 케이스 스터디－#1 : 주립기록센터와 보관소
- ◆ 케이스 스터디－#2 : 수족관
- ◆ 케이스 스터디－#3 : 모터사이클 판매점

◆ 케이스 스터디-#4 : 대학 강의실, 실험실 사무소, 행정실

이러한 케이스 스터디는 저마다 가지고 있는 고유한 다채로운 특성의 프로젝트 타입을 설명하기 위해 선정하였다. 오너에 의한 의사결정 프로세스 유저-참가의 전략, 그리고 예산 따위는 모두 다르게 되어 있다. 어떤 경우든지 프로젝트의 특이성을 고려하고 있고, 또한 간결하다는 것을 지향하여 내용은 매우 한정된 부분만 소개했다. 여기서 선정한 케이스 스터디의 목적은 각 프로젝트를 위해 프로그래밍의 아이디어를 어떻게 전개할 것인가에 대한 검증 행위라 할 수 있다.

Ⅱ-1 프로젝트 작업의 조직화

Organizing Project Work

먼저 프로젝트 작업이 어떻게 이루어지는가를 살펴야 한다. 프로그래머의 작업이 효율적으로 진행될 수 있는 장소를 고려해 두어야 한다. 전문 프로그래머는 프로젝트 작업을 위한 장소를 자신이 일하는 곳에 속한 클라이언트/오너가 있는 장소에 설정해 둔다. 학생의 경우는 집이나 학교가 좋을 것이고, 허락을 받아 클라이언트가 위치한 곳에서 작업해도 좋을 것이다. 실내는 적절한 밝기나 환기가 원활하도록 쾌적하게 하고, 프로그래머는 책상이나 게시판 tackboard space은 물론 각종 서적이나 필기구 등의 보관장소도 필요하다. 만약 회의가 프로그래머의 작업실에서 이루어진다면 방문자를 위한 룸과 의자를 마련해 두는 배려도 있어야 할 것이다.

작업에 대한 스케줄도 동일하게 생각해 두어야 한다. 프로그래머와 클라이언트나 오너는 회의의 출석 멤버를 결정해 두고, 그들에게 알맞은 편리한 일정과 시간을 정해 두어야 한다. 또 프로그래머는 클라이언트나 오너가 인터뷰를 받을 클라이언트들의 리스트 작성을 그들과 함께 해둔다(제3장을 참조). 많은 클라이언트들이 접촉을 필요로 할 때는 그것은 스케줄의 유기성에 대해 오너도 검토해야 한다. 만일 어

떤 프로그래머가 일을 원할 때 그들은 어떻게 해서든지 오너에게 필요한 존재가 되도록 노력할 것이다. 건축프로그래머들의 이러한 입지는 시간구간을 상승시켜야 할 필요성이 발생한다.

학교의 프로젝트 과정단계에서 본 서를 사용하는 학생은 그들의 클라이언트에게 그 프로세스는 어느 정도의 시간이 필요한가라고 물을 수 없다. 그리고 어떤 클라이언트 생각이 앞서가는 경우는 프로세스 참가에 합의하기 전에 몇 차례의 회의에 참가를 거치면 좋을 수 있다고 본다. 또 학생은 강의에 대해 학과목 학점 취득을 위해 프로그램의 제출기한을 단축하려 할 것이다. 어쩌면 호전된 도큐멘테이션을 위해 1~2주간의 소요시간이 필요할 지도 모르기 때문이다. 프로젝트의 여건을 조절한 후에는 다음 스태프에게 최소한 5회 정도의 회의가 있어야 한다. 바쁜 클라이언트와의 회의는 매회 1~2시간으로 제한할 수 있다. 이와 동일하게 클라이언트에게는 다른 멤버와의 회의도 있을 것이다.

클라이언트측의 수가 비교적 소규모 프로젝트인 경우는 모든 프로그래밍의 1~2시간 회의를 몇 차례 진행하는 것 보다, 4~5시간에 2~3회의 워크숍으로 통합하여 집약시키는 것이 일정이 바쁜 클라이언트나 오너에게는 좋을 것이다. 이러한 모든 가능성은 클라이언트 및 오너가 최초의 조직화과정에서 겪는 일이다.

Ⅱ-2 건축 프로그래밍 설명

Explaining Architectural Programming to Others

클라이언트나 오너와는 첫 번째 회의 시작 전에 건축 프로그래밍에 대해 설명할 준비가 되어 있어야 하고, 작업을 함께 하는 클라이언트 그룹의 모든 멤버에게 설명해야 한다. 앞서 "클라이언트"에 대해 기술한 바와 같이 각 프로세스에서 무엇을 할 것인가를 설명해야 한다. 다시 말해-왜 이러한 질문을 해야 하는가이다.

건축적 경험이 있는 클라이언트에 대해서 "건축 프로그래밍은 설계

작업의 노력에 의해서 풀어야 하는 과제를 정의한다."라고 설명할 수 있고, 건축적 경험이 없는 사람에 대해서는 "건축 프로그래밍은 작업이 이루어지기 전에 그를 위해 무엇이 필요한가를 정의할 수 있다"라고 설명한다. 이는 그러한 것들이 일어나기 전에 시각적으로 인식하고 있는 것이다.

질문하는 사람의 경험에 관계있는 사례를 사용해도 좋을 것이다. 만약 사업가 business-person라고 말한다면 "사업모험 business venture을 세우기 전에 무엇을 달성하고 싶은가의 아이디어를 당신이 가지고 있어도 좋고, 건물의 설계를 착수하기 전에 그 건물에 대해서 무엇을 달성할 것인가를 정의한다."라고 설명할 수 있다.

만약, 클리닉을 프로그래밍하기 위해 의사와 인터뷰하고 싶다면 치료법을 결정하기 전에 질병을 진단하는 비유를 들어 설명해야 한다. 환자의 질병에 대한 진단은 프로그램과 같다. ; 진단은 해결되어가는 과제를 정확하게 정의한다. 이러한 일은 그 시점에서 여러 가지 것들 중, 하나를 선정하여 실행한 치료 또는 처치법은 그 과제를 해결할 설계를 좋아한다.

원만한 커뮤니케이션은 본질적인 것이다. 평면은 프로그래밍에 앞서 어떻게든 결정해야 한다. ; 예를 들면, 건축 프로그램에 대해 충분한 이해를 한 뒤에 작업에 대하여 향후 이어갈 방향을 설명한다.

여기서 어느 정도 상세한 설명을 통합할 것인가에 대한 판단을 위해 프로그램에 대한 클라이언트의 관심 정도를 평가 해둘 필요도 있다. 어떤 클라이언트는 정보의 조직화에 강한 관심이 있다면 "문제해결 Problem Seeking"이나 다른 방법의 전개에 대해 상세하게 설명해 둘 필요가 있다. 정보의 조직화에 관심 없는 클라이언트에게 단순히 "최초의 작업은, 프로젝트의 전체적인 목적과 목표를 가장 알맞게 개발 · 확립할 수 있다"라고 기술하는 것으로 충분할 것이다.

몇 몇 클라이언트들은 포맷 결정에 이미 익숙해져 있고 몇 가지 사례들은 불필요하게 시작할 것이고, 비용도 많이 들 것이다. 다시 말해 클라이언트는 포맷 과정에서 이루어지는 과잉정보 제공 의식으로 인한 실수가 우려되어 한 걸음 앞질러 마무리되는 경향이 있다. 포맷은 편리하지만, 그 자체가 완벽한 것은 아니라는 것을 초기 단계에서부터 설명해 두어야 한다. 즉 클라이언트 그룹이 릴랙스하거나, 아이디어 제공을 보류할 수 없도록 상황을 환기시켜야 한다.

이러한 방식의 준비가 완료되면, 비로소 프로그래밍 프로세스를 시작할 수 있는 것이다.

MEMO

그림 4.1 프로젝트의 여건을 조사하는 것에 의해 그 프로그래밍의 콘텍스트를 알 수 있다.

4

프로젝트 여건의 조사계획

Researching the Project Background

건축 프로그래밍 실행을 위한 첫 번째 작업회의에서 클라이언트, 오너, 그리고 건축프로그래머는 합의라는 과정이 형성되어야 한다. 왜냐하면, 초기 단계인 워크숍 과정에서부터 그 후의 작업을 원활하게 운영하기 위해 철저한 준비가 필요하기 때문이다. 이러한 상황에서 대상이 되는 프로젝트 타입의 특수한 context 문제의 본질="The Nature of Problems"p.37 참조에 매우 친밀해져야 한다. 그리고 클라이언트도 전문 분야에서 사용하는 용어를 충분히 읽혀 두어야 할 필요가 있다. 클라이언트와의 커뮤니케이션에 대한 부분은 프로그래머의 책임이다.

4.1 프로젝트 타입의 조사

Project Type Research

"프로젝트 타입에 대한 조사"의 목적은 "유형학적 조사 類型學=typology research"라고 할 수 있다. 이러한 일은 프로젝트 타입마다 프로그래밍이나 설계상의 요점에 길들인 친숙함을 목적으로 하고 있다. 모든 프로젝트 타입에는 그 전개과정을 다루거나 빈번하게 사용되는 특수한 전문용어가 있다. 그러므로 그들과 관계하는 이론이나 철학 디자인 이념에 대해서도 이해해 둘 필요가 있다. 클라이언트는 이러한 일에 대해 축적된 많은 지식을 가지고 있어야 하는 것은 상식적인 일이다. 그리고 그들과의 의사소통에 있어서도 전문용어를 자유롭게 구사할 수 있어야 한다. 프로그래머가 프로젝트 타입에 대해 상세하게 숙지하고 있다면 클라이언트와 보다 쾌적한 작업환경을 조성할 수 있다.

지식 획득의 정보에 대한 가장 최선의 방법은 현지를 직접 방문 · 관찰하는 방식과 문헌조사를 실시하는 방식이 있다.

4.1.1 계획 대지의 방문 관찰조사 site visits

프로젝트 타입과 동일한 종류의 기존 시설을 방문 · 관찰하는 것은 그 타입에 포함되어 있는 설계상의 요점을 명확하게 하는데 있어 유효한 수단이 되기 때문이다. 이상적인 방식이라 한다면, 건축 프로그래머는 프로젝트 타입에 해당되는 시설을 가능하면 여러 차례 방문을 통한 관찰을 하는 것이 좋지만 시간과 노력을 절약하고 가치 있는 필요한 정보량을 얻기 위해서는 신중하게 선택한 시설에 대해 몇 차례 정도의 방문 · 관찰하는 것만으로도 충분한 정보를 얻을 수 있는 건축물들이 많이 있다.

먼저, 방문할 가능성이 있는 대지에 대해 먼저 우선순위를 정해 둘 필요가 있다. 가능하면 다양한 대지에 접촉할 수 있고, 폭넓은 관찰의 체험이 되도록 하는 배려가 필요하다. 건축 프로그래머들 또한 프로젝트 타입의 설계에 대한 폭넓은 접근의 지식을 필요로 한다. 한정된 예산의 조건상, 장거리 관찰계획에 무리가 따를 경우 조사해야 할 시설은 가까운 곳을 선택하거나 다른 방법을 모색해야 할 것이다. 예를 들어, 어떤 프로젝트가 레스토랑이라면 프로그래머가 살고 있는 시내에서 몇 차례 방문할 가능성이 있다. 그러나 수족관처럼 먼 거리의 관찰을 계획하는 경우는 다른 방법을 선정해야 할 것이다.

또 다른 한 가지는, 하나의 시설만 방문 · 관찰하는 계획만 세우는 것은 위험부담이 있다. 프로젝트 타입의 여러 조건은 폭넓게 인식하고 있어야 한다. 시설방문은 문헌이나 다른 종류의 시설을 조사하는 것보다 그 당시 건축에 대해 느껴졌던 인상이 보다 오래도록 강하게 남게 된다. 만일 단일 조건의 시설방문으로 그치지 않고 여러 가지 문헌에 의한 조사를 한다면 다양한 어프로치는 공평한 방식의 조건으로 취급되지 않을 가능성이 잠재되어 있기 때문에 명석한 판단을 위한 결정에 방해가 된다. 그리고 이렇게 조사할 수 없다면 모든 대지에 대한 방문을 중지하고, 다른 방법의 프로젝트 타입의 정보수집방식으로 방향을 신속히 전환하는 것이 훨씬 유리하다.

대지의 방문에 대한 정리는 단순한 일이 될 수 있는데, 이는 서로의 스케줄에 알맞은 시간과 일정에 대한 약속을 시설물 오너와의 연락이 편리하도록 하기 위함이며, 이때 가능하면 클라이언트와 함께 방문하는 것이 더욱 유리하고, 만약 클라이언트가 예정된 방문조사의 레스토랑과 경쟁 관계에 있는 레스토랑과 만난다는 프로그램의 경우는 서로간 매우 난처한 상황이 될 것이다. 이때 클라이언트에게 상황을 판단하게 하고, 참가가 적절한지를 결정하게 한다. 경쟁이 심한 비즈니스 관계에서 클라이언트나 오너는 프로젝트 개발 및 존재를 공포하지 않는 경향이 지배적이다. 하물며 이와 같은 상황하에 방문하는 기업의 매니저는 방문조사하는 방안에 대해 동의하지 않을 것이다. 시설을 방문조사할 경우, 전문가로서 생활자의 프라이버시에 침해가 되지 않도록 모든 범절에 위배되지 않게 행동해야 한다.

프로젝트를 방문조사함으로써 그 시설에서는 어떤 아이템이 성공을 했고, 어떤 내용과 부분이 개선을 필요로 하는지를 안내자에게 질문을 많이 해 두면 매우 유용한 방문조사가 될 것이다. 만약, 그 사람들이 건축설계에 참가하고 있다면 관련사항에 대한 결정이 어떻게 이루어지고 있는가를 당연히 알 수 있으므로 그 조직의 기능에 대응하는 시설의 설계가 어떻게 이루어지고 있는가의 발견도 시험해 본다. 이러한 것들은 잘 메모해 놓고 가능하다면 오너의 허가를 얻어 시설에 대한 사진이나 비디오 촬영을 한다. 또 프로젝트에 대해 적용하고, 아이디어에 관해서도 직접 방문하여 기록한다. 모든 것을 단독으로 판단하여 사진 촬영과 기록행위를 취하는 것은 좋지 않다. 그러한 아이디어는 일반적인 감각에서 흥미있는 프로젝트에 적합하지 않을 것이다. 그러나 당신은 무엇을 발견할 것인가에 대한 조사가 필요하다. 그리고 좋은 것만을 주목해서 사진이나 비디오를 촬영하고, 끊임없이 기록하는 것은 금해야 한다. 그렇기 때문에 훈련된 최소의 조사원으로 구성하되, 인터뷰와 조사를 하는 사람, 사진이나 비디오를 촬영하는 사람, 그리고 다른 한 사람은 스케치와 노트하도록 한다면 매우 효율적인 성과를 얻는 작업이 될 것이다. 예산이 허락한다면 두 사람 정도가 시설을 방문하여 한 사람은 사진과 비디오를 촬영하고, 한 사람은 기록을 하면 좋을 것이다. 방문조사가 끝난 다음은 즉시, 그 장소에서 받은 이미지의 인상을 리뷰하고, 노트를 다시 읽고, 기억 형성을 위해 무엇이 부족한지 아이디어를 추가 · 기록해 두도록 한다.

가능하다면 방문 · 관찰한 건축물의 대지 및 바닥 평면도, 그리고 또 다른 사례들을 입수해 두면 유익한 정보자료가 될 수 있다. 동일한 프로젝트 타입의 다른 사례의 배치도 및 평면도 역시 매우 유용하다. 이러한 설계도에 의해 시설의 전체적인 유기적 구성에 대한 상세한 이해와 분석을 통한 정보를 해독하는데 매우 유용하게 활용된다. 이러한 디자인 분해에 대한 프로그래밍의 논점이라 부른다.;그들은 무엇인가? 그러한 설계도들은 많은 종류의 공간과 다채로운 기능들에 대해 어느 정도의 면적을 부여했는지에 대한 것과 여러 종류의 공간들을 발견하는데 유용하게 사용되는지에 대한 정보도 얻을 수 있다. 더욱이 그러한 것들은 프로젝트 타입의 특질인 공간 벽과 복도 또는 둘러싼 공간체적의 중량 tate, 지지하는 공간의 이용 가능한 면적비율 유효율을 결정하는데 항상 유용하게 사용되는 참고자료가 될 것이다. 이러한 정보는 이제부터 전개하고자 하는 프로그래밍 작업의 새로운 대상 프로젝트의 규모 설정에 활용된다. 유효면적률의 스터디-"Building Efficiency Studies"p.265의 8.4 참조

4.1.2 문헌조사 Literature Search

모든 도구는 실험에 의해 만들어져야 한다.
Leonardo da Vinci

프로젝트의 건축프로그래밍과 설계단계에서 발생할 수 있는 문제에 친숙해지기 위한 또 다른 방법은 문헌조사가 있다. 프로젝트 타입에 관한 정보는 건축정보 및 프로젝트 전체 계열에 의한 정보 훈련에 유용하다.

조사 대상의 프로젝트 타입에 관한 정보의 근원은 단행본인 서적이나 잡지, 건축정보 출처에 관한 문헌목록이 있다. 이러한 수많은 정보들을 수집하기 위한 맨 처음의 작업은 프로젝트 타입에 관한 역사성에 익숙해져 있어야 할 필요가 있다. 시대가 변화하고 바뀜에 따라 어떻게 전개되고, 변화되어 온 것인가?를 가르쳐 주고 있기 때문이다. ; 테크놀로지가 급속하게 변화하는 프로젝트는 문헌상의 해결책을 택할 경우 시대에 뒤떨어진 것이 되고 있지 않는가에 대해서도 관심을 가져야 하고, 그에 대비한 여러 가지 프로그램도 마련되어 있어야 한다.

입주 후의 시설평가 POEs-Post Occupancy Evaluations 보고서는, 그곳에서 무엇이 능숙하게 기능하고, 무엇이 그렇지 않는가를 이해하는 것이 무엇보다도 유효한 수단으로의 툴이 될 것이다. POEs에서는 건축 프로그램 단계에서 건설 의도와 시설을 확인한 후의 상황을 비교 · 검토하는 일이다. 이러한 의도는 시간의 경과와 함께 변할 수도 있지만 새로운 시설 조성에 참고로 활용될 수 있기 때문이다.

건축 잡지는 또 하나의 유효한 정보의 원천이 된다. 최신 잡지는 여러 가지 프로젝트 타입에 관한 최근 정보가 수록되어 있다. 해묵은 잡지 Back number는 프로젝트의 그 전개 및 변화를 더듬어 가는데 사용한다. 건축 잡지의 토픽 목록으로는 건축목록이나 예술목록 등이 있는데(그림 4.2), 예를 들면 장소에 따라 카탈로그의 정보는 프로젝트의 소재, 타입은 물론 건축가에 관한 정보를 기재하고 있다. 이러한 목록은 여러 종류의 건축잡지에서 정보를 포함하고 있다. 잡지 기사는 설계에 관한

그림 4.2 건축 및 다른 각종 참고는 대학이나 국립도서관에 마련되어 있다.

주요 문제를 기술하고 있다. 대지 및 건물의 평면도를 기재하고 있는 경우 그것을 적당한 크기로 확대 카피해 두면 철학적인 어프로치나 조직적인 전략, 룸의 종류나 용어, 서포트 스페이스와 이용 가능한 스페이스 비율 등을 알기 위한 자료가 된다.

건축정보에 대한 단행본의 책, 잡지, 건축자료 중 최고 문헌 목록은 "The Council of planning Librarians Exchange Bibliographies"이다. 대부분 아메리카 유니버시티의 도서관들은 매달 출간되는 이 문헌에 비용을 지불하고 있다. 협회는 6개월마다 이 문헌의 독자적 목록을 출간하는데, 이 목록은 독자들에게 보다 더 많은 자료를 접하게 하는 가장 실용적인 문헌으로 이끌어냈다. 이 문헌은 종종 주석을 다는데, 문헌과 관계가 있지만 직접적으로 응용할 수 없는 자료는 피하면서 가장 적절한 정보를 선택하는데 용이하므로 당신의 연구에 많은 도움을 줄 수 있다.

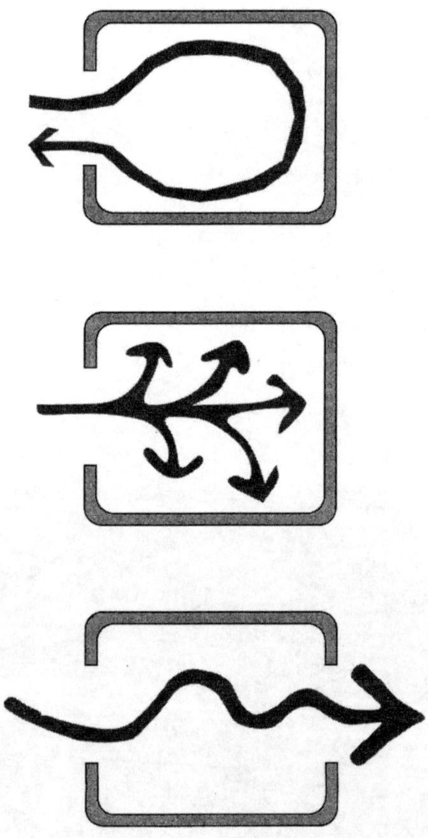

그림 4.3 미술관이나 전시시설에는 몇 가지 동선의 전략이 있다. 프로그래머는 프로젝트 조사를 통해서 전략의 개요를 알 수 있다.

프로젝트 대상에서 사업체가 발행하는 잡지도 있다. 예를 들면, 레스토랑 협회는 레스토랑을 어떻게 운영할 것인가에 대한 경영분야의 책이나 잡지를 발행하고, 이러한 정보의 근원은 클라이언트 관점에서 보는 시설의 설계에 관한 정보를 게재하고 있다. 클라이언트는 상업잡지를 구독하고 있을 수도 있다. 이러한 경우에는 최근에 발간된 몇 권의 책을 눈여겨 두는 일은 그 분야에 관한 최근의 관심사를 발견하게 된다. 이러한 정보는 빈번하게 프로그래밍과 설계 문제에 관여하고 있다.

프로젝트 타입이나 타이포로지의 조사목적은 프로젝트가 특수하더라도 그 프로젝트 타입의 특수성을 프로그래머가 이해할 필요가 있다. 예를 들면, 수족관이나 박물관의 전시시설에 있어 방문자의 동선은 특수하다. 몇 가지 기본적인 생각을 그림 4.3에 나타냈다.

프로젝트 타입의 조사에 따라 프로젝트에 관여한 액티비티와 특성의 일반적인 배경을 이해할 수 있다. 그러나 프로그래밍하고 있는 조사 프로젝트와 반드시 합치하는 것은 아니다. 프로그래밍 프로세스는 프로젝트의 특이성을 결정하기 위해 존재한다는 것을 잊어서는 안 된다.

4.2 프로젝트의 콘텍스트 조사
Project Context Research

어떠한 건축 프로젝트라 하더라도 무에서 생겨난 것은 아니다. 종류와 상관없이 모든 프로젝트에는 정치적 · 사회적 · 경제적 · 지리적인 것 등의 역사적 배경이 있고, 그러한 문제들을 이해하는 것은 정보수집을 의미하는 것이다. 37페이지의 2.8에 있는 "The Nature of Problems"을 복습할 것

프로젝트 타입 조사에서는 국가나 지역적인 콘텍스트에 관한 정보에 접할 수 있다. 더욱이 프로젝트의 국소적인 콘텍스트에 접할 수도 있게 된다. 클라이언트/오너는 프로젝트의 아이디어가 어떻게 해서 이루어지는가의 정보를 가지고 있기 때문에 작업 초기 단계에서 묻고 싶은 점이다. "어떻게 해서 새로운 건물의 신축을 결의할 수 있는가?" 또는 "당신의 조직과 그 발전이 역사를 가르쳐 주십시오."라는 식으로 문의해도 좋을 것이다.

클라이언트, 오너, 또 다른 사람이라 할지라도 모두 프로젝트를 보는 사람들이다. 불완전한 주관적 자료에서 가치 있는 정보를 얻는 것 또한 가능하다. 인구와 경제 성장과 발전에 관한 아이디어는 미국 인구조사국의 정보와 함께 확증되고, 강화되었다. "The U.S. Census County and City Date"는 국가와 도시에 관한 자세한 정보를 제공한다. 더욱이 여러분은 "Census Tracts/Block Numbering Areas"에서 자세한 정보를 찾을 수 있고, "Census Tracts/Block Numbering Areas"는 개별적인 독자적 지역에 대한 정보를 제공할 수 있다.

모든 일에는 원인 *발단*이 있다.
Lao Tzu

가장 지역적인 신문들은 프로젝트의 역사에 대한 정보를 얻을 수

있는 출처이다. 그곳은 근린사회나 시 전체에 흥미 있는 일들이 수록되기 때문이다. 지역신문들은 언제나 목표를 갖지 않지만, 발생된 사건들을 알고 있다는 점에서 지역신문들은 변함없이 유용하게 될 것이다. 인구나 경제 성장에 관한 자료는 정부나 자치단체가 발생하는 통계자료에서 조사한다. 대부분의 신문사는 참고자료실이나 주제에 따라 정리된 클립 파일인 기록보관소를 가지고 있다. 특히 프로젝트에 공적인 자금을 사용한 경우라면 프로젝트 자체의 전개에 관한 주변에서 발생된 사건에 대한 정보를 보관하고 있는 경우도 있다.

어느 프로젝트가 연방차원의 정치적 활동 결과라고 한다면 이 프로젝트를 발전으로 이끈 논의는 연방의회 심문의 지표인 대첩보부를 통해 검토할 수 있다. 미국 내 모든 지역에는 미정부보관소로 선정된 도서관이 있고, 모든 연방 정보 자료를 도서관에서 이용할 수 있다. 의회의 정보업무와 국세 정보는 정부자료 보관소에서 이용이 가능하다. 미국의 일부 주들은 주 차원에서 유사한 정보를 찾아낼 수 있는 주 보관소가 있다.

시나 지방관청의 역사 및 전개에 관한 정보를 얻기 위해 맨 처음 조사하는 장소는 지역의 공립도서관이다. 대부분의 공립도서관은 그 지역에 대한 많은 자료를 소장하고 있다. 도시의 상공회에서는 시의 경제적 발전에 대한 정보를 입수할 수 있고 심지어 작은 마을의 기록이 담긴 전화번호 책에 기입되어 있는 사업과 산업유형에 대한 시의 독특한 정보감각을 제공할 수 있다. 프로젝트가 외국의 것이라면 페이지 72~78 3.4의 "서로 다른 문화권에 속한 클라이언트"를 참조하면 많은 도움이 될 것이다.

지리적이고 기후학적 정보는 몇 몇 연방 정부의 지표를 통해 획득할 수 있다. 다양한 규모의 우수한 지도는 "the U.S. Geographical Service"에서 주문할 수 있다. 아메리카 기상국은 아메리카 전역의 기후에 대한 정보를 가지고 있다. "The National Atlas"는 날씨, 작물, 제조업, 토질환경, 그리고 인구분포를 포함한 나라 전체에 대한 모든 부분의 기후에 관한 기록 데이터를 보유하고 있다.

디자인에 영향을 줄 수 있는 정치적 · 사회적 · 경제적 · 지리학적 문제에 집중하려고 노력해 보면, "구체적이지 않은 대지의 위치에 대한 어떤 계획을 세웠는가?", "이웃 사람들은 이 대지에 어떤 일이 일어나야 한다고 생각하는가?", "지방 정치가들은 이 프로젝트를 지지하는가?", "이 프로젝트는 어떤 종류의 공동체 성향을 상징하는가?" 등이다.

프로젝트 타입과 콘텍스트에 관한 정보를 기록한 풍부한 노트를 그대로 사용할 수는 없고, 데이터를 유용하게 이해한 후에 전달해야 한다. 그것은 건축이나 도시의 물리적 설계프로젝트를 위한 정보수집이라는 목적의식이 필요하다. 조사 대상이 흥미 있는 분야일 때는 본래의 목적에서 벗어난 다른 사항을 조사하는 것으로 끝나는 경향에 주의해야 한다. 설계자에 따라 프로젝트 배경의 개요를 이해하는 일이 필요하지만, 세밀한 역사는 필요하지 않다. 건축 프로그래머는 수집된 정보를 종합하고, 설계자의 작업을 혼란시키지 않고 도와주는 방법을 분명히 해두어야 한다.

4.3 사례 연구 Case Study

Case Study #1
주립기록센터와 아케이브 : 프로젝트의 여건조사
A State Records Center and Archives : Project Background Research

1) 프로젝트 타입에 관한 조사 Project Type Research

관찰과 문헌조사에 따라 해당 프로젝트 타입을 조사했다. 프로그래머, 디자이너, 그리고 기존 시설의 director로는 3개소의 주립 아케이브를 방문하고 사진을 촬영하고, staff로서 인터뷰를 실시하였다. 동일한 팀이 다른 두 주립기록센터에서도 함께 조사를 실시했다. 프로그래머와 설계자는 3개의 기록센터를 방문했다. 그 센터는 주의 보관물을 지역 센터로 분산시키는 것을 계획하고 있었다.

문헌조사에서는 자료를 보관하기 위한 실내조건으로 요구에 초점을 맞췄다. 보관자료는 종이, 필름, 사진, 전자데이터, 기타 형식의 데이터이다. 디자인에 관한 조사는 독서실을 마련하고, 지역의 건축양식에 대해 이용하였다.

2) 프로젝트의 콘텍스트 조사 Project Context Research

기존의 시설은 양털 창고를 리모델링한 것으로 그곳은 귀중한 자료나 아직도 가치있는 중요한 기록문서들, 즉 1621년의 과거로 거슬러 올라가는 데이터들이 보관되어 있다. 왜냐하면, 프로젝트는 주립 법률 제정자에 의해 자금이 제공되었는데 이는 건축가, 프로그래머는 법률 제정 청문 위원회가 입안한 주립자금인출에 대한 기대를 증명했다. 입법자와 프로젝트를 위해 필요한 것에 관한 법률을 입안했다. 이 프로젝트는 주 의회에서 승인된 자금을 활용하기 위해 프로그래머나 설계자는 주의 자금제공에 대한 프로세스를 조사하여 필요한 정보를 정리하도록 했다.

- program date : 1988년
- Used by permission Cherry/See Architects

Case Study #2
수족관 : 프로젝트의 여건조사
An Aquarium : Project Background Research

1) 프로젝트 타입에 관한 조사 Project Type Research

프로그래머와 설계자, 유저의 대리인, 수족관 컨설턴트와 생명유지시스템 컨설턴트들이 3개소의 수족관을 시찰했다. 더욱이 생명유지시스템을 보기 위해 그들은 Sea World시설도 방문하여 사진을 촬영하고 스태프와 인터뷰도 했다.

문헌조사는 수족관의 운영, 군집의 관리나 사육되는 물고기에 초점을 맞추어 실시하였다. 우선순위를 각각 설정하고, 그 종들의 생존에 필요한 환경에 관한 문헌조사를 많이 실시하였다.

시설의 전체 면적에 대한 분석, 전시부분과 생명유지 시스템 부분의 면적비율을 검토하기 위해 유사한 시설의 면적을 분석하였다.

2) 프로젝트의 콘텍스트에 관한 조사 Project Context Research

프로젝트를 위한 자금은 생활 향상을 위한 세금으로부터 충당시킨다. 수족관은 기존의 동물원과 공원, 그리고 하천변에 개발한 생물학 공원 내에 배치시키도록 하였다. 개발된 생물학공원의 마스터플랜은 식물원, 동물원의 확장이나 수변공원을 포함시켰다.

또 시가 소유를 필요로 하는 수변의 민간 소유지에 대한 구입은 비난하는 논쟁의 목표가 되었다. 수변의 액세스를 제한하는 홍수제어기관과의 협의도 하였다.

- program date : 1992년
- Used by permission Architectural Research Consultants, Inc.

Case Study #3
할리 데이비드슨 판매점 : 프로젝트의 여건조사
A Harley-Davidson Motorcycle Dealership : Project Background Research

1) 프로젝트 타입에 관한 조사 Project Type Research

기존의 판매점은 매우 혼잡했다. 그러나 그 혼잡한 상태에서 스태프들이 어떻게 일하는가, 어떤 부분이 제대로 기능하고, 무엇이 그렇지 않은가에 대한 정보를 얻는 일이었다. 1차 회의에서는 오너를 시작으로 전 종업원의 출석을 요구했고, 프로그램의 프로세스나 본 조사에서 무엇을 규명할 것인가를 설명했다. 스태프는 직종에 따라 각 부서와 소규모 회의에 적합했다. 바이크 세일즈, 용품이나 부품의 세일, 수리 서비스 기술자, 서류관리 담당자와 오너 같은 프로그래밍과 설계의 모든 프로세스에 참가했다.

오너와 설계자는 다른 4개소의 판매점을 시찰했다. 프로그래머와 설계자는 각각 5개소를 시찰했다. 이러한 방문에서는 “할리 데이비드슨 오토바이 상사의 비결”을 이해하는 일이 중요했다.

상점 내의 레이아웃은 할리 데이비드슨의 본부를 직접 고용한 컨설팅사무소에 의해 프로그램과 설계가 진행되었고, 상표는 주사무실에 따랐다.

2) 프로젝트의 콘텍스트 조사 Project Context Research

대지는 새롭게 개발한 공업단지 내에 있고, 용도지역과 상점의 용도는 일치했지만 소규모 주택가 가까이 있었다. 오너는 새로운 상점의 건설에 주민의 반대가 없을 것으로 확인시켰고, 아웃협의회에 연락을 하고, 주민을 바베큐식사에 초대함으로써 예비교섭에 노력을 했다.

- Program date : 1994
- Used by permission of Cherry/See Architects

Case Study #4
대학교 교실/실험실/오피스 빌딩 : 프로젝트의 여건조사

A University Classroom/Laboratory/Office Building : Project Background Research

1) 프로젝트 타입의 조사 Project Type Research

대지가 아닌 다른 캠퍼스를 방문하게 되었다. 이 프로젝트 타입은 프로그래머, 설계자, 대학의 관리자를 포함하여 모든 참가자들이 친숙하다는 것을 알았다. 실험실은 실험담당자가 아니면 고도로 전문화되지 않았고, 설치 예정인 학교의 스태프에 대해 인터뷰를 하였다.

프로그래머는 건축가에 의해 고용되고, 프로그램 경험이 있는 건축사무소의 스태프와 함께 작업했다. 클라이언트인 건설위원회는 대학의 총장, 부총장, 3인의 학부장, 대학 설계자를 중심으로 9개 학과의 각 학부장과 교원까지 포함하여 구성했다.

2) 프로젝트의 콘텍스트에 관한 조사 Project Context Research

시설은 몇 종류의 학부와 학과가 사용하는 일반적인 강의실 건물이다. 총장이 의사결정한 면적 배분의 목표는 다음과 같다. :

- ◆ 예술 · 과학학부－19%
- ◆ 경영학 · 경제학부－19%
- ◆ 인간과 커뮤니티 서비스학부－13%
- ◆ 일반교양교실－31%

이와 같이 많은 대학들은 초기에 요구했던 공간보다 실제는 규모가 더 확대되었다. 전체 면적의 합계는 총 223,500 평방피트 gross square feet 로 되었다. 프로젝트의 총액이 낙관적인 경우 $12million(건축비는 $9.5million이고, 설계비, 기타, 코스트 포함)이고, 그 예산으로는 약 총 97,400 평방피트(1,994달러)로 제시한 면적이 가능하다. 초기에 책정했던 자금이 예산보다 적을 경우 건설비가 높게 상승될 것에 대해 사전에 이를 예상하고 상정한다. 이 계획안은 시설의 약 85%(4개항 목표 81%+여유 4%)가 대체안으로 특별히 상정시켰다.

- • Program date : 1994
- • Used by permission of Architectural Research Consultants

4.4 요약

Summary

프로젝트의 여건조사에 따라 프로그래밍의 작업범위를 설정하고, 회의 스케줄을 조직하면 건축 프로그래머는 목적과 목표를 확립할 준비가 되었다고 할 수 있다. 프로그래밍 프로세스는 선형으로 표현되지만, 반드시 그렇게 진행하지 않아도 무방하다. 건축 프로그래머는 융통성이 필요하고, 프로세스에 능숙한 클라이언트를 돋보이게 한다.

그림 5.1 목적과 목표의 확립 *identifying goals and objectives*

5

목적과 목표 확립

Identifying Goals and Objective

"어디로 가고 싶은가"를 알 수 없는 경우 사람들은 그곳에 도달하지 못한다. ; 다른 입장에서 보면 "어디로 향하고 있는가"를 알수록 목표에 가까워질 수 있는 것이다.

–Koberg and Bagnall, "The Universal Traveler"

여건조사가 완료되면 건축 프로그래밍의 다음 프로세스는 초기 단계의 동일한 목적과 목표를 확립하는 일이다. 클라이언트는 프로젝트에 대한 전체적인 목적은 가지고 있지만, 간혹 표출할 때가 있다. 예를 들면, "탄커스레이 공과대학의 학생 센터를 건립하는 일"이나 "노인급식을 제공하는 시설을 건립하는 일" 등이다. 이와 같은 의미를 진술임무 mission objectives라 한다. 이때의 목적과 목표의 정의는 그 미션 스테이트먼트가 의미하는 내용을 정확하고, 상세하게 서술하는 작업이라 생각해도 된다. 어떤 유형의 학생 센터인가? 몇 명의 고령자 시민을 위한 것인가?이다.

프로그래밍은 프로젝트의 특이성을 정의하기 위한 내용을 다루고자 한다. 탄커스레이 공과대학의 대지에는 여러 유형의 학생 센터를 위치시키는 것이 가장 알맞을 것이고, 시니어의 시민에게 식사를 제공하는 시설을 만드는 것도 많은 변화를 생각할 수 있다. 그곳에 가장 좋은 목적과 목표를 정의하면, 여러 가지 가능성에서부터 시작하여 프로젝트 고유의 콘텍스트를 선택하여 구성해 넣을 수 있다. 목적과 목표는 건축 프로그래밍 작업의 방향성을 규정하게 되고 추후에는 설계의 방향성을 구체적으로 규정할 수 있게 된다.

목적과 목표라는 용어 사용은 다른 용어를 더 선호하는 사람들에게 익숙하지 않을 수도 있다. 이 보고서에서 '목표'라는 말은 보다 일반적인 용어인 반면에 '목적'이라는 용어는 어떻게 해서든지 수량화되는 용어이다. 각기 다른 학습법에 따라 특별한 방식으로 용어를 사용한다. 실제로 용어의 의미가 명확한 경우 고객이 선호하는 용어를 사용하는 것이 중요하다. 클라이언트가 원하는 디자인의 방향을 나타내기 위해 일반적인 용어로 "목표와 목적"이라는 단어를 사용하고 있다.

5.1 조직의 목적과 목표

Organizational Goals and Objective

클라이언트가 건축물의 설계에서 원하는 것은, 클라이언트가 원하는 것 안에서 고정되어 버린다. 만약 모든 것이 가능하다면 이러한 조직의 목적이 깊은 관련이 있다면, 그 조직의 목적은 설계 초기단계에서부터 정의할 수 있다. 이 목적은 그대로 시설 설계의 목적으로 연결되므로 그 조직에 대하여 가능한 한 깊이 이해해 두는 것이 중요하다. 조직은 그들의 목적에 명쾌하지 않고 다만, 변화 과정에 있을지도 모른다. 진위야 어떻든 중요한 것은 양쪽 모두가 이미 무엇인가 명쾌하게 정의할 수 있는지 아니면, 해결하여 남은 문제는 무엇인가에 대해 알 수 있다.

조직적인 목적의 사례를 보면 집단가족의뢰에 의한 의료의뢰를 원하는 의사 5인의 진술에 대해서 다음과 같이 생각해 보도록 한다. 즉 집단가족의료란 여러 명의 전문의로 구성된 하나의 팀이 환자에게 홈 닥터의 메리트를 제공하도록 하는 전통적인 주치의이다.

가) 그룹 패밀리 프랙티스에 의한 클리닉을 위한 조직적인 목적

1. Group Family Practice의 framework 가운데 가능하면 수준 높은 의료를 제공한다.
2. 모든 가족에게 초기 치료를 베푼다.(따라서 모든 연령의 환자에 대해서).
3. 외과, 내과 치료만이 아니라 모든 질환에 대응한다.
4. 의사와 staff에 따른 team approach를 활용한다.
5. 모든 환자와 오랜 동안 유지관계를 촉진한다.
6. 의사는 환자의 심리적 부담을 최소로 하는 것을 조직의 기본으로 한다.
7. 환자의 의료비를 최소로 한다.

개인 병원의 경우 체계적인 목표 중에 몇 가지는 병원의 시설을 위해서 goal statements로 쉽게 바뀐다. –예를 들면, 조직의 목표 –#6는 부분적으로 목표 –#2와 –#4를 만드는데 영향을 미칠 수 있다. 조직의 목표 –#7은 설비의 목적 –#6와 –#7을 만들었다.

이러한 클리닉을 위한 조직적 목적은 다음과 같은 시설의 목적으로 변화시킨다. 더욱이 프로젝트의 정의를 명확하게 하기 위해서 또 다른 시설의 목적은 다음과 같은 (9, 10, 11항) 항목이 추가된다.

나) 그룹 패밀리 프랙티스에 따른 클리닉을 위한 시설적인 목적

1. Group Family Practice의 framework 가운데 가능한 한 수준 높은 의료 행위의 환경을 5인의 의사와 그들의 스태프를 위해 제공한다.
2. 환자가 두려움 없이 의사를 방문할 수 있도록 환경을 제공한다.
3. 스태프의 쾌적한 액티비티 활동 요구와 고민 완화 요구를 위한 시설로 한다.
4. 시설은 온화하고 친숙함이 동시에 표현되도록 하는 의료의 전문성을 표현해야 한다.
5. 시설은 barrier–free 조건을 갖추어야 한다.
6. 시설은 가능한 한 Group Family Practice의 에너지 절약을 배려할 것. 장기적 목적은 에너지 소비나 운영비를 최소화하는 일이다.
7. 환자의 의료비를 경감하기 위해 운영비를 내린다. 이를 위해 건물과 대지의 유지관리비를 최소한으로 억제시켜야 한다.

8. 시설은 대지의 고저차, 식생이나 지질의 특징을 고려해야 한다.
9. 건물은 이웃들이 현존하고 있는 민감한 사항인 대지와 구역범위의 건축적인 콘텍스트를 배려해야 한다.
10. 시설을 위한 총 예산은 $3,000,000 이내로 할 것.
11. 2001년 6월에 개원할 수 있도록 계획할 것.

5.2 시설의 목적과 목표

Facility Goals and Objectives

조직의 목적과 목표는 설비시설의 목적과 목표를 위한 콘텍스트가 된다. 이러한 목적이나 목표는 시설설계를 위한 지표와 연결된다. 설계자가 프로젝트에 관해서 배울 수 있는 것은 이러한 것 이외에도 많이 존재하고 있다. 최종적인 설계과제는 역시 형성되지 않는다. 그러나 이러한 Statement는 나중에 고찰해가는 디테일이나 전략을 위한 전제 조건이 된다.

1) 시설의 목적과 목표의 종류 Types of Facility Goals and Objectives

클라이언트가 프로젝트의 목적과 목표를 생각할 때 도움을 주는 다음과 같은 Problem Seeking의 4개 항목이 체크 리스트의 고찰사항을 권고하고 있다. 그 4가지의 항목은 형태, 기능, 경제, 시간으로 이러한 고찰에 의해서 목적과 목표를 확립하는 프로세스를 조직화한다.

형태의 목적은 시설이 가질 수밖에 없는 이미지나 분위기, 주변 환경과의 관계 및 건물의 질 등 물리적 · 심리적인 측면과 관계 있다. 또 건물의 질과 이미지를 원하고, 환경을 느끼고, 대지와 주변 환경에 대한 시설의 관계를 가진다. 즉 프로젝트의 역사적 · 사회적 콘텍스트나 주변의 자연요소와의 콘텍스트에도 관련이 있다. 형태의 목적은 프로젝트의 미적인 아이디어에 관계 있지만 이것에 양적인 지표가

그림 5.2 이미지, 질, 콘텍스트, 미적 인상, 심리적 영향, 상징적인 의미에 관한 형태의 목적

주어지면 그 목적은 목표가 된다.

다음과 같은 내용들은 형태의 목적에 대한 사례들이다.

> 형태라는 것은 정의내리기 어렵지만 단순한 사회적 도움과는 완전히 다르게 어떠한 방법으로든 사람을 기분 좋게 하는 신비스러운 것이다.
> Alvar Alto

1. 기존의 지역 대학 캠퍼스에 증축하는 직업기술훈련시설을 위해
   * 새로운 직업기술훈련시설은 직업기술의 훈련이 가지는 종래의 사회적 불식의 눈에 대한 공헌을 해야 한다.
   * 새로운 직업기술훈련시설은 다른 분야의 학생/교직원에게 매료되도록 캠퍼스 내의 아카데믹한 건물과 질이 균형 · 조화를 이루도록 해야 한다.

2. 공공의 신뢰를 존중하는 기업의 오피스 빌딩을 위해
   * 새로운 오피스 빌딩은 길을 가로지르고 있는 초기 국립은행의 초고층빌딩에 의해 우위성을 지키고, 또 동시에 좋은 이웃으로서 나타내야 한다.
   * 디자인은 기업의 특징을 반영해야 한다. 성장, 활력, 프로페셔널, 시티에 대한 공헌을 나타내야 한다.

3. 정신과 의료시설을 위해
   * 건물은 대형 병원과 같은 분위기가 나지 않도록 하고, 일반 주택처럼 해야 한다.
   * 시설은 환자 자신의 존엄과 신뢰 회복을 위해 공헌해야 한다.

4. 성장하는 대도시의 개발용지에 대해 지질학상 특이한 오픈 스페이스를 보존할 계획을 위해
   * 급경사지와 같은 특이한 지질을 보존해야 한다.

5. 공항에서 타운의 주요간선도로에 붙어 있는 14 acre의 공원과 커뮤니티 센터의 마스터플랜을 위해서
   * 주변의 개발에 따라 좋은 이웃이 되도록 설계할 수밖에 없지만 동시에 커뮤니티 반영에 의한 환영의 의사표명이 되도록 충분히 유익하게 해야 한다.

참된 현대인이 되기 위해서는 우리의 전통과 타협해야 한다.
Octavio Paz

6. Victorian neighborhood을 가진 지역에서의 재개발에 있어 새로운 2-유닛의 dwelling를 위해
   * 이 건물이 1999년에 세워졌다는 것을 정확하게 표현하고, 동시에 이웃의 건축양식과 스케일을 존중하는 디자인이 되어야 한다.

기능적인 목적과 목표에는 클라이언트가 생각하고 있는 목적이 기능적인 면을 취급한다. 시설을 사용하고 있는 인수 및 그 속성(노약자, 남녀, 계층 등), 그리고 그러한 관계성을 명시한다. 포함해야 할 액티비티의 주요한 것에 대해서 주목한다. 그러나 이 시점에서 디테일한 것은 필요로 하지 않는다. 시설을 특이한 존재로 생각하고 있는 액티비티에 주목할 필요가 있다. 예를 들면, "이 학교는 600명의 학생을 수용한다."라는 기능적인 목표는 그 자체가 특이한 것이다. 왜냐 하면, 600명 규모의 학생을 수용하고 있는 학교라면 매우 큰 면적의 교지나 교과목 curriculum, 그리고 면적당 건설단가 등의 자료가 다른 학교시설과 동일하다 해도 1,000명을 위한 학교와는 매우 다른 설계과제를 가지기 때문이다.

다음과 같은 예는 기능적인 목적과 목표에 관한 것이다.

1. 직업기술훈련시설의 건물을 위해
   * 건물은 그 지역에서 가능한 직업의 취직과 결부하여 만드는 프로그램을 포함한다.
   * 새로운 건물에서 이루어지는 직업기술훈련 프로그램은 1,400명 학생을 대상으로 한다.

2. 특수한 교육시설을 위해
   * 유아로부터 노인에 이르기까지 폭넓은 연령층의 450명이 사용하는 학습센터를 포함한다.
   (People의 속성, Numbers)
   * 학교에서는 미술이나 음악, 춤, 연극 등 인위

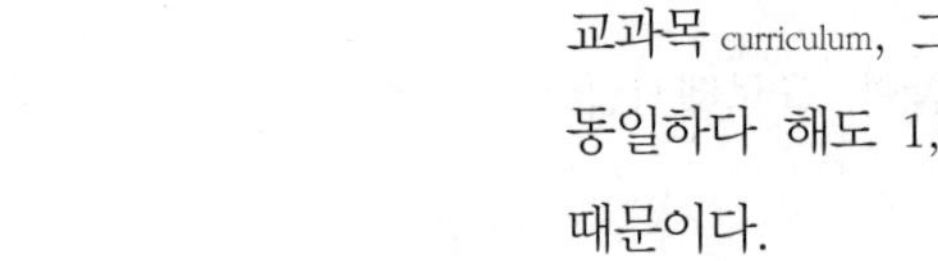

그림 5.3 기능적인 목적과 목표에서 원하는 액티비티의 제시를 포함한다.

적 환경교육을 가르치므로 동시에 독서, 산술 등의 기초교육을 실행한다. 이를 위해 시설은 획일적인 커리큘럼에 의한 상승효과를 촉진해야 한다.

3. 비일상적 프라이비트한 공항을 위해
* 커뮤니티에 거주하는 파일럿과 transient시키기 위한 프라이비트한 공항을 제공할 것(Function, People의 속성).
* 커뮤니티 안에서 프라이비트 공항의 대지와 접촉면을 최소화할 것(대지와 콘텍스트에 관한 기능과 형태와의 관계).
* 커뮤니티에 대한 비행훈련과 그곳에 부수시설을 제공할 것.

4. Pedestrian Mall로부터 downtown street까지 구상하고, center plaza에서 끝내기 위해
* 4번가 보행자용 몰은 즐거운 산책이나 휴식을 위한 bench, 송년 모임, people watching, 점심 등을 위해 제공되어야 한다.

5. 지역개발을 위해
* 개발은 18dwelling units를 넘지 않는 밀도로 해야 한다.
* 개발된 부분과 오픈 스페이스의 비율은 1 : 2로 해야 한다.

6. 기존 건물로 이전하는 법률사무소의 space planning을 위해
* 설계는 초기 24인의 법률가와 support staff를 위한 플랜을 제공해야 한다.
* 조직은 다른 분야에서의 전문성을 가진 법률가들을 혼성시켜 조직화하고, 설계는 이 조직에 복합적인 전문성을 반영해야 한다.

경제적인 목적과 목표는 자금원과 초기 코스트, 운영 코스트 또는 생애비용 life-cycle cost을 포함하고, 에너지원 자원의 보전에 관한 목표도 여기에 포함된다. 비용은 시설을 계속 유지하는 기능을 제한하는 매우 중요한 요소가 된다. 반대로 모든 기능을

그림 5.4 경제적인 목적과 목표에는 자금, 장·단기의 경비, 자원에 대한 생각이 포함된다.

만족시키기 위해서는 어느 정도의 자금이 필요한 것인가를 프로그래밍에 따라 결정하는 내용도 있다. 에너지 이외의 자원 보전에 관한 방침을 표현해야 한다. 프로젝트에 대한 예산을 고정시키고 요구되는 스페이스의 양과 질의 밸런스 문제를 이 프로세스에서 거론해야 할 의견으로 상정해 둔다.

다음은 경제적인 목적의 사례이다.

1. 회계사 CPAs'의 오피스 빌을 위해
 * 프로젝트의 건설비는 $1,800,000이다.(1988 dollars) (Initial Costs)

2. 120페이지에 가족 클리닉 실천을 위해 언급
 * 공사비용과 에너지 소모를 최소화할 미래의 목표에 초점을 맞추기 위해 이 시설은 가능하면 에너지 효율적인 시설물이어야 한다. 환자들의 보건 의료비용을 적게 내기 위한 시도로서 운영(건축) 비용을 적게 하기 위해서는 건축물과 대지 유지비용을 최소화해야 한다.

3. 중학교 프로젝트를 위해
 * 시설은 다음과 같이 Passive Solar의 이점을 받아들인다.
 (a) 초기 코스트의 증대는 현재의 연료가격을 상정하는 경우에 10년간의 연료비 절약에 따라 삭감시킨다.
 (b) 그라스 파손의 수선비는 큰 지출비의 요인으로 생각해 두어야 한다.(에너지의 보전, 초기 코스트 대 운영 코스트)

4. 현존하는 임대 스페이스에서의 변호사 사무소를 위해
 * 예산은 $30/square foot에 집세를 포함해서는 안 된다.

5. 태양열 난방을 이용하는 오피스를 위해
 * 에너지의 이용은 1년간에 1m^2 55 BTUs/square foot/year을 넘어서는 안 된다.(Energy)
 * 12년 이하에서 삭감되는 에너지 난방비에 대해서 고찰해야 된다.

(운영 코스트 대 초기 코스트)

시간의 제한에서 사는 여름철 한 마리 곤충은 차가운 것(얼음)을 이해하지 못한다.
Nan–Hua–Chin Ching XVII

시간적인 목적과 목표는 건설 스케줄, 입주인, 경년변화나 장기성장 계획의 정의, 그리고 라이프 사이클 코스트 분석 LCC=Life-Cycle Cost analyses과 관계 있다. 성장과 규모 확대형을 취할 것인가, 규모는 변하지 않고 기능을 변화시키는 현상유지형의 방침을 취할 것인가? 하는 것에 대한 클라이언트의 사업방침이 여기서 확립된다. 또 시간의 흐름에 따라 변화하는 콘텍스트에 대한 프로젝트의 관계성이 거론된다.

목적과 목표를 포함하는 시간의 예

1. 회계사의 오피스를 위해
 * 스케줄은 클라이언트에게 복잡한 납세금액에 해당하는 12월부터 4월 15일 사이를 피하는 것이 필요하다.

2. 중학교의 프로젝트를 위해
 * 건물은 다음 학기의 수업 시작일 1998년 8월 25일의 최저 2주간 전까지 사용되도록 준비가 완료되어야 한다. (입주일 – Move in Date)

3. 타일공장을 위해
 * 최초에 건설된 시설에 대해 약 5년 후에 글라스 공장을 증축할 수 있는 대지이어야 할 것.

4. 직업기술훈련시설의 건물을 위해
 * 지역의 고용 상황이나 학생의 관심과 변화에 따라 발생되는 프로그램의 변경에 대응할 것.

5. 양복점을 위해
 * 4년부터 6년 이내에 스페이스를 2배로 확장할 수 있을 것.

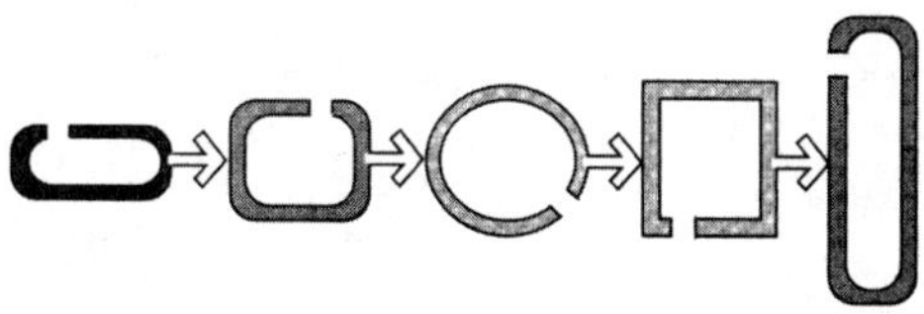

그림 5.5 시간적인 목적에는 스케줄이나 경년변화가 포함된다.

많은 것들이 변하는 만큼, 많은 것들은 그대로 남아 있다.

6. 보행자 몰을 위해

* 항구적인 보행자 공간으로 설계되어야 하겠지만, 인접해 있는 건축물이나 기능의 변화에도 대응할 것.

2) 목적과 목표의 오버랩 Overlapping Goals and Objectives

클라이언트의 목적은 둘 이상의 중심이 되는 4가지 고찰 항목을 복합적으로 이용하는 경우가 많다. 클라이언트가 몇 년이 경과한 후에 건물의 기능을 변환시킬 것인지는 알 수 없다. 예를 들면 교회의 그룹은 본래 "성역의 역할을 하는 기능시설을 건설하고, 그 성령의 건물이 완성된 후 8년간은 젊은 청년들의 교육을 위한 건물을 건설할 것"을 목표로 할지 모른다. 카테고리가 오버랩되는 목적에 있어서도 생각이 다른 것이다. 중요한 것은 4개의 고찰 항목이 가장 낮은 수준이라 하더라도 하나의 진술에 의해 커버되고 있다.

3) 목적과 목표의 기호논리학 Logistical Goals and Objectives

목적과 목표들 중 대부분은 본래 프로젝트의 중요한 부분이 아니다. 이러한 현상을 페냐는 "실현 가능한 목표"라고 하고 있다. 프로그래머인 한 학생은 이번 학기말까지 프로그램을 끝마치려는 개인적인 목적을 가지고 있을 것이다. 이 목적은 이 프로젝트의 본질과는 관련이 없지만 프로그램 작업이 유용하게 구성되게 하는 방법에 영향을 줄 것이다. 다른 프로그래머는 프로그래밍 정보를 분석하는데 컴퓨터를 사용하려는 목적이 있고, 그 목적이 프로젝트 정보와 관련이 있다 해도 스케줄이나 처리된 정보의 양과 같은 논리적 양상이 목적에 영향을 받을 수도 있다.

이러한 목적과 목표는 작업과정에 한정적으로 영향을 주고, 디자인하는데 영향을 미칠 수 있다. 어떤 도시에 소방서 하나가 더 필요하다면 당연히 있어야 한다는 점에서 소방서 건축을 하나 더 증축하기 시작할 것이다. 이러한 목적은 건축의 진행과정에 영향을 줄 것이다. 왜냐하면 지휘는 소방차와 소방관이 주재하는 주변에서 진행되어야 하기 때문이다. 그리고 만약 건설업자가 작업하는 과정중 건물에서 불편함을 느낀다면 건설비용은 더 늘어날 것이다. 디자인 또한 영향을 받게 될 것이고, 증축을 위한 이상적인 대지는 부서의 잠정적인 조치에 방해 받을 수도 있기 때문에 실행 불가능할 수도 있다.

논리적인 목표를 포함한 예

- 1988년 11월 1일 이전에 국가 역사보전국의 $54,000 기금을 채무함. Funding Sources
- 1988년 1월 이전에 Community Development Loan의 $42,000 기금에 대한 타당한 요구에 직면함. Funding Sources

4) 애플–파이 립–서비스의 목적과 목표
Apple–Pie Lip–service Goals & Objectives

어떤 종류의 목적과 목표는 피해야 한다. 그 하나의 목적은 누가 좋아할 것인가, 그것이 설계에서 유용한 지침이 되도록 하는 "apple–pie goals"이다. 예를 들면 오피스는 사원을 위해 가능하면 최선의 사무환경을 제공해야 한다.라는 것과 같이 당면하기 전의 스테이트먼트이다. 고용주가 사무원들의 환경개선에 관심을 가지는 것은 훌륭한 일이라는 형식에 지나지 않는다. 보다 더 실질적이라면, "어떻게 해야 추구하는 목적을 달성할 수 있는지에 대한 충분한 방침을 설계자에게 제공" 해야 하는데 현실은 그렇지 못하다.

119~120쪽에서 "가족의료클리닉에 대해 설명하는 목적을 검토해라!" 이러한 목적은 "완전한 목적" 인가?"

클라이언트가 애플-파이의 목적을 제시할 때에는 보다 세련되게 요구할 수 있다. "당신은 어떤 것이 좋은 사무환경을 창출하는 것이라 생각하는가?"라고 물으면 클라이언트의 구체적인 생각을 이끌어내고, 실현되도록 정리한다. "오피스는 회사원을 위해 가능한 한 최선의 노동환경을 제공해야 한다. 자연채광의 도입, 시각적 편안함, 충분한 공조설비, relaxation하게 쉴 수 있는 에어리어, 좋은 기기의 구입, 그리고 non institutional한 분위기 등의 모든 것을 고려하고 있는가?"라는 정도까지 제시되어야 하며 그렇지 못한 경우는 의미가 없다.

비제도적 환경은 더 많은 동화를 필요로 한다. 이러한 환경을 제공하기 위해 "피해야 할 것과 자극되어야 하는 것은 무엇인가?" 동화는 나중에 개발되는 전략에서 다루게 될 것이다.

때때로 애플-파이의 목적은 아무것도 설정되지 않는 것보다는 바람직하다. 고객은 가능하면 에너지를 고려한 효율적인 빌딩을 소유하기를 바란다고 말할 때, 고객은 애플-파이의 목적을 의미하는 것은 아닐 것이다. 인간이 사용하는 매우 작은 공간은 변함없다. 만약 정확한 시간에 보다 더 특정한 목표지점에 도달하는 것이 어렵다면, 아이디어를 잃어버리는 것보다 애플-파이 한 조각이라도 포함하는 것이 더 낳을 것이다. 보다 더 특정한 목표는 훗날 개발될 수 있다.

유의해야 할 목적은 페냐가 "lip service"라고 하는 것이다. 이러한 타입의 목적은 프로그래밍 과정 중 늦게까지 잘 발견되지 않는다. 그럴듯한 목적을 할당받거나 다른 수단을 지원받는다고 끝나는 일은 아니다. 어떤 학교의 클라이언트는 학생들의 사회개발을 촉진시켜 주는 건물이라고 말할 것이다. 나중에 건물의 공간을 배치하는데 적합하고, 사회적 개발을 위한 장소로서 자금이 확보된다면 고객은 다른 것보다 그것을 우선적으로 실행하려고 할 것이다. 본래의 목적이 재검토되던지 아니면, 어떤 방법을 사용해서든 해결해야 하고, 고객은 언제나 자신들의 공약을 기억해 두어야 한다. 고객이 실질적인 계약이 없을 경우, 사회 개발을 위한 장소를 제공하는 일을 디자이너의 몫으로 남겨서는 안 된다. 그러나 프로그래밍 작업의 스페이스 할당 단계에서 사회적 능력개발을 위한 스페이스에 자금을 투여할 필요가 생길 때 클라이언트는 다른 입장에서 다른 항목의 실현을 우선시 할 수도 있지만 몇몇 훌륭한 디자이너는 이러한 상황에 당면했을 때 능력을 발휘할 수 있지만 예외가 있어서는 안 된다.

5) 목적 혹은 목표의 물리적 해결
Physical Solutions as Goals or Objective

클라이언트의 목적에 관한 스테이트먼트를 물리적인 해결책이라는 형식으로 표현할 때는 주의가 필요하다. 임시로 클라이언트가 "4층 높이 건물의 오피스 빌을 희망한다"라고 했다면 일반적으로 어떤 동기에 의해서 그러한 것인가에 대하여 스테이트먼트를 검증할 수 있다. 클라이언트는 무엇으로 4층 높이의 건축물을 세울 것인가에 대해 많은 고심을 함으로써 새로운 아이디어를 찾을 수 있을 것이다. 그리고 빌딩에 대한 이미지를 물을 수도 있다. 즉 물리적 제안에서 해결해야 할 과제는 무엇인가라는 문제를 찾는데 노력해야 한다. 해결해야 할 진정한 문제는 확트인 조망을 바라고 있다는 것을 발견할지도 모른다. 이것에 접촉해 보지 않고 "4층 규모의 오피스 타워"를 구상하는 클라이언트는 아마 조망권을 확보할 수 있다는 결론으로 비약할 것이다." 만약 이러한 경우 조망권 확보에 대한 방법에서 볼 때, "디자인은 고속도로 교차로부터 조망권 확보를 위해 미리 준비하여 공급할 것이다." 목적에 대한 재촉을 거듭 강요할 것이다. 설계자의 이러한 정화는 아마 경제적으로 보다 더 많은 사실적 문제에 적극적으로 착수하는 계기가 될 것이다.

각각의 형식이나 공식적인 제한은 그것이 깊게 뿌리내려 있어 그런 양식의 전통이든 새로운 건축에 대한 오해에서 비롯된 표면상의 획일성이든, 건축이 삶이라는 대전에 완전히 전력을 다해 참전하는 것을 막아 버려, 결국 건축의 중요성과 그 효과를 저하시키는 것이다.
Alvar Aalto

6) 목적과 목표의 리사이클링 Recycling Goals and Objectives

이 정보에 관한 목적은 프로세스의 시작점에서 모두 용이하게 증명되어 제공되었다. 사실, 프로그래밍 프로세스의 최적기 착수 단계에서 모든 목적을 용이하게 정의할 것인가에 대해서는 많은 생각이 있지만, 실제는 의도한 것처럼 되지 않는다. 어떤 프로젝트의 프로그래밍에 대해 초기의 목적과 목표를 찾는 노력에 대해 거론하는 것은 필요하지만, 프로그래밍의 프로세스가 진행됨에 따라 모은 정보로 문제해결을 전제로 하기 때문에 우려되는 부분이 줄어들게 된다. 또 어떤 종류의 목적과 프로세스의 후반까지 신경쓰지 않는 경우도 있다.

이것은 다시 한 번, 되풀이되는 데자뷰 *de'ja vu* 같은 것이다.
Yogi Berra

예를 들어, Youth center의 프로젝트를 수행할 때, 여러 가지 기능이 이루어지기를 바라는 클라이언트는 Counseling, tutoring, 능동적 · 수동적인 것으로부터 드라마와 뮤직 등의 재미있는 클럽을 찾았다. 직원과 예산에 대한 내용이 프로세스 후반에 검토되는데 이 단계에서 바라는 모든 것을 동시에 실현할 수 없다는 것이 밝혀졌다. 이 때 우선순위가 설정되고, 그 순위 이외의 사항은 제2단계에서 만드는 것으로 결정했다. 기능적인 목적과 목표의 초기단계에 있어 액티비티의 정의를 바로 잡는 경우가 있다. 프로그램은 제1기 설계가 배려해야 하고, 제2기에서 유의점을 포함시키고 있다.

7) 만성형의 목적과 목표 Late-Blooming Goals and Objectives

실현 가능한 목적이 프로젝트 후반까지도 확실하지 않다. 만약 고객이 프로그래밍의 프로세스가 시작되기 전까지도 자신이 체계적이고 생활방식에 적합한 목적에 대해 신중히 고려하지 못했다면, 시설에 대한 목적을 빠르게 인식해야 한다. 어떤 경우는 빠뜨릴 수도 있을 것이고 또 뒤늦게까지 확실하지 않을 수도 있다. 고객이 말한 것이 오로지 고객의 목적은 있으나 구체적으로 표현하지 못했을 경우에만 가능하다는 것을 알 수 있을 것이다. 고객이 이렇게 구체적인 목적을 확실히 표현할 수 있도록 도와야 한다.

고객에게도 특정한 건축 스타일의 잠재적인 욕구가 있을 것이다. 그들이 말하는 건축 스타일은 오직 그 스타일에 관한 context에서만 가능한 것이다. 일단 자신의 욕망이 이상화되면 그것은 틀에 박힌 디자인에 얽매일 필요 없이 목적으로 형상으로 나타낼 수 있다. 디자이너는 건축이 기대하는 디자인이 착수되기 전에 고객이 독특한 스타일의 건축물을 원하는지에 대해 알아 두어야 할 필요성이 있다. 대다수의 디자이너들은 그러한 환경에서 일하는 것을 싫어한다. 고객이 원하는 특정 스타일이 자신이 원하는 분위기를 나타내는 것이거나 이미지를 보여주는 것이라면 디자이너는 고객과 남녀 디자인 기준을 모두 만족시킬 수 있는 충분한 융통성이 있어야 한다.

고객은 잠재적으로 자신이 구상한 디자인이 점점 확실하게 되고, 곧 바로 다음 단계로의 진행이 필요하다고 예측할 수 있다. 목표와 목적에 대한 논의의 시간은 발전과 변화를 가져오게 한다. 그러나 사람들은 건축물에 대해 원하는 생각을 깨닫게 되기까지 많은 시간이 소요되어 늦어지기도 한다. 프로그래머는 이와 같이 뒤늦게 떠오르는 아이디어에 대해 항상 대기하고 있다. 34페이지의 2.5에서 논의된 "동양 철학적 사고법"을 리뷰해 보아야 할 것이다. 프로그래머는 단지 제공된 정보만을 반복 검토하지 말고 그림 전체를 조율하면서 읽어내는데 필요한 누락 부분을 찾아야 한다. "어떤 아이디어가 고객에게서 얻어낸 것이고, 그 아이디어에 대한 무언의 문맥은 무엇인가?"를.

8) 클라이언트와의 목적과 목표에 대한 검토
Discussing Goals and Objectives with Clients

초기에 설정한 목적은 (앞서 기술한 바와 같이 클라이언트와 초기의 모임에서 설정한 목적은 추후에 개정한다 해도) 그렇게 많은 생각은 하지 않는다. 프로그래밍 작업에 대한 사전 타협이 있을 때 클라이언트는 사전진술의 제안을 위해 충분한 검토를 끝마쳤을 것이다. 그렇다면 이 시점에서 프로그래머는 목적이나 목표에 대한 내용을 검토하고, 필요하다면 그 단계에서 개정할 수도 있다. 형태, 기능, 경제, 시간의 네 가지 고찰항목을 클라이언트와 함께 리뷰해야 한다. 각각의 고찰항목에 대해서 적어도 하나의 목적과 목표를 클라이언트가 가지고 있는지를 알아두어야 한다.

클라이언트는 간결하게 진술해야 한다. 복잡한 진술의 경우는 여러 가지 목적을 포함하도록 각각 별도로 표현하는 것이 명쾌할 것이다. 시설을 위한 목적과 목표를 확실히 하려는 고객 집단의 회의장면을 상기해 보도록 한다. 어떤 사람이 "나는 이 새로운 건물은 우리 팀에게 더욱 원활한 의사소통이 되도록 도움을 주어야 한다고 생각합니다."라고 말하고, 또 다른 한 사람은 "오늘날 건축물의 내부에 대해 예사스럽게 생각하는 것은 충분한 전기 플러그를 구비하고 있어야 한다고 생각합니다."라고 말한다. 프로젝트의 프로그래밍 초기 단계에서는 위에서 언급한 것들 중에 의사소통의 목적이 보다 더 적합하지만, 전기 콘센트를 거론한 사람의 마음이 상하지 않도록 배려하는 것도 필요하다.

만약, 지식이 우리의 목적이라면, 단순한 문장들은 보다 덜 단순한 문장들보다 더 높게 여겨진다. 왜냐하면, 단순한 문장들은 우리에게 더 많은 것을 이야기하고, 그들의 경험에 바탕을 둔 내용은 더 위대하고, 더욱 유효하게 분석할 수 있기 때문이다.
K.R. Potter, "The Logic of Scientific Discovery", London : Hutchinson, 1959, 142.

이와 같은 상황을 처리하는 가장 합당한 방법은 그 상황에 일어날 수 있는 사항에 대해 사전에 윤곽을 정해 놓거나 프로젝트 과정에 대한 그래프 형태의 묘사된 설명서를 준비해야 한다. 그렇게 함으로써 전기콘센트를 걱정하는 사람에게 훗날 플러그에 대해 논의할 많은 기회가 있다는 것을 보여줄 수 있다. 그런 후 프로젝트의 많은 문제에 대한 개인적인 생각을 분명히 하려고 노력해라!

그리고 고객을 격려하여 보다 완벽한 진술을 하도록 하라. 복잡한 진술은 분명히 하나 이상의 목표를 함축했을 것이고 만약 두 가지 생각을 각각 독립적으로 말한다면 그 내용은 보다 더 분명해질 것이다.

대부분의 프로그래머들은 개별적인 아이디어를 각각의 카드에 기재한다. 카드에 기록된 아이디어는 프로그래밍을 작업하는 도중에 편집되거나 변경되기도 한다. 만일 대규모 그룹과 작업하고 있는 리스트라면(다른 정보에 대해서) 누구든 언제나 볼 수 있도록 카드는 게시판에 붙여 둘 수 있다. 카드와 글자의 크기는 일정거리에서도 잘 보이도록 충분한 크기로 제작하는 편이 좋다. 이에 대한 프로세스는 제10장에 수록해 두었다.

Case Study #1
주립기록센터와 아케이브 : 목적과 목표
A State Records Center And Archives : Goals And Objectives

1) 조직의 목적 Oranizational Goals

주립기록센터와 공문서 Archives에서 실행하는 목적과 의무는 공문서기록법에 명시되어 있다. 아케이브에 대한 목적을 오랜 시간 소요하여 달성하기 위해 다음 항목을 우선 설정했다.

현재의 기록보관방법 개선 Mprove Protection of What is Presently Housei

주립기록센터와 공문서 보관소 Archives houses

- 기록 : 주 정부기관 State agencies에 속하는 일시적인 문서
- 공문서 : 주변 주민들에 관한 항구적인 문서

창고를 개조한 현재의 시설에서는 서류정리가 어렵고, 증대하는 수요에 따르기 위해서는 적어도 귀중한 서류나 필름의 보존설비뿐만 아니라 방화와 보안시스템도 불충분하다. 이러한 상황에 대한 조사연구

자금을 1988년 의회에서 승인하고 있다.

지역에 관한 기록의 보관 개선 Improve Protection of Local Records

현재 보관하고 있는 기록문서의 보관에 대한 안전이 확인되면 지역에 관한 기록의 보관방법을 개선하기 위해 주는 다음과 같은 협력을 제공한다.

◆ 지역의 대리점으로의 협력

◆ 지역에서 보관할 수 없는 문서는 주에서 보관

이를 위해 현재 지역에 관한 문서 보관의 필요성에 대해 평가하고 있다. 이 때문에 지역 보관 기록의 본질과 보관 기록문서의 보존을 위한 준비를 위해 필요한 협력 프로그램이 진행 중에 있다. 이와 같이 필요한 협력은 의심 없이 더욱 자세한 기본 요건을 묘사하는 것으로 귀착될 것이다.

기록보관을 위해 지역센터 개발 Develop Regional for Records

기록보관을 위한 지역센터 건설에 대해서는 계속 늘어나는 수요나 기록의 관리 · 보관작업에 따라 이동거리가 단축되는 대책으로서 어떤 지방에서는 이미 기획되고 있다.

그러나 공문서보관의 기능을 지역에 한정시키는 것은 배제하고, 항구적인 문서를 보관하기 위해서는 연구와 보관 업무를 함께 하는 단일 시설이 가장 좋다.

재해복구 Disaster Recovery

1987년 주립기록센터와 아케이브 재해복구계획은 문제가 되는 재해 대응계획을 이미 책정하고 있다. 이 계획의 철학은 설비, 예방, 행동을 포함한다. 새로운 시설은 이 논리를 설계에 반영하고 있다.

2) 시설의 목적 Facility Goals

형태/이미지 Form/Image

◆ 건물의 이미지는 아케이브의 컬렉션과 서비스의 중요성을 반영

시켜야 한다.

◆ 건물의 형태는 방문자에 대한 환영의 뜻을 표현해야 한다.

◆ 건물의 형태는 지역의 건축양식과 일치해야 한다.

기능 Function

◆ 주의 기록과 공문서에 대해서 항구적인 보관을 제공할 것.

◆ 직원이나 방문조사자에 대해 효과적이고 더욱 즐겁고 안전한 환경을 제공할 것.

경제/예산 Economy/Budget

◆ 1989년 자금 프로젝트 청구 : 1989년 건설비는 $7,426,650

시간 Time

◆ 아래의 변화에 대응할 것

–정보 전송 방법

–보존과 보수 방법

–재해복구 방법

–보전과 보존 방법

–방재, 발견, 소화 방법

◆ 25년간의 장기적 성장에 대응하는 부지계획으로 한다.

◆ 10년간의 중간적인 성장에 대응되도록 건설한다.

Case Study #2
수족관–목적과 목표
An Aquarium : Goals And Objective

1) 수족관의 미션/목적 Aquarium Mission/Goalsare

수족관의 첫 번째 목표를 위한 목적과 미션

임무 Mission

◆ 수족관은 대도시에서 생활의 질에 대한 향상에 이바지할 것.

◆ 시민이나 방문자의 학습 기회를 부여하고 여가 및 레저 이용에 이바지할 것.

◆ 수생생물이나 수생식물의 생식이나 그 보전에 대한 경의를 계몽할 것.

◆ 수질 보전과 조사 프로그램으로의 시민 참가를 재촉할 것.

◆ 수족관의 프로그램을 통해서 관람자의 증가와 경제적인 성장을 촉진할 것.

◆ 가능한 한 재정적으로 자립한 기관으로서 운영할 것.

시설의 목적 Facility Goals

◆ 수생생물을 가능한 한 쾌적하고 건강한 환경으로 생식시킬 것.

◆ 수생생물에 관한 과학적인 협조, 더욱이 학습적인 정보가 제공되도록 전시할 것.

◆ 시설의 장 · 단기 모두 세입을 증가시킬 것.

◆ 장래 성장단계적 건설과 시설내용의 필요성을 인식하고, 장기개발계획을 세울 것.

◆ 장기계획을 위한 건설 예산을 개발할 것.

◆ 초기 총예산은 $9,000,000 이하로 할 것.

Case Study #3
할리 데이비드슨 판매점 : 목적과 목표

A Harley-Davidson Motocycl Dealership : Goals And Objectives

1) 프로젝트의 목적 Project Goals

형태/이미지 Form/Image

◆ 바라는 표적은 클래식, 아메리칸 타임즈, 유행에 따르지 않고, 억세고 늠름해야 하다.

◆ 건물은 스타일을 간직해야 하고, 단순히 창고와 같아서는 안 된다.

◆ 건물은 사인 Sign되어서는 안 된다. 그러나 그것은 오토바이를 위해 세팅한다.

그림 5.6 Harley Davidson FXD.

◆ 설계는 산악지역 경관의 우수한 점을 이용해야 한다.

기능 Function

◆ 30대의 바이크를 효율적으로 전시할 것.

◆ motor clothes나 accessories의 전시 스페이스의 면적을 2배로 증가시킨다.

◆ 16 mechanics station을 배치하도록 할 것.

경제 Economy

◆ 건설비는 $1,300,000 이하로 할 것.

◆ 5년간의 상각기간을 가지도록 한 에너지절약 설계의 우위성을 이용할 것.

시간 Time

◆ 현재 점포의 리스계약은 금년 9월에 종료한다. 금년 크리스마스 시즌 이전에 오픈이 가능할 것.

◆ 건물은 증축이 가능할 것.

◆ 건물은 기타 업종에도 매각 가능한 유통성을 가지게 할 것.

저자의 주기 : 조직적인 목표나 mission statement는 제시되었지만 여기서는 필요하다고 생각하지 않는다.

Case Study #4
대학교 교실, 실험실, 오피스 빌딩 : 목적과 목표
A University Classroom/Laboratory/Office Building : Goals And Objectives

1) 목적 Goals

형태 Form

◆ 건물은 대학의 마스터플랜에 따라야 한다.

◆ 건물은 지역의 양식을 반영하고 캠퍼스에 매력을 첨가한 것이어야 한다.

◆ 인간과 커뮤니티 서비스 학부, 예술 · 과학학부, 경영학 · 경제학부 등 각각 unique한 identity를 제공할 것.

기능 Function

◆ 예산의 범위 내에서 가능한 기본적인 요구를 충족할 것.
◆ 학부나 학과에서 현재 및 장래 예상되는 니드를 만족시킬 것.
  –각 학부의 학과를 통합한다.
  –각 학과에 공평하게 시설을 제공한다.
  –혁신적인 교육을 전개되는 가능성을 제공한다.
◆ 대학의 일반교실을 추가한다.
◆ 21세기의 테크놀러지를 제공한다.
  –기술수준이 높은 교실을 계획할 것.

경제 Economy

◆ 프로젝트 총비용의 임시 목표 금액을 약 $12million으로 결정한다. 다만, 건축비의 상한은 $9,5million
◆ 프로젝트 총비용의 약 85%(목표 금액에 도달되는 경우를 상정하여)에서 건축 가능한 계획안과 잔액 15%를 추가한 대체안이 되는 기본입찰 패키지를 작성할 것.
◆ 장기적인 운영 출자비용을 감축하는 건물로 한 것.

시간 Time

◆ 1988~2000년 사이의 점유기간 계획
◆ 변화에 적응하는 융통성 대비
  –성장
  –적응

저자의 각주 : 조직적인 목적과 mission statement은 이 프로젝트에 포함시켰다. 모든 참가자는 이미 목적에 친숙하게 되었다.

5.3 요약

Summary

목적과 목표의 확립, 프로그래밍의 프로세스 방향을 정하는 것은 매우 중요한 일이다. 이러한 진술statements에 따라 작업의 범위가 결정되고, 모든 다른 스태프는 목적과 목표에 따라 결정된 범위(sphere-활동범위, 세력) 내에서 행동하게 된다.

조직은 시설을 운영할 목적을 가지고 있다. 어떤 프로젝트라도 형태, 기능, 경제, 시간 등과 관련된 시설의 목적이 있다.라고 페냐는 말하고 있다.

일반적인 목적이나 수집된 정보에 따라 검증되지 않는 목적은 피해야 하고, 또 물리적인 해결책을 정의하고 있는 목적도 피해야 한다.

네 가지 케이스 스터디들은 모두 시설의 구성은 물론 예산도 크게 다르게 되어 있다. 두 프로젝트가 추구하는 조직의 목적의도는 시설의 목적과 목표에 대해 정도가 다른 영향을 미치고 있다. 진위야 어떻든 진술은 간결해야 할 것이다. 다음 장에서 이러한 문제들은 작업 범위를 설정하고, 그 후에 수집되어야 할 정보를 예고해 두었다.

목적에 관한 최초의 리스트가 완성되면 다음으로 이행하여 조사의 종류가 명쾌하게 되고, 다음 장에서 설명할 "정보의 수집가 분석"을 그 목적과 목표에 따라 보다 효율적으로 진행할 수 있다. 목적은 클라이언트가 해결책을 찾는 사항을 정의한다. 정보 수집이나 분석의 문서에 따라 해결책을 달성하기 위해 고찰해야 하는 사항에 대한 기회 및 제약을 알 수 있다.

MEMO

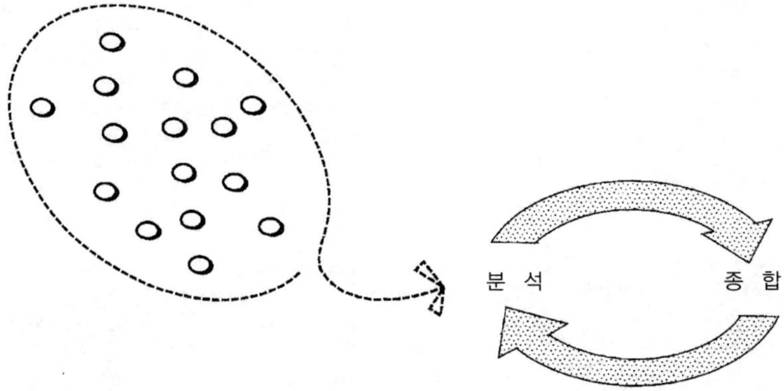

그림 6.1 정보의 수집, 분석, 그리고 통합

6
정보수집과 분석

Gathering and Analyzing Information

목적과 목표는 수집, 정리된 자료의 정보를 넌지시 알려주는 것이다. 조직이나 프로젝트의 목적을 검토하고 있는 사이에 사실을 드러내는 것은 당연한 일이다. 클라이언트, 오너는 "현재 203명의 스태프종업원가 있지만, 새로운 건물로 옮길 예정인데, 2001년도 3월에는 몇 명이 될지 알 수 없다"라고 말한다. 여기서 "2001년도 3월에 신축 건물로 옮기고 싶다"라는 목적과 함께, "현재 203인의 스태프가 고용되어 있다"라는 사실을 분명히 밝혔다.

정보수집에 대해 설명하기 전에 정보처리에 관한 몇 가지를 검토하여 둔다.

- 충분한 정보량은 얼마나 되는가?
- 가치관의 체계와 정보에 대한 데이터 수집은 어떤 것인가?
- 하나의 작업에 대한 정보의 정확성은 어떠한가?
- 유용한 정보로의 데이터 변환을 수반한 것은 무엇인가?

6.1 충분한 정보량은 얼마나 되는가?

How Much Information is Enough?

정보의 양은 정보의 스케일과 동일한 상태에서 문제가 된다. 중요한 것은 설계하는 도중에 정보가 막히는 일이 발생하는 것을 피해야 한다. 어느 빌딩에 대한 프로젝트라 해도 프로그래머는 그 프로젝트에 관한 풍부한 분량의 정보를 수집할 수 있어야 하고, 또한 정도의 차이는 있다 해도 그것들은 틀림없이 유용한 타당성을 가지고 있어야 한다. 그러나 생각처럼 모든 내용이 전부 유용한 것은 아니다. 물론 문제가 되는 것은 어떤 정보가 진정으로 유용한가에 대해서 사전에 모든 것을 다 알 수 없다는데 있다.

그러나 다음과 같은 두 가지 방법에 의해 그 정보의 타당성을 검증할 수 있다. 첫째, 목표와 목적에 대한 검토를 하는 일이다. 인포메이션에 대해서 자신에게 물으면 이러한 목적의 기록문서보관소는 도움을 줄 것이다. 그들에게 영향을 미치는 방해물은 무엇인가? 목적 달성을 위한 첫째 목적은 동일하게 만드는 노력이다. 그래서 그들은 프로그래밍 과정을 가이드할 것이다. 그리고 목적 달성에 유용한 정보나 자극이 되는 정보는 무엇인가를 생각해 보도록 한다. 초기 단계의 스태프에서 목적을 확립해 두는 데 따라 그 정보가 적절한 것인가, 어떤가를 판단할 수 있도록 한다.

실험에 바탕을 둔 사실 *facts* 또는 발견은 오로지 주어진 가설에 대한 참조에 의해 논리적으로 적절한지 부적절한지 평가될 수 있다. Carl Hempel, "Philosophy of Natural Science". 1966. 12.

정보의 타당성을 판단하기 위한 두 번째 방법은 "설계자는 이러한 정보를 어떻게 사용할 것인가?"라고 스스로 묻고 대답하는 것이다. 이러한 방법의 주의점은 설계 경험이 풍부한 프로그래머에게 매우 쉬운 일이다는 주관적 형식의 자문을 하지 않도록 신중을 기하는 일이 중요하다. 프로그래머는 필요한 정보만을 가지고 프로그래밍을 실행할 수 있다. 경우에 따라 그 당시 토론의 주제가 되었던 한 쪽 정보를 부록으로 기재해 둔다거나 정보원을 표기해 두는 것만으로도 충분할 수 있다. 예를 들면, 프로젝트가 소재하는 지역에 대해 충분한 정보를 가지고 있는 것과 같이 대지에 대한 프로그래밍도 이루어지도록 하는 일이다.

대지가 그 지역의 범위를 벗어나고, 조금 떨어진 곳에 또 하나 별도의 이웃을 형성시키고 있는 경우, 프로그래머는 인접하고 있는 다른 이웃의 설계에 영향을 미친다고 추측할 수도 있지만 그 프로그램에 모든 정보를 포함할 필요는 없다고 판단한다. 그림 6.2는 이웃의 정보를 특별한 프로그램으로 표현할 수 없는데 그 내용이 필요한 때는 설계자가 프로그램의 정보를 입수하는 방법을 나타내고 있는 내용의 다이어그램이다. 이러한 방법으로 정보를 수집하거나 이용하도록 고정해 두면, 설계자가 인접한 이웃의 영향이 중요하다고 판단되는 경우가 있다. 이때, 그들은 그것을 정보의 근원으로 용이하게 액세스할 수 있다.

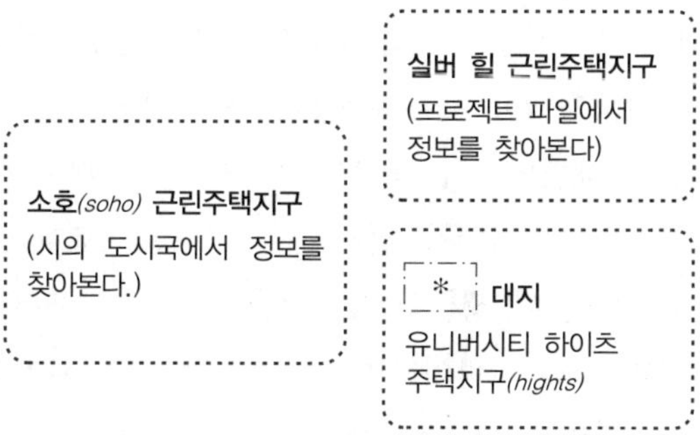

그림 6.2 가능성 있는 외부로부터의 영향에 대해 프로그램의 보고서에는 상세한 것을 기재하지 않고 그 정보원만 표기하는 것이 바람직하다.

건축가들은 일찍이 풍부한 양의 정보에 액세스하는 방법을 알고 있었다. 물론 자기 주변의 한정된 정보를 토대로 직감에 의존한 설계행위였던 것은 부인할 수 없지만, 오늘날은 설계 과제가 매우 복잡해졌고, 또한 감당할 수 없을 정도의 방대한 양의 정보 약 10억비트의 정보 에 대한 액세스가 가능해졌다. 이러한 현실은 직감적인 성향을 가진 설계행위의 디자인 문제에도 이용되고 있다. 특히 건물의 형태 디자인은 물론 필요로 하는 정보량과 질을 판단하기 위한 수단으로도 매우 유용하게 쓰이고 있다.

이와 같이 오늘날의 디자인 문제는 더 많은 단점을 가진 구조가 되었다. 우리는 10억 비트의 정보 접근으로 문제의 해를 위해 전통적이거나 비전통적인 빌딩기술에 관해서 이러한 것들을 포함한다.

6.2 가치관의 체계와 자료 수집

Value System and Data Gathering

이 섹션에서 "과제의 본질"이나 "이 문화권에 속하는 클라이언트"에서는 사람의 판단이나 행동, 그리고 가치관의 체계에 대한 영향을 검토했다. 이는 데이터 수집이나 정보처리에도 가장 알맞은 모습으로 존재한다. 데이터상에서 볼 때, 가치관의 체계는 색안경을 낀 편향적 사고를 가지고 보는 의식적인 성향의 모습으로 인식되는 경향이라고 생각한다. 예를 들면, 일상생활에서 체험하는 대부분의 경험을 도시에서 받아들이고 있는 사람은 대자연이나 황야에 서식하는 야생의 종류에 대한 데이터에 친숙하거나 그 가치를 발견해내는 일은 어렵다. 한편, 동질성을 가진 집단의 사람들이 생활의 대부분을 작은 도시에서 체험으로 받아들이는 경험을 가진 사람이라면, 문화가 복합적으로 이루어지고 있는 매우 복잡한 근린사회에 존재하는 데이터에 친숙하거나 또는 그 문화의 가치를 찾아내어 생활에 적용하는 일은 매우 어렵다. 이와 같이 친숙하지 않는 것을 잘 알 것이다. 데이터의 결핍으로 그들은 중대한 실수를 하게 된다.

가치*value*가 검토받지 않은 상태로 존재하고 있을 때, 검토받지 못한 가치는 위험하다.
Kevin Lynch

우리가 알고 있는 사실은 우리가 존재하고 있는 곳과 우리의 눈이 가는 곳에 달려 있다.
Walter Lippmann, "in Public Opinion", 1992.

"사실에서 벗어나지 말라!"라고 몇몇 사람들은 우리에게 말한다. 그러나 "어떤 것이 사실인가?", "어떤 배의 길이인가 아니면, 창백한 헛간의 불빛 속에 있는 짙은 청색의 산소나 수소가스의 배관인가?" 나는 미국이 어떤 곳인지에 관해 선택함에 있어서 이미 결정했다. 반면에 몇몇 사람들은 "너 자신의 의견을 가져라!라고 말한다. 그러나 나는 이미 보편화된 시점은 믿지 않는다.

가치관의 체계는 데이터 수집에 국한하지 않고 정보의 접근에 대해 어떻게 조직화시키는 유용한 정보로 적용 · 처리하는가에 대해서도 영향을 받게 된다. 작업에 대한 결과를 최종 형태로 문서화하기 전에 클라이언트나 설계자가 간과해서는 안 될 정보를 체크할 기회 제공은 가능한 일이다. 이러한 기회 제공의 행위도 프로그래머의 중요한 의무이기도 하다. 클라이언트와 디자이너가 암시하는 느낌의 정서를 받아들여야 한다.

6.3 정보의 정확성

Information Accuracy

결정의 질은 그 결정에 의거한 정보의 정확성과 관계있는 것이 기본이라고 한 것과 달리 반대의 경우도 있다. 즉 수집된 정보가 어느 정도 정확한가를 판단하기 어려운 것도 많이 있다는 것이다. 그리고 보다 좋은 정보를 얻기 위해 무엇을 가지고 있는가에 대해 질문이나 손이 미치는 일정 범위의 정보에 대해 의구심이 있더라도, 보다 좋은 정보를 발견해 내는 것이 어려울 수도 있다. 어떠한 경우든 모든 상황에 대한 정보는 항상 최근의 것으로 새롭게 해 놓아야 할 필요가 있다.

완벽하지 않은 데이터가 오히려 일의 동기 부여가 될 수도 있다. 예를 들면, 현재의 스토어present store가게=점포에 대해 보다 많은 고객을 유치할 수 있는 의류점 주인을 위해 새로운 스토어를 프로그래밍해 보도록 하는 일이다. 이 때 클라이언트인 스토어 주인은 판매금액의 증가로 보아 과거 수년간의 매상이 증가했다는 것을 알고 있지만 하루의 평균 방문자 수를 알지는 못한다. 이미지에 대한 목적의 하나로, 새로운 스토어는 릴랙스하게 여유를 느끼는 것으로 해야 한다면, 설계자는 인테리어 공간의 넓이를 생각하기 위해 방문객의 숫자를 알고자 할 것이다. 그런데 공간이 지나치게 작고, 방문객의 밀도가 높아 번잡하고 붐비는 상태가 진행되는 느낌을 가진 공간량이라면 몇 가지 설계에 대한 아이디어를 이끌어내는 것을 생각해도 분위기 있는 공간을 만드는 것은 어렵다.

그래서 Christmas Shopping Season 이외의 하루 중 가장 많은 방문자수를 점원에게 물을 수 있다. 그 수는 대략적이지만, 설계자가 얻고자 하는 정보 범위를 충족시키므로 활용될 정보로서 별다른 차이는 없다. 최대의 방문객 수를 고려하되, 만약 그 숫자를 모두 낮게 견적계획을 한다면 어떤 영향을 미칠 것인가를 사전에 고려해 둘 필요가 있고, 이러한 영향이 최악의 상태라고 한다면 보다 면밀한 스터디를 해야 할 필요가 있다. 만일 주어진 예산과 대지의 범위 안에서 그러한 영향의

그가 정말로 객관적이라고 생각하는 것은 어느 누구나 스스로 자신을 속이는 것이다. 우리가 할 수 있는 모든 것은 주관적인 것에 대한 우리의 생각을 제한하는 것이다.
George Radliff

모래 위에 집을 짓는다는 것은 안전하지 못하다는 것을 우리는 알고 있다. 모래를 치워라 : 우리는 공간 위에 집을 짓겠다. Bruno de Finetti

1996년 경제부분의 노벨상 수상자인 William Vickrey와 James Mirrlees는 운영문제부터 고객 문제에 이르는 것을 결정하기 위해 불완전한 데이터를 모든 사람들이 어떻게 사용하고 있는지 설명하는 것으로 그들이 간절히 바라고 있었던 상을 받았다.

〈컴퓨터〉 완전치 못한 프로그램을 입력하면 완전치 못한 답 밖에 얻을 수 없다는 원칙〈컴퓨터 시대의 격언〉.
Garbage in, garbage out.
(computer age adage)

발생에 대한 대응이 가능하다면 그 정보는 정확하지 않다해도 프로젝트의 완성을 위해 충분하다고 가정해도 좋을 것이다. 그러나 그렇지 않는 경우에 대비하여 보다 정확한 결과를 얻을 수 있도록 고려하는 또 다른 측면의 조사연구도 필요하다. J. Christoper Jones의 말을 상기하면, 즉 "근거가 없는 코스트는 조사(연구)된 코스트의 액수를 초월한다."－The cost of not knowing must exceed the cost of finding out.

자연과학과 사회과학의 자명한 이치는 바로 하나의 주장이 이치를 만들어내는 정보보다 더 정확하다고 주장해서는 안 된다. 답을 산출해낸 숫자가 4보다 더 작은 경우 답은 소수 넷째 자리까지 가지 않아야 한다. 프로그래밍 정보가 그렇듯 입력한 정보보다 산출값이 더 정확하다고 생각해서는 안 된다. 우리가 그렇게 예상하도록 하는 증거보다 조금이라도 더 정확한 동향에 따라 예견하는 척하는 일을 할 수 없다. 언제나 이것이 바로 근거와 추정을 동시에 제시해야 하는 가장 중요한 이유이다.

6.4 유용한 정보로 전환되는 데이터

Turning Date into Useful Information

제2장에서는 많은 요소를 분석하고 통합하는 것에 대해서 검토와 토론을 진행했다. 또, 분석과 통합이 대부분 스케일에서 발생된다는 것을 지적했다. 어떤 스케일에서는 "프로그래밍이 분석작업이고, 설계가 통합작업"인 한편, 프로그래밍이나 설계 프로세스 자체에도 보다 작은 스케일에서 분석과 통합이 존재한다. 사실적인 정보수집에서는 목적과 목표에 관련된 데이터에 한정하는 것마저도 대량의 데이터를 상세하게 조사할 필요가 있다는 것에 당면하게 된다. 이러한 데이터를 유용한 정보로 전환하기 위해서 반드시 통합해야 한다.

데이터를 수집한다는 것은 무엇인가 위대한 것을 끝까지 해낸다는 마음으로 진행하는 심리적 작용이라 할 수 있다. 보고서가 두껍다고 더 많은 노력을 기울였다는 것은 이유에 지나지 않는다. 수집된 데이터는 유용한 정보자료가 되도록 분석 · 통합하는 과정을 거치는 논리성이 있어야 된다. 더욱이 단편적인 데이터라 해도 하나하나 상세하게 검토하고, 그 단편을 프로젝트의 콘텍스트에 따라 의미 있는 카테고리로 통합해야 한다. 프로그래머가 그 작업을 적절하게 처리하거나 성실하게 구상하면, 설계 설계자에게 단계로 넘어가는 정보의 양은 프로그래머가 수집한 양보다 당연히 적을 것이고, 이와 같은 screening process한 일은 많은 경험과 방법이 요구되는 일이다. 좋은 판단을 내리기 위해서는 대리로 하지 않는다.

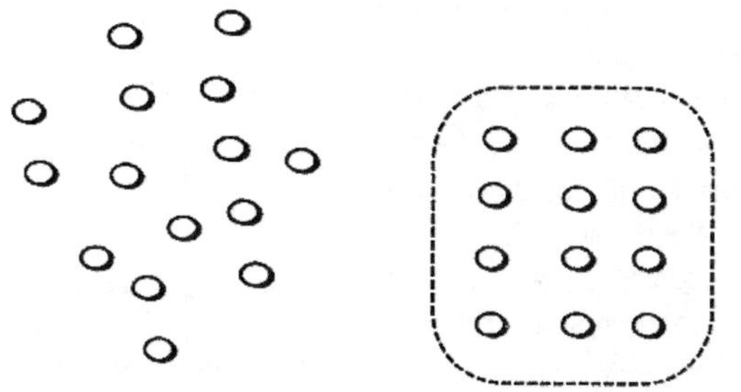

실제적인 현장검증〈분석〉 유용한 정보처리와 조직화〈통합〉

그림 6.3 사실의 특정과 검증은 분석과 서로 잘 닮는다. 유용한 정보와 사실을 처리하고 조직화하기 위해서는 통합이 필요하다.

사회의 변화와 함께 설계도 역시 건축시설의 여러 측면에서 매우 복잡해지게 되었다. 이러한 사회성과 건축성의 요구에 따라 분석 · 통합시켜야 할 정보의 규모도 증가하게 되었다. 대량 정보를 매우 신속하게 처리하는 방법을 개발해야 할 필요성이 발생되었고, 그 목적 달성을 위해서 컴퓨터는 매우 편리한 도구가 되었다. 그러나 컴퓨터는 상대방이 요구하지 않는 것은 분석할 수 없고, 더욱이 종합 단계에서 인간의 경험과 방법을 필요하게 되었다. 컴퓨터에 인푸트하기 전에 생각해야 되는 문제는 그 후의 아웃푸트된 결과에서 무엇을 원하는가를 먼저 생각해 두어야 한다. 즉 두 과정에서 모두 어떠한 정보가 중요한지에 대한 판단과 결정은 오직 가치관이 조성된 인간의 정서에 의해 설정해 놓은 규범에 근거를 두어야 할 것이다.

만약 내가 더 많은 시간을 갖고 있었다면, 나는 간결한 편지를 썼을 것이다.
Cato

지금까지는 정보수집과 분석의 프로세스에 대해 살펴보았다. 이제부터는 실제적으로 필요한 정보수집과 그 자료에 대한 분석작업을 시작할 수 있다. 이후의 카테고리는 프로젝트와 관계된 모든 인간적인 현상으로부터 시작하고, 대지분석이나 기후 데이터 등을 보다 수량화시키는 방향으로 진행시켜간다. 어떤 사람은 변동이 심한 요인의 시설물 사용자 태도에 관한 데이터에 대해 생각할 수도 있다. 왜냐하면 이러

단순한 정보수집을 생각의 대역으로 여기면 안 되지만, 목적을 갖는 정보수집은 생각의 대역으로 대체될 수 있다.

주춤거림. 너무 빠르게 다가와서 가려낼 수 조차 없는 버거운 것. 새로운 것으로 이름 붙여진 감당할 수 없는 것. 그것이 무엇인지 이해하기 위한 설명이 필요한 많은 것들, 그러나 그것이 무엇을 위한 것이며, 그것에 대해 무엇이 진정 주목할 만한 것인지는 알 수도 없는 터무니없이 부족한 것. 당신은 무엇에 감동받는지 알지 못한다. 속을지도 모른다는 가능성이 절대적이기 때문에 당신은 당신의 안내자를 믿을 만한 이유를 찾기 시작하게 된다.
Stewart Brand, "The Media Lab"

한 사용자의 태도는 "북쪽 대지는 400피트 길이이다"와 같이 확인할 수 있을 정도의 사실이 아니기 때문이다.

프로젝트가 훌륭한 결과물로 완성되기 위해서는 무엇보다 인간적인 요인에 대한 이해는 사실적인 것을 파악하고 규명하는 수량화되는 것보다 더욱 중요하다는 것을 인식해야 할 것이다. 인간적인 요인의 이해가 처음부터 다루어져야 하는 것이 반드시 필요하다고는 말할 수 없지만, 그래도 가장 중요한 견해임을 잊어서는 안 될 것이다. 프로젝트를 겨냥하는 일에 따른 중요성과 향후 전개될 사회성에 대비하여 본서에서는 처음으로 다루게 되었다.

여기서 다루는 정보의 카테고리는 대부분 최상의 프로젝트에서 적용되는 범위의 내용을 포함한다. 여기서 이러한 프로그래밍의 성향을 가진 프로그래머는 프로젝트의 특수성에 따라 필요하다고 생각하는 카테고리를 적절하게 배려함과 동시에 현명한 지혜의 바탕에서 이를 판단하여 설정해야 한다.

6.5 시설의 유저

Facility Users

수집 · 분석 과정을 거쳐 종합한 정보 중에서 가장 중요한 것은 미래의 시설 유저에 대한 문제이다. 이러한 종류의 데이터 수집과 분석은 인간적 요인의 프로그래밍이나 기능 프로그래밍이라고 말할 수도 있다. 제3장에서 검토했던 것은 필요한 정보를 클라이언트로부터 얻어내는 방법이나 이곳에서 그들과의 작업방법을 인지하는 일이 무엇보다 유용한 일이었다.

클라이언트/유저에 대한 양적 정보는 비교적 용이하게 얻어진다. 대부분 수많은 조직들은 시설에 대한 유저의 수나 유저의 카테고리에 관한 정보를 이미 정리해 두고 있다. 종업원의 명부, 내선전화의 조직표 등의 수나 카테고리에 관한 것들은 모두 카테고리의 정보원이 된다.

제작된 계획들은 155페이지에서 거론한다.

한편, 기록되지 않은 유저는 그 특정과 수량화가 매우 어렵다. 예를 들면 상업시설에서 고객수나 속성(남녀노소, 계층 등), recreation 시설의 유저 등에 대해서는 몇 가지 방법으로 가정해야 한다.

클라이언트, 유저에 관한 정보를 조직화하는 방법의 하나는 다른 유저마다 프로파일을 개발하는 일이다. 프로파일 정보는 그 카테고리에 포함되는 유저의 인원수, 작업이나 생각하는 방법, 그리고 필요하다고 생각하는 기능 및 심리적인 환경 요소에 대해 간결하게 표현하는 내용들을 포함한다. 이 때, 가능하다면 카테고리의 대표자는 반드시 참가

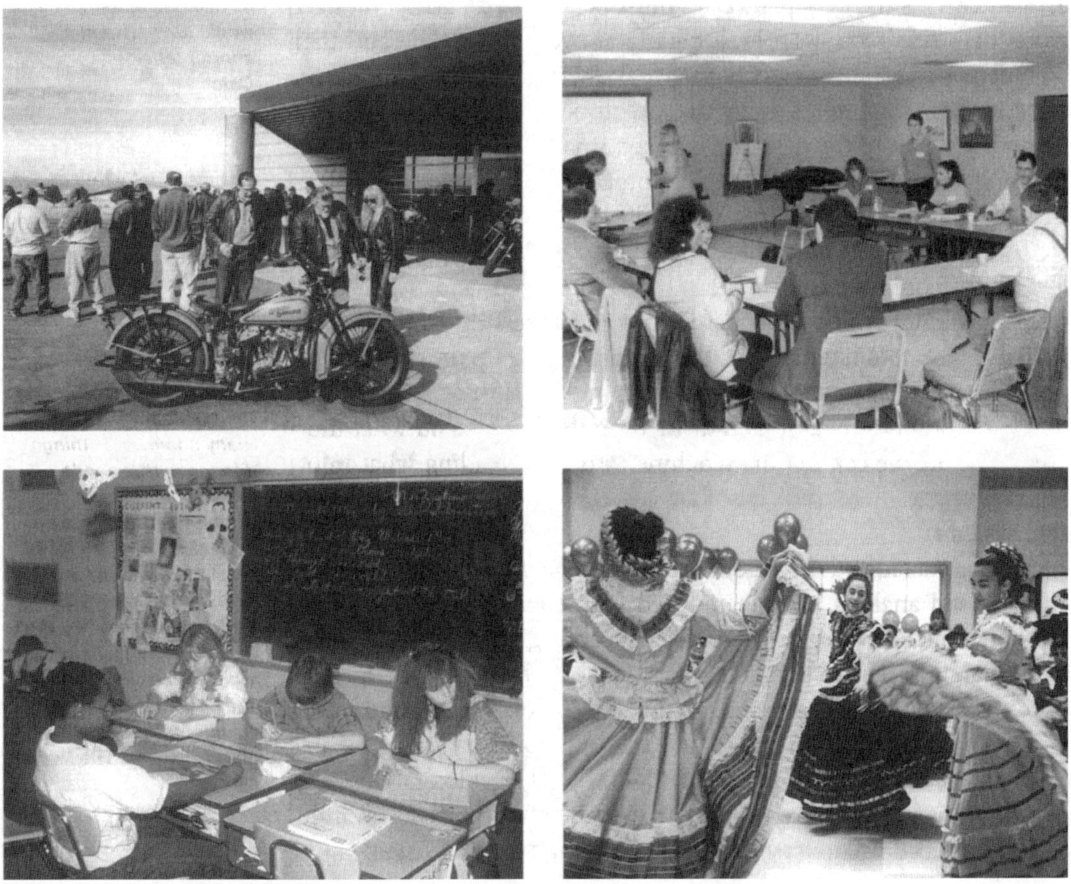

그림 6.4 시설의 유저는 건물에 대한 것을 상세히 숙지하고 있다.

해야 한다는 것을 권장한다. 참가에 대한 대표자들은 프로젝트로의 참가의식을 높이고, 다른 유저들의 프로파일도 서로 알아둘 필요가 있다. 다른 그룹이 서로 다른 생각을 가지고 있다는 것을 아는 것은 서로의 시야를 넓히는 일이다.

사회 요소를 도구로 여겨라.
Emile Durkheim, "The Rules of the Sociological Method"

생각하는 방법이나 심리적인 문제에 기초를 두는 니드는 매우 개인적인 속성을 가지는 것이기 때문에 기능적인 니드를 파악하는 경우보다 더 어려운 문제이다. 클라이언트, 오너가 아니면 클라이언트, 유저는 논리적으로 생각할 수 없다고 할 수 있지만, 그것이 진실된 것인지는 알 수 없다. 그 사람과 관계를 맺고 있는 동기라든가, 그들이 가지고 있는 가치관은 어떠한 것인가를 이해하지 못할 때, 그러한 생각들을 모두 비논리적인 것으로 단정해 버릴 가능성이 있다. 그러나 프로젝트 개발이나 운영에 영향을 미치고 있는 사람이라면 그 단정적 사고의 행위에 대해서 큰 잘못을 초래할 수 있다. 인간은 건축프로그래머가 논리적이라고 느끼고 있는 것이 아니라 진실이라고 믿고 있는 것에 의해서 행동한다는 것이다.

너의 머리는 오직 하나만 말하고, 너의 전체 삶은 다른 것을 말한다. 너의 머리는 항상 상실한다.
Frank McCloud(Humphrey Bogart), "in Key Largo"

클라이언트의 생각이나 심리적인 니드가 명확하게 표현되어 있지 않으면 인터뷰나 앙케트 혹은 조사자에 의해 수집하도록 해야 한다. 이러한 것들의 우선순위가 명쾌하지 않은 경우는 앞서 설명한 게임에 의해 결정할 수 있다. 문화적인 요인에 의해 일어나는 생각이나 우선순위는 그 프로젝트에 다른 문화권의 클라이언트나 설계자가 포함되어 있는 경우에는 중요한 사항으로 작용한다.

다른 문화권 출신의 고객에 관련된 단락에서 우리는 이미 한 문화권에서 다른 문화권까지 태도가 얼마나 다양한지 조명해 보았다. 이러한 문화적 차이점에 대한 분명한 이해는 성공적인 프로젝트를 달성하기 위해 중요하다. 문화적 태도 의향, 의견, 사고방식 와 선택은 프로젝트를 개발하는 과정에 적용될 수 있을 뿐만 아니라 물리적인 결과에도 적용될 수 있다. 한 문화의 집단은 한 명의 권위자가 우선권을 결정해야 한다고 느낄 수도 있지만, 다른 문화의 일원들은 일원 전체가 우선권을 결정하는데 참여해야 한다고 느낀다.

심리적인 니드를 기술하는 것도 어렵고, 그것을 수량화하는 것은 더 한층 어렵다. 사람이 공간이나 건물에 심리적으로 반응하는 것에 대해서는 1970년대 초부터 많은 예측된 의견을 진술해 두고 있어 프로그래머나 설계자는 그것들을 프로젝트에 응용한다. 그러나 인간이 환경에 의해 심리적인 영향을 받는다는 것을 인식했더라도, 그것이 어떠한 모습으로 혹은 어느 정도가 될 것인가에 대한 명쾌한 해석은 대부분 없는 것과 다름없다. 더욱이 이 과제에 대한 물리적 해결책의 수단으로 된다면 더욱 그럴 것이다. 그러나 어느 쪽이든 과거로부터 관습적인 어프로치는 의심해 볼 수 있다.

회복된 정신질환 환자는 그녀의 가족이 정신병원에 있는 그녀를 방문했을 때 우울해진다고 말했다. 방문자의 대기실이 병실과 붙어있다. 그녀의 가족은 날뛰는 새로운 환자들이 수용되는 것을 볼 수 있었을 것이다. 그녀는 그녀의 가족들의 반응에 대해 걱정했다. “어떻게 그녀는 날마다 그렇게 날뛰는 환자들과 사귈 수 있었던 것일까?” 그녀의, 가족들의 근심에 대해 걱정하는 것은 그녀의 우울함을 고조시켰다.

심리적인 니드는 정신의료시설에서 볼 때 결정적인 중요한 사항이 된다. 정신의료시설의 전문가들은 정신질환자를 위한 시설 설계에 대한 어프로치에 있어 서로 다른 폭넓은 견해를 가지고 있다. 물론 그 전문가들의 의견이 정반대일 수도 있지만 프로그래머나 설계는 그들의 직감에 의지하지 않는다. 그러나 가능하다면 그 전문가들의 생각은 시설을 이용하는 환자나 클라이언트의 생각에 의해서 검증할 수 있다. 그렇지 않는 경우는 그 시설에서 치료를 받았던 사람들의 생각이나 심리적인 니드를 파악하기 위해서 치유된 환자의 생각을 물을 수 있다.

숫자는 거짓말을 하지 않지만, 거짓말쟁이들은 숫자를 이용할 궁리를 한다.
Anoymous

과학은 대체로 반복적인 현상을 다룬다. 사람들은 예상할 수 있는 존재가 아니다.

수집 · 분석된 데이터 중에서도 유저의 생각이나 심리적인 니드 이외의 것은 보다 쉽게 수량화된다. 서구사회에서 양적인 정보는 보다 쉽게 검증되므로 양적인 정보를 믿도록 교육되고 있다. 따라서 프로그래밍의 프로세스는 그 중요성과 상관없이 수량화시키지 않는 정보를 단호하게 끝내거나 단절시키는 경향이 있으므로 주의해야 한다.

6.6 사회와 조직의 네트워크

Social and Organizational Networks

유저들의 시설 타입에 관한 정보의 범위와 더불어 서로 다른 유저들이 결부되어 있는 사회 및 조직의 네트워크를 이해해 두는 것은 크게 도움이 된다.

사회 네트워크의 이해는 하우징 프로젝트나 근린계획과 같은 주거의 구성요소를 포함하는 프로젝트에서 특히 중요하다. 이러한 정보의 카테고리는 프로그래머, 디자이너, 그리고 소유주에 대한 정보와 다른 네트워크일 때 중대하다. 경험에 바탕을 둔 가정은 매우 잘못된 것일지도 모른다.

사회적 조직망은 소속 멤버들과의 관계를 검토하는 것으로 설명된다. 조직 멤버들은 얼마나 자주 연락을 하고, 어떤 내용에 대해 연락하는가?, 그러한 커뮤니케이션은 열정적인가?, 그들의 관계는 표면적인 가벼운 것인가?, 현재 의사결정 방법은 있는가?, 의사결정 방법은 어떻게 진행되고 있는가? 등 의사결정 방법은 프로젝트에 필요한 의사결정과 그러한 시점에서 고려되어야 할 몇 가지 항목은 그 유대관계의 지속성이나 빈도, 목적과 밀도, 의사결정에 대한 메커니즘의 유무와 그 효력의 정도이고, 더욱이 그 메커니즘이 프로젝트를 위해 필요한 의사결정으로 편성해 넣을 수 있는지, 어떤지에 대한 것들이다. 이러한 정보는 인터뷰에 의해 최상의 정보를 손에 넣게 된다.

새로운 시설을 사용할 사회적 그룹이 시설에 대한 사용이 개시되기 전까지 특성화되지 않을 수도 있다. 그러나 이러한 경우는 앞으로 유저와 사회적 네트워크와의 관계가 어떠할 것인가를 추측해야 한다. 그를 위해서 대리 유저에 의한 위원회를 마련하고 프로그래밍에 참가시킬 필요가 있다. 이 위원회의 멤버는 장래 그곳에서 산다든가, 일하지 않아도 시설의 사용자가 된다는 사람들의 생각을 대신하도록 노력해야 할 것이다. 이때 어떤 사람들이 이 프로젝트에 참여할 것이고, 참여하는 사람들의 사회적 네트워크는 어떤가 추측하게 되므로 참가하는 사람들이 예전에 서로 전혀 관련이 없다는 것은 알려야 하지만 이러한 경우 질문을 받을 수 있는 문제들이 있다. : 어떤 유형(종류)의 사회적 네트워크가 바람직합니까? 계획된 시설은 어떻게 긍정적인 관계를 촉진시킬 수 있습니까? 새로운 목표가 될 이 정보는 처음부터 이 프로젝트의 필요성을 설명했던 사람들로부터 온 것이어야 한다.

대리 사용자 그룹은 프로그래밍하는데 도움을 주기 위해 만들어질 수도 있다. 이러한 위원회는 새로운 프로젝트에서 파생 가능한 다양성에 대한 변화를 보여주어야 한다. 위원회에 소속되어 있는 개인은 계획중인 빌딩에서 현재 살거나 일하고 있지는 않지만 그들은 훗날 거주자가 될 수도 있는 자신들과 유사한 사람들의 관심을 나타내려고 시도해야 한다. 위원회로부터 정보를 수집할 힌트를 위해서는 고객 그룹과의 작업 부분을 검토해야 한다. 3.2절〈클라이언트 그룹과의 작업〉(64페이지)을 참조하도록 한다.

조직의 네트워크를 이해하는 것은 중요하다. 조직이 프로그램된 시설을 임대하는 대부분의 서구 지역은 조직의 존재에 대한 진술을 기록해야 한다. 그러한 조직표는 시작부터 사용할 수 있다.(그림 6.5 참조)

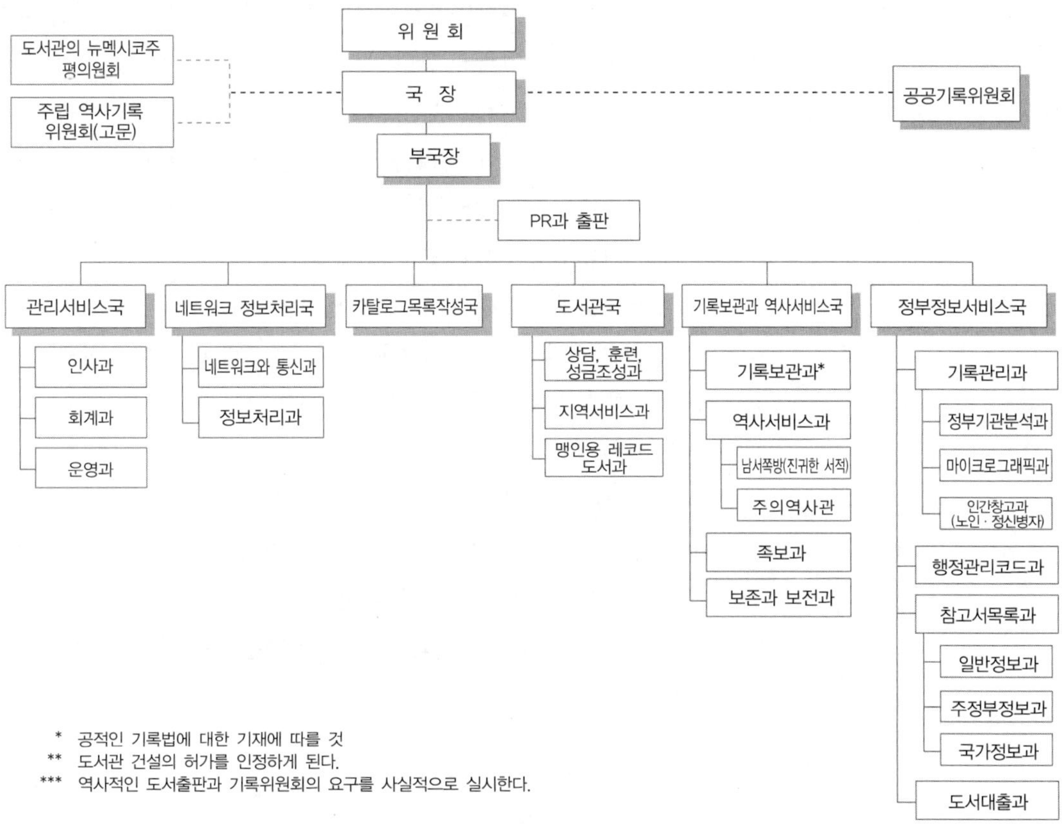

그림 6.5 주립 기록 센터–, 아케이브와 도서관의 조직표

각 서술은 현재의 조직 멤버들과 함께 언제든지 재확인할 수 있다. 왜냐하면 관습적인 원형의 형태는 서술되어 쓰이기 때문이다.

그곳에서 읽고, 얻을 수 있는 조직의 중요한 관점(정보)은 그룹의 구조이다. 구성하고 있는 것은 무엇인가?, 그들은 어떻게 관여하고 있는가?, 의사결정의 메커니즘은 무엇인가?의 종류와 역할을 포함하고 있다. 물론 각 부서들 간의 관계성은 그곳에서 이루어진다. 조직의 결정은 그 행동에 대한 회계책임과 관여하고 있기 때문에 사회적 네트워크에서 이루어지는 것보다 더 포멀한 의사결정 프로세스를 가지고 있다. 종업원들을 배치시키는 패턴이나 증원, 그리고 물류나 서비스는 물론 사람의 흐름까지도 바꿀 수 있도록 구성할 수 있을 것이다. 그들은 비용절감을 위한 프로그램의 양자택일을 위한 개발이라고 할 수 있다. 하나의 한 시책 결정은 프로그래밍하고 있는 시설에 영향을 미칠 가능성이 있으므로 주의해야 한다.

또 다른 네트워크 조직의 관점은 시설 자체, 그리고 프로그램시설을 근원적으로 운반할 수 있다. 그들은 조직의 참여 속에서 또 4번째 스태프 규모의 변동 정도, 생산제품의 양을 정하고, 서비스를 요구해오고, 네 번째 커뮤니케이션 타입을 포함한다.

직원고용방식, 발전계획, 시설 도처에 있는 상품, 서비스, 그리고 사람들의 흐름이 변할 수 있는 정책결정은 주의해야 한다. 정책결정은 비용절감할 대안 프로그램 개발을 요구할 수도 있다. 이러한 대안은 정책 결정과정 자체에서도 고려되는 것이다.

이전에 정리된 시설에 관여하지 않은 몇몇 정보는 설계자의 직관적인 정보를 위해 유용하지만 시설에 영향을 미치게 하지 않는다고 생각하는 사회적 · 조직적 네트워크에 대한 정보를 배제하는 것도 중요하다. 프로그래머는 시설의 설계와 직접 관계없는 무익한 정보를 설계자에게 전하지 않도록 주의해야 한다.

6.7 예측

Projections

예측은 확실히 손에 넣은 데이터를 매우 어렵게 활용한다. 건축 프로그래밍 과정에는 미래에 대한 예측이 있다. 예측은 정확성이 있는 데이터를 얻는 것이 가장 어려운 일이다. 종업원 수 증가, 인구 변화, 장래의 코스트 변동 등은 경영이나 운영환경의 변화에 대응하도록 하는 계획에 있어 중요 요소이다. 예측을 바로 세우는 일은 미래의 시설에 대한 요구사항을 결정하는 일이다. 그러나 어느 누구도 정확하게 미래를 읽을 수는 없다. 따라서 클라이언트는 프로그래머가 하는 예측의 확실성에 대해 관용적으로 받아들여야 한다는 것을 미리 이해해야 한다.

또한 발생되는 대부분의 상황에 대한 기본계획 단위는 건물을 계획하기 위해 사용한다. 예를 들면, 초등학교는 아동수를 바탕(중심)으로 계획하고, 고등교육시설에서는 학생단위나 전일제의 학생수를 바탕(중심)으로 해서 계획한다. 또한 은행은 저축의 총액으로 하고, 병원의 경우는 베드 수로 하며, 복수세대의 하우징은 거주 유닛을 모토로 계획한다.

더욱이 대부분의 클라이언트는 어떤 장기계획의 시나리오를 가지고 있다. 어떤 클라이언트는 8년간의 변화에 대응하는 시설을 원할 수도 있고, 반대로 또 다른 클라이언트는 예산의 범위 내에서 축조되는 시설이 어느 정도의 기간이 소요되면 조직의 변화를 허용할 것인가에 대해 알고 있을 것이다. 어느 쪽이든 예측은 해 두어야 하겠지만, 클라이언트가 그것을 하지 않은 경우는 프로그래머가 대신하여 예측을 수립해야 된다.

예측을 세우는 최초의 스태프는 프로젝트와 관련된 사항에 대한 것으로 현재까지 변화된 역사를 가능한 한 정확하게 얻어내는 일이다. 클라이언트가 기록한 종업원 수의 추이, 매상액, 등록학생수, 인구추이 등을 기록한 서류는 조직 변화의 역사를 추정하는데 유용하다. 적어도 예측하고 싶은 기간과 동일한 기간의 기록을 거슬러 올라가 조사하는 일이다. 예를 들면, 향후 8년간의 예측을 위해서 적어도 과거의 8년간

미래를 추측하는 방법은 없지만, 과거를 추측하는 방법이 있다는 것을 나는 안다. Patrick Henry

풀하우스 : Plato에서 Darwin에 이르기까지 우수성 확산의 Stephen Jay Gould(1996)는 경향 분석에 관한 타당한 충고를 제시했다. 주제가 중요해지면 중요해질수록, 또 그것이 우리의 바람과 욕구의 핵심을 더 가까이 지적할수록, 우리는 더욱 더 그릇되게 분석에 관한 수립(구성)을 하는 듯하다.
우리는 이야기를 하는 피조물이며, 우리 스스로 역사를 낳는 존재이다. 우리는 trends에 매료된다. 이는 부분적인 이유로 경향을 시대에 발맞춰 경향 알리기의 기본적인 장치로 전달해 주기 때문이고, 또한 너무 빈번하게 연속적인 사건에 도덕적 차원을 제공하기 때문이다.
다시 말해, 어떤 것이 죽어가는 것처럼 애통한 원인 또는 보기 드문 희망의 등대처럼 돋보이는 원인이라는 것이다. ; 중심경향은 추상적 개념이며, 변화하는 것이 바로 현실인 것이다. 오래 전에 유통된 것들은 새로운 상황에 대한 그 어떤 예측도 제공하지 않는다.

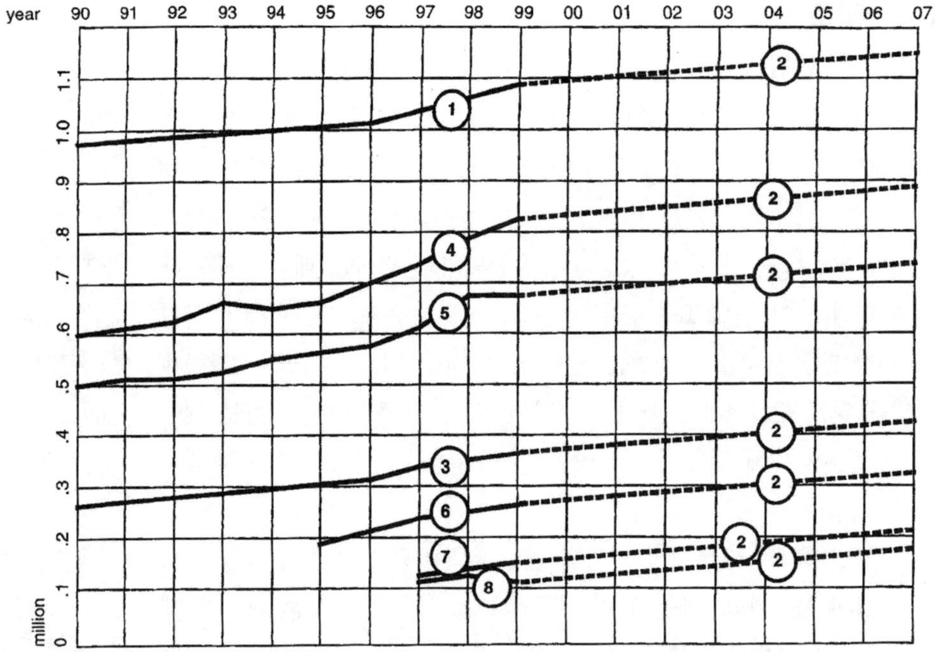

그림 6.6 자동차 판매회사를 위한 프로그램의 미래 예측 ①작은 주 *State* 의 인구, ②제3자에 의한 인구예측에 기초한 각 변수의 예측, ③큰 주 *Country* 의 인구, ④주 *state* 의 자동차 등록대수, ⑤주 *state* 의 면허소지자수, ⑥주 *Country* 의 자동차 등록대수, ⑦주 *Country* 의 면허소지자 수, ⑧주 *Country* 의 자동차 소유권 취득 수.

의 역사가 조사되어야 한다는 것을 말한다.

역사에 관한 정보는 간단하게 그래프화할 수 있다. 경우에 따라서 당연히 예측해야 할 여러 가지 항목이다. 그림 6.6의 사례는 인구, 자동차 대수, 주와 더 작은 행정구역 단위에 따른 면허 소지자수를 예측한 그래프이다. 자동차 대수와 면허소지자수가 인구에 비례하여 증가한다고 가정하고 있다. 몇 가지의 대리행위에 의해 이루어진 인구 신장률의 예측은 모두 같은 모습으로 정확하다고 가정하고 있다. 자동차 대수와 운전자수가 인구에 의해서만 영향을 받는다는 것에 대해 의문이 있겠지만 다른 영향 요소인 경제동향 등의 예측은 확신할 수 없기 때문에 삭제한다.

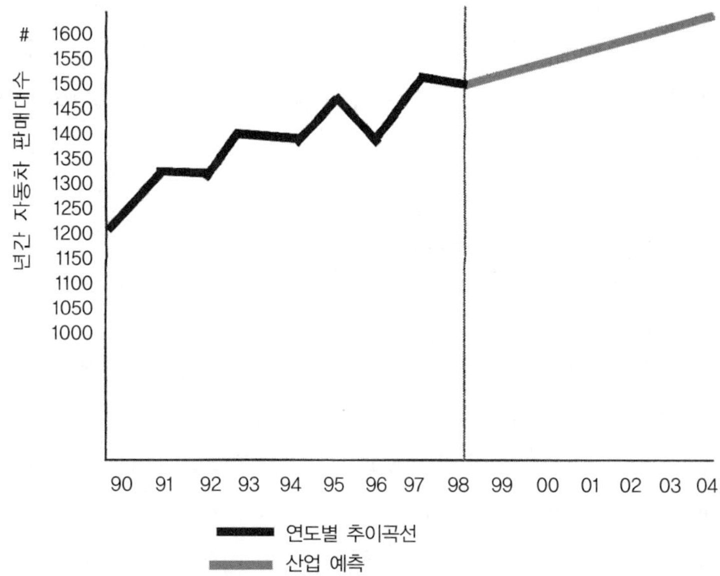

그림 6.7 산업 예측에 기초한 레몬 자동차 판매점의 매상 예측

일단 변천사가 도표로 그려지고, 예측에 대한 근거가 있으면 예상된 발전과 퇴보는 결정지어질 수 있다. 내부적 정책이나 외부적 요인의 범위에서 예상된 변화는 주목받을 수 있고, 그래픽상에 나타난 프로젝트는 평가받을 수 있다.

그림 6.7의 예는 레몬 자동차 판매점이 세운 사업계획의 최종년도인 2004년도 자동차 판매대수에 대한 산업예측을 토대로 하고 있다. 이 그래프에 의하면, 2004년도가 되면 이 회사는 몇 명의 세일즈맨을 필요로 하는가를 예측할 수 있다. 더욱이 성장이 예상대로 이루어진다면 2004년 이후에는 새로운 스페이스가 필요하다는 것도 알 수 있다. 이 자동차 판매점은 현재 이미 Sales persons을 위한 스페이스가 비좁게 되었지만, 오너는 시설에 거액의 투자를 하지 않는다고 생각하고 있다. 그 주변의 적당한 장소에 증원하는 세일즈맨을 위해 최소한의 스페이스를 증축할 생각이다.

Lemon Auto 자동차 판매점의 연간 자동차 판매대수의 증감을 기록해 두고 있다. 이러한 경험에 의해 한 명의 세일즈맨은 1개월에 10대의 자동차를 판매하는 것을 알 수 있고, 또 1998년에는 열 한 명의 세일즈맨을 고용했다. 2004년에는 1,600대의 판매대수가 된다고 오너는 예측하고 있다.

1,600대 ÷ 12개월 = 134대/월
134대/월 ÷ 10대/1인 = 13인

1998년부터 2004년 사이에는 두 명의 세일즈맨을 증원해야 할 것이고, 각각 새로운 사무공간도 필요하게 된다.

한 사람은 소요일정의 정확성과 관련된 문제와 소요일정 수집과정 자체를 신중히 생각해야 한다. 통계치, 특히 예측은 서비스가 빈번히 제대로 이루어지지 않은 것이 확실한 이미지를 갖기 쉽다. Gustave Eckstein이 인용문을 잘 생각해 보아라. "수학은…… 때로는 정석이 되기도 하고, 코앞에 놓인 것도 보지 못했던 사람들이 되기도 한다. 왜냐하면 그들이 말하는 비교의 척도가 방해되었기 때문이다.

6.8 활동과 일정계획

Activities and Schedules

시설의 유저가 누구인가를 특정지음으로써 그들이 무엇을, 언제 할 것인가를 조사해야 한다. 이러한 정보는 "시설의 유저"에 대한 절에서 다룬 유저의 프로파일에 편성시켜도 좋고, 별도로 기재해도 좋을 것이다. 기능적인 목적과 목표를 리뷰로부터 시작할 수 있다. 이러한 것들은 "새로운 시설은 3,000명의 학생을 위해 고등학교를 설치한다."라든가 "새로운 오피스는 5인의 공인회계사 five CAPs 와 그들의 보조 스태프를 위해 제공될 수 있다."는 등의 시설에서 무엇이 이루어지는가에 대해 대대적으로 기술하고 있다. 그러나 여기서 모아진 정보는 "그 고등학교나 공인회계사(CAP's)의 오피스에서 무엇을 할 것인가?"라는 물음에 답해야 할 것이다.

소규모 프로젝트에서는 유저에게 직접 인터뷰하여 문의할 수도 있지만 보다 대규모 프로젝트에서는 시설의 유저에 의해 장래에 이루어지는 여러 가지 영업을 특별히 정해 두어야 할 필요가 있다(p.26의 2.1 "분석과 통합"과 제3장의 "클라이언트"를 참조할 것). 각 유저의 프로파일은 전형적인 일상에 대한 기술을 응당 포함하고 있다. 전형적인 일상이 아니어도 그것을 시설에 크게 영향을 끼치도록 하는 경우에는 거기에서 일어나는 사태에 대한 영향의 정도를 특정하게 해야 한다.

액티비티의 조사에서는 Work, Leisure, Circulation, Communication habits에 관한 관습적인 기술을 응당 포함해야 한다. 이와 같은 것에 대한 정보에 관해서는 대부분 다음 장에서 검토되는 "전략의 정의"에서 다루게 된다. 예를 들면, 어떤 종업원과 또 다른 종업원과의 작업에서 이루어지는 커뮤니케이션에 관한 요구는 새로운 시설에서 종업원끼리의 근접성이 중요하다는 것으로 결정지었다.

새로운 시설에서 1일의 업무시간, 일주일이나 계절에 대한 스케줄도 결정되어야 한다. 업무상 심야작업을 포함하는 경우 반드시 종사하는 사람수를 확정지어야 한다. 이러한 정보는 설계자가 설비 시스템이나 주차장의 용량, 형상 등을 결정할 때 사용된다.

어느 정도의 액티비티 스케줄은 프로그래밍 과정에서 스페이스와 예산의 밸런스를 검토할 때 중요한 역할을 할 것이다. 다른 시간대에 동일한 장소에서 다른 액티비티의 스케줄에 의해 스페이스와 자금이 유효하게 쓰인다. 이와 같은 선택이 적용 가능한가를 알기 위해 액티비티의 종류와 타이밍이나 그를 위해 필요로 하는 기기에 대해서 알아둘 필요가 있다.

예를 들면, 특수한 설비를 필요로 하는 도자기실습장은 강당에서 할 수는 없지만 그에 필요한 강의는 Cafeteria에서도 할 수 있다.

스케줄과 액티비티는 시간과 함께 변화한다. 성장과 변화에 관한 시간의 목적과 목표를 리뷰할 수 있다. 클라이언트와 함께 시간의 경과에서 어떠한 변화가 일어나는가를 예측해 볼 수 있다. 알 수 없는 일이 있다면 가능성의 범위를 설정하여 예측하는 것이다. "불분명하고 애매모호한 코스트는 확실한 코스트를 능가할 수 있는 것인가?"를 다시 한 번 문의해 둔다. 다시 말하면, "이를 위해 준비되지 않았지만 가능한 한도 내에서 코스트를 채비할 수 있는가"라는 것이다. 클라이언트와 프로그래머는 미래를 내다보는 것을 물을 수 있지만, 이 분야에서 프로그래머의 능력을 너무 믿지 않도록 주의해야 한다.

어떤 교육시설의 경우 액티비티의 스케줄은 매우 복잡하다. 다른 시간대에 다른 수업을 하는 각 고등학교나 대학시설은 부적절한 수와 종류에 대한 스페이스의 낭비를 피하기 위해 특수한 분석수법을 요구한다. pen'a와 CRS들은 수업에 필요한 여러 가지 스페이스 수를 산출하기 위한 공식 이용 공식 을 개발했다. 이러한 공식을 이용할 때는 다음과 같이 필요한 정보를 클라이언트에게서 제공받아야 할 것이다.

- 한 과정당 총 수강자 수 예측
- 주별 수업 시간수
- 주별 설치 가능한 시간수
- 클래스의 최적 규모
- 교실의 계획적 이용 방침

6.8.1 한 과정의 총 수강자 수 Total Enrollment in a Course

미국의 경우 고교생 과정에서 영어와 같은 필수과목의 총 등록자수는 그 학년의 학생 총수와 같다. 대학의 미술 스튜디오와 동일한 종류의 선택 과목인 경우 그 등록자수는 과거의 사례를 기초로 예측한다. 학교 교육에 관계된 클라이언트는 건축을 프로그램하기 보다는 등록자수에 대한 정보를 쉽게 파악해 둔다.

6.8.2 주별 수업시간 수 Number of Hours Attended per Week

고등학교의 영어나 역사 수업은 1주 동안 5periods를 시행한다. 대학의 수업시간 수는 매우 다양(very greatly)하다. 예를 들면, 대학은 1주에 3periods의 규칙적인 강의나 6periods나 12periods의 스튜디오, 2periods 세미나가 있을 수도 있다. 대학의 스케줄에는 이 외에도 많은 포맷이 있다.

6.8.3 주별 설치 가능한 시간 수 Number of Periods Available per Week

오전 9시부터 오후 4시까지 수업하는 고등학교는 1일 7시간, 1주 동안(5일) 총 35시간의 수업(35 periods or hours)이 가능하다. 학생은 매일 6시간의 수업과 1시간의 점심시간을 갖는다. 오전 8시부터 오후 10시까지 수업하는 대학은 월요일, 수요일과 금요일에는 매일 14 available periods가 가능하다. 화요일과 목요일은 오전 8시부터 오후 9시 30까지 사이에 1시간 30분의 수업이 가능한 유효 기간이다.

수업시간 14 × 3일	=	42	시간(월, 수, 금(MWF))
수업시간 9 × 2일	=	18	시간(화, 목(TT))
	=	60	이용 가능한 총 수업시간/1주일

6.8.4 최적의 클래스 규모 Optimum Class Size

이것은 각 단계를 위해 교사들의 수업내용에 의해 결정될 수 있다. 고등학교의 경우는 20명부터 40명까지 이른다. 대학에서는 대학원 세미나가 5명 단위부터 시작되지만, 신입생의 사회학 개론 수업은 수백 명에 이르기까지 그 폭이 넓다.

6.8.5 교실의 계획적 이용 방침 Policy on the Planned Utilization of Space

교육관리자는 시간에 구애받지 않고 모든 교실을 사용할 수 없다는 것을 알고 있다. 예상 외의 성장이 있는 시기에는 모든 교실을 사용해야 하지만 이에 관계없이 운영의 유연성이나 성장을 위해 얼마간의 여유를 가질 수 있다. 이와 같은 이유로 대부분의 학교 관리자는 수업에 사용하는 교실의 계획적 이용률 설정에 관한 방침을 가지고 있다. 대학이나 고등학교 교실의 전형적인 이용률은 75%이다.

대학의 실험실(Lab spaces in college)은 보다 많은 과제를 게시하고 있다. 예를 들면 오전 8시부터 오후 10시(1일 14시간)가 할당되어 있는 경우 월, 수요일과 금요일에 3시간을 실험 스케줄로 하면 그 교실은 하루에 2시간을 비워두는 상태가 되는 것이다.

$$\frac{\text{14시간 이용 가능한 공간}}{\text{3시간 / 실험}} = \text{4회 실험 + 2시간의 빈 시간}$$

또 점심시간이나 금요일 저녁식사 등은 학생이나 교수 모두에게 부적합하다. 유일하게 이러한 시간대가 선택의 여지가 있으면 그 실험실을 이용하는 학생수는 보다 적어지게 된다. 이러한 이유로 실험실은 시간의 50%만 이용하도록 계획하는 경우도 많다. 즉 이러한 것을 50%의 이용률이라고 말할 수 있다.

이용 공식 :

$$\frac{\text{1과목 총 수강자수}}{\text{클래스 사이즈}} \times \frac{\text{수업시간 \# / 1주}}{\text{설치 가능한 수업시간 수 / 1주}}$$

$$= \text{\# 100\%의 이용률로 요구한 티칭스테이션 수 @}$$

1교과목에 대한 총 등록자수를 클래스 규모로 나눈 공식은, 제공되는 클래스 그룹의 수를 가리키는 것이다. 주별 수업 시간수를 주별 설치 가능한 수업시간수로 나누고 있는 공식은, 이러한 각 코스가 교실을 사용할 수 있는 가능한 시간에 대한 비율을 나타낸 것이다. 이에 대한 답으로 100%의 이용률을 요구하는 테이블 수 Teaching Stations 는 성장이나 스케줄의 유연성에 대응하기 위한 예비교실로서 이 과목을 제공하기 위해 설치해야 할 교실 수라고 할 수 있다. 교탁이라는 용어는 교실환경의 물리적 형태에 관해 미리 암시하는 것을 피하기 위해 쓰인다.

코스	A	B	C	D	E	F	G
A 예술의 역사-1 *Art History -1*	1,872	3	5,616	45	3.2	4	80%
A 예술의 역사-2 *Art History -2*	1,287	3	3,861	45	2.2	3	73%
A 상급 세미나 *Advanced Seminar*	156	2	312	10	0.8	1	80%
D 드로잉 스튜디오-1 *Drawing Studio -1*	143	6	570	20	1.1	2	55%
D 드로잉 스튜디오-2 *Drawing Studio*	91	6	546	20	0.7	2	35%
G 졸업제작스튜디오 *Graduate Drawing Studio*	10	12	120	6	0.5	1	50%

A=예상되는 총 등록자 수 *Projected total enrollment*
B=주별 수업 시간 수 *Number of hours attended per week*
C=수강시간 수의 합계 *Total student contact hours*
D=적정 클래스의 규모 *Optimum class size*
E=필요한 테이블 수(100% 이용률로서) *Number of teaching stations required-at 100% utilization*
F=제안된 테이블 수 *Number of teaching stations proposed*
G=제안된 테이블 수의 이용률 *precent utilization of proposed teaching stations*
(E/F=G는 이용률 100%에서 필요한 테이블수를 제안된 테이블수로 나눈 것을 말함) *number of teaching stations required at 100 percent divided by the number of teaching stations proposed E/F=G*

주마다 39시간의 배려가 가능한 강의형식의 수업으로 75%의 이용률, 스튜디오에는 50%의 이용률을 확보하는 것을 방침으로 하고 있는 다음 탱커슬리 예술대학의 예를 살펴보도록 하자.

이용 공식은 각 교과목에 필요한 테이블 수를 100%라는 조건에서 결정하기 위해 사용한(오른쪽에서 3열-third column from the right)미술사-1에는 다음과 같은 공식을 사용했다.

$$\frac{1,872}{45} \times \frac{3}{39} = 3.2$$

필요한 테이블 수는(Column E) E열로 산출할 수 있고, 더욱이 F열은 다음의 큰 정수로 치환시켜 나타내고 있다.

드로잉 스튜디오(제도실)-Ⅱ에서 프로그램은 다음의 큰 정수인 1보다 2를 제안했다. 이러한 선택은 Tenkersly policy의 방침으로 스튜디오의 이용률 50%로 계획하고 있기 때문이다. 만약 프로그래머가 한 사람에게 드로잉 스튜디오-Ⅱ를 교육공간으로 사용하도록 제안했다면 이 수업은 학생들이 이용하기 꺼려하는 시간에도 수업이 있도록 하면서

누군가는 일부 재학생들의 수가 원래 지정된 공간에 충족되어야 한다고 주장할 수도 있고, 학급 규모가 더 커져야 한다고 주장할 수도 있다. 그러나 이러한 선택 사항들은 건축프로그래머로 하여금 어림잡아 평가하기에 적당하지 않은 교육과의 밀접한 관련이 있다.

70%(.7/1) 이용률이 예정되도록 해야 할 것이다. 이 프로젝트가 수지 균형 단계에 이르렀을 때, 고객이 건축비용을 줄이기 위해 위험을 감수는 시점이다. 이러한 프로그래밍 과정에서 누군가는 이러한 측정이 필요하지 않기를 바랄 것이다.

강의형식의 과목인 Drawing Studios－1과 상급 세미나에서 80%의 이용률을 제안하고 있다. 아마, 이러한 코스는 필수과목으로 인기 없는 시간대에도 대만원에 가깝게 되기 때문이다. 미술사－1을 위해 다섯 테이블을 제안하는 것은 75%보다 낮은 64%의 이용률로 하기 위한 선택이다. 상급 세미나의 경우 두 테이블로 40%의 이용률이 되면 클라이언트는 이를 받아들일 것이다.

드로잉 스튜디오－Ⅰ과 Ⅱ(Column E)를 위한 교사영역의 테이블이 요구하는 것을 보도록 하자. 이러한 2클래스는 이상적인 클래스 규모이다. 더욱이 숫자상에서 등록자 수를 합산하면 테이블 합계는 1.8로 되고, 2과목에서 3대의 테이블을 공유하여 스페이스를 세이브하면 60%의 이용률이 가능하다는 것을 알 수 있다. 3대의 모든 테이블이 양쪽 클래스의 액티비티를 위해 설치되어 있는 것과 동시에, 하나의 클래스 규모가 20명 전후라는 것에 신경 쓰이는 클라이언트는 이 옵션을 채용하고 싶어 할 것이다.

Column C열의 정보(수강 시간 수의 합계)는 교원실, 주차장, 라운지, 사무직원을 위한 니드를 예측한 상태에서 중요한 스태프 수를 예측하는데 편리하다. 그것은 주별 시간당수를 별도로 문서화하여 첨부할 수 있다.

이용 공식은 코스에 대한 등록자 수의 데이터와 클라이언트나 설계자에 의해 유용한 정보로 변환하는 것을 찾는 좋은 예이다. 등록자수 자체는 설계 과제의 본질을 정의하는 데 유용하지는 않다. 등록자수와 설계과제 관계를 이해하는 것은 데이터에 함축되어 있는 것을 정리하여 다음과 같이 나타냈다.

이용 공식은 상정된 스케줄과 유저수가 알고 있는 다른 종류의 프로젝트에도 적용된다. 몇몇의 건강시설이나 레크리에이션 시설들은 이

범주에 들어간다.

The Utilization Formula는 예측 가능한 스케줄과 다수의 사용자가 존재하는 다른 프로젝트에 적용시킬 수 있다. 몇몇 건강 오락시설에서 이 형식을 사용하기 시작했다.

지금까지 기술한 것은 시설에서 이루어지는 액티비티를 이해한다면 다음은 액티비티가 필요하다고 하는 공간의 종류에 대한 researching을 시작할 수 있다.

6.9 표준공간의 제정

Establishing Space Criteria

모든 액티비티는 종합스페이스를 필요로 한다. 액티비티는 그 종류가 다를 때마다 그에 대응하는 공간을 필요로 한다. 이 단계에서는 각 액티비티가 필요로 하는 스페이스를 이끌어내는 것이다. 즉 스페이스의 표준공간을 정하는 것이다. 대부분 이러한 데이터는 각 액티비티를 수행하는 개인이 필요로 하는 단위면적을 모토로 정한다. 예를 들면, 교실의 면적 규모는 학생당 25square feet가 단위당 기준 면적이 된다.

단위 기준 면적은 문헌정보나 기존의 유사한 시설의 상황조사, 그리고 요구되는 공간의 계획 시행에 의해 확인된다.

문헌이라면 액티비티를 위해 추정하고 있는 단위 기준 면적이 가지는 범주의 폭을 알 수 있다. 이 단계에서는 그 면적의 구체성보다도 허용범위를 필요로 한다. 예산 요인을 검토하는 프로세스의 마지막 단계에서 어느 정도의 스페이스를 할당할 것인가의 최종 결정이 이루어진다.

스페이스에 대한 요구의 최저기준은 프로젝트를 관할하는 자격 단체의 대리점에 의해 결정되는 경우가 많다. 따라서 이 경우는 대리점에 넘기고 그 기준을 입수해야 한다. School, Day Care Centers, Hospital, 공공주택 등에는 최저기준을 적용시켜야 한다. 건축허가 및 공적 자금 할당으로 시설의 운영 조건을 정하는 조합 agencies 이 이러한 기준을 가

New Orleans에 있는 새로운 Super-Dome에서 첫 번째 경기가 시작되는 동안 punter들이 미식축구에서 펀트하는 사람 돔 꼭대기에 있는 Gondola를 맞추려고 시도하고 있었다고 알려졌다. Ray Guy가 마침내 곤돌라를 맞췄을 때, Frank Gifford는 자신도 모르게 최소한의 규정을 비판했다 : "나는 이런 말을 하기 싫지만 163만 달러가 곤돌라를 맞췄어!"

지고 있다.

몇몇 프로젝트의 예를 들면, 체육시설은 최저 기준에 일치하지 않아도 건설이 가능하다. 그러나 기준에 따르지 않는 시설의 트랙에서 이루어지는 경기기록은 공인되지 않기 때문에 프로그래머는 이 상황을 클라이언트에게 미리 알려야 한다.

여러 업무관계에는 회사정책에 따라 설정된 최소기준이 있다. 회사 내의 발전은 직원에게 지원할 넓은 사무실 또는 개인 사무실과 부수적 이용 권리를 제공함에 따라 다르게 이루어진다. 몇몇 연합협정은 일할 공간, 직원 휴게실 또는 직원 주차장을 위한 최저 공간할당 기준을 규정하고 있다. 이러한 최저기준(한도)은 정기적으로 변화하므로 현재 통용되는 정보에 주의해야 한다. "GSA General Service Administration에 의해 규정된 연방정부는 다양한 직급의 공무원에게 제공되는 공간의 기준도 있다."

단위 기준 면적을 설정하는 다른 방법은 현존하는 유사시설을 조사하는 일이다. 유사 프로젝트의 "거주환경 평가 Post-occupancy evaluation=POE" 를 참고할 수 있지만 POE가 아닌 경우 모든 유사시설을 이용하고 있는 사람들의 인터뷰에 의해 정보를 수집한다.

* 1인당 어느 정도의 공간이 할당되어 왔는가?
* 어느 정도 자연스럽고, 인위적인 빛이 있는가?
* 어떤 소도구와 장비가 사용되고 있고, 이러한 것들은 얼마만한 크기의 공간이 필요한가?
* 이러한 운영(계획)과 다른 운영에는 어떠한 차이점이 있는가?

단위 면적은 물론 방의 밝기나 자연광과 인공광의 밸런스, 특수 기기의 사용과 요구하는 면적은 물론, 운영방법 등의 정보를 포함한다. 이 조사에서 클라이언트의 참가도 고려할 수 있다.

문헌에 의한 정보자원이나 참고가 되는 기존의 유사시설이 없는 경우 단위 기준 면적은 계획시행에 의해 개발된다. 예를 들면, 인터뷰를 모토로 가구나 기기를 가정하고 레이아웃할 수 있으며 그곳에서 행위를 수행하기 위한 스페이스가 검토된다. 그림 6.8의 예는 설계작업을 위한 스테이션의 "시험적 가상 레이아웃"이다. 이 레이아웃에 의하면 실제로 요구되고 있는 면적은 61.75square footage이지만, 몇 가지 가변성을 확보하기 위한 기준 값으로 6.5square feet가 프로그램에 의해 나타나고 있다. 계획시행에서 폭을 넓히기 위해 단위 기준 면적에 적합한 폭을 부여하는 것이 좋은 방책이다.

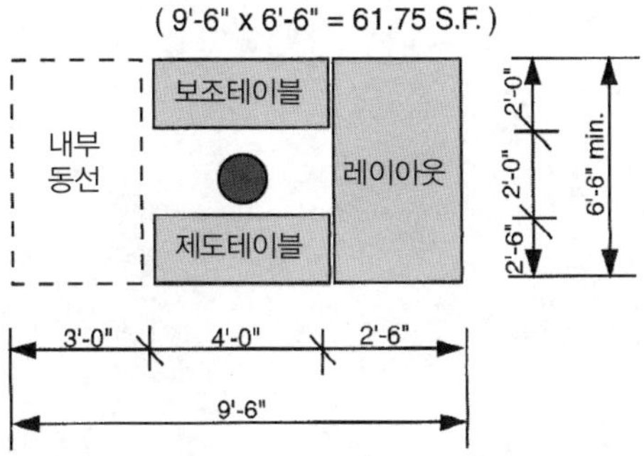

그림 6.8 소요 전체 면적 결정을 위한 스페이스 크리테리아의 전형적인 레이아웃 설정 예.

계획시행을 전개할 때는 ; 인체측정학과 인간공학 분야에 의한 정보자원을 활용할 수 있다. 인체측정학은 인체나 그 동작공간의 측정에 관한 학문이고, 인간공학은 사람의 작업효율에 관한 학문이다. 이와 같은 정보자원을 활용하는 목적은 액티비티를 위한 면적이나 볼륨의 최저 기준을 설정하기 위한 것이다. 이러한 것들은 추후의 작업과정에서 설계자에게 많은 해결책을 제공하는 여유 있는 아이디어 프로그램이 된다.

단위 기준 면적을 설정할 경우 시설 내부는 반드시 Circulation을 고려하는 것이 중요하다. 예를 들면, 어떤 Work Station에서 다른 워크스테이션으로 향하는 시뮬레이션과 같은 국소 검토가 여기서 취급된다.

고객과 기준 면적에 대해 상의하는 동안 그들에게는 친숙한 공간의 면적에 대해 알아보는 것은 언제나 유용하다. 숫자상의 면적 규모가 사람들이 누울 만큼 큰 공간임을 의미하지는 않는다. ; 예를 들면 당신이 생활하고 있는 어떤 공간은 고객의 입장에서 볼 때 필요한 공간의 구체화에 도움을 주게 된다. 당신이 회의를 하고 있는 공간의 산출하는데 시간을 들이고, 기준 면적을 논의할 때 당신이 위치하고 있는 공간과 논의하는 공간을 비교할 수 있다. 만약 설계실을 위한 최소 기준을 상의하기 위해서 260ft^2 규모의 선임 행정실에서 회의를 하고 있다면 당신도 그 행정실에 65ft^2 크기의 제도실 4개가 적합하다고 의견을 제시할 것이다.

여기서의 빛이나 온도, 습도에 관한 니드, 유틸리티로의 액세스나

(a)

(b)

그림 6.9 Mesa Verde National Park의 Tall House(a)와 Chicago의 Morton International Building(b)은 부지 조건이 중요한 설계 과제였다. 톨-하우스는 태양이 비치는 남측 벼랑으로 적의 진입을 막고 있다. 모-톤 국제 빌은 강 언저리 *river-front location*를 내려다보이도록 한 혜택받는 조건이었다.

스페이스 할당에 관한 데이터는 보고서의 일부로 기재될 수 있다. 그 기재방법은 프로젝트가 가지고 있는 공통 기준 부분과 예외적인 부분으로 구분 · 정리함으로써 간결하게 된다. 예를 들면 "레스토랑은 wine cellar, walk-in cooler와 냉동고를 제외한 다른 스페이스는 70℃의 온도를 유지해야 한다."라는 것과 같은 식으로 기술하는 방법이다. 이에 의해 설계자에 넘겨주는 정보는 질을 떨어뜨리지 않고도 양적으로 삭감된다.

설정된 단위 기준 면적은 건물의 전체 규모를 결정할 때 사용된다. 이때 원하는 스페이스의 전체량은 물리적으로 설치 가능한 스페이스의

*1 inch : 2.54 cm,
12 inch×2.54=30.48 cm(1ft)

전체량에 의해 조정된다. 〈참조, "Budget Balancing" in Chapter 8〉

6.10 대지 분석

Site Analysis

모든 건축물은 대지 위에 세워진다. 따라서 대지는 설계에 영향을 미치는 중요한 결정 요소가 된다. 프로그래밍의 목적은 설계에서 밝히고자 하는 전체 과제를 정의하는 것이고, 대지 분석은 프로그램의 일부를 결정하는 일을 포함한다.

대지분석의 노력은 잠재된 디자인의 이슈에 적합한 꾸밈없는 최상의 것을 요구한다. 이 스테프에 있어 대지가 가지는 제약이나 가능성의 이해로부터 시작하여 설계에서 해결되는 문제의 일부를 특정 짓는다.

대지분석은 설계에 대한 작은 문제를 발견하기 위해 실시하는 초기 과정으로 매우 중요한 작업이다. 대지는 인간과 동일한 모습으로 모든 대지가 가지는 개성이 풍부하고, 아주 적절한 분석의 프로세스가 필요하다. 실제 대지분석의 프로세스는 다음과 같은 상세한 전개를 가지고 있다.

자연적이거나 인공적인 모든 대지는 어느 정도는 독특하고 사물과 활동 *Activities* 의 연결고리이다. 그 연결고리는 제한적으로 가능성을 제공한다.
Kevin Lynch and Gary Hack, "Site Planning", 1984, 5.

6.10.1 대지의 전후 관계 Site Context

대지가 위치하고 있는 장소에서 대지 주변의 보편적인 본성은 무엇일까? 조사 대상이 되는 항목이나 범위는 프로그램이나 독자 오-너, 클라이언트, 설계자 들의 그 대지에 대한 친밀도에 따라 다르게 나타난다. 독자가 해당 대지 이외에 존재할 경우는 그 대지가 위치한 주변 지역의 콘텍스트를 나타내야 한다. 실제 대지 분석의 프로세스는 다음에 설명되는 것보다 더 많은 것들에 의해 상세하게 이루어진다. 그림 6.10은 뉴멕시코주의 Cochiti Pueblo시의 위치를 보여주는 그림이다. 이 프로그램은 뉴멕시코에 있는 다른 주의 재단으로부터 자금조달을 위해 작성한 자료를 위해 만들어진 것이다.

모든 경우는 대지와 인접한 주변의 콘텍스트를 가리키고 있다. 여기서 데이터는 제한 없이 수집 가능하지만, 프로젝트의 목적과 목표를 리뷰하고, 그것을 달성하는데 영향을 미친다고 생각하는 직접적인 범위까지를 한정해서 기록할 수 있다. 만일, 실행하려는 프로젝트가 있을 때 그 "새로운 시설은 이웃 건물들의 스케일을 존중할 것"이라는 목적을 세우게 되면 이웃 건물들의 스케일에 대한 정보는 반드시 조정되어야 한다. 즉 이웃 건축물들의 스케일 안에서 작업이 이루어져야 한다는 의미이다. "건물의 이미지는 지역의 건물과 관계를 가질 수 있도록 해야 한다"라는 목적이 수립되어 있다면 그 지역에 존재하는 건물과 4계절의 관계에 대한 여러 가지 상황을 조사해야 한다. 프로그램화된 프로젝트를 특이하게 하는 것이 아니라 기존의 positive context에 창조적으로 공헌하는 것을 나타내는 일이 더 중요하다고 본다.

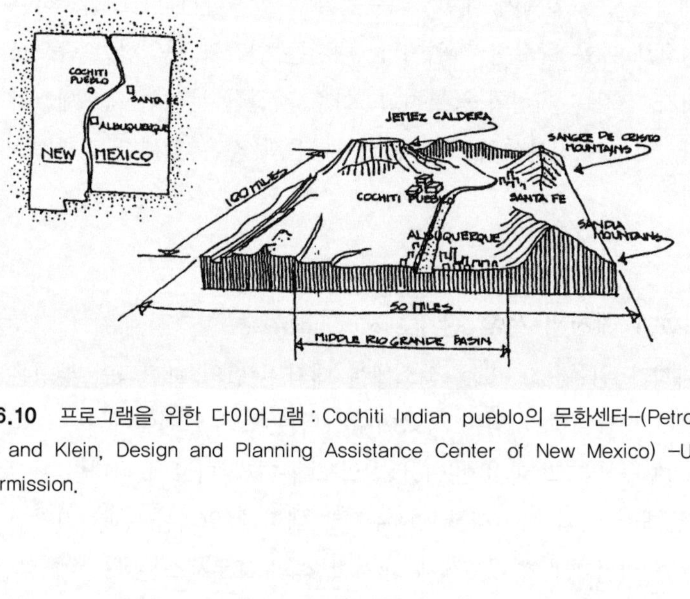

그림 6.10 프로그램을 위한 다이어그램 : Cochiti Indian pueblo의 문화센터-(Petronis, Pugh, and Klein, Design and Planning Assistance Center of New Mexico) -Used by permission.

6.10.2 법률상의 해설 Legal Description

타인의 소유지에 허가 없이 어떤 건물을 신축하는 행위는 위법이다. 따라서 대지가 가지는 법적인 경계나 조건이 결정적인 정보로 작용한다. 이러한 일이(무허가 건축행위) 발생해서는 안 되겠지만 위법 행위는 계속 이어져 오고 있다. 이러한 위법이나 실수는 매우 당황스럽고, 값비싼 대가를 비용 및 신체적 구속, 법적투쟁 지불해야 하는 결과를 초래한다. 그러므로 각종 건축규제에 대한 내용, 즉 경계의 방향이나 길이, 공적인 도로의 용지, 지역권 right-of-way 또는 easements 지역의 건물용도 제한, 규모 및 재료의 제한에 대한 정확한 정보를 입수해야 하고, 그에 대한 준비가 있어야 한다.

디자인 평의회, 양도증서제약, 대지와 관련된 제한 날인 증서와 같이 공공기관 단체로부터 필요한 승인을 체크해야 한다. 주가 발행한 재산양도를 위한 증서 states copies of deeds 와 현 증서 제약은 제반 세금 사정자와 지방 사무관의 사무실을 통해 사용 가능하다. 디자인 위원회, 부동산 양도 증서 제한, 그리고 땅과 관련한 토지 사용 제한조약과 같은 단체를 통제하는 데 필요한 정식 승인을 체크하고, 대부분의 국가에서는 양도 증서 복사본과 현 양도 증서 제한 사항은 지방 세무 관할 행정청이나 서기관을 통해 이루어지고 있다.

정보는 프로그램 보고서 중에서 그림 6.11과 같이 간략하게 표현된다. 보다 상세한 내용은 조사 후, 설계 작업 단계에서 정확히 기록 · 표시해야 하고, 그를 위한 정보 출처를 기술한다. 프로그래머들은 그들의 정보에 대한 자료를 계약 조항에 규정하는 행위에 대해 주의해야 한다. 정보사용에 대한 제한은 반드시 표기되어야 한다. 정해진 제한이 없는 경우 프로그래머가 정보의 정확성에 대한 책임을 져야 한다.

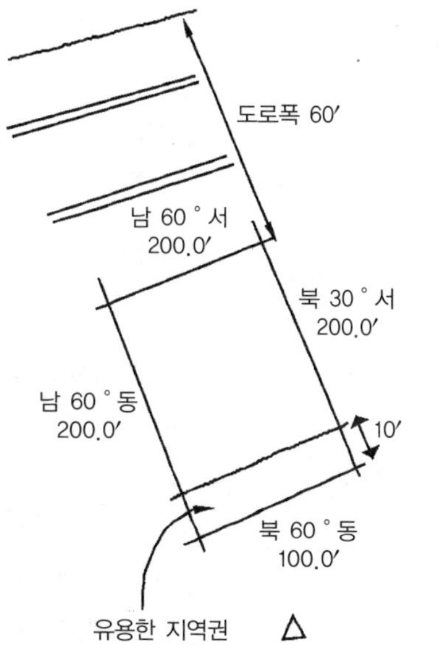

그림 6.11 대지의 법률상의 해석 요건에 대한 기술에서는 소유지나 지역권 경계 *encroachment lines* 의 길이와 향을 나타낸다.

6.10.3 대지설정 규정 Zoning

주의 지방대지 설정 법령(규정)의 체크 과정을 반드시 거쳐야 한다. 대지의 법적 속성에 따른 제한, 즉 대지의 법적 속성을 체크하는 일은 중요하다. 용도지역, 건폐율이나 용적률, 높이 제한이나 일영규제, 외벽면의 후퇴, 녹화기준이나 주차장 설치 등을 기록해 둔다. 제안한 건물의 용도를 법적으로 적합하지 않는 경우는 특별한 허가 절차의 가능성을 조사하는 일이다. 만약 허가를 얻는 일이 어려우면 문제 해결을 위해 다른 대지를 선택하는 것보다 현명하다.

외벽면의 후퇴와 높이 제한은 그림 6.12와 같이 표현한다. 건물을 세울 수 있는 범위를 표현하는 볼륨을 building envelope라 한다. *(사회적 · 문화적 · 정신적으로 영향력이 있는 환경, surroundings : 사람을 둘러싼 장소)

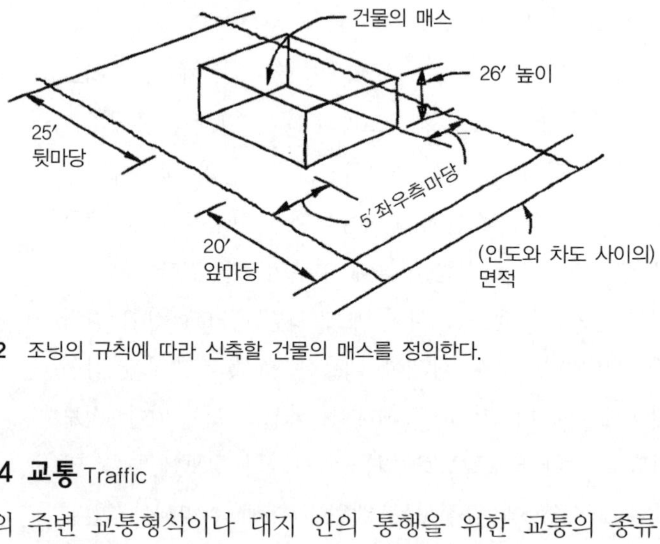

그림 6.12 조닝의 규칙에 따라 신축할 건물의 매스를 정의한다.

6.10.4 교통 Traffic

대지의 주변 교통형식이나 대지 안의 통행을 위한 교통의 종류 및 궤도, 방향이나 속도, 교통량 등을 조사해야 한다. 규모가 큰 대부분의 도시들에서는 관청의 계획과가 주요 간선도로의 교통 데이터를 가지고 있다. 만약 공적인 숫자로 접근되지 않으면 교통량 조사를 해야 한다. 자전거나 보행자의 교통량도 동일한 형식의 관찰방식으로 기록한다. 신뢰성 있는 샘플을 얻도록 스케줄을 조정하여 교통을 관찰할 수 있다.

대지로의 액세스를 제한하지 않았을 때를 관청의 해당 부서에서 체크해 둔다. 보도 절단 길이의 제한이나 출입구 위치로부터 교차점까지의 거리를 규정하는 조건에 관한 것들이다.

교통량에 관한 적절한 정보를 기록한다. 용도지역 지구제도, 가파른 경사지, 폐쇄된 조망에 의해 강요된 제약뿐만 아니라 긍정적인 면도 누락 없이 기록해야 한다. 작은 상점들이 늘어서 있는 거리에 인접해 있는 도로 모퉁이를, 예로 들면 이 텍스트북에서는 한 모퉁이의 대지에 생긴 새로운 상점이 기존에 있던 다른 상점과 같은 방향으로 출입구를 만들도록 제안할 것이다. 현재 대지를 가로지르는 보행자로는 새로운 디자인에 있는 기존의 길을 확장하면서 새로운 상점에 사람을 끌어들일 기회를 제시할 것이다.(그림 6.13 참조)

나는 태어나서 이렇게 많은 빈 공간을 본 적이 없다. 물론 빈 공간들은 특정한 기능을 가지고 있다. 빈 공간들은 자동차를 주차하는 공간으로 사용되고 있다. 그러나 빈 공간은 길의 정렬을 심하게 흩으러 놓는다. 갑자기 빈 공간은 마치 폭탄이 터지면서 집 서너 채 위에 떨어진 것처럼 보이고, 집들도 쓰러진 것처럼 보인다. ; 이것이 주차장이다.
Jean-Paul Sartre,
"in his essay American Cities"

6.10.5 공익설비 시설 Utilities

설비시설의 길이나 라인의 배치에 관한 자료를 얻기 위해 공급회사나 자치단체를 방문한다. 가스, 수도, 전화위생, 우수배수관, 전기 등에 대해 체크한다. 라인이 지상에 있는가, 지하에 있는가 및 그 깊이나 높이를 확인할 수 있다. 공급용량은 프로그래밍의 코스트 견적 단계에서 중요한 데이터가 된다. 이러한 배선 · 배관을 대지까지 펴서 넓히고 공급용량을 늘릴 필요가 있으면 그 코스트는 대지개발 코스트에 포함되어야 한다. 대지개발 코스트가 높아지는 것은 시설에서 원하는 스페이스의 전체 규모에 대해 네거티브한 영향을 준다. 페이지 274~278에 있는 "Quantitative Requirement"의 비용분석에 대한 토론의 내용을 참조한다.

설비회사 및 지방자치국의 오피스를 체크하는 것은 대지 주변의 변경계획이나 신설계획의 유무에 주의한다. 이 변경은 프로젝트의 부지계획이나 건설시기에 영향을 주기 때문이다. 예를 들면, 현재는 빗물을 처리하는 배수관이 없지만 3년 이내에 신설할 계획이 있다면 클라이언트는 긍정적으로 가득 채울 폭포수를 위한 연못을 설치하여 이용

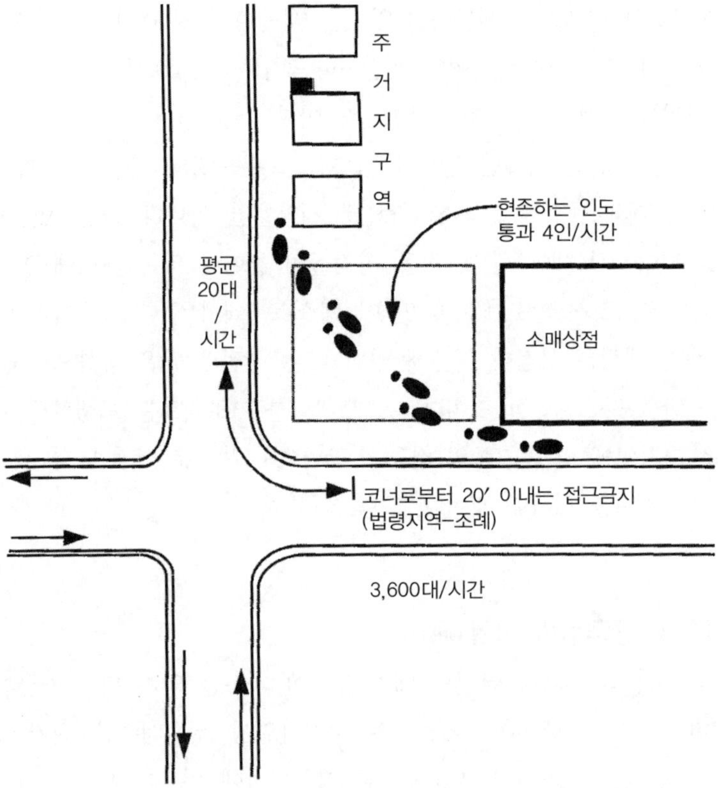

그림 6.13 대지와 관계있는 교통 패턴을 기록하여 이해시킬 수 있다.

하는 것을 생각해야 한다. 빗물 배수관을 대지까지 연장시킨 후 시설의 증축에 대한 생각을 해야 한다. 단, 신축계획은 스케줄의 범위 내에서 실시해야 한다는 것도 잊어서는 안 된다. 클라이언트가 직접 빗물 배수관을 설치할 것인지, 아니면 자치단체에게 서비스를 받을 것인지에 대한 선택은 신중하게 생각해야 한다.

유틸리티에 관한 정보의 근원과 그것이 한정 조건 정보라는 것을 명확하게 표기할 수 있다. 프로그래머들은 훈련이나 경험 이외의 정보에 책임이 크지 않다고 생각하지 않도록 주의해야 한다.

6.10.6 지방의 지형학 Topography

대지가 가지고 있는 지형의 고저차에 관한 상세조사는 프로젝트의 설계단계에서 요구된다. 프로그래밍 단계에서는 대지의 형질 변경이 극단적으로 이루어지지 않는 한, 최근의 조사기록을 사용하는 것으로도 충분하다. 조사기록은 국가지리원 United States Geological Survey-USGS- maps 이 발행하고 있는 지도에 의해서도 알 수 있다. 이러한 조사기록은 규모가 큰 대지를 위한 프로그래밍에는 유용하지만, 그 도표의 스케일에 대한 크기 때문에 규모가 작은 대지에는 적합하지 않다. 대지의 고저차가 시설의 설계에 크게 영향을 미치는지에 대한 디자인 문제는 프로그래밍의 프로세스에서 판단할 수 있다.

고저차에 대한 분석 결과는 대지의 경사도를 표현한다. 이러한 분석에 의해 대지의 어느 부분에 건물이나 주차장 설치 또 다른 액티비티에 적합한 장소의 여부에 대한 판단을 하게 된다. 경사가 대지의 경

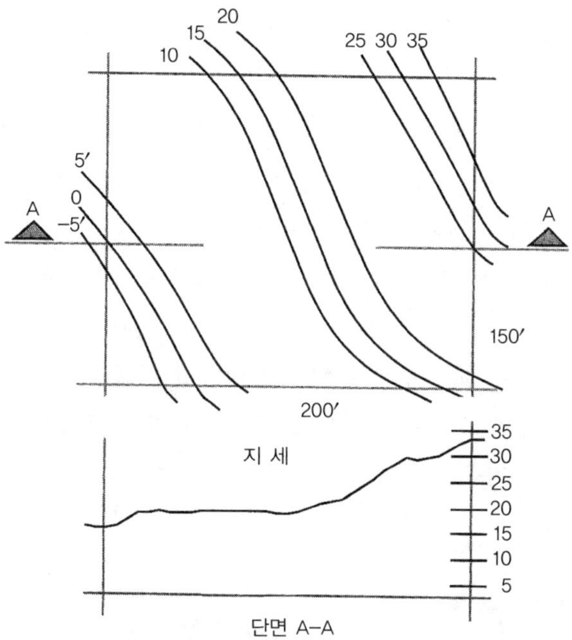

그림 6.14 대지의 지형은 평면 스케일과 단면이 입면도에서 높이의 표기를 과장시킨다.

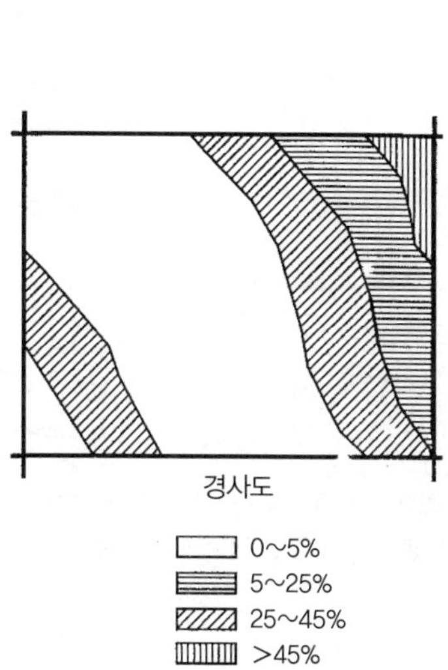

그림 6.15 경사율에 의해 이용할 대지의 범위를 검토할 수 있다.

우, 건축용지로서 사용할 수 있는 수에 따라 개발비용이 산출된다.

지형측량과 함께 또 다른 밀접한 관계를 가지고 있는 것은 배수설비이다. 어디서 물을 끌어들이고, 어디서 누수되는지에 대해 유의해야 하고, 높고 낮은 지점뿐만 아니라 지리적 특성 또한 주의해야 할 중요한 요소이다.

6.10.7 경관 Views

어프로치에서부터 발생되는 대지의 경관을 스케치 및 사진으로 기록해 둘 필요가 있다. 대지 주위에 대한 또 다른 유리함, 특수함에 대한 전후좌우의 경관도 기록해 둔다. 새로운 시설이 그 지역의 환경에 적합하고 유용한 시설이 되도록 노력해야 한다.

대지 중심점으로부터의 360도 파노라마 사진에 의해서 대지로부터의 조망을 기록한다(그림 6.16 참조). 대지로부터 조망을 해치는 요소를 고려한다. 대지에 건설되는 새로운 건물에 의해 영향을 받을 수 있는가? 또한 현재 불쾌한 경관이 있다면 그것을 감추는 일이 가능한가? 등이 있다.

소위 조망권의 수직적 요소는 사진의 각도가 산꼭대기나 산자락 밑은 매우 중요한 부분이므로 이들을 수직평면에 기록해 둔다.(그림 6.17 참조) 이러한 정보는 조망을 얻는 수평각도와 어울린다. 360도의 파노라마사진은 조망을 위한 창문설계를 하는 디자이너에게 도움을 주게 된다. 이러한 방식은 창문 상부에 달아맨 바탕에 의해 멋지고 아름다운 조망이 잘리므로 찾을 수 없게 된다.(그림 6.18 참조)

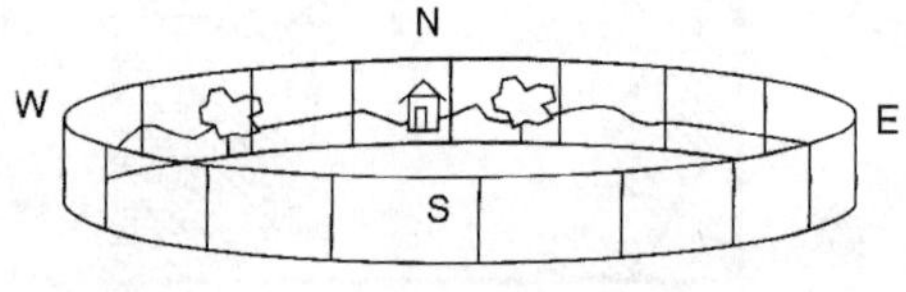

그림 6.16 360° 범위의 대지에서 얻은 사진은 그 주변의 영향이나 경관 검토에 유용하다.

6.10.8 구조물 Built Features

전신주나 인도, 담이나 벽 등 현존하는 구조물의 위치, 크기 및 다른 건물의 모습 등의 상태를 기록한다. 이러한 구조물이 대지의 의도와 어떻게 관련 있는가? 이러한 것은 눈에 띄는 것인가? 그들의 방해 및 참견은? 그리고 조화는? 등 대지 위치나 그들의 관계를 보여주는 모습들을 사진이나 스케치와 함께 기록해 둔다.

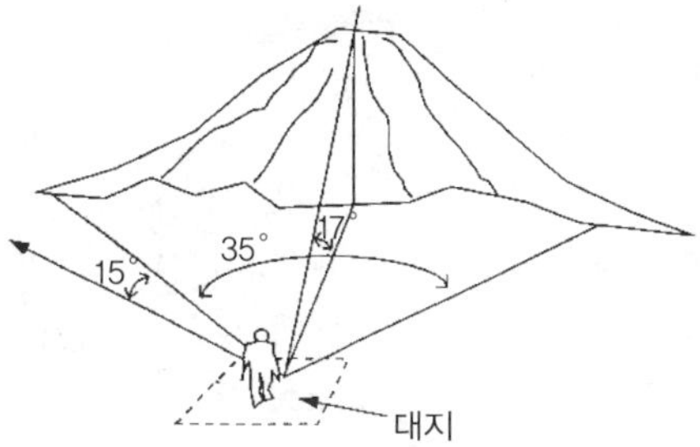

그림 6.17 대지로부터의 조망의 각도

6.10.9 표토의 상태 Soil Conditions

대지의 표토 상태에 관해서는 많은 정보를 입수할 수 있을 것이다. 그러나 여기에서는 설계과제의 정의에 유용한 정보만 요구된다. 표토의 지내력은 어떤 프로젝트의 프로그래밍에서 주요한 항목이다. 오직 그러한 정보는 디자인 문제의 요구에 도움을 줄 것이다. 건물의 기초 코스트는 지내력에 의해 크게 좌우된다. 이 코스트는 디자인 문제가 전환되는 과정에서 시설이 요구하는 스페이스의 총량에 영향을 준다.

담을 사랑하지 않는 어떤 것이 있다. 그것은 얼어붙은 땅을 부풀게 하여 햇볕 속에 있는 위쪽의 둥근 돌들을 떨어뜨리고, 심지어 두 돌들이 나란히 지나갈 수 있는 틈을 만든다.
"from Mending Wall", by Robert Frost

뒷받침할 수 있는 방법은 지내력조사를 위한 방법이다. 지반과 지표조사를 위한 보링시험의 위치와 샘플 개소는 대지의 규모나 건물의 위치에 따라 다르다. 가장 이상적인 테스팅 시기는 프로그래밍의 초기단계 이전이다. 이로써 기초의 종류와 평방피트(ft^2)당 코스트를 고려한 건설예산을 기획할 수 있다.

대규모 대지에서 규모가 작은 건축 프로젝트에는 이 단계보다 더 정확한 건물의 위치는 결정되지 않는다. 따라서 곧바로 조사의 개소나 조사비용을 확정하는 프로그래밍은 어렵다.

이와 같은 프로젝트에서 지질조사는 기본배치계획에 따라 건물의 위치가 확정될 때까지 미루어 둔다. 프로그래밍 후 조사하고 그 결과에 따라 비용과 관계된 기본 요소가 필요한데, 이 때 건물의 총면적을 축소시켜야 하는 리스크가 발생하게 된다. 그 결과 프로그래밍을 수정 또는 설계를 재수정하거나 추가예산을 요구하게 된다. 지질조사는 프로그래밍을 실행하는 과정이나 그 이전에 할 수 없다면 총예산 범위에 책정한 일상적인 건설비보다 더 많은 예비비를 계산해 두어야 한다.

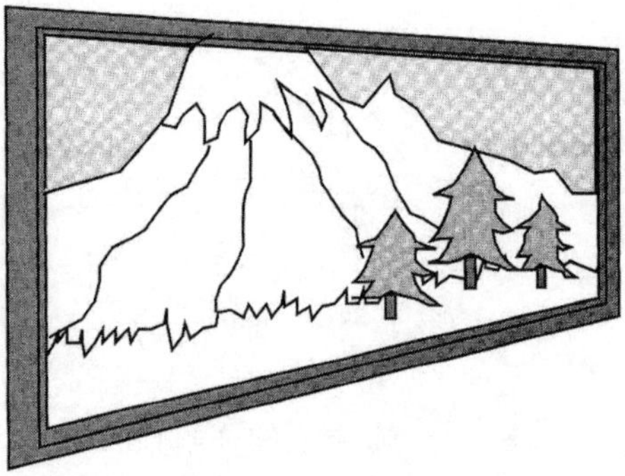

그림 6.18 대지에서 경관의 각도를 기록해 두면 창의 위치와 높이가 디자인된다.

프로젝트의 이러한 본질로 인해 또 다른 표토의 질에 대한 정보가 요구될 수도 있다. 예를 들면, 공익설비조사에서 대지에 적합한 공중위생처리장이 없다고 한다면 토양의 유체투과율이 폐기물처리비용에 적지 않은 영향을 줄 수도 있고, 그래서 종합디자인 문제에 영향을 미치는 원인이 될 수도 있다는 의미이다.

규모가 큰 랜드스케이프를 가진 프로젝트에는 토양을 바꾸는 일이 필요한지 여부를 검토하기 위해 지표조사를 해야 한다. 토양이 침식될 가능성이나 그 안정성에 대해서도 동일하게 평가해야 한다. 이러한 요인들은 랜드스케이프 형상의 설계에 영향을 준다.

6.10.10 식생이나 동물의 생태 Vegetation and Wildlife

대지는 우리의 목적에 부합되도록 분석적으로 검토되어야 하지만, 생활과 같은 본래의 권리로 지역사회의 동식물을 변경하는데 부합되도록 검토되기도 해야 한다. 그러한 지역사회는 지역 고유의 관심사를 가지고 있다. 우리는 우리의 관심사가 유행하기를 기대하지만, 적어도 현 거주자의 관심사도 고려해야 한다. 이것은 심지어 좀 이기적인 말로 매우 필수적이라 할 수 있다. 왜냐하면 우리가 이런 현 체제들의 상호 접속을 잘 알고 있다면, 몇몇 의도하지 않은 재앙을 덜 유발시킬 것 같기 때문이다. 다시 말해 심한 부지 침식, 야영지의 폭발물 침공 또는 지하수면 함몰 이 그 예라 하겠다.
Kevin Lynch and Gary Hack, Site Planning, 1984, 29.

대지가 가지고 있는 식물과 동물의 생태는 매우 중요한 요소가 된다. 개발은 대지가 가지는 생태계를 손상한다든가 파괴시키는 일이 아니라 이를 지원 · 촉진시켜 가는 일을 해야 한다는 환경에 대한 보존철학이 필요하다. 생태적 관점의 설계 어프로치는 결국 장기에 걸친 시설의 유지관리에 대한 코스트를 경감하는 것이 있음을 증명해야 한다. 일반적으로 이러한 접근은 보다 질 높은 환경을 만들게 된다.

대지분석에 대한 또 다른 관점과 생태에 관해서 모아진 데이터량을 압도적으로 정의할 수는 없다. 다시, 디자인 문제에 있어서 어떤 것을 선택할 것인가는 고도의 직감과 많은 경험이 필요하다. 대부분의 경우, 현재 생식하는 식물이나 동물의 사진기록이 유용한 것으로 하고 있다. 중요한 수목의 3가지 특성은 수종에 따른 건강상태, 높이, 가지의 폭, 가지의 직경 등을 기록해야 한다. 간단한 사례이지만 인접지에 그 지방 특유의 식물이 프로젝트에 영향을 준다는 것도 인식해야 할 필요성이 있다.

특히, 건축물 형태의 목적이 대지 주변의 환경에 거슬리지 않도록 조심스럽게 조화를 이루어야 한다고 했을 때, 작은 초목 하나라도 염두에 두어야 한다. 작은 초목은 도시계획사업설계에서 건물의 전망에 적합하도록 도와주기 위해 사용될 수 있다. 이러한 초목은 또한 대지에 살고 있는 야생생물의 중요한 양식의 원천이기도 하다.

어머니라는 본질은 어리석을 뿐만 아니라 결국 훌륭하기도 하다, 이것은 불가능하다!

대지에 현존하는 야생종이나 밀도에 대한 지식은, 특히 교외 및 리조트의 프로젝트에 있어 매우 중요한 요소가 된다. 대지 생태를 보전하는 설계를 위해서는 그 장소에 대한 동식물의 생태 밸런스를 이해해야 한다.

몇 가지 프로젝트에서 도시 공한지의 이용 프로젝트에 고려해야 할 자연생태학의 방법은 거의 없다. 이러한 대지는 homo sapiens(현세인, 인류) 종의 행태에서 보다 더 많은 영향을 받는다. 그러나 도시의 동물군상은 때때로 디자인하는데 영향력을 미치기도 한다.

6.10.11 감각적인 특성 Sensory Characteristics

대지에 발생하는 소음레벨이나 냄새는 중요한 문제의 요인이 될 수도 있다. 이러한 특성은 1일이나 1년 중 나타나는 것은 일정하게 한정시킬 수 없으므로 정확한 기록을 위해서는 수차례 반복해서 현지조사를 해야 한다. 이웃 사람들의 인터뷰에 의해 직접 손으로 만질 수 없는 무형의 것들에 대한 해결과제를 인식할 수 있는 것이다.

6.10.12 미적인 질 Aesthetic Qualities

대지분석에 있어 미적 문제는 양적인 것보다 질적인 부분을 다룬다. 주위 건물이나 자연환경에 대해 대지는 폐쇄적인가 아니면 개방적인가 등 대지의 미적인 질을 기술하는 것은 친밀함이나 마음이 끌리거나 겸손한 소양을 절대적으로 필요로 하는 일이다. Tomas Hardy에 의한 "The Return of the Native"에 수록된 문장을 소개한다.

금잔화를 평가하는 자벌레 *inch-worm*는 평가하는 일을 멈추고 천수국 *marigold*이 얼마나 아름다운가를 알아야 한다.

"황야의 얼굴은 그 색만으로 반시간은 석양을 비친다. 그와 같이 새

벽이 늦어지고, 한낮의 색을 수수하게 하며, 대부분 일어나지 않고 불유쾌한 얼굴을 남보다 먼저 가지게 되고, 달이 없는 한밤중의 어두움을 더욱 짙게 하여 소름끼치도록 염려스럽다.”

문학적 표현에 대해서 사진이나 다이어그램에 기입해 두는 감동적인 문장이나 형용사에 대한 리스트를 작성해 두는 것도 쓸모 있다. 대지를 환기시키는 분위기나 감정을 살펴 볼 수도 있다. 그곳에는 스케일이나 이미지, 볼륨, 색채 등의 개념이 포함된다.

이러한 정보를 확인하고 전하는 일은 매우 어려운 일이지만 대지를 이해하고 건축주에게 알맞은 의미를 부여하기 위한 살아 있는 설계를 위해 추천한다. John Omsbee Simonds “우리는 물질에서 성장하여 커지고, 잔디가 둔덕이 되고, 낮은 구릉에서 언덕을 향해 최선을 다해 오른다.”라고 말했다. 시간에 따라 자주, 그리고 조용히, 대지를 방문하여 대지와의 대화를 통해 영감을 얻는 것, 그 외에는 별다른 방법이 없다.

6.10.13 문화적 특성의 적용 Cultural Implications of Site Analysis

어떤 풍경이든 우리의 두 눈에 놓여 있는 것일 뿐만 아니라 우리의 머릿속에 있는 것들로 이뤄진다.

많은 문화들은 대지나 설계, 건물에 있어 독특한 관념을 가지고 있다. 동양인들은 대우주 자연관과 영적 관념에 의한 인간의 길흉화복에 바탕을 둔 기복신앙에 의해 대지 연구를 하고 있다. 풍수 feng shui 에 의한 지리적 예술 the art of geomancy 에서 특별히 대지 연구를 하는데 이러한 사람을 지관 geomancer = 흙점장이=Radiesthesis 과학점술*역자주) 이라 한다. 대지분석에 의한 이들의 접근방식은 땅과 자연에 대한 에너지와의 조화를 존중하면서 개발하는 것을 최선의 방법으로 하고 있는 문화이다.

역자 주) Radiaesthesis – 1930년 가톨릭 신부 Bouly 씨가 처음 사용한 언어.
라틴어 Radius(氣)와 그리스어 Aistanomai(感)의 합성어, 기감이란 뜻(spiritual dowsing).
① 「초능력」 현암사, 변성덕 기자 지음. 부름.
기감개발법, 감지기구, 사후영혼의 기감(지금은 국제적 학문으로 “라이에스터지”라고 빵툴, L–Lod, Bobber, 오라메타 Baguette Y–Lod 등)
② 이종창 저, 과학점술(라디에스터지의 신비), 삼신서적, 1973. 12. 참고
③ 시그론그렌 지음, 김태윤 옮김, 펜듈럼 길라잡이 「이성과 직관을 이어주는 메신저」, 물병자리

풍수에 의한 고유의 대지분석은 기 chi=氣 또는 자연 에너지와 함께 조화의 자연철학〈노 · 장자와 주역〉에서 개발하는 최상의 방식인 정체성은 풍수에 의해 전통적인 고유의 대지분석을 한다. 건물의 배치나 입구, 기타 다른 모든 요소는 터의 에너지와 땅의 에너지와 대지의 에너지 흐름과 건축물은 조화를 이루어야 한다는 의식이다. 또 어떤 미국의 토착민에 의하면 모든 입구는 동향이어야 한다는 것이 매우 중요한 요소로 작용하고 있는 의식이다. Navajo는 동쪽 입구를 중요시한다. 이는 듣는 활동을 하거나 서로 만나 교제하는 등 각각의 특수한 문화의 본질에 관해서 건물에서 보다 더 전유를 느끼고 받는다.

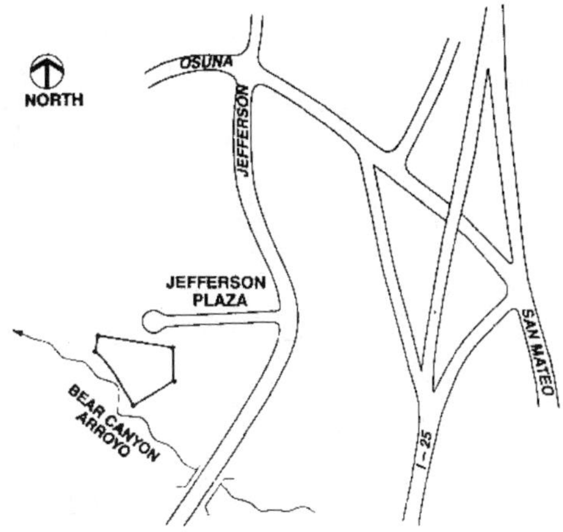

그림 6.19 걸스카우트 본부 대지의 로케이션 *Site Location for a Girl Scouts headquarters*

대지분석에 대한 삽화와 설명, 그리고 다이어그램(그림 6.19~6.27)의

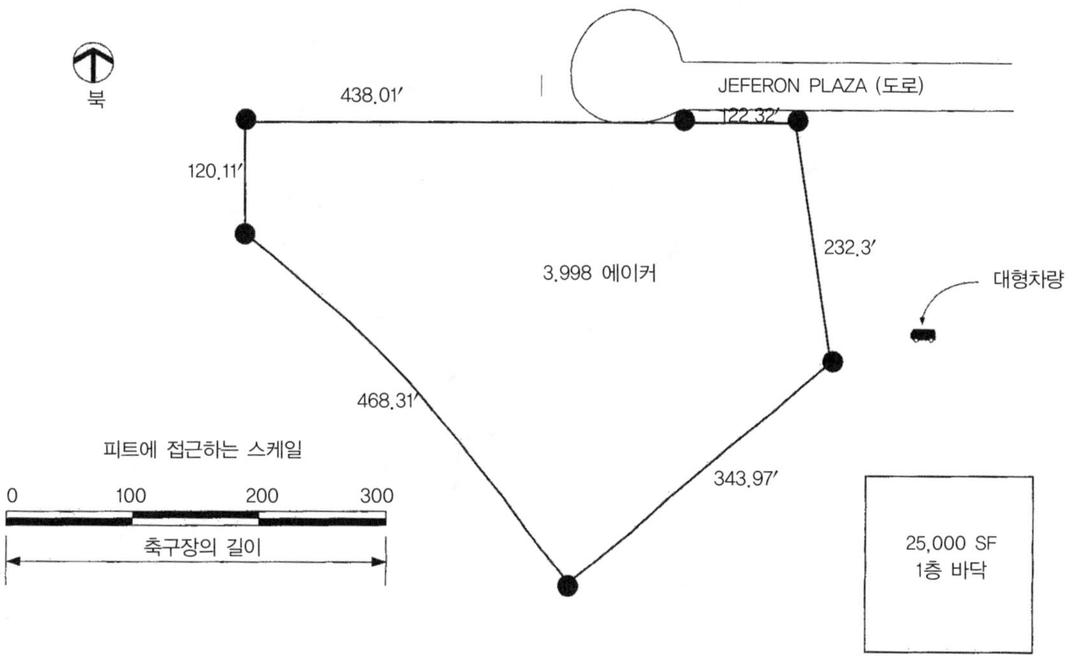

그림 6.20 대지의 넓이와 형상의 분석 *Site size*

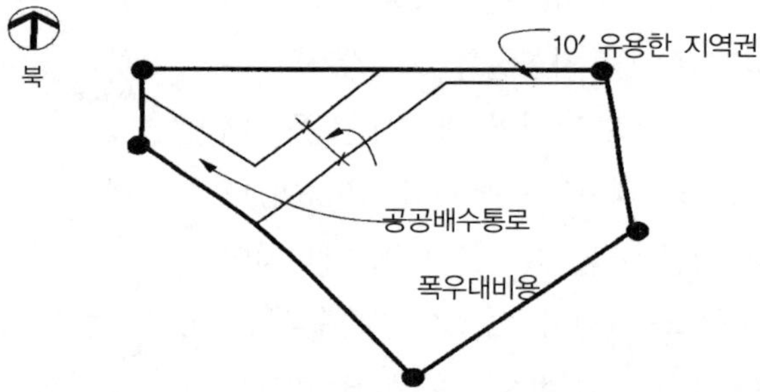

그림 6.21 지역권(대지경계구역분석) *Easements*

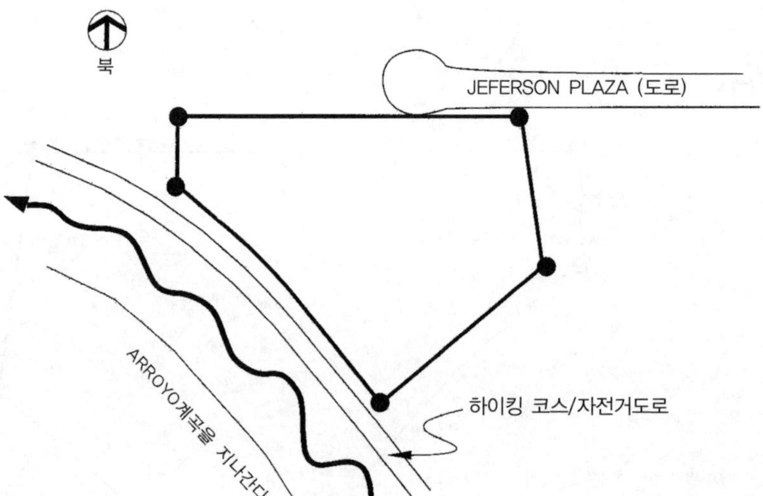

그림 6.22 대지의 주변 분석 *Site access*

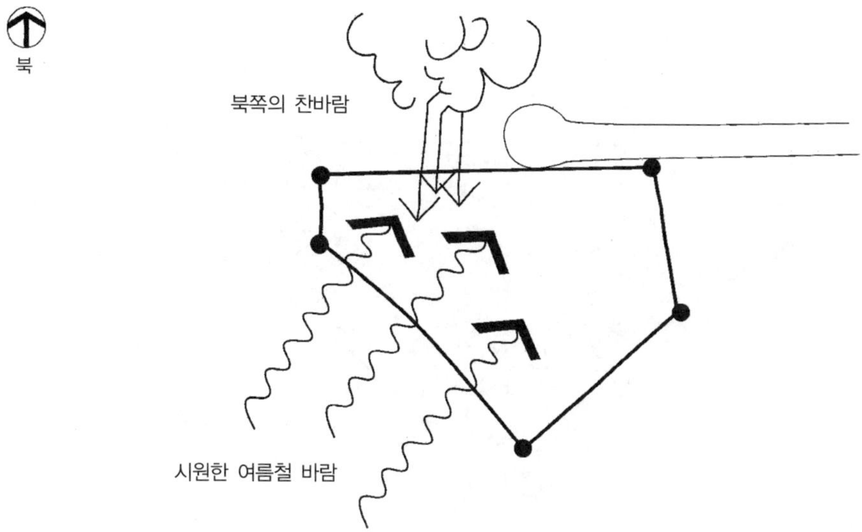

그림 6.23 바람의 위치분석 *wind*

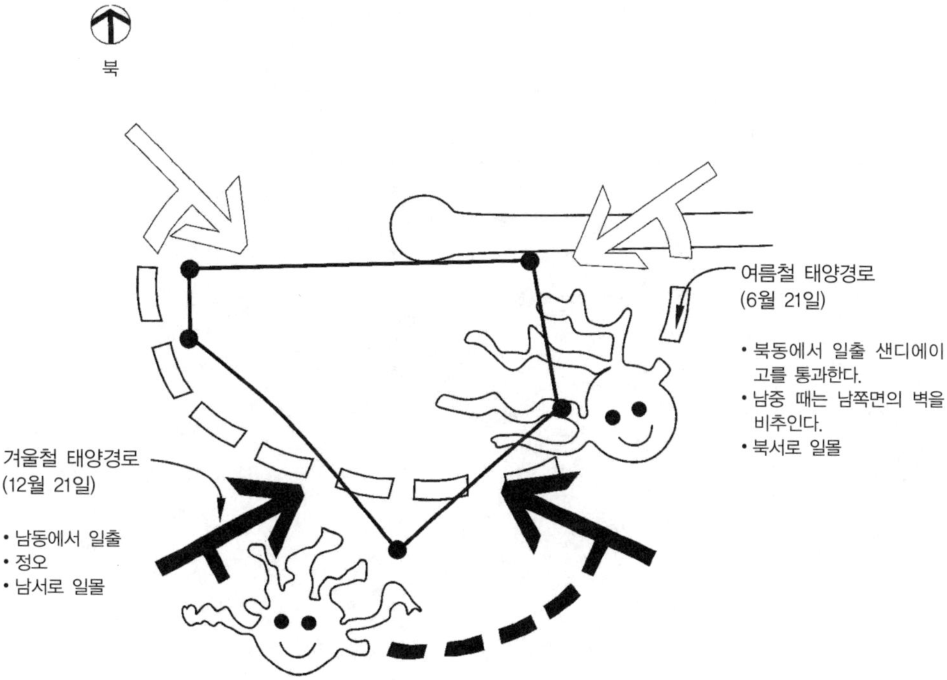

그림 6.24 태양의 경로분석 *solar access*

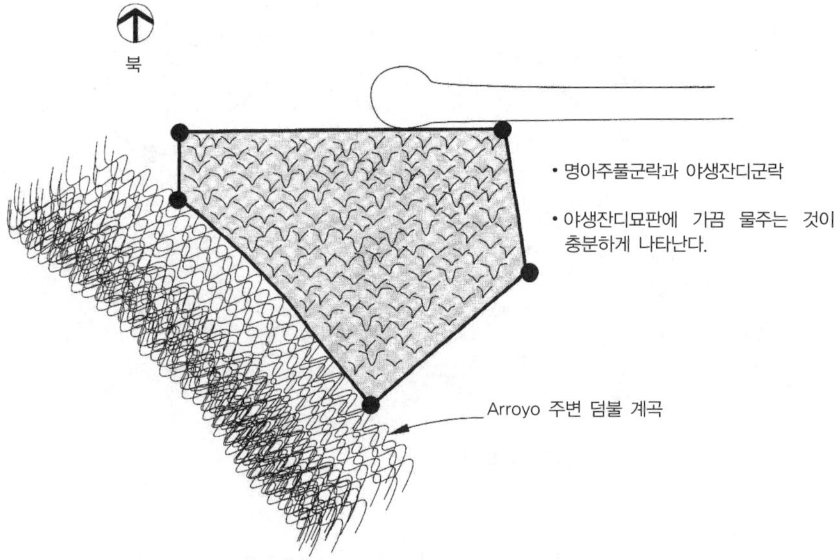

그림 6.25 식물의 생태분석 *Vegetation*

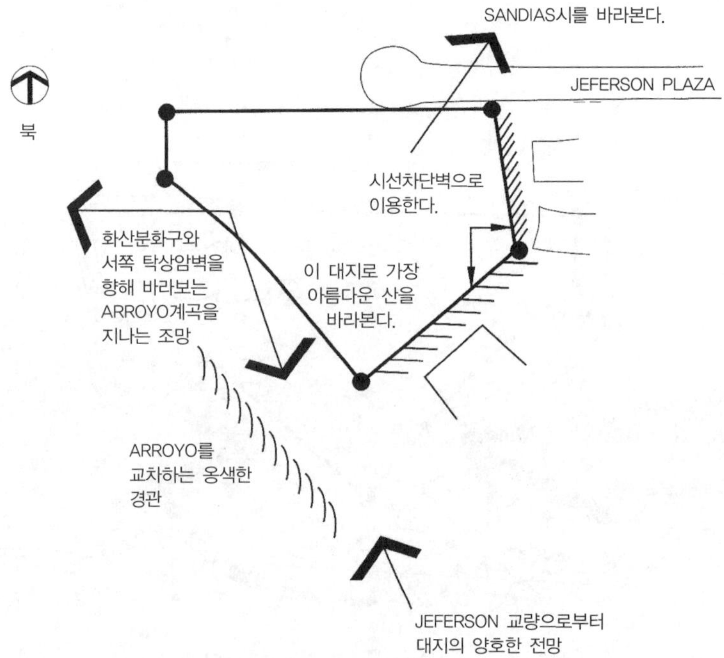

그림 6.26 대지 내외에서 조망권 분석 *Views from and to the site*

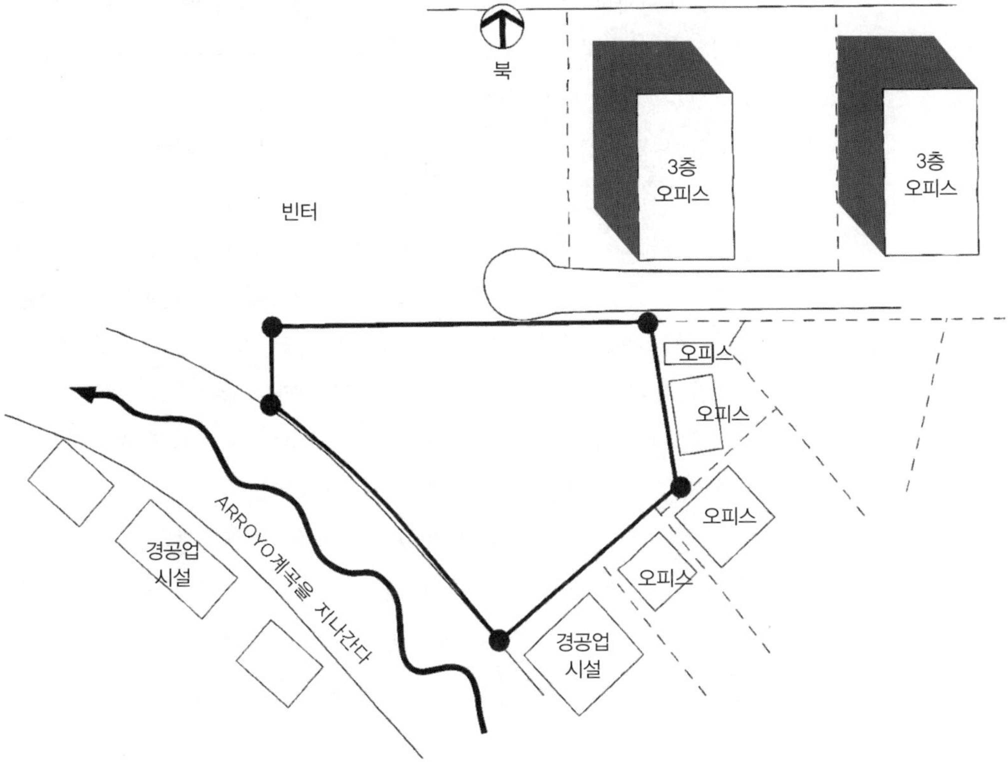

그림 6.27 주변 시설의 분석 *Canyon arroyo*

사례는 걸스카우트지역 본부에 대한 프로그램으로 다이어그램을 통해 이를 소개하고 있다.

6.11 대지정보의 통합

Synthesizing the Site Information

대지정보는 일이 진행되는 다른 측면의 대지 분석 부분에 대해 분석될 것이다. 프로그램에 미치는 영향 관계는 프로그램의 다른 관점의 관계로 프로그래밍 프로세스의 최종단계에서 마감한다(제9장 참조). 그렇지만 대지 분석을 종결하는 단계에서는 수집된 정보를 다시 리뷰하고, 대지가 가지는 가능성이나 제약 조건을 요약 · 기술한다. 선택 결정된 액티비티와 대지의 특징에 대해 비교하는 것은 다음 장에서 검토하고 구축에 대한 전략을 계획한다.

앞부분에 있는 걸스카우트 지역 본부를 위해 대지의 정보를 분석했고, 우리는 통합을 함으로써 막다른 골목길의 끝 부분에 앞서 유리한 점이 있다고 결정했다. 왜냐 하면 이미 결정된 안전한 요인, 그것은 교통량이 낮은 볼륨과 늦은 속도 때문이다. 대지가 가지는 또 다른 우수한 점은 액티비티 에어리어와 건물로부터 연결시키는 경관에 대한 가능한 계획이다. 또 하나의 이점은 건물과 외부 남동쪽의 자전거 전용도로는 곧 바로 시가지의 다른 에어리어와 견주어 볼 때, 비교적 안전한 액세스가 가능하도록 계획했다. 더욱이 arroyo -미 서남부 시내=마른 골. 보통 때는 물이 없다. 는 도시 안에 야생의 생태와 자연초목의 생장을 지속시키는 가능성을 충분히 내포하고 있다. 지표면에 내리는 폭우에 대비한 배수경로는 건물의 배치를 제한하지만 그곳은 주차장이나 밖의 액티비티를 위해 사용할 수 있다.

6.12 현존 건물의 대지

Exiting Building as Site

인테리어의 스페이스 플래닝이나 개축의 경우는 현존하는 건물의 대지가 프로젝트의 대지가 된다. 여기에서 건물의 현황도를 분석 대상으로 했다. 창문으로부터 경관에 대한 조사내용이 기록될 것이다. 대지에서 지질조사와 부대시설의 평가에 대해서 건물의 구조나 마감 설비나 전기, 방법시스템에 대한 유틸리티 평가는 새로운 대지의 프로젝트로서 리노베이션 프로젝트의 질적 테스에 대해 새로운 평가는 중요하다. 제안되고 있는 건물의 용도가 그 장소에 적절한지, 여부를 판단하기 위해 용도지역을 조사해야 한다. 기존 건물을 바꾸거나 기존 건물의 인테리어의 대상 수요에는 재해발생시 피난에 관한 법률로의 적합성이 중요하다.

새로운 프로젝트의 대지 선정과 더불어 지역지정 조례는 제안된 사용 용도가 그 지역에서 허가될 것인지에 대한 결정을 하는데 세밀하게 검토되어야 한다. 적합한 규정은(후에 논의될) 건물의 규정에 관한 것을 확인하는데 필수적이든 상관없이 무엇을 결정하는데 있어 면밀히 검토되어야 한다. 새로운 건물과 비교해서 공간계획을 하는 경우 규정에 대한 법적 검토는 출구의 필요성에 대한 결정에만 제한적일 수도 있다.

건축물 분석에서 건물 내에 발생하는 활동에 견주어 그 건물의 적합성에 관한 몇 가지 종합적 문제가 있을 수 있다. 그러나 설계자는 반드시 물리적 설계에 대한 해결책을 손상시키지 않도록 주의해야 한다. 대지가 현존하는 건물인 설계기획은 물리적 해결법을 프로그래밍 과정으로 끌어들이기 쉽다. 프로그래머는 사전 동의 없이 디자이너를 구하지 않도록 주의해야 한다. 대지 문제에 있어 현존하는 건물들은 흔히 프로그래밍과 디자인에 관한 모든 노력이 더욱 밀접하게 연관되어 있거나 훨씬 더 뒤얽히는 상황들을 만들어낸다.

6.13 대지선택의 기준

Site Selection Criteria

모든 부지에는 이상적인 용도가 있고, 모든 용도에는 이상적인 대지가 있다.

어떤 프로그램들은 대지의 구입자금을 조달하기 위한 프로젝트에서 대지가 선택되기 전에 대지선택의 조건 설정이 이미 완료된 상태에 있다. 각 사례에서 대지 선택에 대한 기준을 개발해야 한다. 모든 기준에 있어 프로그램까지의 결정은 거의 끝났지만 프로세스의 서술은 여기서 제공된다.

그 선택조건 가운데 가장 관심을 가져다 주는 검토의 카테고리는 장소이다. 장소에는 각각 특유의 이미지가 있다. 대지가 가지는 장소의 이미지를 프로젝트의 이미지 목적에 적합한 것이 중요하다. 앞에서 나이가 많은 부동산 중개업자의 격언이 있다. : "부동산에는 중요한 세 가지 조건들이 있다 : (1) 위치, (2) 위치, 그리고 (3) 위치"

기술한 바와 같이 프로젝트의 이미지 기술은 어렵지만 그 이미지는 의사결정에 있어 강한 영향력을 가지고 있다.

예정된 지역에 따라 목적달성을 하거나 경제그룹에 대한 관심을 끌어야 하는 것을 사업기획안이라고 하는가? 어떤 환경적 특성이 매력이 있는가? 피해야 할 특성은 무엇인가? 예를 들어 장래 개발계획선상에 서있는 것이 유리할 수도 있다. 반면에 일부 고객들은 장래 개발계획이 가장 매력적인 전망을 가리는 대지는 피해야 한다.

프로젝트마다 다른 이미지를 가지듯이 서로 다른 위치 선정은 여러 개의 이미지를 갖는다. 대지의 위치 선정이 이 프로젝트에 적합한 이미지 목표를 뒷받침하고 있다는 것은 중요하다. 이전에도 언급했듯이 프로젝트의 문제와 연관된 이미지를 명확히 표현하기란 어렵지만 이러한 이미지는 의사결정을 하는데 강한 영향력을 갖고 있다.

다른 관점에서 조닝 법칙과 함께 에어리어에서 장소의 관점은 조닝이 요구된다. 지역 용도지역이 지정되고 있는 장소에는 거기에 세울 수 있는 시설용도가 정해져 있다. 용도지역과 시설용도가 합당하지 않는 경우는 대체 용지를 찾는다. 때때로 법적인 절차에 의해 지역의 변경은 불가능하지 않지만 시간이 많이 소요된다.

또 다른 고려사항은 대지로부터 접근하는 문제이다. 어떤 타입으로 교통 볼륨의 프로젝트를 지지하기 위해 필요한가? 어떤 타입의 교통 볼륨을 피했는가? 대지에 도달할 때까지의 소요시간을 생각하는 액세스를 검토한다. 예를 들면, 오피스 빌을 위한 대지는 통근자의 편리를 위해서 무료 통과 고속도로의 출입구로부터 10분 이내에 있기를 바란다. 미국의 경우

셋째로 중요한 것은 대지의 규모이다. 규모의 결정은 프로그래밍 프로세스의 작업에 있어 양적인 요구 책정 후에도 가능하다(제8장 참조). 대지의 규모를 결정하는 양적 요인은 건물의 연면적이나 주차장, Land scape area와 open space, soft ball장 등으로 프로그램된 옥외활동 에어리어이다. 어떤 지역에서는 대지 내에 조정 연못을 요구하고 있다. 어느 쪽이든 여유를 가져다 줄 수 있는 규모일 것이다.

대지형상에 관한 고려도 관계한다. 설정된 이미지의 목적은 법률에 따른 최저 수준 면적 이상의 랜드스케이프나 오픈 에어리어를 필요로 하는 것을 시사하고 있다. 대지의 평면현상이나 고저차에 따라 시설로의 어프로치 매력이나 프라이버시 확보의 가능성 등이 영향을 받는다. 대지 내외로부터의 경관이나 성숙한 기존의 자연적 랜드스케이프를 원했을 것이다. 아마 소음레벨 차원에서 피했거나 희망했을 것이다.

태양에너지를 사용하는 것은 신중히 고려해야 할 사항이다. 북반구에서 남서면을 마주보는 경사지는(남향) 북쪽을 마주보는 경사지와 비슷한 대지에서 북향=north-facing slope 고려될 수 없는 태양 에너지를 이용할 가능성이 있다. 만약 이 프로젝트에 기준이 있다면, 장차 이루어질 건축공사에 태양에너지 사용에 있어 방해받지 않도록 하는 보장받는 것이 중요하다. 태양에너지 보호법은 아직 전혀 보급되지 않았고, 태양 에너지에 의존하는 건물과 지형을 보호하는 안전장치가 있는지 결정하는 일을 간과한다면 막대한 노력과 자금의 투자가 위험에 빠질 수도 있다.

태양에 비치는 것이 가능성이 있지만 북측사면이 대지에는 기대할 수 없다. 만약 프로젝트가 인지된 후 태양 에너지에 대한 접근을 고려해야 한다는 기준이 주어진다면 신설되는 시설은 절대로 인접지의 일조를 방해해서는 안 된다는 보증이 중요하다.

코스트도 대지 선택에 있어 주요한 조건이다. 대지의 초기 코스트는 대지개발을 위해 코스트와 함께 중요하기 때문에 그 양면을 고려해야 한다. 유틸리티가 정비되어 있지 않기 때문에 토지의 가격이 더 낮을 수도 있다. 왜냐하면 이것은 동일한 다른 특징의 쓰레기 매립장과 개발은 또 다른 대지보다 값비싼 기초비용이 포함될 것이다.

대지의 선택 조건이 설정된다면 우선순위에 따라 그것을 펼쳐 볼 수 있다. 모든 조건에 균등하고, 익숙한 솜씨로 합병시킨 대지는 대부분 존재하기 어렵다. 몇 가지 조건은 필수적인 것이지만, 다른 조건은 원하지 않을 뿐만 아니라 그것은 필수적인 요건도 아니다. 예를 들면, 클라이언트가 가지고 있는 토지 구매비가 $150,000 밖에 없다면, 가격이 $175,000인 토지는 여러 가지 조건에 합치된 값이어도 그것은 선택할 수 없는 조건이 된다.

우선순위는 부지 선택을 판단하는 필터로서 적용된다. 위의 예에는 $150,000 이하가 최초의 필터이기 때문에 그 이상의 높은 값의 대지는 어떤 경우라 할지라도 선택의 여지는 없는 것이다. 다음에 언급될 문제는 그 대지가 적절한 비용으로 개발될 것인지에 대한 필터에 관계한다. 이 때 적절하다고 생각하는 비용의 폭이 정해질 경우 또 고려해야 하는 생각은 그 대지를 개발할 수 있는 것인지, 아니면 곤란한가에 의해 평가된다.

우선순위를 결정하는 여러 방법을 살펴보면, 가장 우선적인 사항을 가장 높은 위치로 하고, 가장 낮은 사항의 최하위는 one point를 줄 수 있다. 예를 들면, 대지가 가장 중요한 조건에 합치되면 five point를, 최하위의 조건에 합치하는 경우는 one point를 준다. 모든 대지가 평가된 후, 종합 득점이 최고 득점인지 아니면 최저 득점인지의 문제는 선택 부분이 된다.

대지를 선정은 방법을 선택해도 의사결정을 하는데 있어 감정적인 태도가 작용하는 것에 대한 대책이 있어야 한다. 의뢰인은 어떤 대지를 단순히 좋아하거나 싫어하고, 그 이유에 대해 말하는 것을 피한다. 위에서 설명한 대지의 선택 과정은 선택의 결정을 내리는 동기를 구체화하려고 시도한다. 그러나 현실적인 상황에서 우리는 주관적으로 우선순위를 할당하고 있다. 그러나 의뢰인들은 그러한 상황에 대해 어떻게 느끼는지는 물론, 심지어 자신의 감정을 정말로 표현하고 싶을 때도 말할 수 없다. 그리고 이러한 감정의 표출은 대지에 대한 감정적 반응과 같은 기준을 통제하여 인정될 때 나타나고, 최종 결정이 더욱 쉽고 고객들이 더 오랫동안 만족할 때 나타난다.

지역 공공도서관을 위한 대지 선택의 한 사례는 부록 A(333페이지)에 포함되어 있다.

6.14 기후
Climate

모든 건물의 프로젝트에는 대지를 가지고 있는 것과 같이 모든 대지에는 반드시 기후라는 펙터가 존재하게 된다. 기후의 특징을 수집·분석하는 것은 프로그래밍 작업의 주요한 명제가 된다. 매우 혹독한 기후〈여름과 겨울 혹한기〉가 아니라 해도 그곳에 기후 조건을 고려하는 일은 설계 프로세스에서는 중요한 일이 된다. 이들 일곱 가지 펙터〈비/눈/바람/기온/관계습도/태양열 데이터/국소기후〉에 대해 살펴본다. 이들의 정보자료는 10년 주기에서 50년 정도를 참고한다.

그림 6.28 기후는 설계과제의 중요한 일부이다.

6.14.1 비 Rainfall

대지나 그 주변 지역의 강우량은 주요한 계획조건의 펙터가 된다. 연간 총강우량은 그 지역의 기후에 대한 일반적인 특징을 결정하는 지표에 지나지 않지만 시설의 설계 측면에서는 소중한 것들이다. 그중 가장 중요한 데이터는 국지적이고, 일시적인 최대강우량에 대한 정보이다. 지붕의 형상이나 홈통은 연간 강우량의 평균에 의해 결정되는 것이 아니라 실제로 내리는 가장 최대의 강우량 처리를 위해서 설계된다. 대지 내의 연못이나 우수 배수로도 동일하다.

만약 우리의 설계와 그 밖의 것들이 수정되는 것이라면, 우리는 처음부터 건축가들이 건물이 세워질 곳의 나라와 기후를 알아야만 한다.
Vitruvius, Chapter1, Book VI, "The Ten Books on Architecture."

주기별 월 평균 강우량으로부터 가장 작은 우기와 가장 많은 우기로 구별된 정보가 필요하다는 것을 알 수 있다. 여름철 건조시기를 알게 되면 그에 의해 프로그래밍에서는 외부와 내부의 공간들이 단절되거나 분절되지 않고 연속적으로 이어지게 하고, 인테리어 스페이스의 프로그래밍과 익스테리어에서의 순환과 액티비티의 가능성을 결정하는 중요한 정보가 된다.

만일, 대지분석을 할 경우 홍수 역사에 대한 그 지역의 정보를 손에 넣지 못한 경우에는 그러한 관점에서 재고해 보아야 한다. 어떤 지역에서 홍수를 조절하는 책임 있는 관계자는 50년 홍수의 대책이나 100년 홍수 대책을 평가하고 계획해야 한다. 이러한 지역에서 저마다, 50에서 100의 폭우에 대한 홍수대책을 사람들은 기대한다. 홍수의 위험이 있는 대지의 디자인에 불리한 효과를 완화할 수 있는 결정을 내려야 할 것이다.

6.14.2 눈 Snow

많은 양의 눈이 내리는 강설 시기는 프로그래밍의 결정에 있어 중요한 데이터이다. 건물에 대한 지역의 가장 공적인 규제 local building codes=지방건축법규 는 하중(적설량)에 대해 약정하고 있는데, 이는 적재하중을 포함시키고 있다. 그것은 설계를 위해 제공되어야 된다. 많은 지역에서 강타하는 눈에 주의를 해야 한다. 시야를 가리고 바람이 불어서 쌓일 가능성에 대한 문제를 평가(잠재성의 검토)해야 할 것이다. 적재하중에 관한 기술적인 부가적 문제와 관계하여 바람에 날리어 쌓이는 강한 눈에 대해 어떻게 해야 할지, 눈의 제거를 위해 어떻게 할지, 그리고 많은 다른 단지계획의 관점에 대해서도 디자이너들은 고려해야 한다. 눈에 대한 자연적 요소인 눈과 건축의 문제는 재산과 인명의 안전에 관한 사항으로 지방자치단체의 조례에 의해 적재하중에 관한 기술적인 문제와 관련하여 제설법 등의 문제는 디자이너들이 고려할 중요한 펙터가 된다.

6.14.3 바람 Wind

바람의 특징을 이해해야 한다. 지역의 조례는 건물의 설계에 있어 특수한 지역의 풍하중을 정의하고 있다. 벽이나 지붕에 대한 최저기준에 적합해야 된다 법의 준수. 풍속과 풍향은 건물의 출입구, Recreation area나 화물의 진출입장의 위치와 형상에 영향을 크게 미친다.

액티비티가 계절적인 경우 계절마다 그에 대한 풍속이나 풍향에 대한 정보는 프로그래밍 과정에서 매우 중요하게 작용한다. 예를 들면,

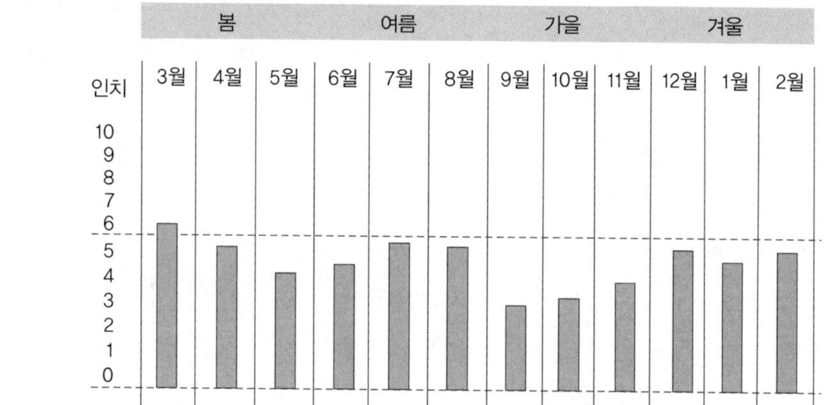

	3월	4월	5월	6월	7월	8월	9월	10월	11월	12월	1월	2월
총계	6.31	4.65	3.74	4.21	5.11	4.55	2.71	2.86	3.98	5.25	4.98	5.17
월중 최대	13.1	13.0	10.5	12.1	20.1	13.8	13.2	10.9	15.2	13.8	13.4	15.9
월중 최저	0.32	1.03	0.11	0.47	1.11	0.31	0.05	0	0.01	0.91	1.16	1.15
24시간중 최고	5.66	4.34	4.11	5.84	4.15	7.57	5.60	5.02	7.79	5.81	5.60	5.89

그림 6.29 Alabama주 Birmingham의 강우량은 년간 대개 안정하다.

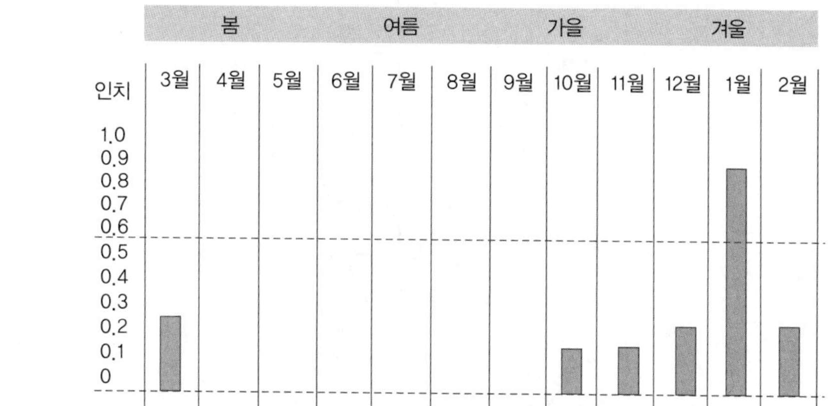

	3월	4월	5월	6월	7월	8월	9월	10월	11월	12월	1월	2월
총계	6.31	4.65	3.74	4.21	5.11	4.55	2.71	2.86	3.98	5.25	4.98	5.17
월중 최대	13.1	13.0	10.5	12.1	20.1	13.8	13.2	10.9	15.2	13.8	13.4	15.9
월중 최저	0.32	1.03	0.11	0.47	1.11	0.31	0.05	0	0.01	0.91	1.16	1.15
24시간중 최고	5.66	4.34	4.11	5.84	4.15	7.57	5.60	5.02	7.79	5.81	5.60	5.89

그림 6.30 Alabama주 Birmingham 의 연간 최대 적설량은 아주 적다. 어떤 달은 1인치도 못 된다. 최고 기록은 11인치이다.

hight school gymnasium은 연중 계속해서, 그리고 physical education classes and summer recreation과 함께 연중 최대로 사용한다. Basket ball seasons이 되면 출입구는 일주일 동안 여러 차례 혼잡한 일이 발생하게 된다. 설계자는 수 천 명의 사람이 집중하여 혼잡한 시간대, 계속되는 강풍으로부터 출입구를 보호하는 안전방책이 배려된 설계는 매우 중요한 일이다.

자연환기의 활동을 의도하는 건축행위인 경우, 바람의 행태에 대한 지식, 즉 바람에 대한 정보를 이해하고 실시하는 일은 우수한 설계를 위해 매우 중요하다. 설계자는 실내의 공기 흐름에 영향을 주는 출입문과 창문의 위치, 크기, 방위에 대해 이해해야 할 일이 무엇보다 중요한 정보이다. 가끔 국지적 대지에 대한 바람의 움직임은 일반 지역에서 바람의 정보가 더 많이 관련을 갖게 된다. 따라서 지역 고유의 미크로한 국지적 기상 데이터를 검토해야 한다.

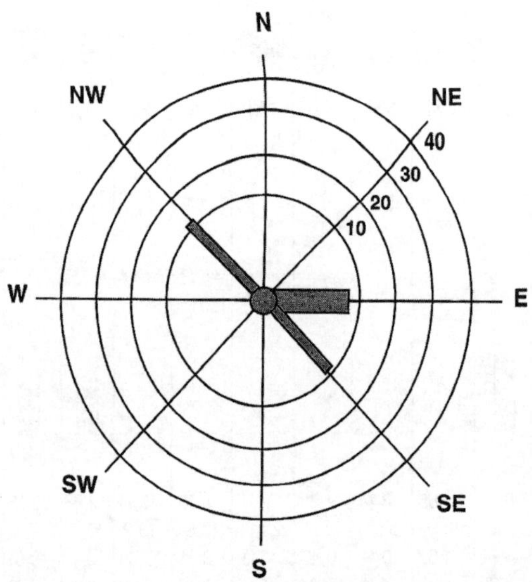

그림 6.31 이 그림은 풍속도이다. 동풍은 평균 8mph이고, 또 다른 방위의 겨울철 북동풍은 9mph, 북서풍은 12mph를 가리키고 있는 캐나다 BC, 밴쿠버의 겨울철 바람의 다이어그램이다.〈일반화된 풍향과 풍속도〉

6.14.4 기온 Temperature

지역의 기온이나 관계 습도는 건물을 설계하는 중요한 열쇠가 되는 데이터이다. 기록적인 최고기온과 최저기온, 그리고 매월, 최저기온과 최고 기온을 조사한 데이터가 actively한 것이든지 아니면, passively하든지 양쪽 모두 필요하다. 프로그래머는 U.S. Weather Bureau에 의한 기록한 매월 크고 작은 최고와 최저의 정상적인 기록을 수집해야 한다. 프로그래머는 클라이언트와 함께 주간이나 야간에 원하는 실내 온도의 범위를 설정한다. 예를 들면, 초등학교의 커뮤니티 활동을 위해 사용하고 싶은 클라이언트는 겨울철 야간 10시까지 원하는 실내 온도는 68 degrees 20℃ 이고, 10시 30분에서 다음날 아침 07시 30분까지는 55 degrees 13℃ 를 원할 것이다. 그리고 여름철에는 75 degrees 24℃ 이하로 하되, 야간에는 쿨링을 필요로 하지 않을 것을 요구할 수 있다.

안락한 온도를 디자인하는 설계 프로그램의 범위를 설정하는데 유용한 또 다른 정보의 유형은 각 지역에 지정된 난방 지수의 총 계수 the number of heating and cooling degree days(HDD and CDD) 이다. 이러한 총 계수는 총 일수와 요구되는 냉 · 난방의 총 온도계수이다. 이 계수는 즉시 건물에 적합한 온도를 유지하기 위해 필요한 총에너지 계수가 된다.

6.14.5 관계습도 Relative Humidity

관계습도, 강수량의 결과도, 그리고 또 다른 요소들에 대한 기후의 특징을 나타내는 상태에서 디자이너가 검토해야 할 항목이다. 고온에서 높은 관계습도는 사람을 아주 불쾌하게 한다. 일반적으로는 관계습도가 20~55%의 사이에서 쾌적하다고 느낀다. 우리는 이 나라의 실내 기후에 익숙해져 있다. 요구되지 않은 불필요한 습기는 그러한 공기의 움직임은 우리의 편익을 위해 조절되어야 한다. 공기에 대한 기계적인 제습방법의 접근은 비싸다. 부가해서 기계적인 제습방법은 효과적이지만 기기의 초기 코스트와 운영코스트는 설계 문제에 영향을 미친다. 기계적인 제습이나 냉각에 의존하는 건물은 그러한 것을 자연의 힘에

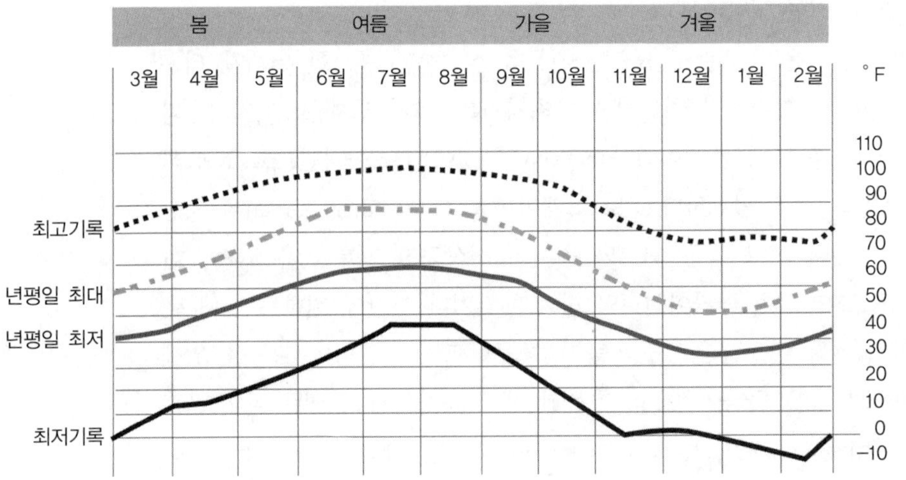

그림 6.32 Birmingham의 기온 표. 6월부터 9월까지는 더운 날이 계속되지만 12월과 1월은 가장 추운 시기이다.

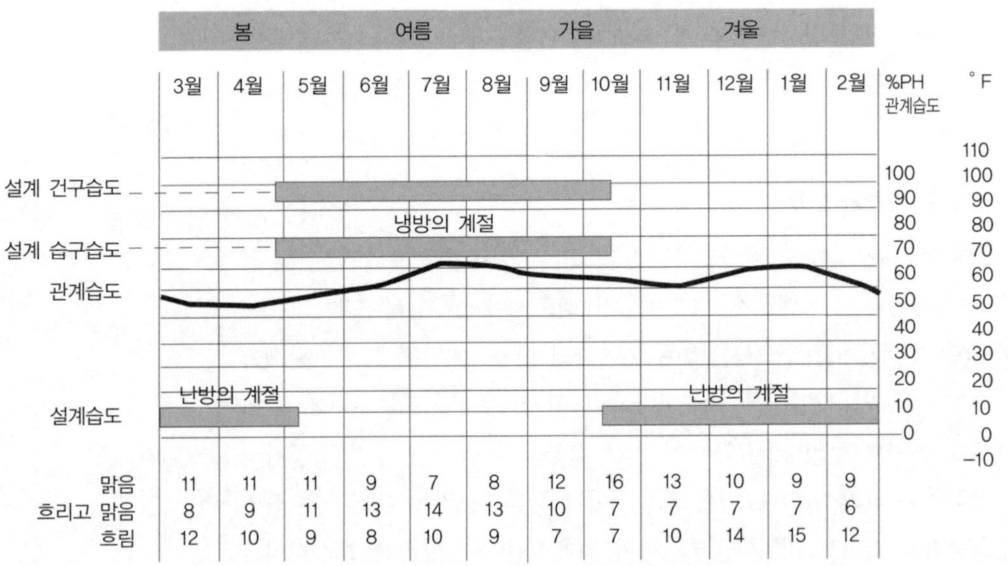

그림 6.33 Birmingham의 냉난방표. 그림 6.32의 도표와 관계하여 나타낸 냉난방시기

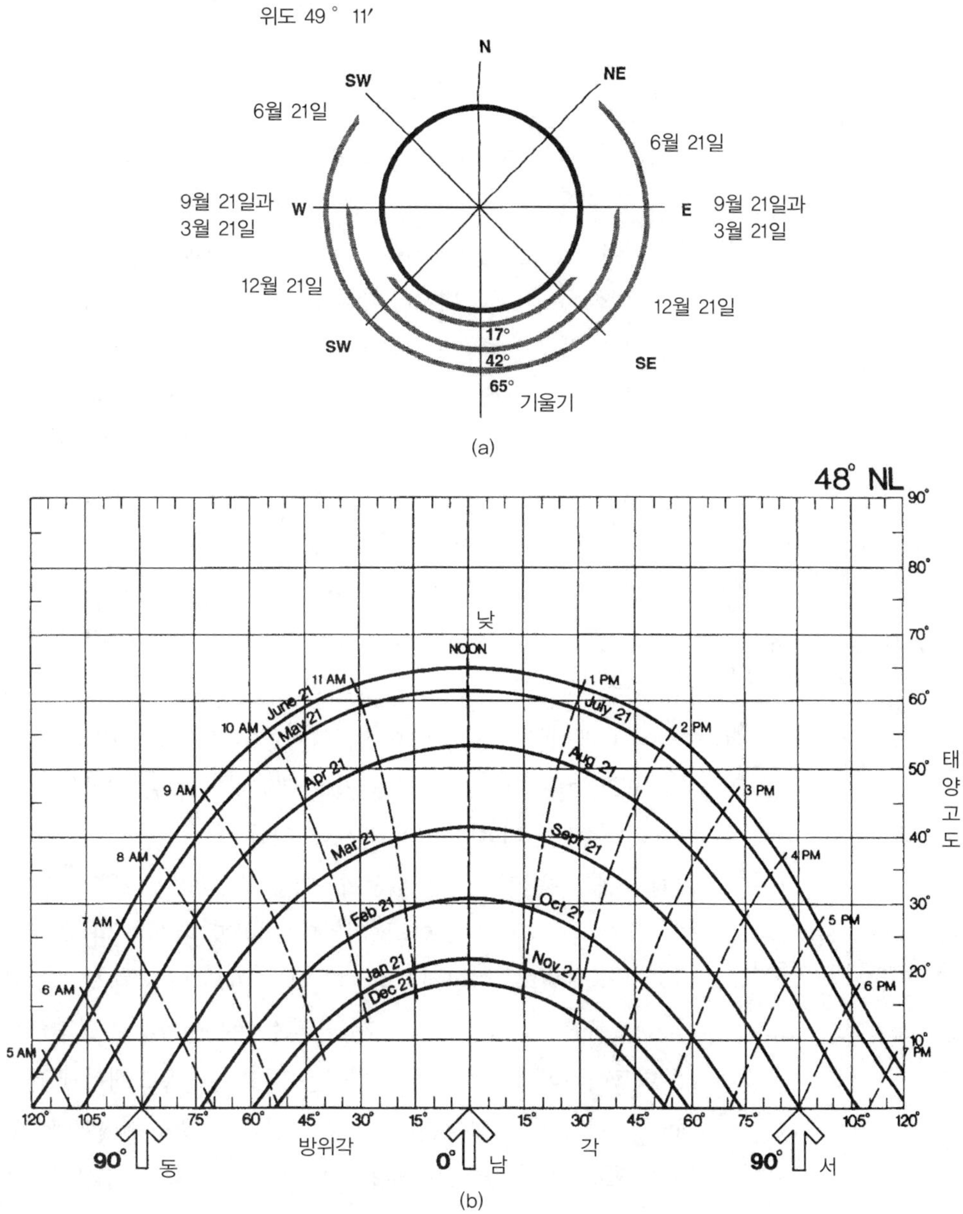

그림 6.34 여기서 보는 두 형식의 태양괘적을 나타낸 다이어그램이다. 그림 6.34 (a)는 Vancouver, BC, Canada에 있어 춘·추분과 하지·동지를 가리키고 있다. 그림 6.34 (b)는 ED Mazria에 의해 개발된 것으로 그 해, 일, 시간 중 태양의 위치를 나타내고 있다. 이 다이어그램은 주위를 둘러싸고, 밖을 자르고, 복사할 수 있고, 대지와 태양의 행동에 대해 많은 이해의 정보를 얻는다.(Used by permission)

의지하는 건물과 상당히 다른 형태로 될 것이다.

6.14.6. 태양열 데이터 Solar Date

대지의 위도상 범위를 수립해야 한다. 위도는 하루 중 태양이 내리쬐는 각도와 시간의 관계를 결정한다. 이러한 정보는 태양열 이용의 형식이나 태양열 차폐장치를 설계하는 경우에 사용한다. 그것은 또 태양에 의한 복사열이 벽체나 창문을 통해 태양열을 어느 정도 얻을 수 있는지를 결정할 때에도 사용된다.

만약, 대지분석에서 대지에 발생하는 그림자가 기록되지 않았다면, 반드시 그것을 기록해 두어야 한다. 주위의 나무, 건물, 산들은 건물이 받는 태양 빛의 방향에 많은 영향을 미치기 때문에 설계에서 반드시 고려되어야 할 사항이기 때문이다.

위대한 미국의 한 시인이 태양이 건물의 한 면을 내리 비칠 때까지 태양이 얼마나 위대한지를 전혀 알지 못했다고 말하는 것처럼 건축가에게 있어 태양의 어떤 면이 당신이 축조하고 있는 건물에 내리 비칩니까? 그리고 어떤 빛이 당신의 방에 들어옵니까?라고 물었다.
Louis I. Kahn

북반구에서는 대지 북측의 인접된 대지를 조사한다. 인접 대지의 일부가 새로운 프로젝트에 의해 그늘이 지는 응달 여부를 사전에 고려해야 한다. 대지의 규모가 큰 경우일 때, 설계자는 새로운 건물의 배치에 대한 레이아웃에 있어 이웃지역에 가해지는 그늘이 지는 것을 피할 수 있다. 보다 과밀한 대지에 있어 태양열에 관한 개발을 할 경우에는 일조량에 대한 비율을 정할 필요가 있다.

태양에 노출하는 것은 생물학적 필수 불가결한 것이다. 태양에 적절하게 노출하는 것은 어느 정도 필요한 것이다.

태양열 판을 결정하기 위해서 "태양 집열판은 12월 21일에 북위 대지경계선까지 4시간 동안의 일조를 제공할 것이다"와 같은 표준안이 만들어져야 한다. 일반적으로 여름철 뜨거운 태양 대신 그늘을 선호하는 이웃들을 떠올리며, 동부와 서부쪽 이웃들까지도 포괄하는 표준안이 만들어져야 한다. 태양이 떠있는 각도는 프로그래머가 태양열의 개발과 일체가 되도록 해준다. 태양 집열판이 일단 결정이 되고 나면 그것은 프로젝트에 적합한 태양 집열판이나 복합 건물까지 도달하도록 구획하는 단계에서 일체감을 가지도록 건물의 외부와 비교할 수 있게 된다.

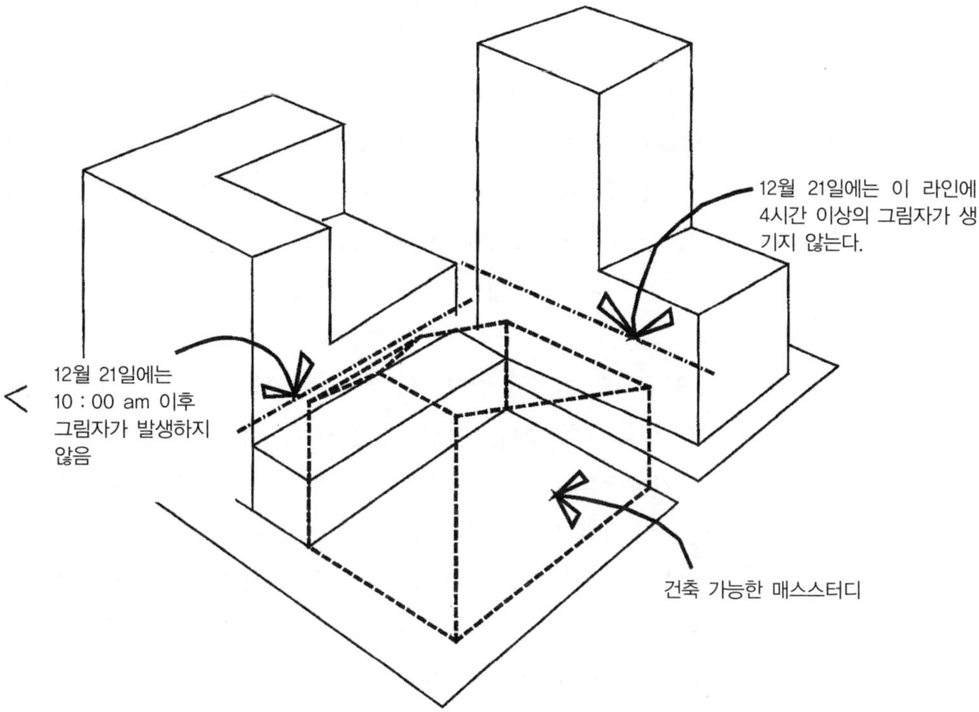

그림 6.35 인접지 일영규제에 따른 대지 내 가능한 건물 범위의 스터디. *이는 건축물의 높이에 대한 우리나라 건축의 법적 규제 사항과 동일하다.

6.14.7 미세기후 The Microclimate

앞에서 기술한 바와 같이 공작물 *man-made* 이나 자연의 중요한 특색은 대지의 미세 기후에 크게 영향을 미친다. 도시 중심부에서의 고층 건축물은 불쾌한 바람 통로 *wind tunnels* 를 만들어낸다. 언덕바지 대지 *hillside sites* 는 계곡 대지 *valley sites* 보다 직접적으로 더 많은 바람을 받는다. 현존하는 키 큰 산림의 수목들을 벌목하게 되면 직접적으로 여러 가지 색다른 수천 피트는 바람의 피해를 받게 된다.

온도는 위도나 방위에 따라 서로 1km 이내에 있는 대지마저도 2℃에서 6℃ 정도로 다른 경우가 있다. 겨울의 태양빛이 언덕바지의 남측을 따뜻하게 하는 한편, 북쪽 경사면은 하루 종일 찬 기운이 머물게 된다. 바람이 불어오는 쪽의 추위는 언덕 위의 기온을 더욱 떨어지게 한다.

U.S. Wether Bureau station 대지의 미세기후의 데이터 수집은 거시적(macroclimate)인 기상 데이터의 수집보다도 훨씬 어렵다. 프로젝트 예산이 풍부하고, 더욱이 스케줄이 허락하는 대지의 연간 기후를 관측하는 것도 가능하지만 대부분의 프로젝트에서는 그를 위한 예산이나 시간이 없다. 지역의 기상 관측소가 그 지역의 미세한 기후 현상을 파악하고 있는 것이다.

불행히도 이러한 방법으로 대부분의 프로젝트들은 예산 편성과 국소미기후의 양쪽 면에 대한 정보를 얻을 시간도 갖지 못한다. 때때로 지방 기상관측소의 기상학자들은 어떤 한 지역에서 일어나는 매우 미세한 국소적인 미기후의 현상을 알아차린다. 예를 들어, 많은 기상청들이 도시의 여러 지역 온도를 측정하는 반면에 시골에 있는 기상청은 특정 장소의 기상 상태의 특징을 알아보기 위해 시골에 사는 노인들을 방문하여 인터뷰하기도 한다.

6.15 에너지

Energy

태양은 자연의 빛을 받아들이거나 일사와 같이 외관의 미적인 측면에 영향을 미치는 동시에 프로젝트의 에너지 소비에 영향을 미치므로 이에 관련한 데이터를 얻는 것이 중요하다. 디자인 문제의 에너지에 관한 또 다른 종류의 정보도 필요로 한다.

에너지에 대한 조사의 경우, 에너지 단가와 비율의 구조를 알고, 시설이 운영경비를 경감하는 설계 방침을 나타낸다. 예를 들면, 어떤 전기회사는 고객에게 수요가 적은 시간대를 이용하도록 해서 할증요금으로 전기를 매매한다. 이러한 이점을 위해 야간 영업방식을 운영하는 클라이언트의 설계를 위해 여러 종류의 내용을 설계에 반영한다.

물론 그룹 활동에서 다른 요소들도 설계자에 의해 참작 되어야 한다. 의사소통이나 보안의 필요는 가장 효율적인 에너지 사용과 상반되는 활동에 대한 논쟁들이 나타날 것이다.

미국의 많은 주(자치단체)에는 설계 과정 중 확실히 해야 할 에너지 효율 관련 시책 또는 법률 규정이 있다. 코드(관련되는 법령 조사)는 세밀히 조사되어야 하며, 적절한 설계 단계로 예상되는 관련 결과의 항목을 특정하게 일치시켜야 한다. 코드는 프로젝트(사업계획)의 최소 에너지 예산안을 정해 줄 수 있다. 만일 코드가 에너지 예산안을 정하지 않거나 그 최소 에너지가 지나치게 많이 나온다면 알맞은 에너지 예산안을 정하기 위해 고객과 함께 일을 해야 한다. 그것은 1년에 총 바닥면적(GSF=Gross Square Foot)당 영국 열량 단위(BTUs=British Thermal Units)의 형식으로 나타날 수도 있고 또는 11년에 평방피트당 현재 가격의 형식으로 나타날 수 있다.

이러한 에너지의 예산이나 경비는 건물의 난방, 냉방, 조명이나 기기의 가동을 위해 연간 바닥면적에 대한 에너지 계획이 어느 정도로 쓰이는가에 대해 사람들의 생각을 클라이언트는 고려한다. 이러한 코스트는 연간/총면적에 대해 BTUs에서 조치할 수 있다. 공적 에너지는 학교의 열기온을 위해 총 35BTU ft^2/연간으로부터 절제하지 않는 병원의 열기온을 위해 총 140BTU ft^2까지의 범위가 사용된다. 그 산출을 위한 콘텍스트로서 현재 클라이언트가 단위면적당 지불하고 있는 에너지 경비를 아는 것은 작업을 돕는데 틀림이 없다.

특정 프로젝트와 관련된 정보에 관한 에너지 사용에 따른 중요한 4가지 요인

1. 건물이 사용되는 전체 비율(건물이 연간 사용률)
2. 건물 일정 운영의 계절별 변화
3. 에너지 과소비 시간적 비율(각기 다른 에너지 소비의 연간 사용률)
4. 이러한 소비 활동이 일어나는 하루 중 특정 시간

건물의 연간 소비량은 건물의 에너지 소비에 큰 효과를 가져 온다. 사무실 건물은 주당 거의 40시간을 사용하고(병원과 소방서 같은 곳은

하루 24시간 내내 이용할 것이다(연간 이용률 100%). 건물 사용 용도의 계절별 변화는 1년 내내 필요한 냉 · 난방 시스템에 영향을 받는다. 초등학교와 중학교뿐만 아니라 많은 종류의 recreational buildings은 연간 건물의 모든 시설을 사용하지 않을 것이다.

특정 에너지의 연간소비 요인, 즉 소비활동은 건물이 다목적성을 띠고 있는 경우 한 번은 고려해 봐야 할 문제이다. 에어로빅 연습 공간이나 사무활동을 위한 공간을 수용하고 있는 건물은 어느 한 구역이나 또 다른 구역에서 각기 다르게 에너지를 소비한다. 활동이 주로 일어나는 하루 일정 시간은 다시 말해 에너지 소비요건과 스케줄을 소유하는 그룹 활동을 이끌어낸다. 또한 에너지 공급자의 부담금(과세금)이 사용된 에너지의 양뿐만 아니라 에너지가 요구되는 시간에 좌우되는 경우 하루 사용시간에 대한 정보는 유용한 정보가 될 수 있다.

바람직한 업무활동, 스케줄, 그리고 그러한 활동에 대한 안정적 단계의 유형은 예전부터 연구되어 오고 있다. (158~165페이지에 있는 "Schedule과 Activities"와 195~200페이지에 있는 "Temperature"를 참조) 이 정보는 에너지 사용을 고려하여 재검토되어야 한다. 건물의 연간 소비량을 결정하기 위해 연간 일어날 업무활동의 총 시간을 설정해야 한다. 그리고 1년 동안 업무활동으로 사용할 에너지의 시간적 비율을 알기 위해 설정한 총 시간을 연간 총 시간(1년 8760시간)으로 나누어야 한다.

EXAMPLE

작업은 주당 44시간으로 정규 업무 시간이 정해져 있다.(주당 5일은 오전 9시부터 오후 5시, 토요일은 오전 8시부터 정오까지)

$$\frac{\text{시간업무/주별} \times \text{52주/1년}}{\text{8,760시간/1년}} = \text{업무활동에 관련된 활동과 건물 사용의 연간 사용량 2,611시간 또는 26\%}$$

EXAMPLE

법률 회사의 문서처리 직원은 일년 중 6일의 휴일을 제외하고 하루에 16시간 일을 한다.

$$\frac{\text{359일 작업/1년} \times \text{시간/1일}}{\text{8,760시간/1년}} = \frac{\text{문서작업의 연간 에너지 소비량}}{\text{6,557시간 또는 66\%}}$$

건물 사용과 업무활동에 관계된 연간 에너지 소비량은 이러한 업무활동과 건물의 이용으로 소비된 총 에너지량을 측정하기 위한 목적에 반영된다.

6.16 법령에 의한 정보

Code Information

설계 과제의 해결책에 대해 막대한 영향을 미치는 정보는 국가의 법률이나 지역의 조례가 포함된다. 프로그램을 하는데 있어 독자가 유력한 종류의 법규에 친근한 경우나 독자가 비건축가인 경우에 이러한 정보는 프로그램의 보고서로부터 삭제시킬 것인지 아니면 부족한 것을 채울 정도만 다루게 한다.

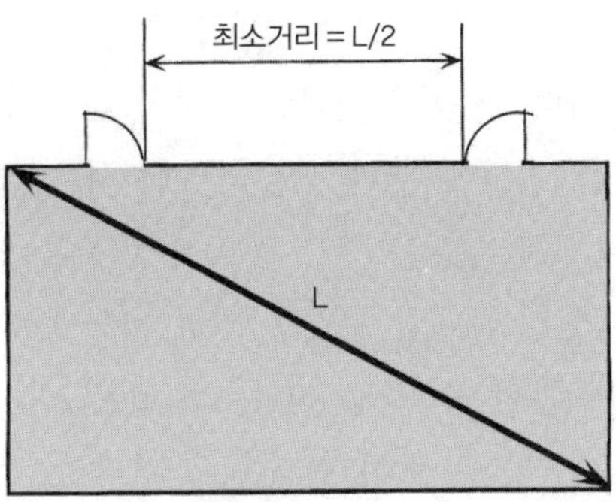

그림 6.36 건축법규에 의한 비상구의 거리를 요구한 예

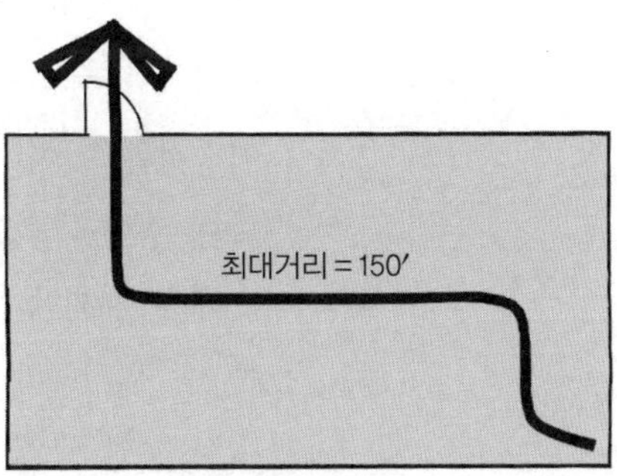

그림 6.37 UBC=The Uniform Building Code 건축법규에서는 건물 화재 때의 피난거리를 건축 용도에 따라서 규정하고 있다.(예 : 최대거리=150feet)

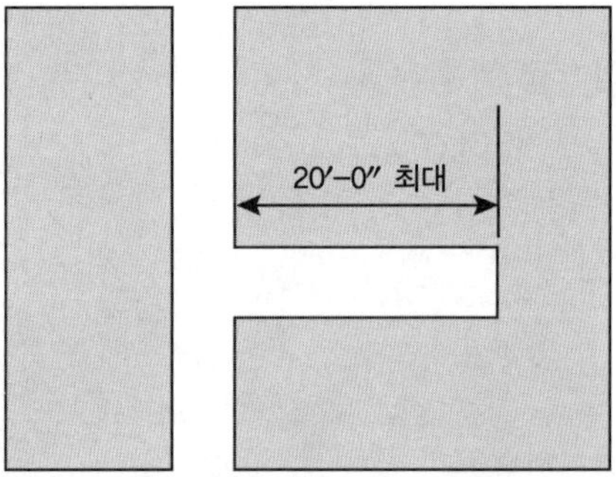

그림 6.38 건축 법규에서는 막다른 형의 복도의 거리를 규정하고 있다.

주목해야 할 일은 국가의 중요한 3~4가지 법규가 있다. 국가가 정하는 건축법은 매우 공적이다. –도시계획법이나 건축기준법, 각 지방의 자치단체에 의한 건축조례 등–. 건축 프로그래머가 프로그램의 보고서로 법규에 대한 정보를 나타내는 경우는 대지를 관할하는 건축가를 방문하면 프로젝트와 관련된 법규를 연구할 수 있다. 이 법은 건축공무원(UBC=Uniform Building Code)과 법률 관계자(BOAD=Building Officials and Code Administrators)와 남부건축법에 의해서 제정된 법은 여러 분야에 이용된다. ANSI American National Standards Institute는 법률상의 무자격자나 시민의 편의를 도모하는 디자인을 위한 기준을 개발했다. 덧붙여서 주 자체나 지방자치체들은 정부법률과 그러한 특수 규정을 더하여 주의 법률을 채택할 것이다.

비록 이러한 접근은 기술적, 법률상 연루된 조항의 증가와 함께 더욱 드물지만, 몇몇 시 당국은 시당국 내 완벽한 규약을 성문화해둔다. 건축 프로그래머가 코드 정보를 건축 프로그램 문서에 포함하는 단계에서 해야 할 첫 번째 일은 공사할 대지의 관할 행정구에 존재한 건축 관련 허가 기관에 의뢰하여 어떤 코드를 사용하고 있는지 알아내는 것이다.

건축물 코드에 정보가 포함되어 있을 때, 선택된 정보는 설계 작업에 항상 적합해야 한다. 예상된 설계의 규모에 영향을 주는 코드 정보만이 건축하는데 있어서 유용하다. 처음에 어떠한 정보와 관련 있는지 결정하는 것이 어렵다. 이러한 결정에 대한 최상의 해결책은 설계를 하는 경험을 갖는 일이다.

대지 계획에 영향을 줄 수 있는 중대한 문제는 조닝 코드에서 찾아볼 수 있다.(169페이지의 대지 분석 중 조닝 참고) 그러나 또한 어떤 대지는 한 구역에서 또 다른 구역으로 불이 번지는 것을 막는 토지구획의 법률상 경계선과 관련 있는 코드의 규정에 의해 영향을 받을 수 있고, 소화장비들로 건물 곳곳을 채운 필수적인 진입로에 의해 영향을 받기도 한다.

초기 범위에서는 프로젝트에 어느 정도를 관여할 것인지의 판단하기 어렵다. 최선의 해결법은 건축설계를 직접 체험해 보는 것이 도움이 될 것이다.

건물의 배치계획에 영향을 미치는 주요한 문제는 집단 규정 중에서 볼 수 있다. 배치계획은 화재시의 연소를 방지하기 위한 부지경계선으로부터 건물의 이격이나 소화활동을 하기 위한 경로나 공지 등의 요구에 영향을 미친다.

건물의 기본 평면계획은 법규에서 요구하는 피난방법과 복도 길이의 요구에 따라 많은 영향을 받는다. 법률에서 요구되는 비상구와 복도 치수의 한 사례인 그림 6.36, 6.37, 6.38(203, 204페이지)에 대해서 고찰해 본다. 이와 같은 모든 요구는 건물의 평면 형상에 크게 영향을 미친다. 침실의 창문을 위한 최소 범위는(아파트나 병원 환자실 등) 건물 입면의 기본 디자인에 영향을 미칠 수 있고, 또 하나는 화장실 위생기기의 최소한 수를 규정하는 위생규칙도 건물의 기본계획에 영향을 미친다. 집회시설에 사용하는 위생기기의 수는 시설 면적을 기준으로 하여 산출한다.

개념적 기초디자인은 공간의 총액에 대하여 기초가 되는 것을 받아들이는 것이 가능하다고 했다. 이러한 가정은 최소 방재건물의 코스트에 관한 기초가 될 것이다. 만약, 건물 밖으로 나가는 피난 시험을 해야 하는 경우에는 건물에 더 많은 비용이 소요될 것이다. 그 개념적 기초디자인은 프로그램이 가능하지 않을 것이다. 이러한 이유들은 화재피난 요구와 화재시험등급에 관한 법률 연구에 포함하는 중요한 아이템이 될 것이다.

건물을 위한 고정된 수도설비의 최소량에 대한 수도 규정 세트는 개념 평면계획에 영향을 미친다. 동일한 설비 규정 Uniform Plumbing Code=UPC 의 사례에서 가장 적은 수로 고정하는 수량 규정은 동일한 설비규정 Uniform Plumbing Code=UPC 의 결정에 관한 점유 수량에 대한 기초 사항이이다. 바닥 점유면적에 대한 수에 의해 나누어지고 총 면적을 설정할 수 있다. 그것은 UPC에 설명되어 있다. 이러한 점유된 수결정은 초소수로 고정하여 이용된다. 그림 6.39에서 생각한 것은 117명이 점유하는 상담 치료를 위한 지역 본부 시설의 전체 총면적에 관한 자료이다. 프로그래머에 의해 추천된 고정요소들은 여성을 위한 UPC 요구보다 더 높은 것이다. 왜냐하면 점유 가능한 여성의 1/2보다 높기 때문이다.

어떤 기획 설계 단계에서 현존 건물의 실내공사에 관한 문제는 사용될 창호의 유형과 얼마나 많은 유리가 메인 복도에 사용될지 등 매우 중요한 관점들이 코드에 의해 도출될 것이다. UBC는 방화 목적인 복도 내 문설주에 사용될 재료에 관련된 정보를 지니고 있다. 이런 정보들은 프로젝트 설계나 시공도서작성 단계가 진행되는 동안 문설주 디자인의 세부적 상황과 관련을 갖게 된다. 이러한 정보는 계획설계 단계 또는 프로젝트의 전문적 대지계획 단계와 상응하지 않는다.

ANSI 기준에 의해 제출된 미국의 신체장애인법 ADA=The Americans with Disabilities Act)은 여러 가지 스케일에 따라 설계에 영향을 미친다. 건물로의 액세스에 관한 요구는 대지계획에 영향을 미친다. 출입구, 복도폭, 휠체어의 회전길이, 피난장소의 요구는 건물의 기본계획에 영향을 미친다. 접수대 및 카운터의 높이, Workstation, Rest room에 관한 요구는 상세설계에 영향을 미친다.

프로그래머나 설계자는 엄격한 설계규칙에 불만이 많겠지만, 대부분의 건축규칙이 설계시 제대로 지켜지지 않았던 과거의 재난에 의해 만

좌변기		소변기	세면기	
남	여		남	여
3	4	1	2	2
3	6	1	2	4
	2-Staff Area 4-Meeting Area			2-Staff Area 4-Meeting Area

*표는 권장하는 최소 요구값이다.

그림 6.39 걸 스카우트 중심시설 head-quaters building 을 위한 급배수 설비의 예(점유자 117)

들어지고 있음을 인식해야만 한다. 건축 법규를 지키는 것은 과거의 잘못을 반복하지 않도록 사전에 예방하기 위한 것이다.

6.17 사례 연구

Case Study

다음의 경우는 사례 연구에 의한 정보를 소개한다. 프로그램 중에서도 정보를 다룬 장은 다른 장에 비해 많은 분량의 내용이 소개되어야 하는 특성을 가지고 있다. 이 장에서는 개론 정도의 간결한 소개를 위해 독창적인 원형 보고서에 함축되어 있는 정보의 일부분만을 소개하였다. 항목은 데이터 종류의 다양성을 나타내기 위한 정도의 한계에서 선정하였다. 설계는 지역의 조례나 기후에 대해 자세히 또 하나는 지역에 소재한 건축가가 담당하기 때문에 어떤 사례라 해도 기후나 법규에 대한 각론적인 정보는 표기하지 않았다.

Case Study #1
주립기록센터와 아케이브 : 정보

A State Records Center And Archives : Information

이 Information section에서는 〈제6장 정보수집과 분석〉 (또는 Problem Seeking의 용어인 "사실-Fact")에는 활동, 예측, 표준기기의 규모, 옵션의 간격, 국립공문서보관과 기록 관리의 규칙으로부터 기술을 함축하고 있다. 이러한 정보는 다음과 같은 부문이나 부서에 적용시켰다.

- ◆ 로비와 공공 서비스
- ◆ 관리 서비스
- ◆ 기록센터
- ◆ 아케이브
- ◆ 자치단체 규칙과 간행물

◆ 역사관계의 서비스
◆ 마이크로 그래픽의 서비스
◆ 유지관리

최근 건축된 다른 archives에 대해서 프로젝트 코스트가 분석되었다. 대지는 또 결정하기 위해 대지선택의 기준조건을 정의했다.

Activity의 서술과 archives를 위한 예측 그래프를 나타냈다.(그림 6.40) 스페이스의 서술 예로서 아래에 Archivists' Offices를 서술로 나타냈다.

1) 사무소의 기록보관인 Archivists' office

기록문서 보관실은 문서의 리서치, 리뷰, 컬렉션 등을 기록보관인들은 연구·정리한다. 그들은 방문자들에 대한 기록이나 문서 등의 출입을 보조함으로써 보유한 장서의 자료에 대하여 유지·관리한다.

기록문서는 방문자에게 서비스를 제공함으로써 기록공문서들의 리서치 프로젝트에 눈을 돌리고, 더욱이 자신들의 리서치 프로젝트에 집중

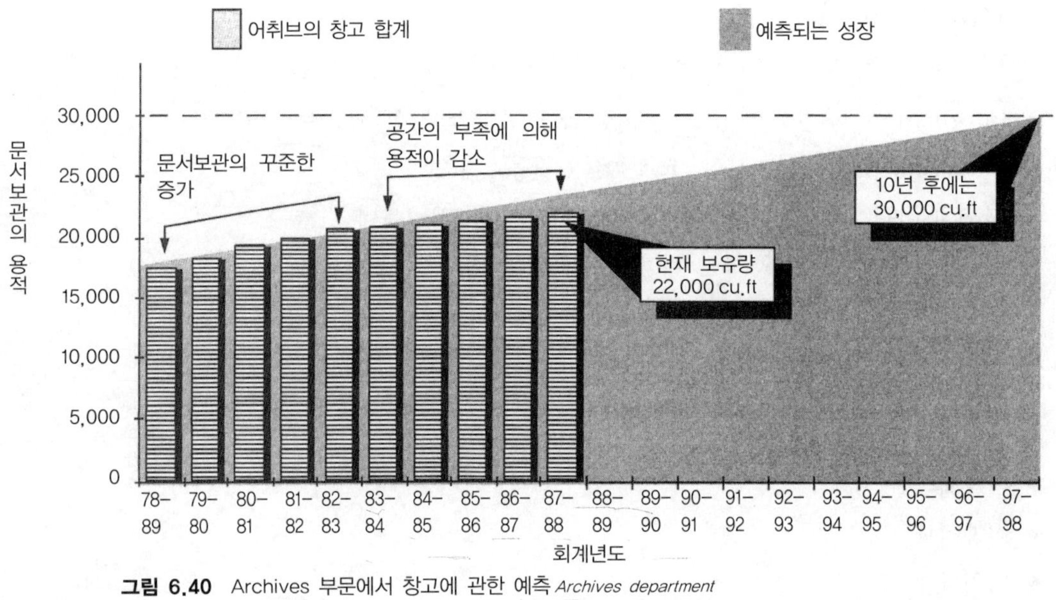

그림 6.40 Archives 부문에서 창고에 관한 예측 *Archives department*

할 필요가 있다. 전형적인 오피스 사무기기와 더불어 참고문헌을 위한 레이아웃 공간과 선반이 공급된다.

더욱이 기록보관인은 공문서나 수집물 등의 데이터화를 위해 컴퓨터 단말기와 그 조사 연구지역, 색인을 달고, 목록표 작성에 필요한 연구 범위를 필요로 한다.

2) 보전 랩 Conservation Lab.

Activities

- 신규와 기존의 문서 보존
- 문서의 보호 케이스로의 수납
- 규격 외 문서용 특수 케이스 문서작성
- 책 표지 제본의 수리와 새로운 자료의 표지 제본
- 문서의 산성화 방지
- 손상된 문서의 청소와 제본
- 미생물에 대한 문서의 연기소독
- 문서의 건조
- 과도한 건조나 화재로 손상된 문서의 가습
- 문서의 mats & frames 제작
- 그래픽의 작성

Case Study #2
수족관 : 정보
An Aquarium : Information

이 프로그램에서는 정보의 섹션과 전략의 섹션이 중첩되어 있고, "사실/전략"이라 한다. 여기에서는 사실적인 부분을 소개한다. 그것에 대해 다음과 같은 주제에 대한 정보를 포함시켰다.

- 프로젝트 위치
- 조직구조

- 생물학공원의 마스터플랜
- 장래를 향한 성장계획
- 전시의 story line 테마나 이야기 성향을 가진 전시의 계통
- 기능적 구성에 관한 기술

대지분석은 설계가 이루어지게 되는 것을 프로그램 보고서에는 포함하지 않았다. 왜냐하면 건축디자인은 일정이 정해져 있기 때문이다.

기능적 컴포넌트의 기술에서는 각자 요구하는 지역을 검토시켰다. 그 지역의 분류는 전시, 생명유지 시스템, 쾌적함, 관리 등이다 두 가지 예는 여기서 나타냈다.

전시 에어리어 Exhibit Area

그림 6.41에서 보여주고 있는 물질은 프로그램의 프로세스에서 발견된 각 전시부문의 도입을 나타낸 자료이다. 또 우리가 찾아낸 정보는 그림 6.42에서 볼 수 있는데, 이는 산호초가 요구하는 것을 나타내는 정보이다.

생명유지 시스템 Life-Support Systems

생명유지 시스템 부문에서는 다음과 같은 일반사항을 프로그래밍의 프로세스에서 나타났다. 생명유지 시스템에는 각 전시 가까이에 위치하여 관리하는 관장의 서비스 에어리어, 동물을 다루는 수의학 서비스, 어류의 일시적인 보관이나 격리용 공간, 기계설비, 전기설비, 물의 여과 시스템이 포함된다.

생명유지 시스템이나 수생동물의 생명을 유지하지 않는 수족관이 가장 중요한 부문이다. 여기서 보여주고 있는 것은 수질과 수의학 서비스에 관한 기술을 발췌했다.

수질 Water Quality

- 물의 청결성은 공적인 견학을 위해 본질적인 요소이다.

◆ 물의 맑은 청결성은 다음의 내용에 따라 영향을 받는다.

- 물탱크의 규모
- 물탱크 속의 생물 여과장치 수
- 시간당 여과하여 교환할 수 있는 물의 양

프로그램에서는 더욱이 수질, 염수의 시스템, 여과 시스템에 관해 일반적으로 살펴본 내용에 대해 기술했다. 건물의 설계스케치 Schematic Design 에서는 이러한 시스템디자인의 기능적 배치를 고려할 수 있지만, 고도의 기술적인 시스템에 대한 상세한 검토는 하지 않는다.

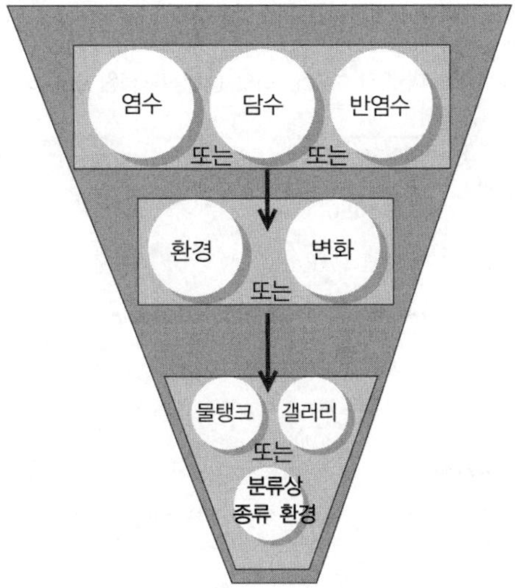

그림 6.41 수족관의 전시 스페이스는 카테고리와 보조 카테고리로 분류되고 있다. 다이어그램 안의 각 용어는 사전에 정지시켜 나타내었다.

수의학적인 치료 Veterinary Service

생명유지 시스템을 포함된 수의학 서비스를 위해 다음 정보를 발견했다.

◆ 일시적인 보관/격리를 위한 스페이스 Holding/Quarantine_1500 net square feet

어류의 일시적인 보관과 격리를 위해 플렉시블한 오픈 스페이스의 요구, 수족관 전체에는 3,000종류 이상의 어류를 보유한다. 그러한 것들 중 수백 종류의 물고기는 동시에 일시적 보관이나 격리가 이루어진다. 이러한 어류들은 과잉으로 질병에 걸릴 부담이 있다.

◆ 약국 Pharmacy_60 net square feet

의약품 준비나 보관창고의 요구와 이 스페이스는 보안과 재고관리를 위해 전용으로 구성된 단독 스페이스의 건축물일 수 있다.

◆ 박제 제작실/냉동창고 Necropsy/Freezer_150 net square feet

박제를 제작하는 전용 단독 스페이스의 요구, 이 스페이스에서는 작은 어류나 동물을 취급한다. 보다 큰 어류나 동물은 동물원에서 취급한다. ; 이 면적은 냉동고와 냉장고가 포함된다.

◆ 연구실험실 Research Lab_450 net square feet

표본연구나 실험을 하는 다목적실의 요구, 여러 가지 기록을 보

알브큐어큐 생물학공원 마스터플랜 *The Albaquerque Biological Park Master Plan*
흥분되는 물속공원 *Tingley Aquatic Park*
알브큐어큐수족관 그리고 리오 대형식물정원 *rque Aquarium, & Bio Grande Botanic Garden*

수족관 첫 단계 시설 프로그램
파도풀장이 요구하는 일람표

총 단위면적*Total Assignable Square Footage*

전시에어리어*Exhibit Area**	단위면적*Net Assignable*	1,050
순환통로*Circulation**	단위면적*Net Assignable*	1,500
관리 서비스 에어리어*Curatorial Service Area**	단위면적*Net Assignable*	450
생명지원 에어리어*Life Support Area**	단위면적*Net Assignable*	1,500
	총 순수면적*Total*	4,500

각주/비고*Notes/Remarks*

- 이러한 공간의 정의를 위해 개요를 참조하시오.

다이어그램Diagram

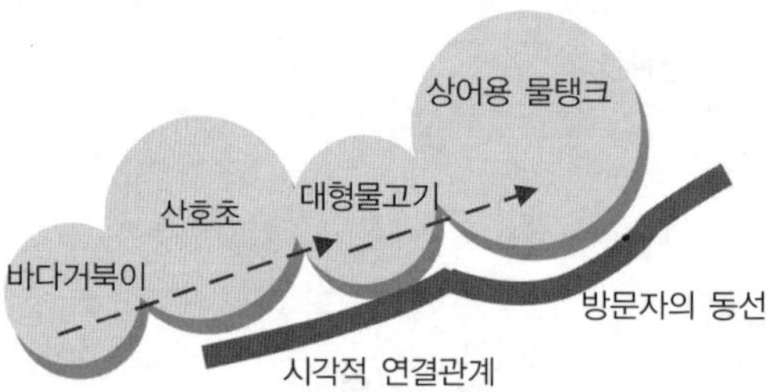

- 시각적 연속을 희망한다.
  산호초–대형물고기–상어용 물탱크

- 최소 15 foot 폭을 희망
- 자연환경을 재현하기 위한 배경과 함께 은밀한 숨을 장소를 제공해준다.

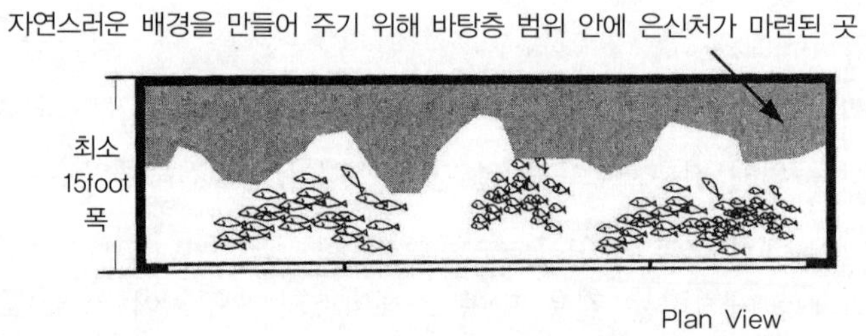

그림 6.42 산호초의 요구 시-트

존하기 위한 스페이스도 요구한다.

◆ 먹이 준비실/주방/창고 Food Prep/Kitchen/Storage_400 net square feet

수생생물 먹이의 준비실과 건조와 냉동창고 에어리어를 위한 기능적인 에어리어의 요구.

Case Study #3
할리 데이비드슨 모터사이클 판매점 : 정보
Harley-Davidson Motorcycle Dealership : Information

정보센터(or Facts section, so termed in the Problem Seeking)에서는 액티비티나 모터사이클의 설치기준, 가장 효과적인 설치간격을 결정하기 위한 주차장 계획을 포함했다. 대지 분석은 프로그래밍과 병행해서 설계자가 실행한 다음 보고서에 기록하였다.

그림 6.43과 그림 6.44는 motorcycles의 면적 기준을 포함하여 주차 형식을 나타낸 그림이다.

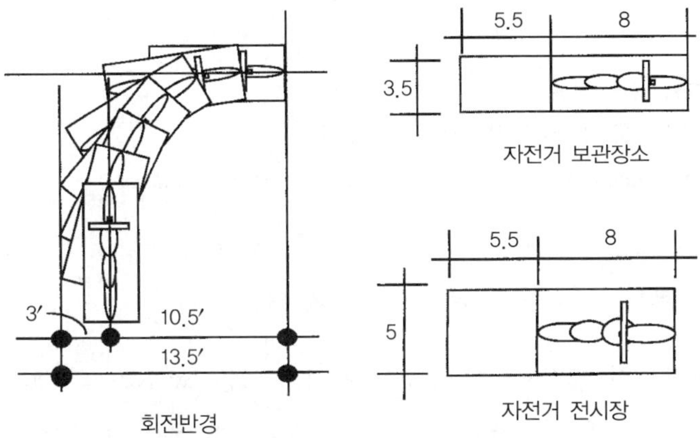

그림 6.43 어려운 상황에서 motorcycles를 위한 여러 가지 Spacecriteria

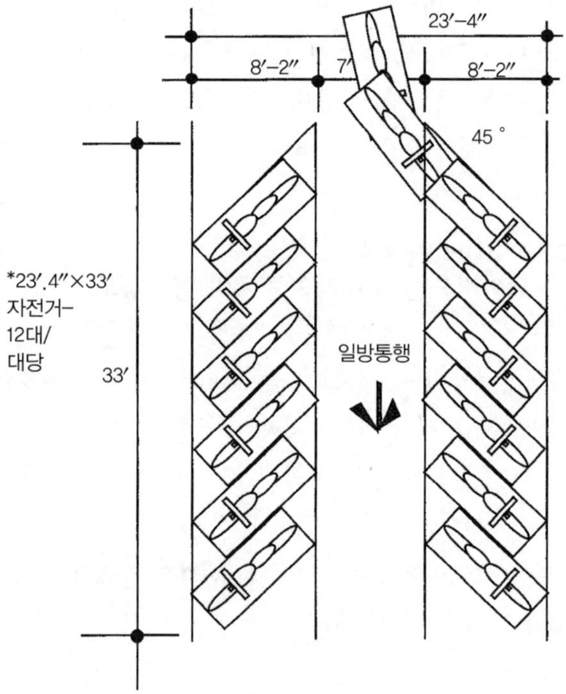

그림 6.44 Bike storage의 효율 스터디 : 45° 의 One-way Bay. 동일한 모습의 스터디가 90° 나 45° 의 two-way bays에서도 행한다. 이러한 스터디는 효과적인 구조계획이나 룸 사이즈를 검토할 때에 유용하다.

Case Study #4
대학의 교실/도서관/행정사무실 : 정보

A University Classroom/Laboratory/Office building : Information

정보 부분(또는 "Facts", 이곳에서 사용된 problem seeking의 형태에서 그런 식으로 부름)은 다음의 내용을 포함한다.

- 프로젝트의 예정지로서 후보에 올리고 있는 two sites의 utilities에 관한 기술을 포함한 대지분석과 비교−Site analysis and comparison (그림 6.45 참조)
- Staffing numbers의 현상과 장래 예측
- 설치하는 각 학교에 따른 학생 수의 현상과 장래 예측
- 각 학교에서 사용하는 assignable square feet
- 각 학교에 관한 activities, 과제 및 질문의 기술

◆ 각 실의 정보

- 한 실당 수용이 가능한 인수
- 각 실의 수
- 각 실의 1인당 단위면적과 네트면적, 그로스면적에 따른 연면적, 이 정보는 나중에 양적 요구의 스태프에 고정시키고 있다.
- Academic units 단위를 위한 조직표
- 각 학과 사무실의 상관관계 그림. 이 다이어그램은 뒤에 전략 스태프에서 검토되지만 여기서는 학교 내의 관련(그림 6.47 참조) 사항을 언급하고, 다른 학과간의 관련 전략 또는 concept 스태프에 대해 언급했다(그림 7.41, 페이지 251 참조).

학교에 의해 조직된 각 공간에서의 정보

◆ 인간과 커뮤니티 서비스 대학 : 일반

◆ 인간과 커뮤니티 서비스의 대학 : 학장 사무실

◆ 사회복지학과

◆ 건강과학학과

◆ 간호학과

◆ 예술, 과학학부 : 일반

◆ 사회학과 인류학과

◆ 영어학과

◆ 경영학, 경제학부 : 일반

◆ 관리학과

◆ 회계와 비즈니스 컴퓨터 시스템학과

◆ 식당

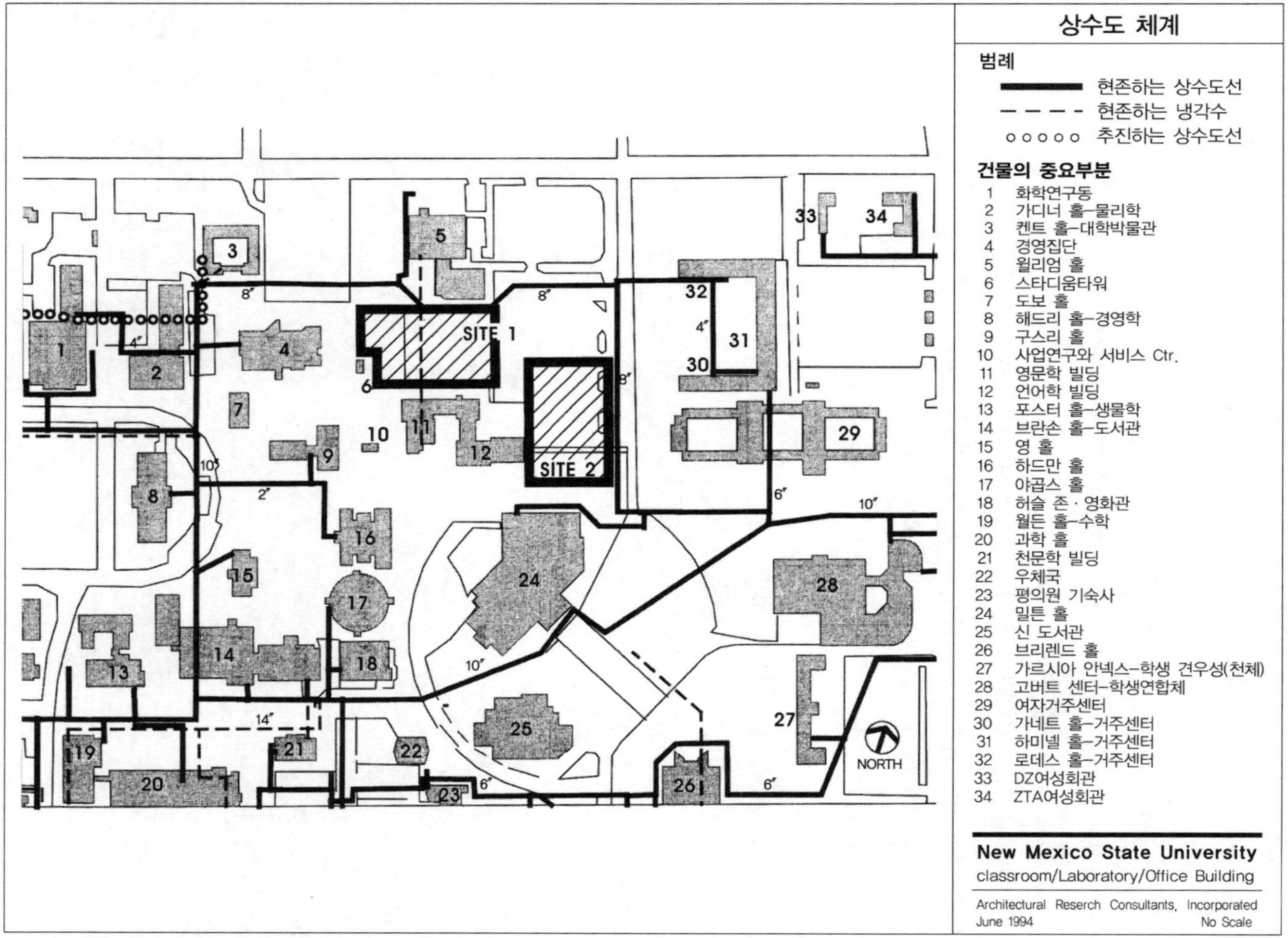

그림 6.45 수도시설배치도. 이 다이어그램에 표시된 대지 1과 2는 최근에 제공된 수도시스템이다.

인간과 커뮤니티 서비스 대학

실 명	룸 개수	인수	면적/인수	방의 크리테리아	총면적	총단위면적
간호학과						
학과 행정실	1	1	200		200	200
학부장	1	4	100		400	400
관리*	1	2	50		100	100
연구실	1	5	20		100	100
로비/대합실	1			120	120	120
창고	1			180	180	180
작업실/AV 창고	1			100	100	100
상주사무실(FT)	20	1	150		150	3,000
비상주사무실(PT)	6	2	75		150	900
대학원연구실	2	2	60		120	240
간호실험실	1			1,200	1,200	1,200
개방된 방복실험실	1			400	400	400
일반실험실 창고	1			400	400	700
					단위면적	7,340
					우발적인 비거주 면적	3,454
					전체면적	10,794

비거주–화장실, 기계실 구역, 보관공간, 복도, 내외부 칸막이벽.
*유저는 재언오피스에서 이 공간의 분할을 바랄지도 모른다.

그림 6.46 간호학과를 위해 필요한 룸의 개요 *space program*

6.18 요약

Summary

이 장에서는 많은 양의 정보나 데이터를 수집할 때 발생되는 일반적인 논점을 다루었지만 프로젝트에 따라 그러한 정보의 일부만이 관련있을 수 있다. 또한 분류를 위한 체크리스트를 제공하지만, 체크리스트는 프로그램의 명확한 독자성에 따라 최적화될 필요가 있다. 일반적으로 설계자에게는 관계없다고 여겨왔던 지역의 기후나 법규에 관한 정보를 필요로 한다. 그러나 그 분야에 상세한 식견을 가진 설계자인 경우에는 구태여 필요로 하지 않을 것이다.

정보는 가지런하고 질서 있게 잘 정리된 흐름으로 프로그래머 앞에 나타나는 것은 아니다. 필요한 정보가 부족한 경우 그러한 상태에서 데이터화된 직후의 정보 홍수는 흔히 있는 일이다. 눈덩이 같이 커진 정보 덩어리를 직면할 때, 프로그래머는 조용한 장소를 찾아 "이것은 무엇을 의미하는 것인가?", "이러한 정보를 어떻게 정리하면 좋은가?", "무엇이 결함인가?" 등에 대한 여러 가지 질문과 사고를 해야 한다.

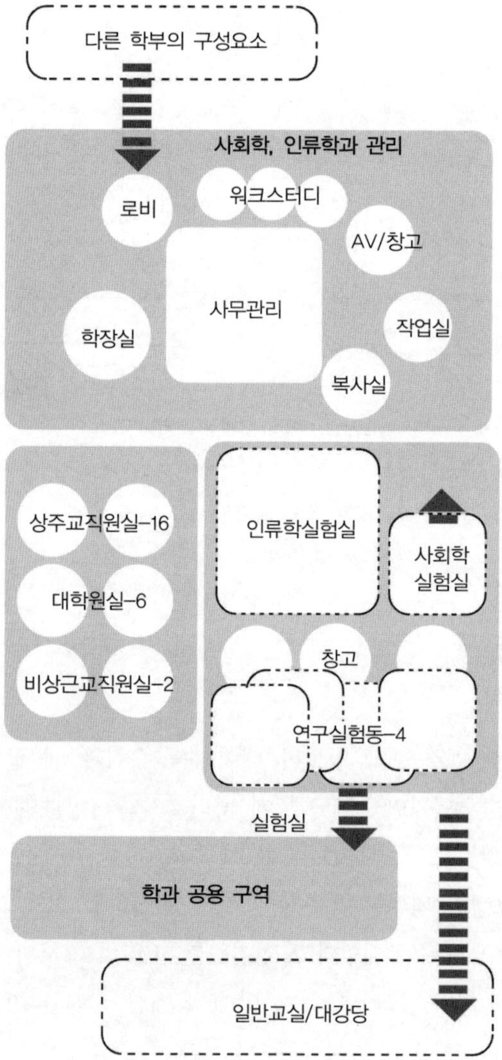

그림 6.47 사회학과 인류학과의 관계성

MEMO

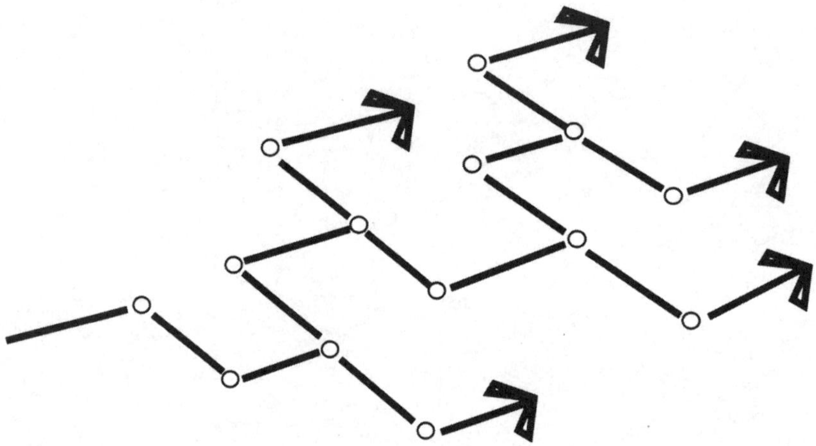

그림 7.1 전략. 지금 알고 있는 정보에서, 이루고 싶다는 것과 목적과 목표를 달성하는 방법은 무엇일까?

7

프로그램 전략 특성

Identifying Programmatic Strategies

클라이언트가 마땅히 해야 하는 일(제5장)이나 그를 위한 관련 정보(제6장)를 이해했다면, 다음 단계는 목적과 목표를 어떤 방법으로 달성해야 하는가를 확실한 판단과 결정을 내려야 하는 단계이다. 이 단계는 프로그램 전략을 정의하는 과정에 해당된다. 전략을 발견한다는 것은 프로그래밍에 있어 가장 창조적인 단계이다. "어떻게 하면 최종 단계까지 임무를 완수할 것인가?"에 대한 추상적인 형태에 대한 고찰 내용을 전개하고, 이 단계에서는 프로젝트의 질을 결정한다. 다시 말해, 금전적인 내용보다는 클라이언트나 유저의 만족도라는 의미에 중점을 두었다.

인근지역의 클리닉 프로젝트를 위해 다음과 같은 몇 가지 아이디어 접근에 대해 생각해 보도록 하자.

1. 조직의 목적/목표
   이 단계에서는 환자와 환경의 현 상태에서 환자가 친숙하고 쾌적함을 느끼도록 하는 의료를 실시한다.

2. 시설의 목적/목표
 - ◆ 건축물은 환자를 염두에 두고 반드시 스태프와 함께 설계한다.

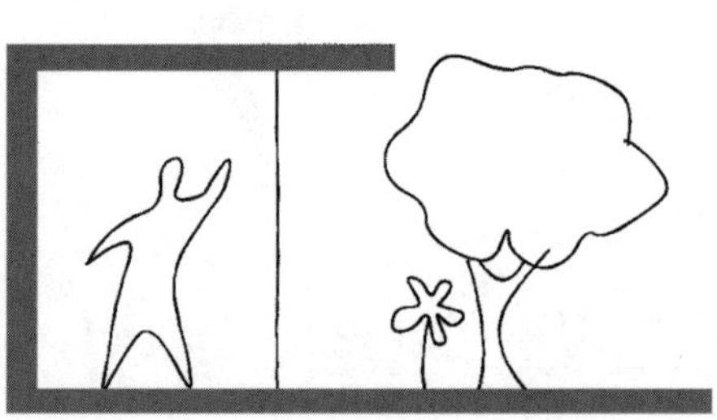

그림 7.2 마음 편한 의자와 릴랙스한 조망이 있는 스태프용 라운지를 마련하고 있다.

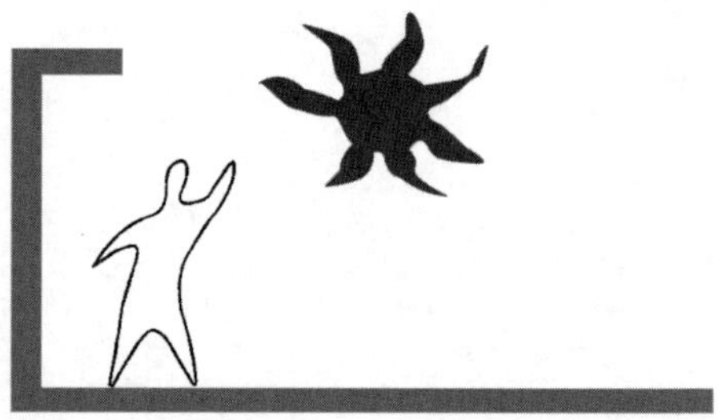

그림 7.3 작업공간에는 자연광을 필요로 한다.

- ◆ 점심과 휴식시간을 위해 반드시 어메니티가 있는 충분한 면적을 제공한다.
- ◆ 의료행위 공간은 반드시 즐겁고 더욱 효과적으로 만들어간다.

3. 정보 Information

- ◆ 의사······································5명
- ◆ 간호사···································8명
- ◆ 기록부서원······························3명
- ◆ 회계부서원······························2명
- ◆ 사무 지배인·····························1명
- ◆ 스태프 수는 고정으로 한다.

  클리닉 직원의 증원은 별도의 새로운 병동을 개설할 때 한다.

4. 프로그램 전략 Programmatic Strategies

- ◆ 마음이 편안한 의자와 릴랙스하고 부드러운 조망의 스태프용 라운지를 반드시 마련한다.(그림 7.2)
- ◆ 사무공간은 자연채광의 혜택을 필요로 한다.(그림 7.3)

5. 설계 개념 Design Concepts

설계자는 다음과 같은 디자인 컨셉의 제안이 필요하다.

- ◆ 아름답게 꾸며진 중정이 보이는 스태프용 라운지. 맑은 날에는 라운지에서 점심을 먹을 수 있도록 중정과 상호관입하도록 위치

그림 7.4 상호관입적인 베란다 스케치

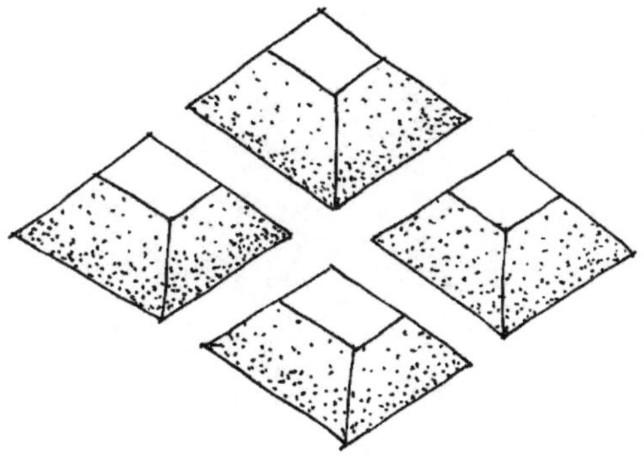

그림 7.5 천창의 예

를 정한다.(그림 7.4)

◆ 환자의 프라이버시를 방해하지 않고 사무실이나 업무지역에 자연채광을 끌어들이기 위한 연속적인 천창을 설치한다.(그림 7.5)

이러한 프로그램상의 전략 앞의 4개 아이템 은 일반적인 기술이지만, 나중에 건축가에 의해 구체적인 물리적 해결책에 대한 제안 여지를 배려해 주고 있다. 그림 7.4와 그림 7.5는 대부분의 물리적 가능성에 대한 사례이지만 동시에 이 스퀀스 Sequence 에서는 스태프에 따른 현상유지에 대해 위탁이 조기에 이루어지게 하여 그 약속이 지속되는 것을 의미하고 있다. 설계에 대한 평가는 본질적인 근본 목적을 어떻게 능숙하게 달성할 것인가에 의해 이루어진다.

프로그램상의 전략을 작업하는 어려움은 그것을 추상적으로 생각해야 한다는 것이다. 어떤 의미에서 그것은 성능의 규범이 된다. 물리적 선택의 얼개를 불필요하게 한정시키지 않는 것이 중요하다. 그것은 프로그램상의 전략을 검토해 보고, 그것으로부터 설계 중에 해결해야 할 몇 가지 방책에 대해 "어떻게 이미지화할 것인가"를 스스로 시험해 볼 수 있다. 만약 해결책이 2, 3가지뿐이라면 프로그램 전략을 구체적으로 진행할 수 없다. 이와 같은 분위기가 지속될 때는 디자이너가 생각

다이어그램들은 건축가들이 가장 확실하게 시각에 의해 적응하는 수단으로 사람과 의사소통하는데 항상 유용하다. 다이어그램은 또한 고객이 어떻게 자신의 생각이 사실적으로 보여질 수 있는지 이해시키는데 도움을 준다. 시각적 학습에 관한 경험이 적은 고객과 일하게 될 경우, 다이어그램은 고객이 생각과 시각 사이에 존재하는 연결고리를 만든 후, 실제 물리적인 디자인에 대한 반응을 하도록 교육시키는데 도움을 줄 수 있다.

하는 해결책의 폭을 넓히기 위해 전략을 다시 진술해야 한다.

프로그램 전략에 대한 정의를 내리기에 앞서 지금까지 서술한 데이터의 목적과 목표를 리뷰해 둔다. 이 때 나타나는 아이디어에 대해 각각 여러 가지의 전략이 재검토하여 준비되어 있어야 한다. 또, 어떠한 전략은 몇 가지 목적으로 하는 경우도 있다. 회의진행 기록집이나 기타 문서를 재검토할 때 이미 그곳에는 많은 전략이 나타나 있다는 것에 관심을 기울여야 할 것이다. 왜냐하면 클라이언트는 목적과 전략을 동시에 나타낼 수 있기 때문이다.

다음의 진술에 대해서 생각해 본다.

- "24시간 서비스구역과 8시간 서비스구역을 분리함으로써 에너지 비용절감을 바란다."
- "건물을 위장해 자연환경을 배려한 건물을 원한다."
- "우리는 400명 규모의 종업원을 계획하고 있지만, 성장을 위해서는 50명의 증가를 기대하고 있다."

위의 각 진술에 대한 목적이나 목표 또는 그것을 달성하는 방법까지 포함하고 있다. 또한 전략적인 방법을 구상하고, 그 효과를 서로 비교하기 위하여 아이디어는 분리할 필요가 있다. 이러한 여러 사례를 통해 더욱 명백하게 알아야 할 필요가 있다.

- "시설 내에서 24시간 서비스구역을 분리하는 것은, 8시간 가동할 수 있는 구역의 에너지 절약을 위해 좋은 방책이 될 것이다. 그런데 만일 분리시켰을 때 공용으로 해야 할 필요가 있는 또 다른 것과 함께 기능에 대한 영향을 주지 않을까? 하는 것과 또 다른 에너지절약을 위해 어떠한 전략적인 방법을 고려할 수 있을까?"이다.
- "왜, 이 조직은 50조로 증식하는 범위로 성장하는가? 만약, 25 내지 75조로 증식하는 방향보다 비용 효과를 상승시킬 수 있는 옵션을 생각할 수 없는 것인가?"

◆ "위장전술이 자연환경에 대한 배려의 유일한 방법은 아니다. 때때로 자연은 현저한 차이의 변화를 자아내게 된다. 그렇다면 우리는 또 다른 전략을 생각해서는 안 되는 것인가?"

이러한 모든 사례에서 프로그래머는 클라이언트의 명쾌한 아이디어를 돕는데 최선의 노력을 기울여야 한다. 목적과 목표를 이루는데는 여러 가지 수단이 있다. 이러한 특수한 상태에서 최선의 방책은 무엇인가?라고 스스로 질문을 해야 한다.

7.1 전략적 프로그램 타입

Types of Programmatic Strategies

목적과 목표의 타입이다. 이들에 대한 프로그램 전략(제5장 참조)에는 많은 유형이 있다. "심미적인 전략"은 이미지, 형태, 심리적인 인상, 콘텍스트의 시각적인 것과 관련이 있다. 양호한 기능적 관계와 또 다른 전략은 액티비티 문제와 행태적 논점에 관계한다. 몇 가지 전략은 성장이나 축소, 융통성, 시간에 의한 변화에 관계있다. 전략은 코스트나 총 예산, 자금으로의 어프로치, 그리고 이러한 조합과 관계있다.

"미적 전략"은 디자인 옵션에 대해 설계자가 할 수 있는 선택의 폭을 한정하지 않고, 상세한 설명을 하는 것은 매우 어려운 일이다.

다음의 내용에 대한 목적을 생각해 보도록 하자. : "Apartment building을 디자인하는 경우 그 주변의 역사적인 건축은 반드시 존중되어야 하기 때문에 그것을 최신의 현대적 디자인으로 해야 할 것이다." 라는 이러한 경우의 목적은 다음의 정보에 의해서 뒷받침되어야 한다. 즉 그 지역의 사진이나 스케일에 대한 규모 연구, 음영의 형상, 기타 시각적인 특징에 의해 표현될 것이다. 미적인 전략에 대해서는 다음과 같이 기술할 수 있다. 클라이언트가 생각하는 형상의 어프로치를 나타내는 개념도의 예

- "주변 건물들의 스케일을 고려한다." 이는 적극적인 문제해결과 함께 탐탁치 못한 어프로치를 과장한 다이어그램에 의해서 추가되었다.(그림 7.6)
- "주변 건물의 시각적인 복잡성은 인정되어야 한다."(그림 7.7)
- "주변 건축물들의 군집된 음영은 당연히 고려해야 한다."(그림 7.8)

이러한 "미적 전략"에 의해 가능한 설계 문제해결책을 제외한다면, 수많은 미적 어프로치의 여지가 남을 것이다.

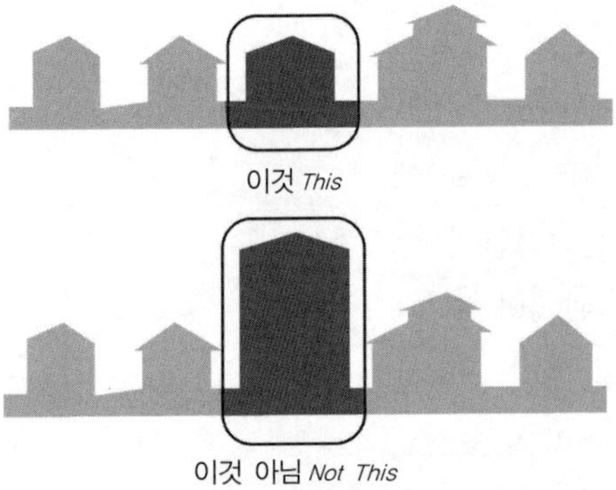

그림 7.6

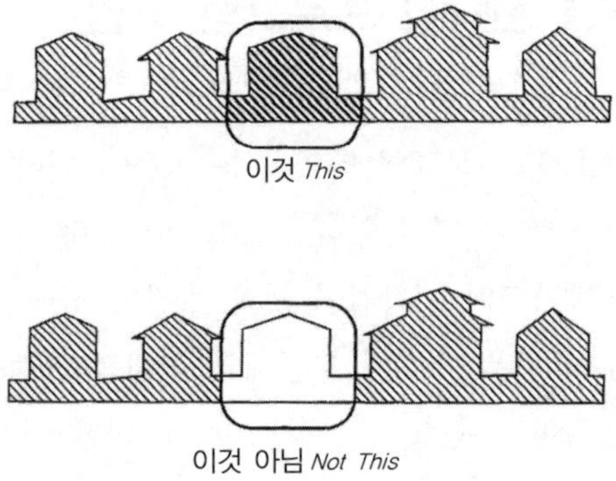

그림 7.7

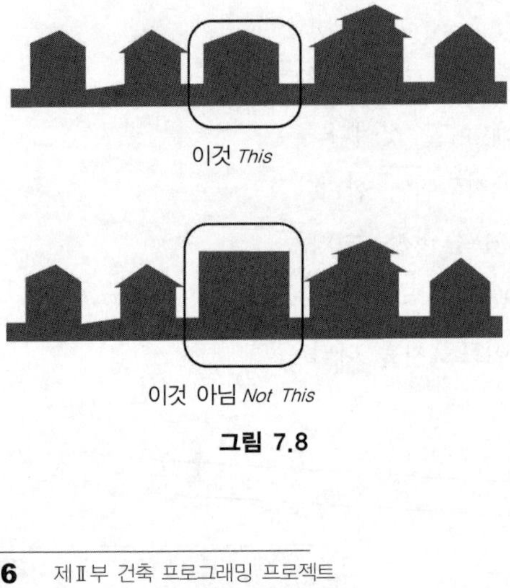

그림 7.8

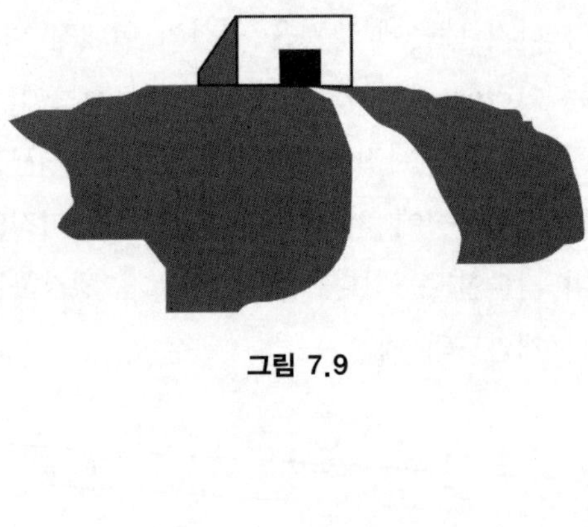

그림 7.9

또 다른 사례

◆ 목적 : 커뮤니티 센터는 방문자에 대한 환영의 뜻을 나타낸다.

◆ 전략 :

- 건물 입구는 버스 정류장과 주차장에서 반드시 보이도록 한다.(그림 7.9)
- 출입구의 접근－버스 정류장이나 주차장 ; 건물로의 접근 ; 현관 ; 접수 카운터는 언제나 방문자를 받아들이도록 준비해 두고 야간에는 뛰어난 조명장치를 해둔다.(그림 7.10)
- 방문자가 건물의 스케일에 의해 위압감을 느끼지 않도록 해야 한다.(그림 7.11)

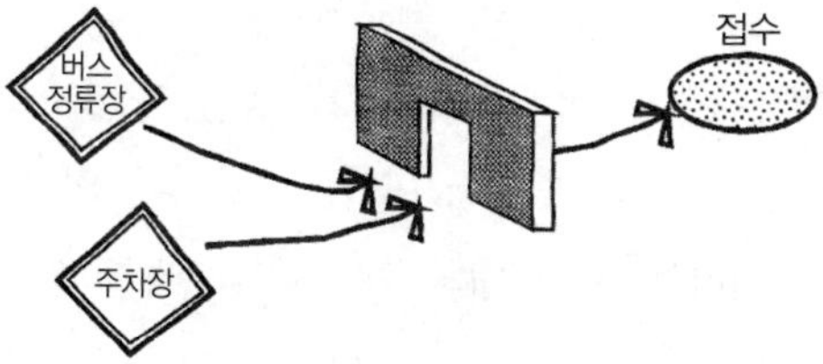

그림 7.10

그림 7.11

7.2 기능적인 관계성

Functional Relationships

기능적인 목적과 목표는 반드시 고려해야 할 기능을 은연중에 알리고 있다. 사람과 정보에 관한 액티비티와 약간의 디테일에 관해서 무엇을 할 것인가, 그리고 시설 이용자에 대한 정보는 어떤 액티비티를 누가, 그리고 언제 하는가를 나타내고 있다. 전략으로는 이러한 것의 목적과 목표를 달성하고, 더욱이 정보에 호응하도록 하는 시설을 훌륭하게 기능하기 위해서 각종 액티비티는 서로 어떠한 관계를 가지면 편리한가를 나타내는 일이다.

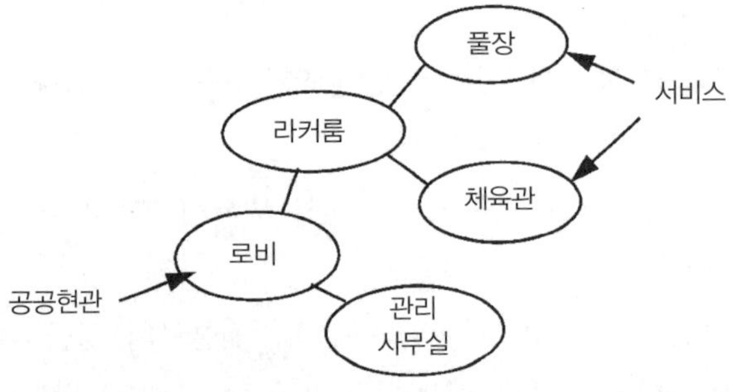

그림 7.12 레크리에이션 빌딩의 기능적 관계

기능적인 목적과 목표에 대한 전략은 익숙한 개념도로 표현되는 경우가 많다. 예를 들면, 다음과 같은 목적에 대한 응답들은 프로그램 전략으로 생각한다 : "레크리에이션 빌딩은 여름철에 방문한 많은 사람들을 위해 편리한 순환체계를 반드시 제공해야 할 것이다."

누구나 대형 체육관이나 풀장시설의 복잡한 시설을 처음 방문하는 경우 그들은 길찾기가 어렵다는 경험을 가지고 있다. 그림 7.12의 버블 다이어그램은 클라이언트가 원하는 시설 내의 각 구역에 대한 상호관계성과 그 경로를 설명한 그림이다. 방문자는 로비에서 어떻게 라커로 가는지에 대한 경로를 찾도록 도와줄 것이다. 그리고 방문자들은 풀장이나 체육관으로 갈 수 있도록 어느 쪽이나 바랄 것이다.

레크리에이션 시설은, 여름에 방문하는 많은 사람들을 위해 편리한 순환체계를 반드시 제공해야 한다. 종합개념도로부터 로비, 라커룸, 관리사무소, 수영장, 체육관 등 각각 특별구역에 대해 보다 상세한 버블 다이어그램을 개발하고 있다. 그림 7.13의 모두 그림 7.12에서 "라커룸"과 표식된 버블에 가장 알맞게 되었다.

큰 그림이나 종합개념도는 비전문가에게도 비교적 쉬운 이해관계의 그림이다. 때때로 버블은 단순히 추상적 기능의 묘사에 지나지 않는다. 이러한 것들은 형태 및 규모는 표현되지 않고 관련성이나 편리성만을 표현하는 기능도이다.

대중적인 프로그래머 사이에서 또 다른 방법은 매트릭스를 확립하는

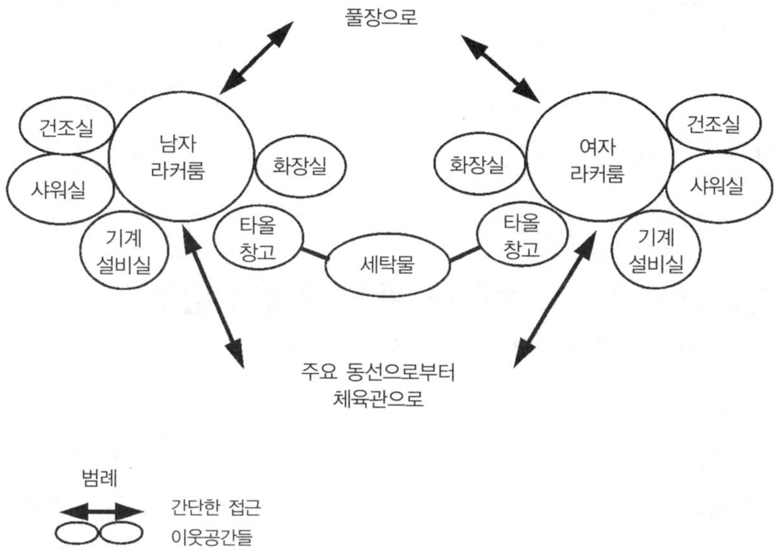

그림 7.13 레크리에이션 빌딩의 라커구역을 위한 기능적 관계

매트릭스

스페이스	A	B	C	D	E	F
F	1	2	3	3	1	
E	2	1	3	3		
D	1	3	3			
C	3	1				
B	1					
A						

범례
1. 매우 밀접한 관계성
2. 중간 정도의 관계성
3. 관계 없음

그림 7.14 공간적 관계성의 매트릭스

일이다. 모든 다른 공간에 대한 중요성은 관계성을 나타낸다. 매트릭스는 깊은 우선관계와 함께 "관계없는 것"에 대해서도 나타내고 있다(그림 7.14 참조).

매트릭스는 설계지침에 대해 시각적으로 이해하기 쉽게 변화할 수도 있다. 이러한 것들은 버블 다이어그램의 기초로 할 수 있고, 모든 형식의 관계를 보여주는 다이어그램에 관한 첫째는 내부에 숨겨져 있는 것을 나타낸 후에 주어진다. 모든 관계성을 나타내는 수단으로 버블 다이어그램을 작성하여 시설공간의 중요한 관계성을 나타내는 최소한의 설계작업이다. 이들은 선의 굵기, 길이, 버블의 크기, 인접성에 대한 관계를 결정하는 그림으로써 설계 초기단계에서 이용되는 프로그램을 실행하는 시설공간의 평면적 개념도이다.(그림 7.15)

또 다른 매트릭스나 버블 다이어그램은 액티비티간의 관계뿐만 아니라 그 관계의 본질을 나타낼 수 있다. 예를 들면, 어떤 활동구역은 시각이나 음향에 의한 커뮤니케이션, 순환의 편리성 또는 모든 것을 필요로 할 수도 있다. 하나의 다이어그램으로 한꺼번에 많은 정보를 표시하도록 해야 한다. 이는 초기에 관계성을 근접시키는 것보다 확실한 결과를 얻을 수 있다. 그런 후의 단계는 단순히 본질적인 장애와의 특이한 관계성이 디자이너의 액티비티 사이에 발생하는 되돌림에 주의해야 한다(그림 7.16 참조).

7.3 프로그래밍 전략에 관한 공통의 범주

Common Categories of Programatic Strategies

카테고리에 대한 몇 가지 전략은 여러 프로젝트에서 나타날 수 있다. 이러한 상황은 프로젝트에 따라 어려운 일이지만 일반적인 전략은 동일하다. 이러한 몇 가지 범주에 대해 프로그래머들은 질문의 한계를 정하지 않는다. 언제나 체크리스트는 프로젝트의 특수한 상황에 적합하도록 반드시 최적화가 계획되어야 한다는 의미이다.

1) 집중과 분산 Centralization and Decentralization

미래에 대한 논쟁이 많은 프로젝트는 집중과 분산의 문제를 포함하고 있다. 어떤 프로젝트는 활동, 물품, 봉사를 집중화시키는 것을 필요로 하고, 또한 다른 동일한 활동, 물품과 서비스는 분산시켜야 하는 경우도 있다. 내부 조직의 정책, 운영이나 문화적 사고방식에 의해 이것을 정돈할 수 있다. 이러한 문제에 관한 확실성과 클라이언트의 공간

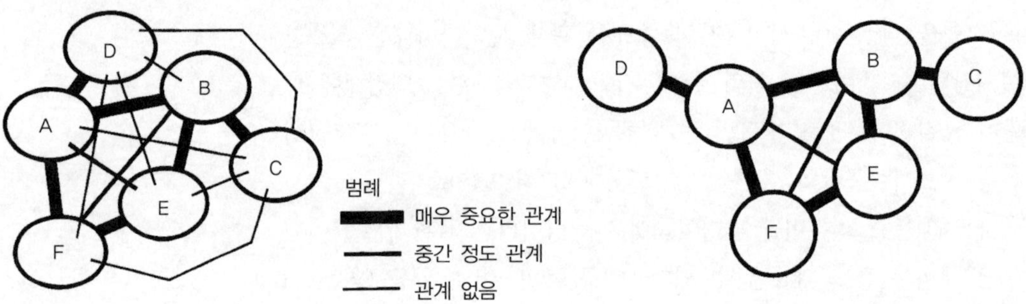

그림 7.15 그림 7.14에서 축출한 bubble diagram

의 결정에 대해 프로그래머는 용기를 북돋아준다. 왜냐 하면 그들은 공간의 배치에 많은 영향을 주게 되므로 프로그래머는 클라이언트에게 이러한 문제를 명확하게 하도록 재촉해야 하기 때문이다. 대규모 사무실의 카피작업과 같은 간단한 주제조차도 집중과 분산의 문제가 있다(그림 7.17 참조). 공간과 설비는 대체로 다른 결과의 영향을 받는 예산일 수도 있다. 또한 별개의 어프로치라는 이유에서 카피하는 별개의 타입인 것이다.

또 다른 예 : 새로운 건물이 대학 캠퍼스에 계속 세워지고 있다고

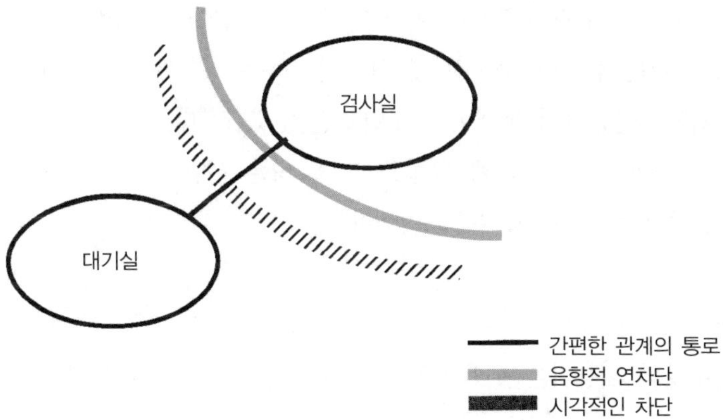

그림 7.16 공간적 관계의 본성 *The nature of spatial relationships*

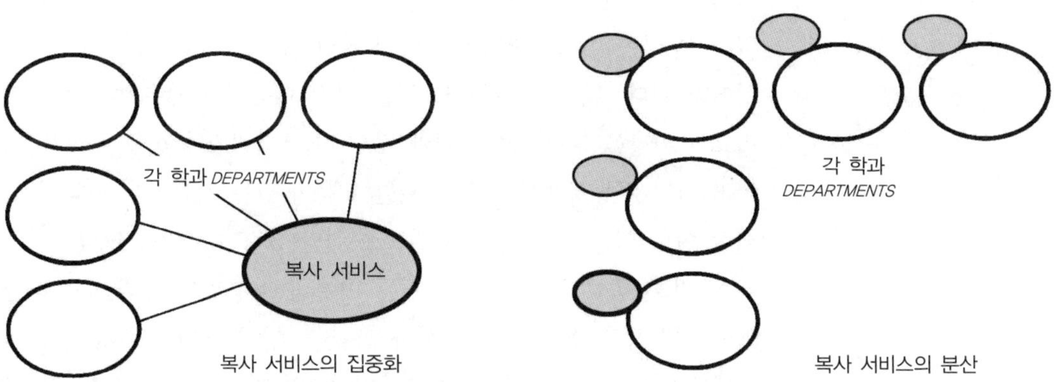

그림 7.17 Copy service는 집중화하는 것과 분산화하는 것도 있다.

가정한다. 만약, 학부 사무실이 집중되면 학부 사무실에서 무엇을 하는가에 관해서 비공식적인 회합이나 각기 다른 전문 분야들로부터 능력을 많이 배우고 서로 관심을 가질 것이다. 또 다른 한편으로는 학부 사무실의 집중화는 학생에 의해서 친밀성을 느낄 수 없는 영역을 만들어낼 수도 있다(그림 7.18 참조). 이러한 경우 능력 있는 사람과 학생 사이의 자연스러운 커뮤니케이션이 방해받을 수도 있다. 영역 territory 의 설치를 바라지 않고, 또 교수실의 집중화를 필요로 한다. 만약 잔디밭 설치가 바람직하지 않다고 생각한다면 어떨까? 그러나 양쪽에 학부 사무실이 집중하면 아마 개방시킨 중립지대로서 휴게실이 서로 교류되도록 촉진하기 위해 계획될 것이다(그림 7.19 참조). 액티비티의 집중화와 분산화는 심각한 사회적 문제를 야기하는 경우가 있다. 이러한 것은 접근의 균등화의 논쟁이나 보안조절을 포함한다. 이와 같은 논쟁의 개발 문제 해결 은 그 결과에 영향을 받게 되는 사람들이 시설을 이용할 목적을 잊어버리지 않도록 고려해야 한다.

2) 융통성 Flexibility

대부분의 이용자들은 융통성을 필요로 한다. 그러나 설계는 범세계적인 스페이스 일반적, 보편적, 완전성, 절대적 를 제공하는 것이 불가능하다. 우선순위와 더 나아가 다른 정의를 내려야 한다. 건축 공간에는 많은 타입의 플렉시빌리티가 있다. 확장이나 축소에 의해 규모를 변화시킬 수 있다. 우리는 이러한 타입의 플렉시빌리티를 규모의 융통성 또는 가변성이라 한다. 많은 클라이언트들은 아직 이용되지 않은 채 남아 있는 필요한 확장을 위한 에어리어와 몇 가지 액티비티와 장래 구상을 위한 여러 가지 가능성에서 사람을 위한 도움이 되는 시설의 축소와 확장을 위한 여유 있는 공간을 많이 필요로 한다(그림 7.20 참조).

또 다른 종류의 플렉시빌리티는 유용한 융통성이 있다. 이 타입도 역시 시간적 요소를 함께 포함하고 있다. 만약 하나의 유용성에 대해 살펴보면 짧은 기간 안에 변화를 가져야만 하는데, 이는 교실의 형태에 따라 의자의 재배열방식은 세미나 배열, 강의 배열, 그런 다음, 한

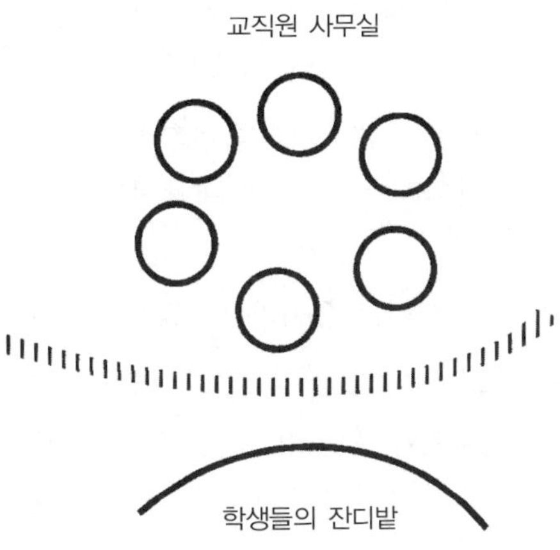

그림 7.18 교수실은 집중화시키고, 학생으로부터 분리시키고 있다.

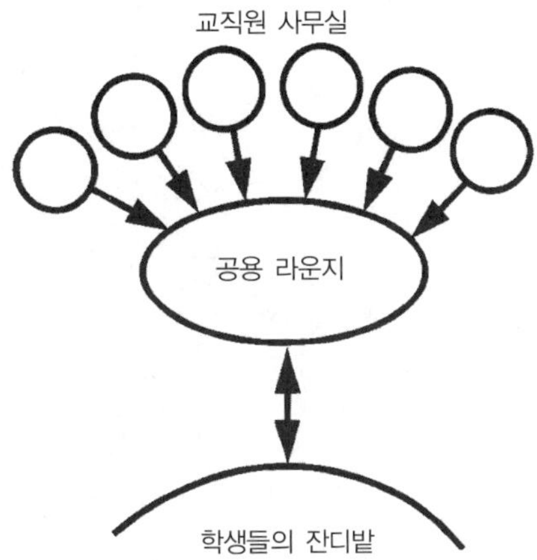

그림 7.19 라운지는 교수와 학생에 의해 공용시킨다.

시간 안에 다시 되돌릴 수 있는 조건에 맞는 설계가 되어야 한다. 만일 교실을 사무실로 변경하는 데는 몇 주일이 소요될 것이고, 원상태로 되돌아오는 것은 어려울 것이다. : 그러므로 그 디자인에 대한 감응은 매우 독특한 결과를 가져오게 된다(그림 7.21).

융통성은 기술 분야에 속한 클라이언트와 함께 한 특별한 논쟁이다. 어떤 클라이언트이든 방대한 양의 전자기기를 자주 사용하는 클라이언트라면 과거 10년 사이에 발생되었던 것보다, 다음 10년 사이에 일어나는 보다 크고 많은 변화를 예측한다.

대부분의 전자기기가 요구하는 공간은 넓지 않다. ; 그러나 전원이나

자연철학의 법칙은, 모든 것은 일어난다에 따른 법칙들이고 도덕 철학의 법칙들은 모든 것은 일어나야 하지만 일어나야 하는 것 들이 종종 일어나지 않은 조건을 고려해야 한다는 것에 따른 법칙이다.
Immanuel Kant, "Preface, Foundations for the Metaphysics of Morals"

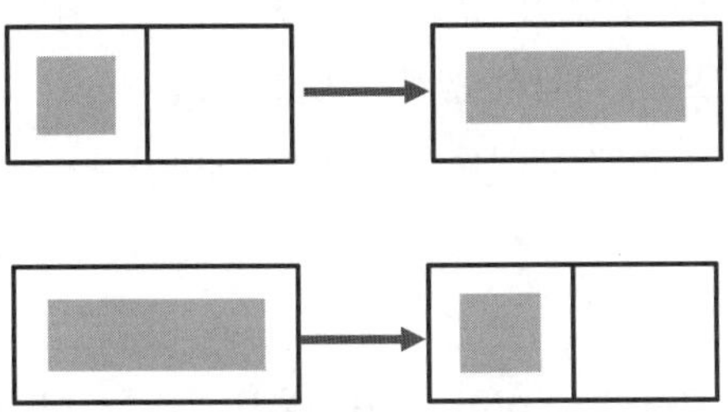

그림 7.20 규모의 Flexibility는 확장이나 축소를 고려하고 있다.

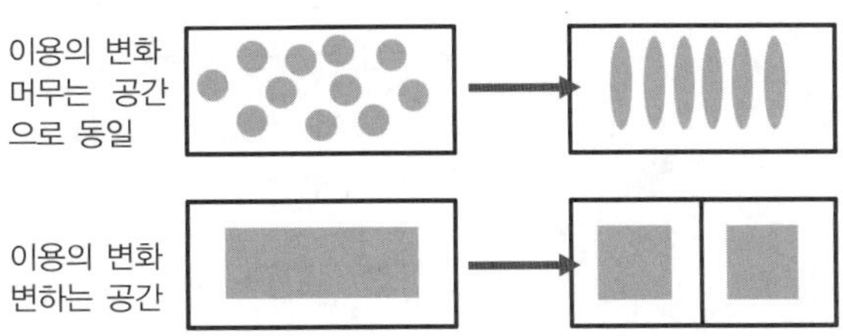

그림 7.21 유용한 Flexibility는 공간에서 시간의 요소와 변화의 유무를 포함한다.

열원의 용량은 증가하고 있다. 이러한 종류의 유용한 융통성의 대응은 시설을 개수할 때 communication cable(만일 기계적인 커뮤니케이션이 무선전화가 된다면 필요하지 않을 수도 있다.)을 끌어내거나 다시 되돌려 넣어 기능이 정상상태가 되도록 각 수선에 대한 진전이 가능하도록 도관을 설치한다.

선생이 건축가에게 : 제발 우리에게 무익한 교실을 많이 주지 말아요.

더 나아가 세밀한 개량은 클라이언트/유저가 바라는 융통성 타입을 정의할 수 있다. 융통성이 극단적으로 한 쪽으로만 치우칠 경우 그 공간은 "몇 배의 쓸모없는" 과격함이나 위험이 발생한다. 한편, 과도할 정도로 주의 깊게 검토된 융통성은 예상하지 못한 이용의 필요성이 발생하는 경우에 공간을 사용할 수 없게 된다는 위험을 내재하고 있다.

때때로 이와 같이 유용하게 사용되는 일은 발생되지 않을 것이라고 클라이언트가 묘사하게 되는 경우도 있다. 예를 들면, 개발업자 *Developer* 는 "임대할 수 있는 여러 가지 다른 잠재적 가능성"의 건물을 희망할 것이다. 만일 여기서 프로그래머가 Statement 안에서 철저하게 조사(probes=시험)하게 되면 이는 밝혀지게 된다. 그러나 클라이언트가 바라는 참된 목표는 실재적으로 그 여지의 폭이 옹색하게 좁아지게 될 것이다. 예를 들면, 클라이언트는 치료사(의사)를 위한 사무실의 디자인을 결코 원하지 않을 것이다. 왜냐하면, 막대한 초기 수도/가스 설비관에 대한 투자비용 때문이다. 힘들지 않은 제조는 규제를 벗어나게 될 것이다. 왜냐 하면, area zoning은 금지되기 때문이다. 과학연구소는 규제에서 벗어날 것이다. 왜냐하면, 초기에 기계와 전기설비에 막대한 비용이 소요되기 때문이다. 또 용도지역규제가 건설을 금지하고 있는 용도의 건물이나 초기 설비와 전기 코스트가 증대하는 과학연구소는 초기부터 제외시킨다. 끝으로 여기서 말하는 유용한 융통성은 특수한 기계설비 배관이나 전기 시스템이 없는 오피스로 제한한다.

3) 흐름 Flow

모든 것은 통한다.
Heraclitus of Ephesus

흐름도는 많은 프로그램에 나타나는 여러 가지 다른 모습 중의 하나이다. 사람은 프로젝트를 통해서 Flow(안내 및 처음부터 끝까지 이어지는)한다. 즉 흐름을 공급한다. 정보도 플로우한다(그림 7.22). 액티비티에 관한 정보를 수집하고 있는 사이에는(페이지 158의 6.8 "액티비티 and Schedules"를 참조할 것) 분명하게 될 것이다. 프로젝트를 통해 많은 수의 엘리먼트가 플로우될 것이다. 이러한 정보는 플로우를 유기적인 조직체로 할 수 있다. 각 요소와 요소를 묘사하는 확장된 요소가 프로젝트를 통해 어떤 모습으로 플로우하는가를 밝히게 될 것이다. 이러한 전략은 각 목적을 향해 유용하게 응답한다. 즉 "설계는 능률적인 작업공간을 반드시 제공할 것이다." 설계자는 작업이 어떻게 이루어지는가를 이해하지 않고 응답의 해결책을 제시할 수 없다. 이러한 작업은 "프로젝트에 따라 어떤 모습으로 흐름이 나타날 것인가?", "하나의 큰 방향으로 총괄할 것인가?" 아니면 "대부분 다른 방향 different channel-또는 Flow의 경로 으로 총괄할 것인가?", "만약 그렇게 한다면, 그것은 어떻게 하면 좋을 것인가?", "경로의 흐름은 어디에서 상호작용을 일으킬 것인가?", "이 상호 작용은 어떻게 해야 유연하게 발생하게 할 것인가?"

어떤 농구팀들은 지역방어를 사용하고, 다른 팀들은 남성 대 남성, 여성 대 여성의 방어를 사용한다. 수비자가 공격자에게 어떤 영향을 미치는지에 관한 상이한 두 가지 전략이다.

예를 들어, 건축사무소에 대해 살펴보면 다음과 같다. 프로젝트가 발생되면, 건설사측에 넘어가는 단계까지의 과정에서 그들에게 발생되기 전에 반드시 동일하게 증명되는 변환들이 일어난다. 즉 프로젝트는 먼저 프로그래머에 의해 작업되고, 그 후에 설계자에게 넘어가고 마지막에는 계약도서를 작성하는 사람에게 옮겨지게 된다. 그리고 또 다른 관계 전문가나 담당자들에게 넘어가면서 완성된다. 서로 다른 프로젝트는 각자 특수한 업무를 실행하게 될 것이다. 그리고 한 사람 또는 보다 더 많은 사람들에게 모든 방법을 통해 일어나기도 하고, 어떤 경우는 혼자서 모든 전문적 업무를 수행하기도 한다(그림 7.23). 회사경영의 이 두 가지 중요한 컨셉은 프로젝트의 흐름을 통해 스태프가 관여하는 방침과 어떻게 상호 작용할 것인가와 더불어 나타난다. 프로그램은 이러한 각기 다른 방침마다 응답할 수 있고, 설계도 그에 따르게 된다.

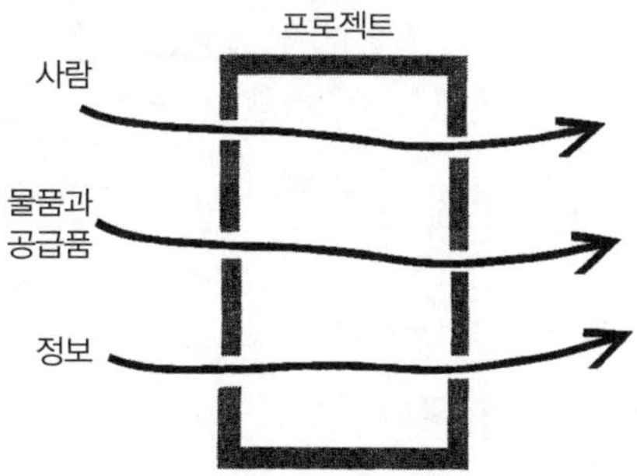

그림 7.22 많은 요소가 프로젝트를 통과해 흐른다.

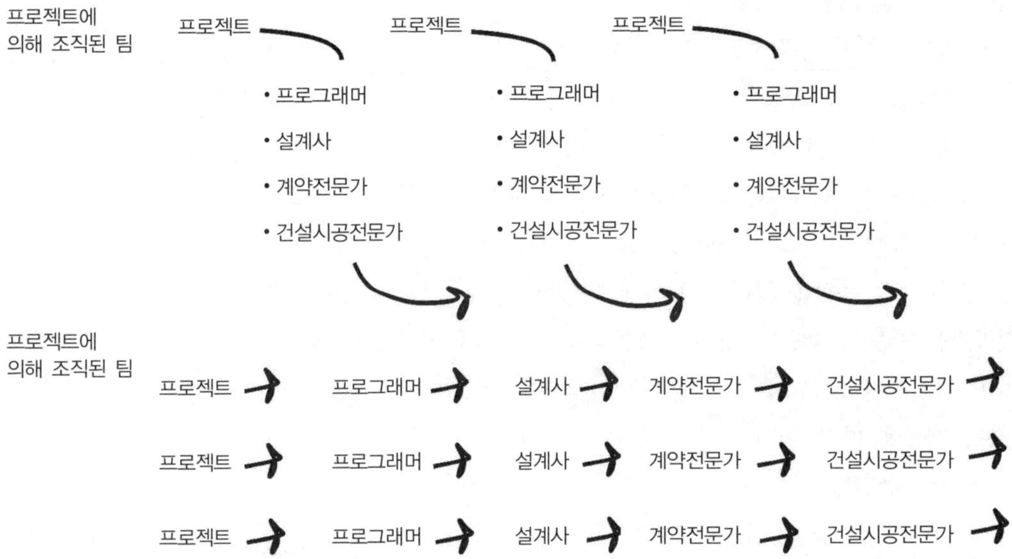

그림 7.23 건축설계 사무소에서 두 종류 서류의 흐름

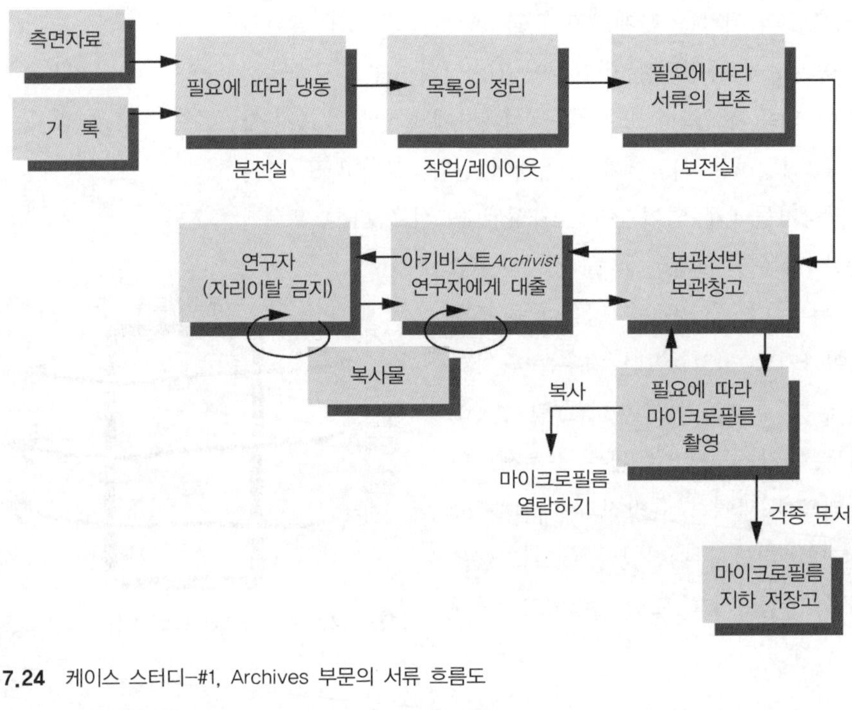

그림 7.24 케이스 스터디-#1, Archives 부문의 서류 흐름도

그림 7.24는 케이스 스터디-#1에서 보여주는 스태프의 흐름도 Flow-chart로, 이는 기록문서보관소의 액세스를 진행할 때를 나타낸 예이다.

4) 에너지 보전 Energy Conservation

클라이언트는 에너지 보전에 흥미를 나타내기도 한다. 만일, 이러한 논제를 클라이언트가 허락하지 않은 경우에도 건축 프로그래머는 환경 윤리 문제를 반드시 다루어야 필요가 있다. 모든 프로젝트의 논점은 초기에 가장 두드러지게 나타나게 되는데, 이는 본래의 프로그래밍과 설계가 함께 보다 더 효과적인 에너지 보전에 대한 논쟁을 조성한다.

에너지 보전은 프로그래밍이 이루어질 때의 방법이나 계획이 조장된다. 예를 들면, 정보를 수집하는 중에 약간의 액티비티가 색다른 일정으로 수정되어 프로젝트를 위한 활동에 대한 스케줄이 나타나게 된다. 만일 이러한 액티비티가 실재적인 그룹이라 한다면 그렇게 하기 위해 이들 mechanical system zone으로 독립(자활)하게 되고, 각 존의 작용은 스케줄을 향해 주문을 받아 만들 수 있다.

빌딩에서 냉방이나 난방이 모두 필요하지 않아 시설의 일부분만을 사용할 때는 프로젝트의 액티비티와 스케줄의 조합에 의해 시설 전체의 난방이나 냉방을 하지 않도록 계획할 수 있다(그림 7.25 200페이지 "Energy"에 언급되었다).

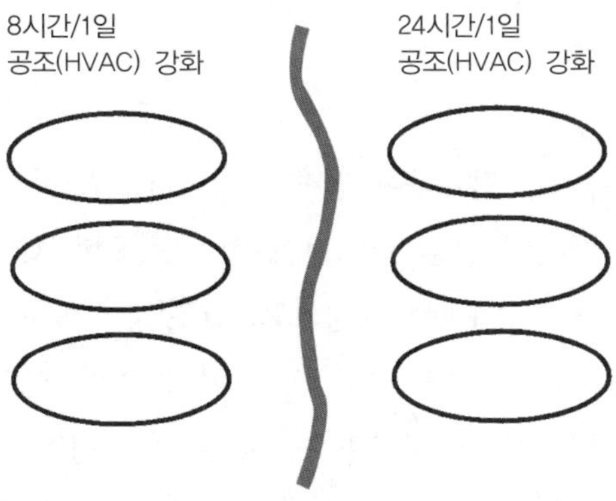

그림 7.25 건물이 다른 부분에서 다른 Schedule에 의해 개별 공조방식 보다 적게 할 수가 있고, 에너지 절약도 된다.

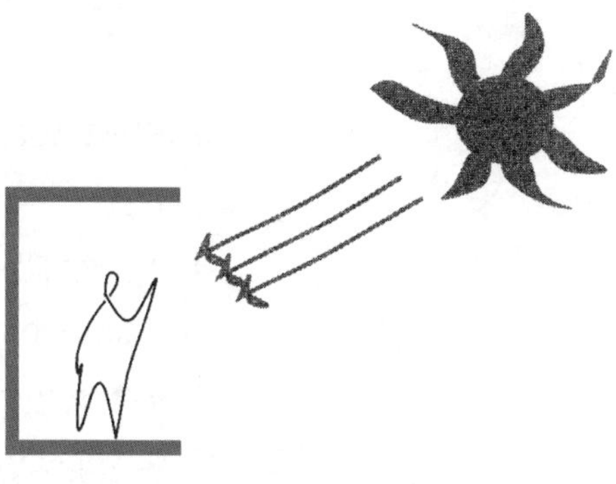

난방비 절감을 위한 태양에너지 활용 방안 모색

그림 7.26 건축적인 해결책에 접촉하지 않고 태양 에너지 이용을 시사하고 있는 스케치

다른 에너지의 보전 전략으로는 겨울을 보내는 겨울철 자연형 태양 에너지 방식을 건축물에 적용시킬 수 있을 것이다. 디자인의 수많은 방법은 설계에 의해 그러한 전략을 실현하는 많은 방법들이 존재할 수 있다. 그러나 불필요하게 물리적인 설계의 옵션을 제한하지 않는 이러한 방식은 중요한 일이다. 그림 7.26은 태양과 건물의 관계를 나타내고 있다. 그러나 그 취지는 시각적으로 방향에 대한 전략을 밝히는 삽화를 읽는 것이지 결코 디자인 방침을 나타낸 것은 아니다.

5) 우선순위 Priorities

이 스테이지에서의 프로그램은 우선순위를 설정하는 것도 적절하다. 즉 여러 가지 중 어느 것이 시급하고, 필요한가에 따라 순서를 정한다. 목적과 목표를 달성하는 방법을 나타내는 것으로서 몇 가지 전략을 계획할 수 있을 것이다. 이 초기 단계에서는 아직 명확하지 않지만 예산이나 시간 제약에 의해 모든 아이디어를 달성할 수 없을 수도 있으므로 프로그래머는 클라이언트가 우선순위를 설정하도록 재촉할 것이다.

예를 들면

- First Priority : 각 학부마다 "전용회의실"을 마련한다.
- Second Priority : 두 개의 학부에 회의실을 공유한다.
- Third Priority : 세 개의 학부에 하나의 회의실을 공유한다.

6) 보이는 현상 Phasing

시간과 경제의 목적이나 목표를 검토하여 전략이 일어나도록 한다. 이러한 전략은 초기 단계의 예산에 따른 단계적 건설이 필요한 것이다. 그러나 이 전략은 프로젝트의 예산이 결정되고, 그것이 부족하다는 것을 알기까지는 발견되지 않는다(제8장 참조). 클라이언트의 예산이 부족의 원인으로 바라는 모든 시설을 실현할 수 없을 때 그러한 과정에서 몇 번 정도의 기회를 나누어 시설을 건설한다는 대체안을 만들게 된다. 이러한 케이스는 우선순위가 중요한 안내가 된다(그림 7.27).

7) 수준별 접근 Levels of Access

보안에 관한 문의사항을 취급한다. 이는 설계과제에 중요한 요소이다. 시설은 구역마다 별개의 공적인 레벨의 접근이 있다. 이 관념은 보안에 관한 생각과 관련시켜 면밀히 검토하고 있다. 예컨대 의문은 "이 시설에서 일반에게 개방되는 부분은 어디이고, 그렇지 않은 것들의 부분은 무엇인가?" 이러한 논점은 여기서 취급한다. "피고용을 위한 내부 접근의 수준은 이러한 것들인가?" 액세스의 제한을 위한 이유에는 여러 종류가 있다. ; 십중팔구는 클라이언트가 보험회사인 경우에 점포 안으로 접근하는 일반인들은 바라지 않을 것이고, 피고용인에 관한 기록에는 오직 사적인 권한을 부여받은 사람만이 접근되도록 할 것이다. 본래, 고도의 기밀을 요하는 시설에서 예컨대, 보석상회, 과학실험실, 그리고 미술수집시설 등의 엄격한 시설에서는 접근과 보안형태가 설계과제의 주요한 요소가 된다.

접근에는 Access, Sequence Approach가 있다. 각 단계마다의 내용과 기능이 다르다. 건축물이나 도시 디자이너들은 이들의 개념과 정의를 이해할 필요가 있다. Teckin

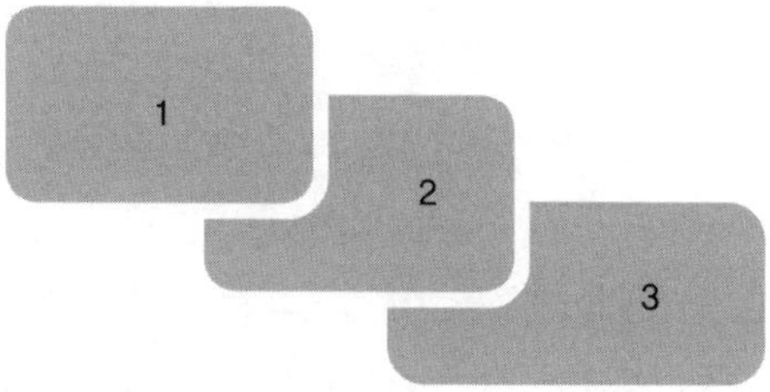

그림 7.27 약간의 예산에 따르기 위한 전략으로 단계적인 건설이 필요하게 될 수도 있다.

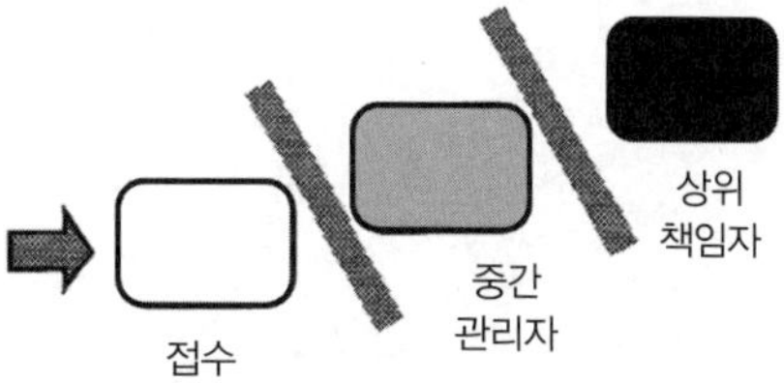

그림 7.28 약간의 보안을 요구하는 모든 부분은 Access의 Level을 나타내고 있다.

7.4 전략과 질

Strategies and Quality

여기서는 어떻게 하면 될 것인가의 구상과 그 수준을 말하고 있다.

다음 장으로 진행하기 전에 이제까지 기술한 모든 목적, 목표, 정보, 그리고 전략에 대한 모든 것들을 재조명 비평 해야 할 것이다. 각각의 목적과 목표에는 아주 소소한 것 하나라도 전략을 적용해야 한다. 이상적이라 한다면 클라이언트의 니드에 적합하고, 그들이 프로젝트의 주인다운 감정의 감각을 가져오는 것과 같이 전략은 클라이언트와 함께 개발하고, 리뷰하는 편이 좋다. 클라이언트는 건물의 유저도 포함한다는 것을 염두에 두어야 한다.

전략은 프로젝트의 질에 대한 레벨을 결정한다. 독창적인 단계에 대한 것은 가장 중요한 요소이다. 프로그래머와 클라이언트는 여기에서 모든 기본적 가설에 의문을 제시해 둘 수 있다.

당신은 같은 구멍을 더 깊게 파면서 다른 곳에서(새로운 곳에서) 구멍을 팔 수 없다.
Edward de Bono

지금은 지위 status quo=신분이나 사정 에 대한 회의적인 의심이 많은 것에 대한 것들이다. 액티비티는 오랜 동안을 지나면서 동일한 생활습관으로 관습적 평가와 변화가 이루어진다. 클라이언트가 새로운 시설이나 개조된 시설로 옮겨갈 때 그러한 생활습관을 바꿀 수도 있지만 기존의 습관들이 나타나고, 문제가 없는 경우라 하더라도 그것을 지속하는 등의 결정은 의식적으로 이루어져야 한다.

생물학 분야의 어떤 관념 형태는 프로그래밍상 전략으로 리뷰할 때 유용하고 솜씨 있게 다루어진다. 어떤 종의 진화에 미치게 될, 아주 오랜 뒤에나 어떤 근원적 형태의 흔적이 변화된다. 이러한 형태를 퇴화흔적 *vestigial remain*이라 한다. ; 예를 들면, 사람이 어렸을 때나 성인이 되었을 때를 포함하여 부가적으로 논의할 수 있는 일이다. 때때로 일상적인 일들은 이러한 변화를 위해 어떤, 무엇인가, 오래도록 동일한 습관이나 방법으로 무엇인가를 계속한다. 새로운 환경에서의 어떤 퇴화된 흔적에 대해 맡고 있는 업무의 클라이언트와 토론할 시간을 가지도록 한다. 새로운 공간에 대하여 심사숙고할 새로운 방식의 거대한 기회를 제공한다.

특히 사람에 관한 목적과 목표에 주의를 기울인다. 프로그램 전략에서 볼 때 다음 세 가지 의문이 생긴다. 첫째– "설계 컨셉에 따른다면 프로젝트와 시설이용자의 요구를 합치시킬 수 있는 결과를 얻을 수 있을 것인가?" 둘째–"자연환경은 보호할 수 있는 것인가?" 셋째–"사람의 생활을 개선시킬 수 있을 것인가?"이다. 이러한 것들은 지금 크게 보는 윤리적 논점에서 비평해 두는 것도 중요하다. 왜냐하면 다음 단계는 단지 자료에 대한 정보의 양을 정하는 것이기 때문에 ; 이는 프로젝트에 대한 건설을 시작하는 가치는 변화하지 않는다. 만일, 이러한 것은 영감을 주는 설계자의 프로젝트와 함께 사람과 결합시키는 생활개선에 대한 관점은 다음 장에서 언급할 "스페이스의 양적인 리스트"로부터 이루어지는 것은 아니기 때문이다. 다시 말해, 전략의 노출은 어떤 의미에서 인간의 영감 inspire a designer=정신을 더욱 향상시키는 프로젝트 개발에서 매우 중요 일이라고 볼 수 있다.

창조적인 사람에게 모든 경험은 매우 중요하다. – 모든 사건들은 통찰력과 새로운 아이디어는 같은 곳에 존재한다. – 그리고 창조적인 사람의 무질서한 인간성은 주로 시시하고 흔한 것들을 특별한 상태로 만들어내는 능력에서 나타난다. 망설이는 것과 손으로 더듬어 찾아나가는 것에는 차이가 있다. ; 그리고 이러한 차이는 이미지, 생각, 꿈, 자극, 동경, 그리고 창조적인 과정의 기본적인 요소이자 둘러싸여 덮인 예감과 같은 것들이 발생하기 쉬운 환경에 있다.
Eric Hoffer,
"The Ordeal of Change"

Case Study #1
주립기록센터와 기록보관소 : 전략
A State Record Center And Archives : Strategies

주립센터와 아카이브 설계에, 그리고 전체적인 어프로치에 적용시킨 전략들을 그림 7.29에 나타냈다.

다른 전략들은 이 Archives area에 관해 초점을 맞추고 있는데, 이들은 동일하나 각기 다른 Departments를 위해 개발되었고, 여러 부문에 대한 아이디어를 위한 콘텍스트로서 시설 전체의 버블다이어그램 *bubble diagram*을 작성했다(그림 7.30). Archives area를 위한 버블다이어그램은 (그림 7.31), 그림 7.30의 "Archives"의 버블 안에 함께 알맞게 설치했다.

다시, 각 버블에서 보여주고 있는 것은 Archives의 프로그램 섹션에 설명되고 있는 보다 더 많은 정보를 포함하고 있다. 예를 들면, 그림 7.32는 Archives Research Area에 대한 타입별 주고객의 편의를 위한 기술이다.

그림 7.33과 7.34는 각종 비밀문서 보관에서 요구되는 보안기준을 기술하고 있다.

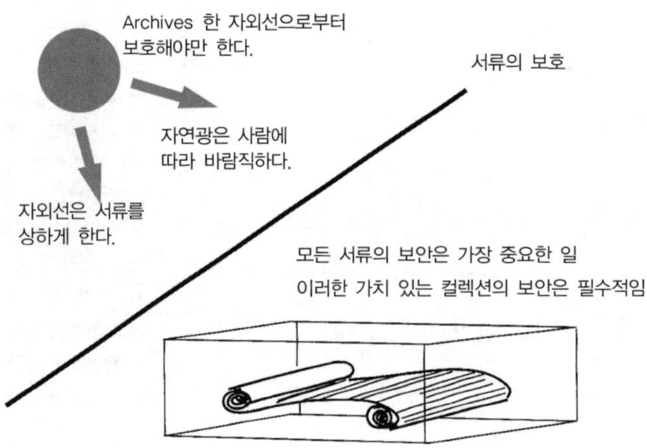

그림 7.29 이 시설은 각종 서류문서에 관한 것이다. – 최상의 문서는 종이이지만 서류나 사진, 필름, 그리고 전자 미디어를 취급하며, 서류를 위한 보완은 큰 논점이고 때때로 이러한 access는 중요하다.

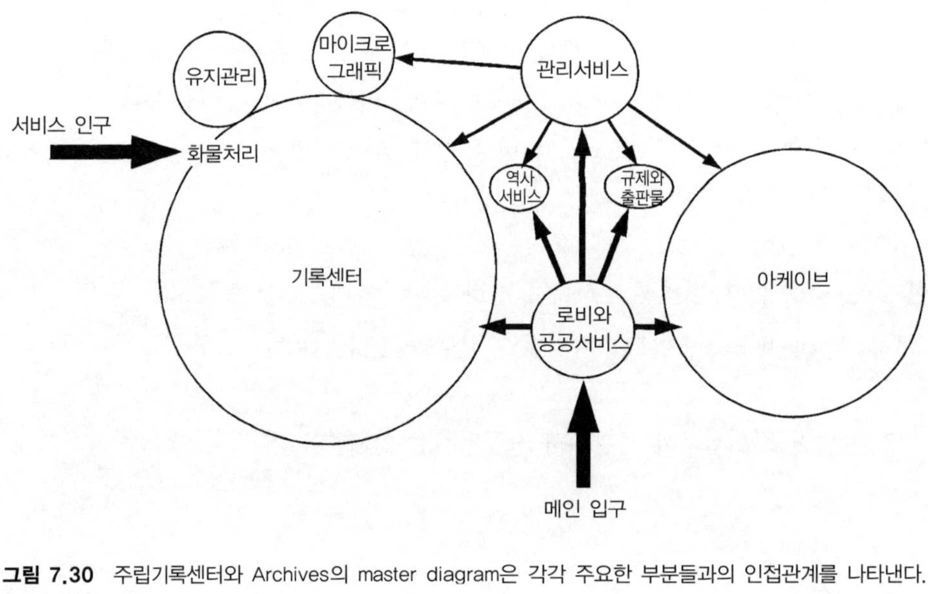

그림 7.30 주립기록센터와 Archives의 master diagram은 각각 주요한 부분들과의 인접관계를 나타낸다.

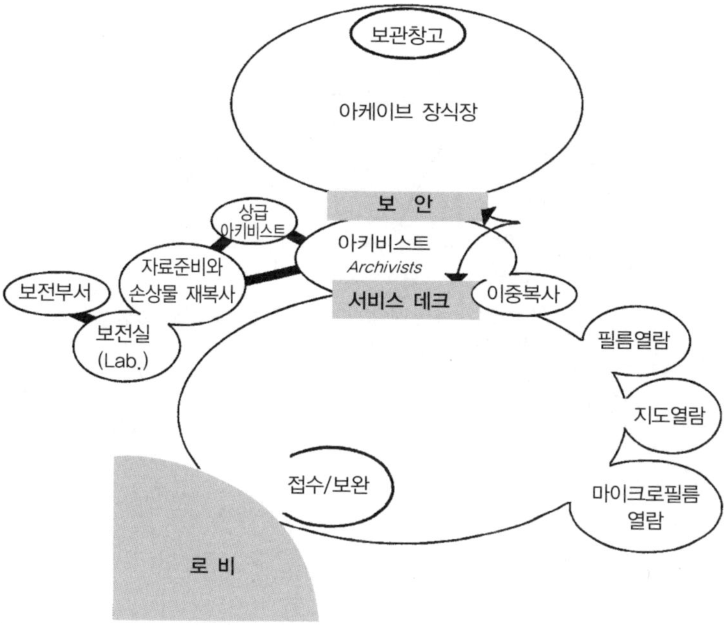

그림 7.31 Archives Dimension은 다시 잘게 나누고, 연구와 보존기능 *research and preservation function* 과 변화의 각도에서 친밀하게 함께 하고 있다.

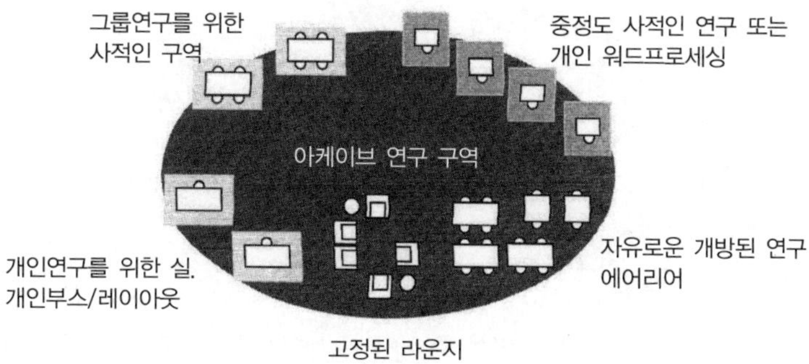

그림 7.32 Research patrons는 Archives Research Area와 함께 여러 가지 방법들이 적응된다.

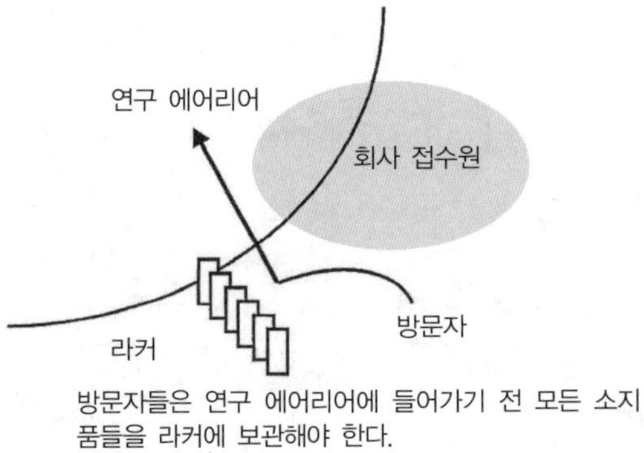

그림 7.33 보안의 측정 : 손님은 Research Area에서 서류에 손상을 가하는 어떠한 것도 소지하고 올 수는 없다. ; 또 서류를 돌려 볼 수도 없다.

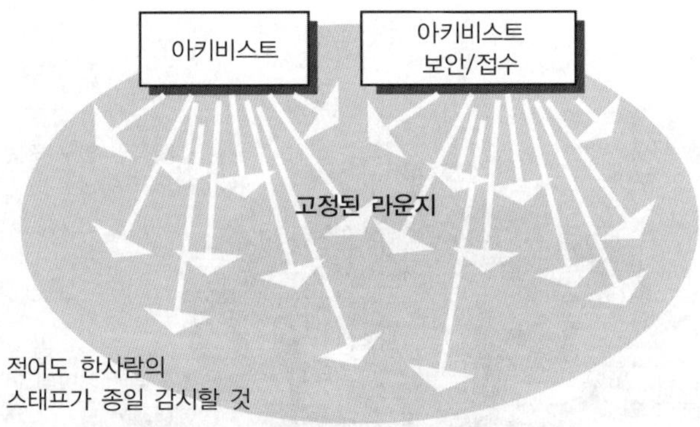

그림 7.34 보안의 측정 : Archives의 staff은 Research Area를 감시해야 한다.

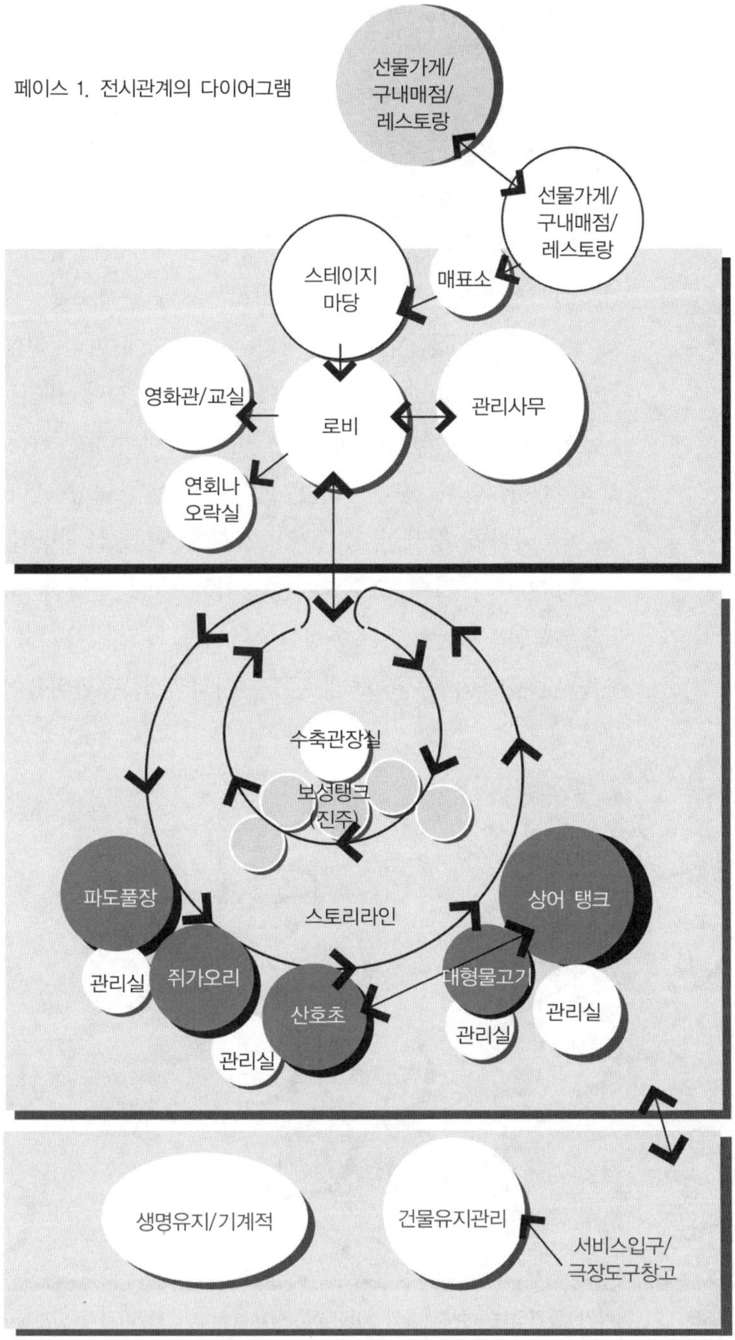

그림 7.35 수족관의 세 가지 주요한 부분은 lobby/관리 에어리어, 전시 에어리어, 생명유지/건물유지 에어리어이다.

Case Study #2
수족관 : 전략
An Aquarium : strategies

Archives의 프로젝트와 함께 가장 중요한 전략의 하나는 부분과 전체의 관계를 보여주는 일이다(그림 7.35). 3개의 큰 공간은 ①Lobby/관리부문, ②전시부문, 그리고 ③생명 유지와 건물유지부문이다.

전시부분과 함께 그것들의 기록은 Story－Line에 대한 하나의 암시이다. 그림 7.36은 이야기 순서의 시나리오에 따라 진행한 기술이다. 프로젝트 팀의 출발 결정은 이와 같다. 즉 산에 내리는 빗방울과 같은 아이디어로 시작하여 점차 큰 바다를 이룬다고 하는 스토리－전개를 제시했다. 다시, 진한 버블은 첫 번째 전시 양상을 나타내고 있다.

더 나아가 상세한 것은 각 전시에 관해서 제공되었다. 예를 들면, 그림 7.37과 같이 조수潮水 웅덩이는 풀에 인접한 것과 같다. 더욱이 세부적인 정보는 조수 웅덩이에서 생물의 건강유지나 방문자의 즐거움을 위해 물의 종류, 물의 온도, 여과과정, 순환비율이나 조명, 그리고

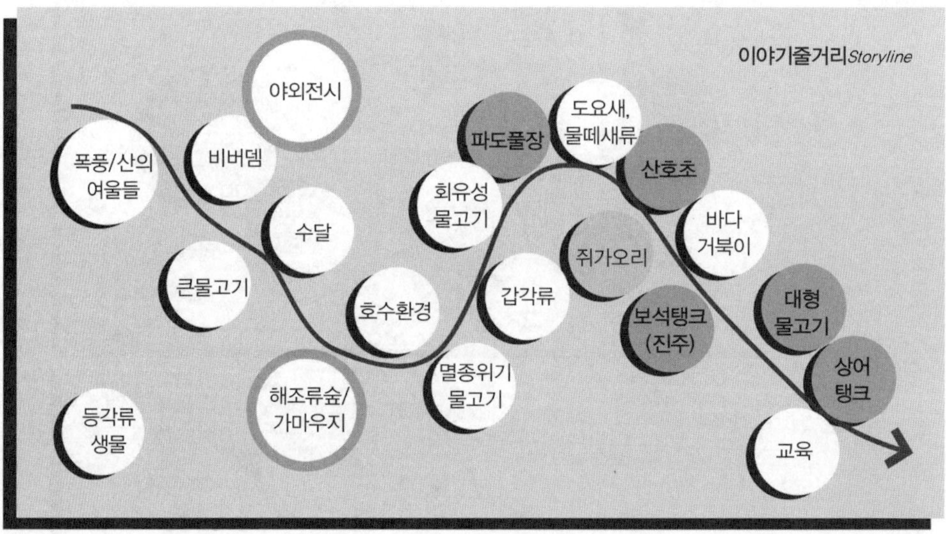

그림 7.36 이 이야기 줄거리는 전시테마의 기본적인 형태들이다. 산골짜기에 빗방울이 떨어지고, 그것이 바다로 흘러들어가는 테마-에서 물을 따라 내려가는 전시방식을 전개한다. 그림자 영역(회색)의 버블은 제1단계 구성이다.

알브큐어큐 생물학공원 마스터플랜 *The Albaquerque Biological Park Master Plan*
흥분되는 물속공원 *Tingley Aquatic Park*
알브큐어큐수족관 그리고 리오 대형식물정원 *rque Aquarium, & Bio Grande Botanic Garden*

수족관 첫 단계시설
프로그램
파도풀장이 요구하는 일람표

총 단위면적 *Total Assignable Square Footage*

전시에어리어 *Exhibit Area**	단위면적 *Net Assignable*	300
순환통로 *Circulation**	단위면적 *Net Assignable*	300
관리 서비스 에어리어 *Curatorial Service Area**	단위면적 *Net Assignable*	100
생명지원 에어리어 *Life Support Area**	단위면적 *Net Assignable*	300
	총 순수면적 *Total*	1,000

각주/비고 *Notes/Remarks*

- 이러한 종류의 공간들에 대한 정의를 위해 개요를 참조할 것
- 관리서비스 에어리어는 해변의 조류관리 에어리어에 알맞도록 한다.
- 물의 투명도는 파도의 요동에 영향을 받는다. 이는 여과 시스템을 설계할 경우 고려할 것

다이아그램 *Diagram*

- 인공파도는 새로운 환경에 처하는 생물들에게는 중요한 문제이다.

- 파도풀장은 향후 해변의 조류 전시를 위해 시각적 연결성을 요구한다. 그러나 물리적으로 연결시키는 것은 아니다.

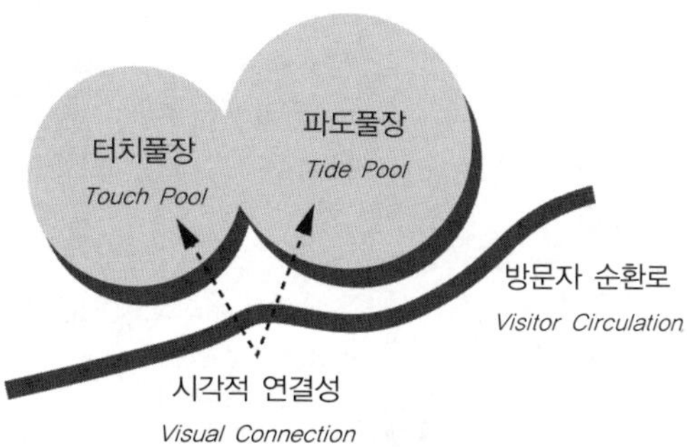

그림 7.37 조수 웅덩이 풀-(Tide pool)의 전시 정보와 전략

없어서는 안 될 여러 가지 필수 요소들을 제공했다.

Case Study #3
모터사이클 판매점 : 전략

A Harly-Davidson Motorcycle Dealership

Harley Dealership 판매점의 마스터 버블〈그림 7.38〉은 여러 가지 기능에 대한 전체적인 관계성에 대해 보여주고 있다. 큰 관심사는 많은 사람들이 그것에 대한 액세스를 필요로 할 때 부품실을 위한 보안을 어떻게 확보할 것인가이다. 굵은 선은 판매부분과 서비스 부분의

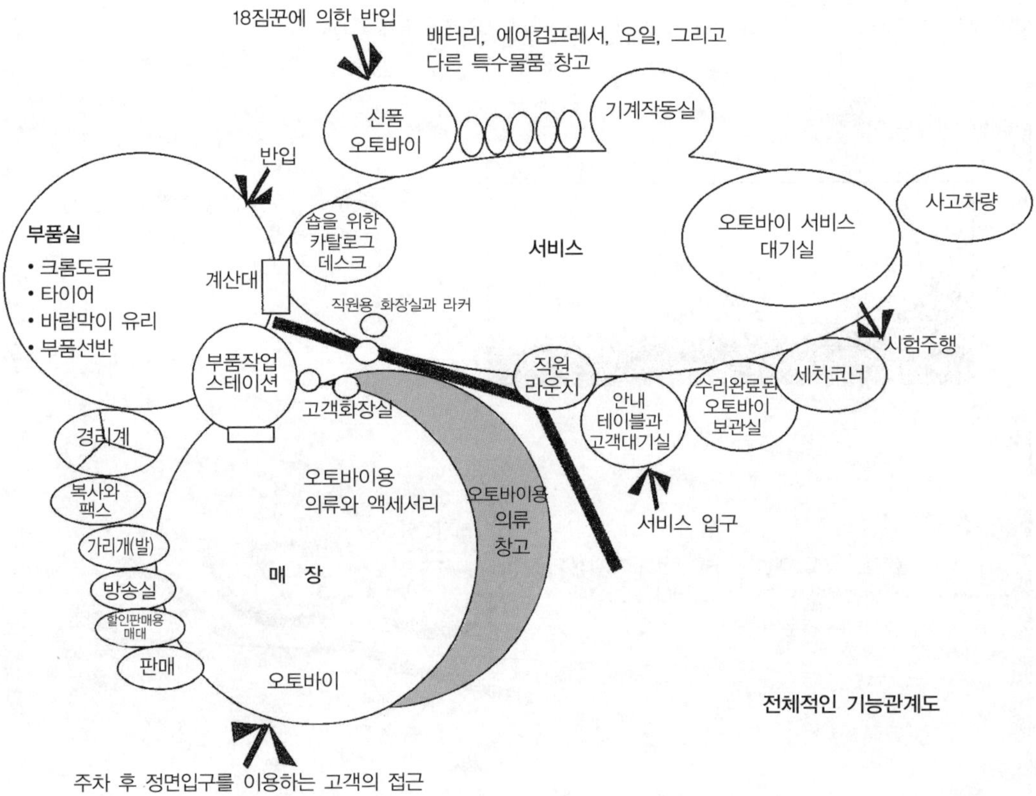

그림 7.38 A Harley-Davidson 모터사이클 판매점의 Master bubble diagram

분리를 나타낸 것이다. 각 Area의 출입은 명확하게 할 필요가 있었다.

시설에서 구성하고 있는 모든 흐름은 설계에서 명쾌한 이해와 적응이 되었고, 그것을 해결하도록 요구하고 있다. 그림 7.39와 그림 7.40은 오토바이 판매점의 프로세스와 서비스 프로세스의 흐름을 나타내고 있다. 이러한 흐름도는 다음 단계에서 어떤 액티비티가 어떻게 인접할 필요가 있는가를 이해하기 위해 마스터 버블이 개발되기 전에 제공이 이루어졌다. 설계 프로세스 도중에 이러한 흐름도는 설계된 건축물 안에서 액티비티들이 매우 쉽게 흐를 것인지에 대해 원활한 통행이 순환되도록 체크하여 명료하게 사용한다.

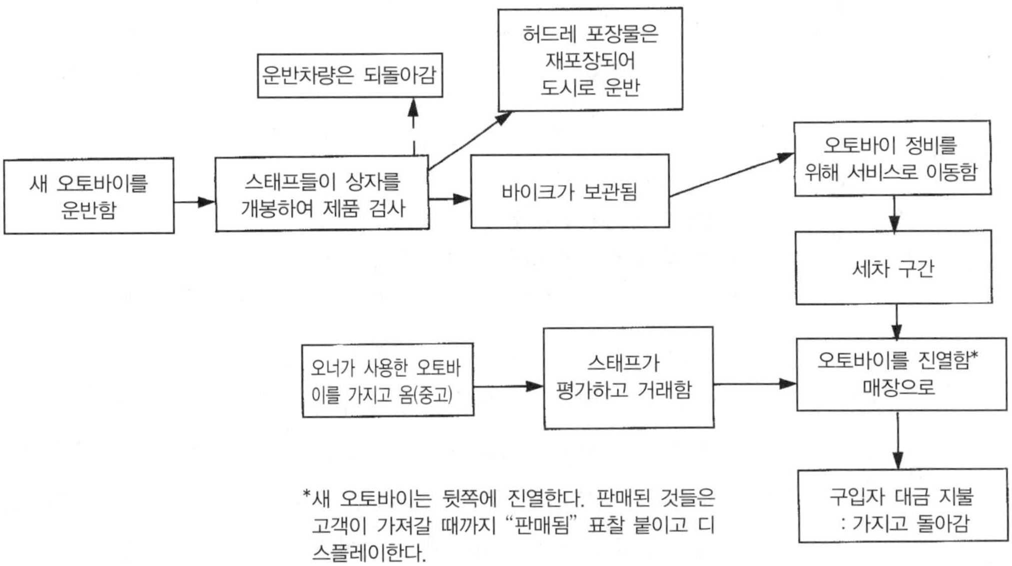

그림 7.39 오토바이 판매점 접근의 흐름도. 오토바이 점포를 위한 평면과 대형 트럭을 위해 내부의 순환을 어떻게 할 것인가에 대해 흐름의 이해를 돕는 디자이너의 그림이다.

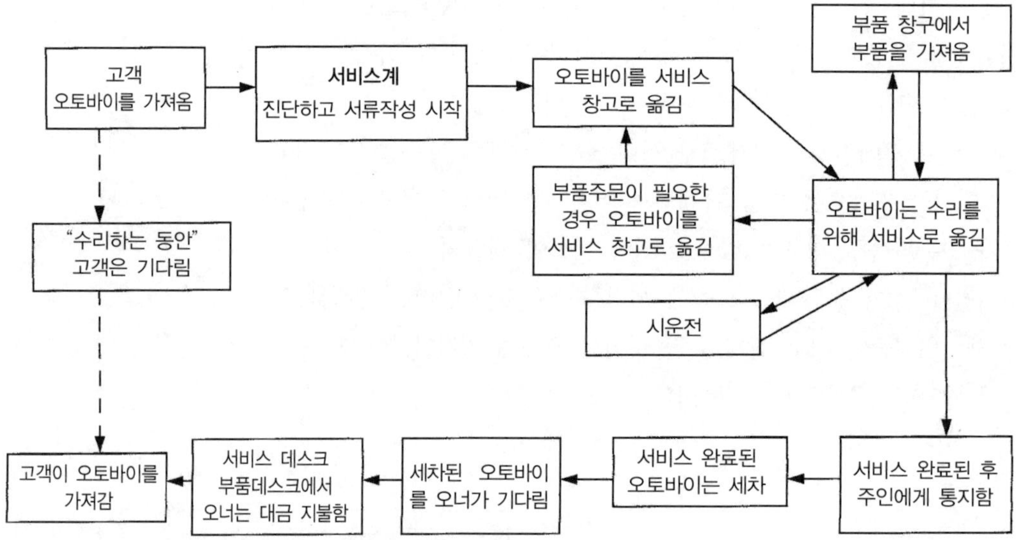

그림 7.40 오토바이의 내부순환 정보의 모터사이클 서비스 프로세스의 흐름. (고객과 개인 서비스계의 Circulation을 알 수 있다).

Case Study #4
대학의 교실 · 실험실 · 사무소동 : 전략

A University Classroom/Office/Laboratory Building : Strategies

마스터 버블은 대학 교실, 실험실, 사무실 등의 케이스 스터디를 위한 이러한 사례는 전략적인 하나의 열쇠로 모델을 제시한 내용이다. 그림 7.41은 캠퍼스 안에서 다른 건축시설로의 액세스와 주요 부분과의 관계를 나타내는 일종의 "시설공간의 기능도"이다. 그림 7.42는 영어학과의 공간기능을 나타낸 그림이고, 그림 7.43은 간호학과의 공간기능을 나타낸 다이어그램이다. 또한 그림 6.47(218페이지)과 같은 사회학/인류학학과의 시설공간의 기능관계를 보여주는 다이어그램이다.

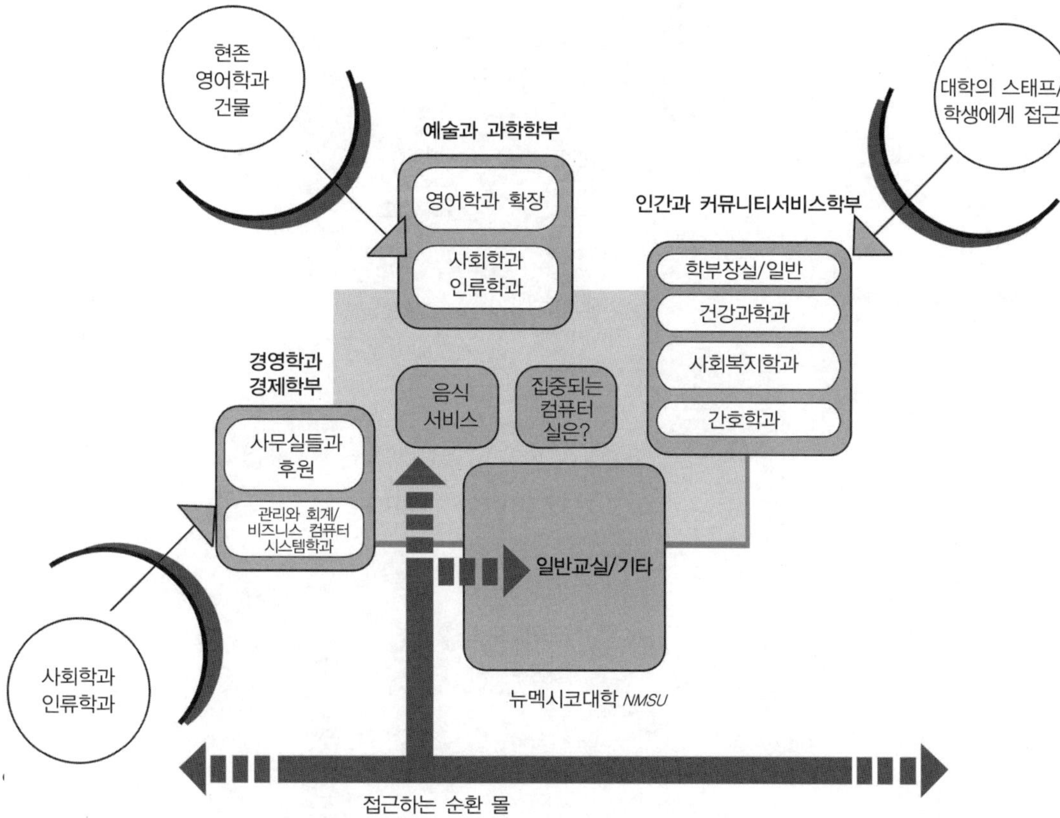

그림 7.41 대학교 교실/사무실/실험실 건물을 위한 master bubble diagram이다. 캠퍼스의 주요한 시설들과의 상호 관계를 나타내고 있다.

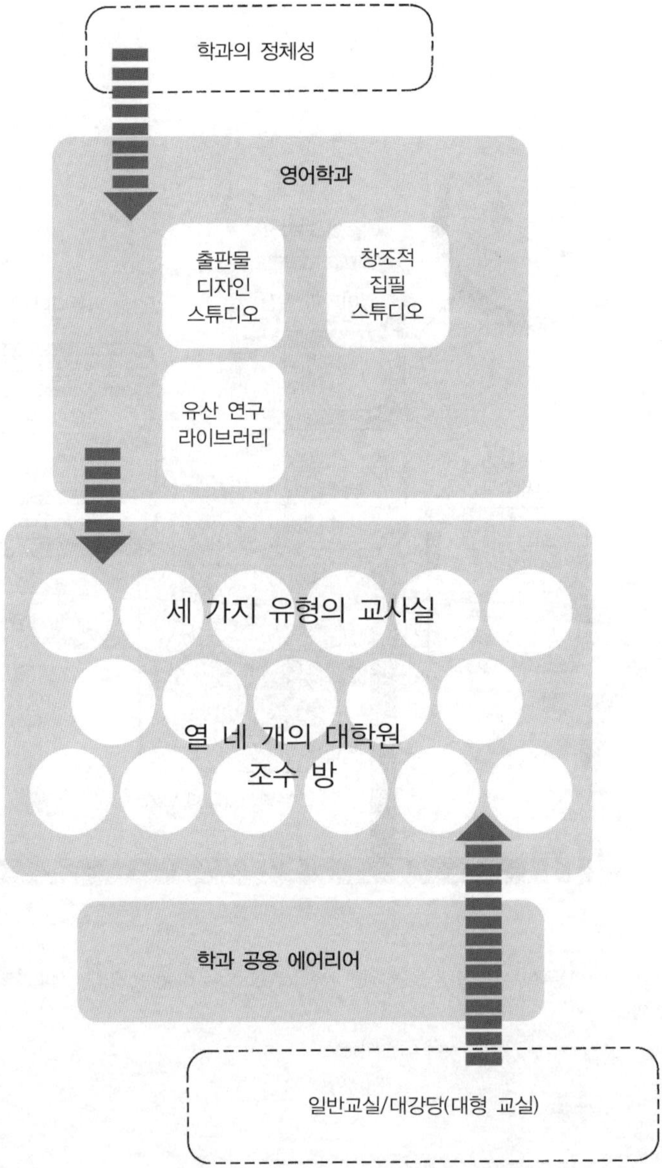

그림 7.42 영어학과는 자신의 독자성(정체)이 필요하다. 이 건축물은 스튜디오와 대학원 조수 사무실을 필요로 한다. 일반교실은 다른 장소에 위치하고 다른 학과들과 함께 할당 분배한 것이다.

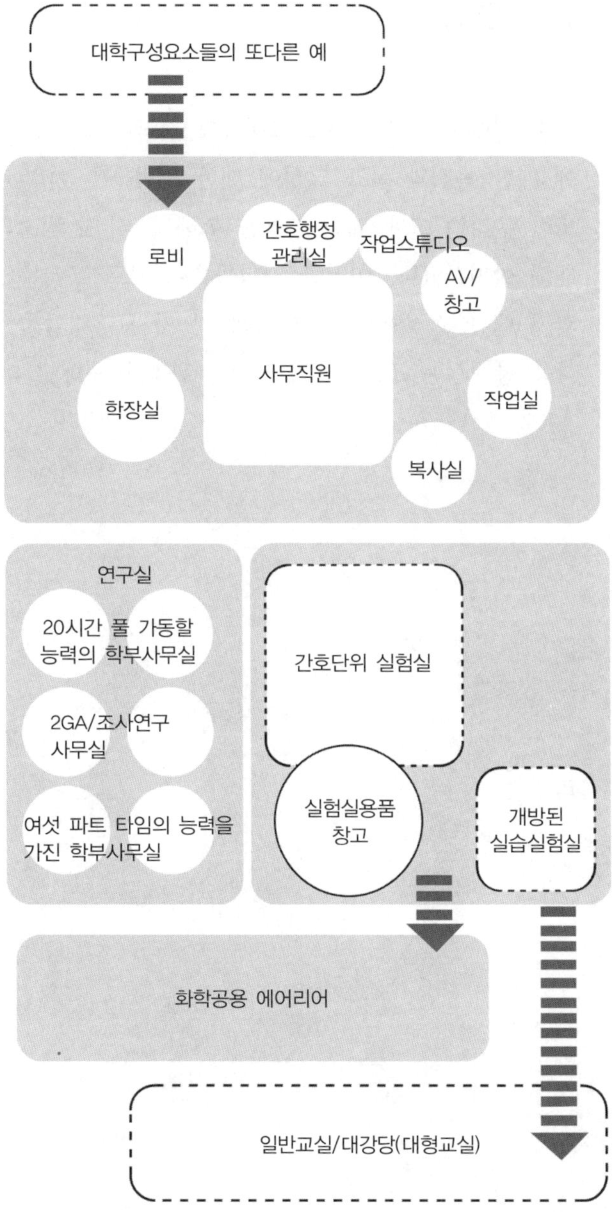

그림 7.43 간호학과는 관리사무실, 연구실과 실험실을 포함한다.

7.5 요약

Summary

이 장에서 우리는 프로그램상의 전략을 모색했다. 그리고 프로젝트에 대한 목적과 목표 달성에 대한 방법들을 미리 가정해서 나타냈다. 또한 우리는 그에 대한 사례를 위해 몇 가지 정보의 전략적인 문제에 대해 살펴보았다. 이러한 실험들을 참고로 우리는 이제까지의 작업결과에 대한 질적인 요구에 대해 몇 가지 전략들을 살펴볼 수 있었다. 다음 장에서는 프로그램의 양적인 관점에 대해 살펴보고자 한다.

MEMO

그림 8.1 양적 요구의 확립 *Establishing Quantitative Requirements*

8

양적 요구 확립

Establishing Quantitative Requirements

이 장에서는 많은 사람들이 "The program"이라는 각 공간의 면적 요구에 대한 일반적인 리스트를 언급했다. 이제까지 프로그래밍의 결과를 수치화시킨 요약 내용에는 양적 정보, 스페이스 요구, 일정계획, 명세서, 그리고 예산 등을 포함시켜 다루었다. 이 장의 관점은 프로그래밍에 대한 노력의 범위를 결정하는 쉽고, 편리한 방법을 제공해 줄 것이다.

이 장에서는 관찰 시험에 의한 요소들은 "상호 의존적으로 통합하고 있다. 물론 설계자에게 질적인 과제의 영감을 받쳐주는 것은 아니다. 또 예산부분은 가능한 범위에서 상호 영향을 미치게 된다. 현대는 통화, 팽창 때문에 장래를 위해 책정한 예산비용은 물가가 상승하게 될 경우 이들은 동등한 구매력을 갖지 않는다. 따라서 예산은 스케줄상 하나의 기능적인 것이 된다. 스케줄은 예산에, 예산은 스페이스의 총량에 관계되므로 스페이스의 특수성과 자금 사이에는 그러한 여유를 가질 수 있다. 자금을 명확히 하기 위해 할 수 있는 일은 시간과의 함수관계가 존재한다는 것을 알아야 한다.

8.1 클라이언트의 참가

Client Involvement

만약 어떤 프로젝트에 3~5인 정도의 유저 그룹이 관련되어 있다면 그들에게도 각 스페이스가 필요로 하는 요구에 대해 입력할 기회를 주는 것이 중요하다. 프로그래머가 스페이스의 니드를 더욱 높여 코스트를 산출하기 전에 먼저 필요한 면적을 산출한 다음 그것을 안배하는 계획을 어떻게 할 것인가는 그룹의 최고책임자 "〈the boss－의사결정권자〉"에 의해 결정해야 한다. 그 때, 실제적으로 설치 가능한 스페이스보다 더 많은 내용을 요구하거나 원하는 것이 일상적인 정서라고 볼 수 있다. 여기서는 프로그램이 과연 공평한 감정을 하는가에 대한 신뢰성을 위해 클라이언트 그룹이 공간의 예산안 삭감을 위한 위원회를 조직할 수 있고, 위원회의 규모는 작아야 한다고 말한다. 즉 프로젝트에 관여하고 있는 그룹경영자 대표는 5~8인 정도의 소규모가 적당하다.

수많은 클라이언트/유저들은 설계작업 전에 그 장소에 대해 많은 구상(play는 설계의 면적과 형태에 대한 구상)을 한다. 사건의 재방지책을 위해 결과적으로 허용할 수 있는 최상의 설계에 대한 정리정돈의 질서 과정을 통해 없어서는 안 될 보다 더 많은 공간의 필요성을 강력히 요구하게 된다. 이러한 책략은 일정한 규칙에 의해 오랜 동안 모든 행위에 적용되어 왔다.

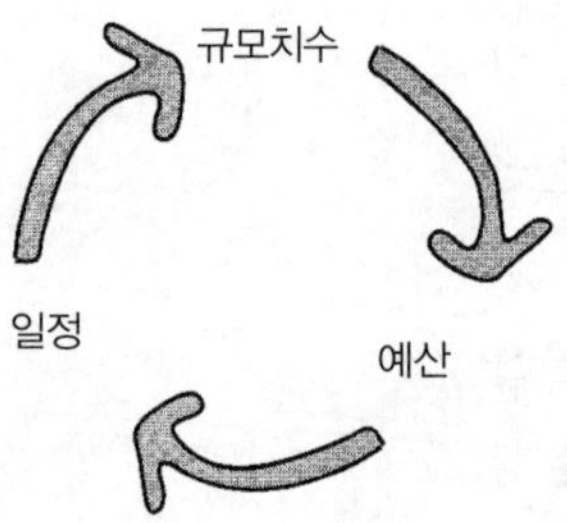

그림 8.2 규모는 예산에 영향을 미친다 *size influences budget*. 예산은 스케줄에 영향을 받는다. 따라서 규모는 스케줄에 영향을 받는다.

몇몇 흥미 있는 그룹과 함께 하는 대규모 프로젝트는 그 프로젝트를 시작하기 전에 실시하는 토론과정은 좋은 방식임을 알아야 한다. 즉 그들은 언제나 스페이스가 소멸된다는 것을 반드시 경험한다. 이와 같은 결과에 대비해서 모든 프로젝트는 실제로 필요한 양보다 더 많은 스페이스를 요구하게 된다. 새로운 프로젝트에 대한 이러한 생각은 누구나 동일하게 인식하고 있기 때문에 받아들일 수 있다.

결국, 어떤 참가자든 잊어서는 안 되는 점은 프로젝트란 모두의 것이라는 점이다. 프로세스가 개방적이고, 누군가가 결정에 참가하거나 리뷰하는 방법으로 진행할 수 있다. 그렇게 하면 소규모 사회가 귀중한 자원의 분배를 한다 해도 동일한 모습으로 능숙하게 합의점을 형성하게 된다. 만일 관심사가 다른 그룹이 있다 해도 전체에서 상호간의 기능 작용에 의해 통합할 필요가 있다. 그리고 최종적으로 공간의 배치에 대하여 누군가가 합의를 형성해 가야 할 것이다.

8.2 프로젝트의 규모 결정

Determining Project Size

프로젝트 과정 중에서 프로그래머와 클라이언트나 유저는 프로젝트에서 어떠한 액티비티들이 바람직한가에 대한 합의점을 얻어내는 당연한 일이다. 다음은 이러한 모든 액티비티들의 실현에 있어 프로젝트의 규모는 어느 정도가 되어야 하는가를 찾는 시간을 가지고자 한다. 우리는 공간의 규모에 대해 다음과 같은 두 가지의 이유를 들었다. (1) 각 액티비티를 위해 스페이스 규모에 관한 지침을 설계자에게 제공한다. (2) 프로젝트가 경제적으로 실행가능한가 어떤가를 확인하기 위해서 초기 코스트에 대한 견적을 실시한다.

"건축하는 것은 예측할 수 없는 기운 속에 시작되어야 하며, 예측할 수 있는 것으로 수행되어 완성에 이른다." 이것이 바로 당신이 건설할 수 있는 유일한 방법이며, 그것을 실체화할 수 있는 유일한 방법은 바로 예측할 수 있는 것을 통해 가능하다. 당신은 반드시 그 법칙에 따라야 한다. 그러나 결국에는 건설이 삶의 일부로 완성되었을 때, 그것은 예측할 수 없는 특징들을 환기시켜 줄 것이다.
Louis I. Kahn

8.2.1 할당할 수 있는 네트 면적 Net Assignable Area

초기의 스태프에서 프로젝트를 위해 요구되는 면적 결정은 할당할 수 있는 건물을 위한 네트면적을 설정하는 일이다. 네트면적은 빌딩을 위해 클라이언트의 요구로부터 이끌어낸다.(예 : 오피스 빌에서는 reception, office, coffee room, file areas 등의 제공되는 공간면적)

페이지 165(6.9)에 공간 창립의 확립에 대해 토론했다. 그리고 당신이 연구하는 스테이지로부터 약간의 정보를 얻는다. 이 때, 이전의 기준 면적 설정을 검토할 때 설정했던 정보를 여기서 사용할 수 있다. 요구되는 각 액티비티의 총면적을 산출하기 위해 1인당 요구 면적과 인수를 곱한다. 예를 들면, 그 스테이션의 Access Space를 포함한 한 사람을 위한 제도작업실은 $60ft^2$/1인을 요구한다. 그곳에서 일하는 드랩터는 처음 5인에서 장래 8인으로 증원할 예정으로 계획 · 결정한다면, 당신은 드랩팅을 위한 스페이스 요구는 다음과 같이 산출할 수 있다.

8 persons × 60 square feet/person = 480 square feet

크기별로 배열한 공간을 위해 되풀이되는 규칙은 프로젝트 타입에 관한 참고서나 코드에서, 그리고 허가제한 범위에서 찾을 수 있다. 즉 스페이스에 필요한 면적은 대상 프로젝트와 용도가 같은 건축물에서 데이터를 찾을 수 있다. 기억해 두어야 할 것은 이러한 체크리스트들은 오로지 신뢰할 수 없다는 것이다. 이러한 규격들은 특수한 것이다. 당신의 클라이언트는 특수한 활동, 그리고 당신의 프로젝트를 되풀이하지 않는 규칙은 당신의 독특한 프로젝트에 대해 응답할 것이다. 그러나 이러한 면적은 단지 표준적인 예라는 것을 잊어서는 안 될 것이다. 현존하는 공간의 관찰 및 조사의 시험은 작업을 잘하는 그들 유저들에 의해서 아마 최상의 질 높은 정보가 제공될 수 있다.

모든 활동들은 고유의 정체성을 가지고 있고, 창고와 같은 수동적인 활동의 규모에 대해서도 검토해야 한다. 약간의 추상적인 길은 그림 8.3의 도표를 사용하여 규모 설명을 하는데 사용된다. 이는 클라이언트나 유저의 이해를 촉진시키기도 한다. 요구되는 필요공간의 삽화는 작업계획표에 의해 이용될 수 있다. 이러한 것들은 맨 처음 공간을 규모화하는 것이지 마지막에 하는 것은 아니다. 대부분의 수많은 프로젝트들은 비표준적인 액티비티를 가지고 있기 때문에 프로그래머는 프로젝트의 특이성에 따라 이러한 일에 대응할 수 있는 융통성이 필요할 것이다. 유저가 현재 사용하고 있는 스페이스의 검증은 아마 최고의 양적 정보를 제공하는 것이다. 초기에 계획되고 산정된 규모는 시설에 대한 코스트가 확정한 후에 다시 거론시킬 필요가 있다. 확실한 액티비티들은 맨 처음 단계에서 그렇게 보일 것이다. 필요한 모든 스페이스를 특정화시킨 규모로 확정시킨 후에 액티비티 스페이스의 전체면적을 결정한다. 이렇게 해서 결정된 전체공간이 바로 "할당된 네트면적 총 단위면적"이다.

우리는 여유로운 말의 사용을 의도적으로 피한다. 제도구역은 다른 공간과 결합될 것이고, 여유로운 말을 사용하는 것은 누군가의 사고의 영역에 영향을 준다. 전략부문 부서는 제도실이 개방될지, 적당하게 개방될지, 아니면 폐쇄될지에 대한 정보가 있어야 한다.

8.2.2 네트면적과 그로스면적 Tare Area and Gross Square Footage

할당된 네트면적은 프로젝트 전체의 규모는 아니다. 이러한 기능적 공간구성방식은 사람들의 순환통로를 경위하여 얻어야 한다. 공간은 그 외의 시설에 대한 난방이나 냉방, 환기, 청소, 조명의 설비 등은 물리적 효과를 위해 제공해야 한다. 공간을 구획하는 많은 벽들은 외부를 둘러싸고, 내부를 분할한다. 이 벽이 필요로 하는 스페이스와 같은 액티비티가 직접 활동하는 스페이스 이 외의 스페이스는 "빈 공간체적"이라 하고 있다. 그 사례는 다음과 같다. 이렇게 부가되는 공간은 비어 있는 에어리어 Tare-겹데기, 포장된 라 한다. -잔존한 구역.

어떠한 디자인 수법을 사용한다 해도 그것이 이루어지기 전의 프로그래밍 스테이지 안에서는 정확한 빈공간체적이라는 사이즈로 하는 것은 불가능하다. 따라서 테러 스페이스에 대한 현재의 소요면적은 마지막 단계의 설계에 있어 "부분 요소들의 상대적 배치 configuration=시설의 형식과 형태에 의해 결정됨"에 의존하게 된다. 왜냐하면 프로젝트의 총 공사비에 지대한 영향을 미치기 때문이다. 아직 이 단계에서 총 면적이라 부르는 최종 사이즈의 위치나 특성, 그리고 수량에 접근하는 가까운 값은 코스트 견적을 실행하기 위해 필요로 한다. 식 8.1(262페이지)은 네트면적과 빈 체적공간의 구역 합계가 그로스면적이라는 것을 설명하고 있다.

* 일반적으로 여유롭게 하는 면적을 일컬어 서비스공간이라 한다. 따라서 이들 서비스 면적을 프로젝트의 용도에 따라 몇 %로 할당할 것인가가 필요하다. 위의 예로 보면, $480f^2$는 액티비티 연면적의 합계가 된다. 이 면적에 대한 서비스 면적의 비율을 30%로 할 때, $144f^2$가 된다. 따라서 "할당할 수 있는 면적"은 $144f^2+480f^2 = 624f^2$가 된다.

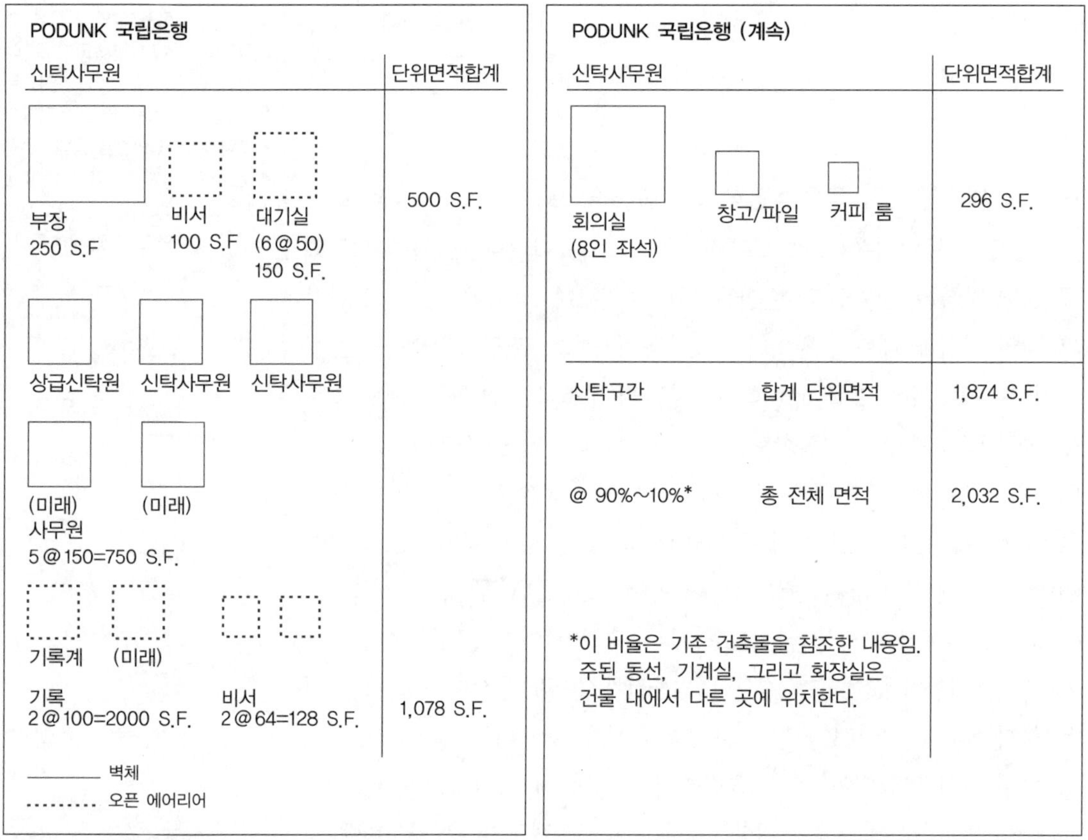

그림 8.3 얼마나 많은 공간이 소비하고 있는 Podunk National Bank를 위한 공간 배당 관계를 추상적으로 나타나고 있다. (여기에 표시된 비율은 기존 건물을 참고한 것으로 주요한 동선, 기계실이나 화장실은 건물 내의 다른 부분에 있다)

할당된 네트면적 합계 + 빈(여유) 공간면적 = 그로스면적(총면적) (식 8.1)

전체 그로스면적의 개략적인 값은 건축의 타입〈용도와 종류〉에 따른 합계 네트면적과 그로스면적의 평균적인 비율에 의해서 산출한다. 그로스의 단위의 면적에 대한 적절한 비율의 측정법은 그 자체가 연구의 대상이다. 지금의 위치에서 신뢰할 수 있는 비율을 선택하는 유일한 방법은 동일한 종류의 기존 건물에서 정보를 축출하는 일이다. 이에 대한 연구는 "유효면적률 산출"이라 한다.

그림 8.3은 Podunk National Bank의 예이다. 우리는 여기서는 할당

된 네트면적은 1,874f²임을 알 수 있다. 그것은 전체 네트면적이 총 그로스면적의 약 90%에 해당된다는 유효면적률의 검토에 의해 결정된다. 아래의 공식 8.2는 할당네트면적과 유효면적률을 알고 있을 때 그로스면적을 결정하기 위해 사용된다.

할당 네트면적 ÷ 건물 유효면적률 = 총 면적 (식 8.2)

1,874f²를 0.90으로 나누면 2,032f²의 total gross area가 구해진다. 우리는 90%라는 높은 유효한 수치부터 이 프로젝트가 현존하는 건물 내에서 임대공간이라는 추론을 말할 수 있다.

그러한 높은 유효한 수치의 값(유효한 면적률)에는 외벽, 로비, 공중화장실, 수직 순환로 등 다른 타입의 공간과 포함한 신축 건물 전체의 Tare space의 여유는 없다.

8.3 유효면적률

Building Efficiencies

할당 네트면적과 전체 총 네트면적에 대한 그로스면적의 비율, 즉 유효면적률은 다음 3단계에서 연구를 위해 사용한다. 첫 번째에 실시하는 일은 프로그래밍의 단계이다. 클라이언트와 건축가는 제안된 프로젝트의 예상하고 있는 코스트에 흥미가 있다. 그 코스트는 건물 총 규모에 영향을 미치고 그로스면적의 견적과 총 단위면적당의 상정한 코스트를 곱하여서 산출한다(식 8.3).

$ / 단위면적당 × 총 그로스면적 = 건물의 견적 코스트 (식 8.3)

둘째, 유효면적률은 설계 단계에서 나타난다. 제출된 설계는 프로그램으로 결정시킨 필요 스페이스에 적합한 것인가 그 때 그러한 동일 종류의 건물과 비교하여 어떻게 평가할 것인가의 분석이 이루어진다. 건물의 시공이 완성된 후에 코스트 분석과 유효면적률 검토는 다음 프

이러한 맥락에서 이야기는 공사가 어떻게 진행되는가와 전혀 관련이 없다. 같은 사무실과 복도 수가 같은 2개의 다른 건물에서 한 건물은 아주 효율적인 구성으로 조성되었을 것이고, 다른 건물은 무질서하게 구성되었을 것이다. 두 건물이 다르게 구성된 이유는 많다. 두 건물은 아마도 다른 관리 정책이 있었을 것이다. 한 건물은 공간의 크기가 같았을지라도 빈약한 설계를 했을 것이다. 당신은 빈약하게 설계된 건물을 "비효과적으로 설계" 되었다고 하겠지만, 당신은 건물의 효능에 대해서가 아닌 설계의 효과에 대해 얘기할 것이다.

로젝트를 위한 프로그래밍 단계에서 이루어지게 된다.

빌딩의 유효면적률은 동일한 종류의 프로젝트를 분석하는 것에 의해 결정된다. 예를 들어, 초등학교는 총 할당된 면적이 35,000f²이다. 라고 상정하면, 다른 초등학교의 분석에서 그것이 62%와 66% 사이의 유효면적률 이하의 결과에 대해 분석해 보도록 한다. 이것은 총면적이 62~66%는 할당 네트 면적이라는 것을 의미하고 있다.

우리는 이때 평균의 64%의 값을 사용하는 것을 결정하면 아래와 같은 공식 8.2를 사용해서 결과를 얻을 수 있다.

$$3{,}5000 \div 0.64 = 54.688$$

어떠한 클라이언트이든 이제까지 건축물을 시공에 대한 경험이 없는 클라이언트는 필요한 할당 네트면적을 확보하는 과정에서 발생되는 결정된 그로스면적의 크기에 대해 가끔 당황하게 된다. 유효면적률의 연구에 의해 그들은 프로젝트의 전체상을 처음으로 포착할 수 있다. 클라이언트가 사용하고 있는 현재의 시설에 대한 유효면적률 산출은 동일한 모습으로 유용하게 줄일 수 있다.

질문 8.2로부터 다음과 같은 두 가지 유용한 공식을 얻었다.

$$\text{할당된 네트면적} \div \text{그로스면적} = \text{유효면적률} \qquad \text{(식 8.4)}$$

그리고

$$\text{그로스면적} \times \text{유효면적률} = \text{할당된 네트면적} \qquad \text{(식 8.5)}$$

식 8.4는 기존 건물의 유효면적률을 구하기 위해 사용한 계획이다(8장에서 유용하게 줄일 수 있는 방식 서술 부분 참조). 식 8.5는 건설자금에서 입수한 그로스면적을 알고 있는 경우에 가능한 할당된 네트면적의 최대값을 결정할 필요가 있을 때 사용한다.

이치에 적합한 유효면적률을 조심스럽게 주의하면서 선택할 수 있다. 만약 유효적이지 않은 건물의 유효면적률인 작은 값을 선택하게 되면—that is, a ratio representing a building that is not very efficient

-총 그로스면적은 클라이언트에게 크게 작용될 것이다. 반대로 너무 큰 값을 선택한다면 그 건물은 매우 효율적인 반면, 구성된 설계자의 공간 안에서 가변성을 가질 수 없게 된다. 그 결과 건축물의 설계는 질적인 희생을 가져오게 될 것이다.

할당된 네트면적이 3,500f²인 초등학교의 유효면적률에 대한 선택의 결과가 가져오는 영향을 생각해 본다.

만약 50%로 낮은 수치를 선택할 경우

35,000 square feet ÷ 0.5 = 70,000 square feet

만약 70%로 높은 수치의 값을 선택일 경우

35,000 square feet ÷ 0.75 = 46,666 square feet

사실, 클라이언트들은 일반적으로 적은 비용으로 보다 값비싼 건물을 필요로 하고 또한 모든 유용한 공간을 얻기를 바란다. 그러한 재산을 관리하는 부서는 한정된 아주 싼 값으로 설계를 진행하도록 할 것이다. 이러한 논점은 설계에서 매우 중요한 양적인 수준문제가 된다는 것을 이해해야 한다. 이러한 기록이 있기 전에 적당한 펙터(건축물의 값)에 관한 클라이언트의 관심과 이해를 얻는 친숙한 대응형식 안에서 그들과 함께 현존하는 건물의 능률(시설의 유효면적) 이용에 대한 연구를 할 수 있다.

8.4 유효면적률의 스터디

Building Efficiency Studies

우리는 다음 사항에 대해서 이미 언급했다. 즉 유효면적에 대한 비율에 대한 유효한 면적률의 확실한 값을 선택하는 유일한 방법은 일반적으로 현존하는 건물로부터 정보를 축출하는 것에 대한 내용이다. 이러한 연습을 유효면적률의 스터디라든가, 유효면적률의 산출이라고 한다. 전술한 연습 예에서는 다른 초등학교 스터디를 기초로 하여 64%

의 유효면적률을 선택했다. 이와 같은 스터디는 건축가들이 프로그래밍하는 새로운 건물의 적정 규모를 견적(예보)하기 위한 데이터베이스 구축에 대한 중요한 작업이다. 이러한 데이터베이스를 개발하는 것은 시간이 걸리지만, 단일 건물이라면 2~3회 정도 조사·연구에 의해 그 전체 면적(f^2−square foot ages)이 충분하다는 것을 제안할 수 있다. 새로운 컴퓨터 지원을 원하는 것은 보다 더 신속·정확한 발전을 생각하기 때문이다. 그러나 이와 같이 본 서에서 다루었던 프로그래머는 그들의 손에 의해 그렇게 된다는 사실을 생각(가정)한다.

8.5 네트면적과 허상면적의 정의

Identifying Net Assignable Areas and Tare Areas

표 8.1의 면적 데이터와 그림 8.5의 평면도에 대해서 알아보면 모든 스페이스는 벽을 측정하고 이름을 붙였다. 이 구역은 모두 순환하게 되었다. 평면도와 그림 8.4의 단위 평면 위에 벽으로 구획되어 있지 않은 작은 평면의 "순환구역" Circulation areas-실내의 통행지역 은 William Pena에 의해 "허상통로"라고 이름 붙였다.*〈Phantom corridors−가구들이 차지하고 있는 면적 이외의 실내에 사람이 다니는 벽 없는 통로 또는 환상통로이다. 여기서는 편이상 "Phantom corridors"라 한다.〉

이러한 구별은 중요하다. 왜냐하면, 이는 부정확하게 말한 "부가적인 구역"에 관하여 사람들을 위해 이용할 수 있는 실질적인 총 공간 없이는 그렇게 할 수 없기 때문이다.*〈secretarial area−부가된 면적의 범위를 일컫는다. 여기서는 "secretarial area"라 한다.〉 즉 secretarial area로서 기능하기 위해 필요한 스페이스를 보다 적게 표현시킨 이러한 구별은 중요하다. 서큘레이션으로 할당된 "빈 공간체적−"이 실제적인 서큘레이션에서 요구하는 것보다 더욱 작게 표현된다고 하는 차이가 있다. *〈tare areas−외벽으로 둘러싸인 가구 없이 비어 있는 실내의 "비유효공간의 면적"〉

어떤 스페이스가 네트면적 단위공간의 면적 에 해당되고, 기타 어떤 스페이스를 채워지지 않은 비유효공간의 면적으로 할 것인가를 결정하기 위해 개인적인 판단을 시험해 볼 필요가 있다. 설명한 연관이 상대적으로 직접적이지만 어느 지역이 지정 가능한 단위공간이 될 것인지 어느 tare로 할 것인지 정하는데 사적인 판단을 적용하는 것이 때로는 필요하다. 그리고 간혹 특별한 장소와 마주치게 되는데, 그것들은 어떤 Tare Areas로 생각되는 휴게실, 토이레트, 저장 공간, 로비와 출입구, 그리고 지붕으로 덮인 외부의 면적, 즉 (covered walks, covered play or sitting areas, etc) 등이다. 할당할 수 있는 면적 단위에 관한 정체성과 특수한 기능을 가진 tare에 대해 정상적으로 고려할 수 있다. 이와 같이 특수한 상황에서는 네트면적으로 취급한다.

오디토리엄을 위한 로비는 확실히 서큘레이션 스페이스 하나의 복도로 분류하여 논의할 수 있다. 이러한 논의 속에는 실제적인 유효면적이 아니라 Tare space라는 면적으로 봐야 한다는 의견도 있다. 아무리 오디토리엄 빌딩을 위한 프로그램이라 하더라도, 잠깐 동안의 휴식으로 사용되거나 더욱이 스페이스의 요구를 명시할 수 있기 때문에 네트면적의 카테고리로 취급한다는 점에서 "로비"라고 이름을 붙였다. 왜냐하면 이러한 것들은 필요로 하는 공간과 막간을 위해 사용되는 것으로 예측할 수 있기 때문이다.

현존하는 큰 공연장 건물 an existing auditorium=객석 에서 데이터를 가져올 때, 로비의 일부를 phantom corridor로 설계하는 것은 세심히 취급되어야 하며, 자연히 중량법에도 신중한 자세를 취해야 한다. 그리고 지정 가능한 유효 단위공간인 로비로 그 일부를 설계할 때도 세심히 임해야 한다. 즉- 휴식시간 동안 모일 수 있는 공간의 기능을 가능하게 하는 것이다.

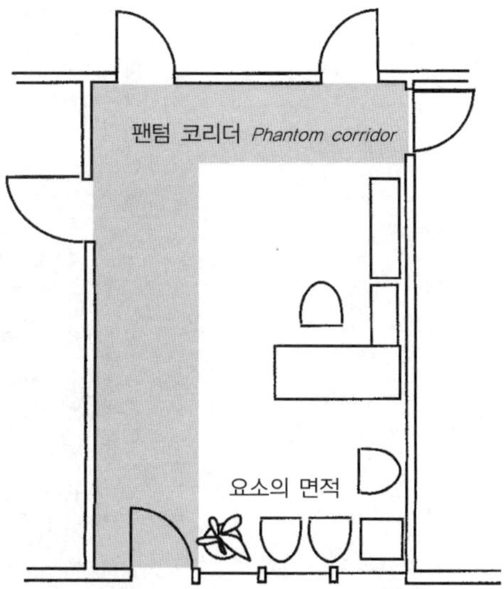

그림 8.4 팬텀 코리더의 다이어그램

어떤 스페이스를 net assignable space나 tare로 취급할 것인가에 대해서는 생각이 다른 학파가 있으므로 용어 정의에 주의해야 한다. 기존 건물의 스페이스가 어떻게 정의되고, 어떻게 명명되어지는가가 불명확한 경우, 그러한 예에 의해 유효면적률의 데이터를 축출하는 것은 의미가 없다.

왜냐하면 어떤 종류의 "공간이 사용 가능한 네트=단위공간"와 "빈 공간체적=서비스공간"으로 설계되는지에 관한 의견을 가진 다양한 학파가 존재하기 때문에 새로운 건물을 축조하기 위한 토대로 현존하는 건물의 사례 연구를 사용할 때, 그러한 용어의 정의에 그대로 일치시

표 8.1 배분된 면적 데이터 *space program*

* Net Assignable Area– 건축물의 전체 공간 중 유효한 순 단위공간의 면적을 말한다.
* Tare Areas– 건축물의 전체 공간 중 비유효 단위공간을 말한다.
* Phantom Corridor–단위공간 내에 요소공간들의 사이인 벽없는 통행 area이다.

지정된 단위면적의 에어리어(순면적)		테러 에어리어	
실명	에어리어 면적	실명	에어리어 면적
오피스–1	256.0	기계실	19.5
–2	118.65	창고–1	67.5
–3	86.0	–2	35.0
–4	72.28	남자	65.25
–5	72.24	여자	68.73
–6	137.86	홀	109.70
비서실–1	228.5	Phantom Corridor	418.70
–2	200.16		
–3	194.25	총 테러 *TOTAL TARE*	784.38
파일	16.25	*(벽 불포함 면적)*	
라운지	174.09	벽	378.24
회의실	229.6		
현관	52.5		
총 네트면적	1837.38	총 테러면적	1162.62

*요약
그로스면적=3,000ft^2 *(지붕 덮는 외부는 제외)*
순단위 면적 *Net Assignable* 61.3%
Tare 38.7%

1. **덮개가 있는, 개방 면적** *Covered, Open Areas* : 용도의 비용 측정에 대한 효율적인 연구가 끝났다면 덮개 있는 개방공간은 그 공간 비율의 50%만 측정하고, 아파트에 있는 발코니와 같이 예상 가능한 필요 사용공간이 아닌 경우에만 중량으로 한정한다. 이러한 규정은 덮개 있는 개방공간의 경제적 결과를 고려한 것이다. (이러한 공간도 반드시 경제적인 비용 지출이 된다)
이 덮개 있는 개방공간의 tare나 net assignable에서나 순익의 양도 가능한 예산에 대한 포함 여부와 관계없이 공간은 반드시 총 중량의 계산과 똑같은 비율로 설명되어야 한다.
2. **벽 구역** *Wall Area* : 벽의 구역은 전체의 총체적인 중량(the total net assignable)도 가능한 순익과 총체적인 중량으로 결정된 구역에서부터 다른 tare spaces를 공제하여 결정된다. 이러한 방법은 벽의 구역을 측정하는 것보다 시간이 덜 소요되지만, 만약 한 개의 계산에 대한 문제가 있다 해도 발견하지 못하는 경우가 발생할 수 있다는 단점이 있다. 〈공간의 유효면적에는 벽이나 기둥면적을 제외해야 한다.

* Source : 이러한 연습의 원본은 1977 University of New Mexico 건축학과 학생들의 개별 과제인 프로젝트 중 일부분에 의한 스터디 프로젝트이다. 이 자료는 미국장애인에 관한 법률 *Americans with Disabilities Act(ADA)*을 조정하기 위해 갱신되고 있다.

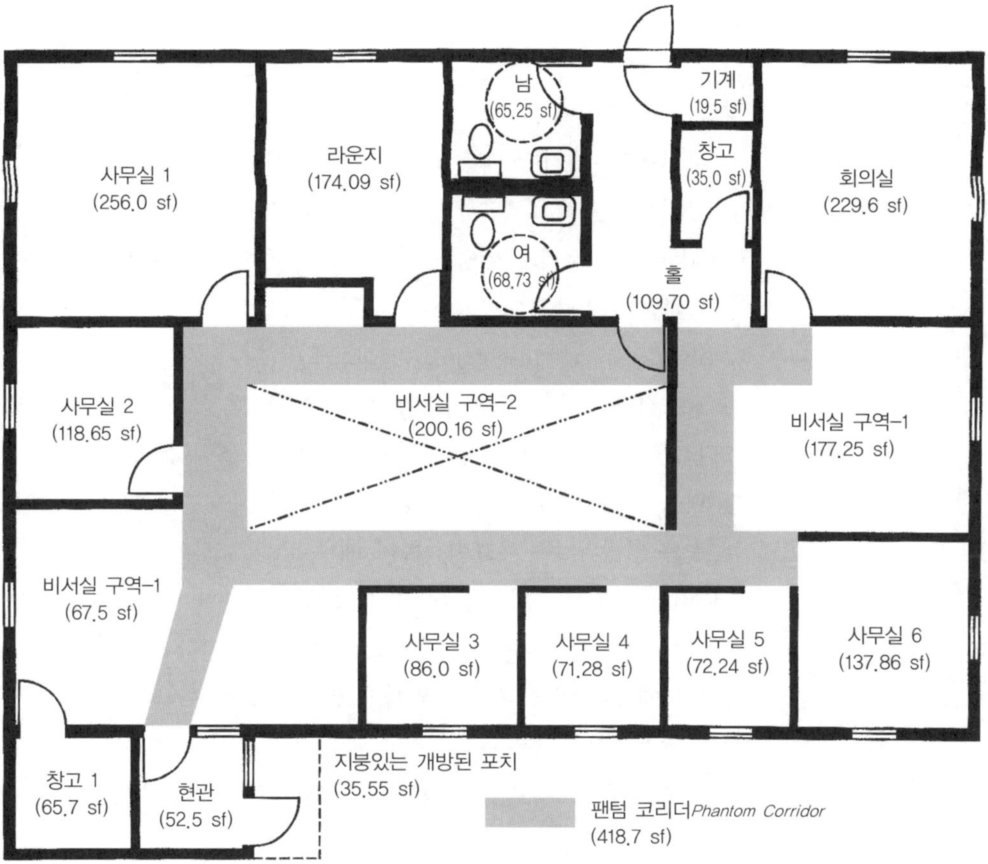

그림 8.5 사무소 건축물의 평면도

키는 것은 매우 중요한 일이기 때문이다. 만일 공공 휴게실이 현존하는 건물의 효율적인 견적 조사에 나와 있는 빈 공간체적으로 설계되었다면 그 휴게실의 규모는 새로 조성할 건물 안에 사전에 배분계획이 제시된 면적의 치수대로 tare space가 설계되어야 한다. 적당한 계산법으로 공간이 어떻게 설계되었는지 결정할 수 없다고 현존하는 건물의 효율적인 값을 사용해서는 안 된다. 일단 공간을 실측하고, 구역을 산정하면 제시된 표 8.1과 같은 결과를 얻을 수 있기 때문이다.

여기서 나타내고 있는 유효면적률 산출에 대해 몇 가지 중요한 점을 관찰해 본다. 그로스면적에 대하여 할당된 네트면적의 유효면적률은 61.3%이다. 그것은 그로스면적이 대부분 2/3 정도가 특정 목적을 가진 스페이스로 사용되고 있는 것을 의미한 것이고, 그로스의 1/3을 약간 넘는 부분이 그 스페이스를 gross supports하고 있다는 것에 관심을 부여했다. 이러한 예는 walls occupy 378.24 f^2(35.2m^2), 또는 12.6%를 차지하는 것으로 된다. 클라이언트를 위한 오피스 빌딩의 Phantom Corridor는 한 오피스 빌딩 면적의 12% 이상이 벽으로 마감한 것은 매우 놀라운 일이다.

418.7f^2의 phantom corridors는 그로스의 14%이다. 만약 이러한 스페이스가 접하고 있는 스페이스의 합계 네트면적에 포함되어 있다면, 유효면적률은 약 75.2%가 된다. 그리고 새로운 오피스 프로그램에 이러한 비율 적용을 기초로 한다면 충분한 서큘레이션 스페이스를 확보하는 것은 어렵다. 즉 유효면적률이 매우 궁색한 것이 된다.

이러한 평면은 매우 치밀한 계획으로서 사무실 주위와 집중화된 서큘레이션 시스템의 사무 스페이스를 가진 계획이다. 이에 반해, 긴 단일 복도에 줄지어 늘어선 동일하게 할당된 네트면적의 집무 스페이스 편복도 평면는 보다 낮은 유효면적률 결과를 초래하는 평면으로 될 수 있다. 61%의 유효면적률을 사용하는 것은 새로운 시설에 콤팩트한 계획을 요구하게 된다.

이상적인 상황은 프로그래머를 위해 가능한 다양한 건축 범위를 제시하면서 거의 동일한 평방피트에 달하는 사무실의 다양한 효율적 견적 계산의 접근법을 택하고 있는 것은 일상적인 일이다. 그렇다면 새로운 시설을 위한 비율 선택은 설명방식의 계산 범위에 달려 있다고 본다. 부지분석이나 예산측정과 같은 또 다른 정보는 비율을 선택하고, 권장된 총 연방 피트를 결정하는데 고려된다.

프로그램은 프로젝트와 같은 종류의 건축적 형태 및 동일한 정도의 그로스면적을 가지고 있는 몇 가지의 오피스 빌에 대해서 유효면적률이 산출되는 상황을 만들어내는 것이 이상적이다. 그렇게 하면 유효면적률의 선택은 보다 확실한 것이 된다.

8.6 스케줄

Scheduling

코스트는 시간에 의해, 스페이스는 코스트에 의해 영향을 받는다. 예산이 효과적인지 아닌지를 확인하기 위해서는 프로젝트의 스케줄을 반드시 결정해야 한다. 앞으로 발생할 미래의 코스트를 예측하기 위해 "현재의 코스트 정보를 어떻게 사용해야 할 것인가에 대해서는 나중에 설명하고자 한다.

프로젝트에 대한 스케줄을 작성하는 데는 많은 요인이 작용한다. 따라서 클라이언트는 계절적인 요구를 할 수도 있다. 예를 들면, 지역 주민들의 입장은 학교시설의 완성 시기를 학기가 시작되기 전에 완성된 것을 원할 것이다. 공인회계사는 세무가 바쁜 시기에 옮겨지는 일정을 피해 줄 것을 바랄 것이다. 여름철에는 문제가 없으나 아주 추운 겨울철에 해당되는 지역에서는 겨울철 콘크리트기초 시공은 동결을 방지하고, 양생하기 위해 보다 많은 코스트가 투자되기 때문에 다른 계절에 이루어지기를 원할 것이다. 클라이언트는 그들의 계약이 끝나기 전에 그들에게 제공된 지역을 그만두고 물러나는 것이 필요할 것이다.

통상적으로 클라이언트가 생각하고 있는 특수 조건은 프로그래밍이 프로세스에서 밝혀지게 된다. 일정의 진행과정에 대한 책정에는 특별히 입주할 날짜를 결정하고, 그 시간의 목적에 대한 검토과정에서, 그리고 이러한 목적의 토론은 중요한 시간에 대한 생각도 명확하게 해둔다. 프로젝트 항목에 대한 연구에 대해서는 제Ⅱ부에서 설명했고, 스케줄의 영향에 대해서도 예보해 두었다. 제6장에서는 기후조사 연구에 대해서 설명했다.

장소나 클라이언트의 특이성과 더불어 프로젝트 규모가 스케줄에 영향을 미친다. 단순히 대규모 프로젝트는 소규모의 프로젝트보다 – 물론, 그 규칙에 따라 예외지만 시간이 길게 소요되고 코스트도 그러한 것에 의해 첨부된다.

현실적인 스케줄을 개발하는 최선의 방법은 프로젝트가 진행되고 있인간사에는 한 번의 큰 물살로 시작되어 운명으로 인간을 이끄는 조류가 있다. 그런데 그 조류가 없어진다면 삶의 모든 항해는 오로지 수위의 높낮이, 그리고 알 수 없는 불행에 맡겨지게 될 것이다. 물이 충만한 바다 위에 우리는 지금 표류해 있는 것이다. 그리고 우리는 조류가 왔을 때, 그 기류를 타야만 한다. 그렇지 않으면 우리는 모험을 잃게 될 것이다.
William Shakespeare,
"Julius Caesar"

는 장소의 지역에서 건설공사의 경험이 있는 누군가를 알 수 있다. 그 지역의 특수한 건설 여건에 따라 스케줄은 보다 낮은 코스트가 책정되는 결과를 얻는 경우가 많다. 어떤 요소를 위해 그들은 최상의 건설업자들에게 자금을 지원한다. 이러한 것은 그들에게 새로운 것이다.

만일 클라이언트의 스케줄에 가변성이 있으면 건설업자가 가지는 각자의 개성적인 시공순서도 고려할 수 있다. 스케줄에 가변성이 없다면 할증금을 부가하지 않으면 안 된다.

왜냐하면, 스케줄은 프로젝트에 따라 매우 넓고 다양하기 때문이다. 간단한 한 예를 들면, 이러한 실재적인 사례에 관한 유용성에서 제한되어 있다. 많은 제약이 있지만 그 포맷은 여러 가지 다양한 처지의 상황으로 적응된다. 우리는 여기에서 소규모의 프로젝트(그림 8.6 참조)의 스케줄을 제시한다. 시간의 단위는 주일로 하고, 각 단계에 사용하는 용어는 건축가와 오너 사이에 관하여 미국건축가협회(AIA)의 표준 계약 서식의 기술에 따르도록 한다.

이 예에서 보면, 프로그래밍을 위해서는 2주간, 공사현장경영관리를 위해 26주간이 소요되는 예를 볼 수 있다. 총 프로젝트 시간은 58주가 된다. 주의해야 할 것은 건축가의 설계작업의 진행 전에 설계의 각 단계에서 마지막 주에 오너가 리뷰할 시간을 잡아 둔다. 각 단계에서 또한 오너에 의한 승인이 만약 오너가 스스로 리뷰의 승인 · 결정 · 변경을 나중에 요청하는 경우가 발생했을 때 건축가를 보호하기 위한 조치이다. 건축가가 이전에 승인해버린 작업을 변경해야 하는 경우가 발생하면 분명 보상받아야 한다.

이 스케줄에서는 시공 중간 시기를 확립하는 것을 보여준다. 비용에 관한 논의는 다음 절에서 설명한다. 이것은 특별한 날짜의 결정에 대한 현재의 캘린더 위의 자리이다. 만약 입주해야 하는 날짜 안 *move-in* 에서 각 단계의 시작과 끝나는 날짜는 장소를 피해 조절할 수도 있고, 프로젝트 비용을 더 올릴 수도 있는 가변성을 가질 것이다. 이러한 가변성이 없다면 최종적으로 문제의 에어리어는 그렇게 해서 아파트가 만들어진다고 할 수 있다.

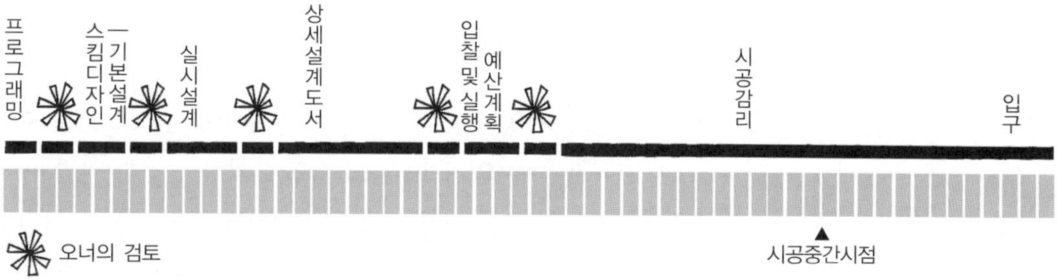

그림 8.6 비교적 규모가 작은 프로젝트의 스케줄

이와 같이 복잡한 스케줄은 압축된 기술의 전통적인 접근형식으로서, 분기마다 같은 액수의 정액방식으로 이루어진 시공은 일반적으로 단일시공업체에 의해 이루어진 것을 말한다. 단기간에 달성해야 할 대형 프로젝트의 문제 해결을 위해 가장 빠른 시공방식 문서는 복합스케줄로 되는 경우가 있다. 이러한 복잡한 스케줄은 건설사업자가 이용하는 조직의 허락에 의해 fast-track construction을 개발할 수 있다. 각각의 방법은 공사를 위해 더욱 진보된 진술서를 만들기 시작한 공사에 제공된다.

컴퓨터 프로그램은 프로젝트의 계획 · 관리개발에 의해 존재한다. 그리고 프로젝트의 이벤트는 다음 스케줄의 규칙에 따라야 한다.

한편, 주의 깊게 프로그램하도록 압축된 스케줄에 관한 범위는 본서의 범위에서 벗어나는 경우이다. 건축프로그램에서 신중히 처리된 건축 문제의 직무상 역할로서 주의해야 할 규칙은, 각 프로젝트에서 특별한 비판적 범위의 요소이다. 즉 건축 프로젝트에서는 특히 중요한 요소이다. 이미 건설공사 중에 발생하는 액티비티의 추가에 대한 변경 요청은 어떠한 상황이라 해도 코스트는 상승하게 된다. 예를 들어, 공사기간 동안 물품공급이나 건축물에 추가되는 또다른 서비스가 필요하다고 판단했을 때, 이미 완공된 바닥에 설비배관 시설을 증설하는 것과 같은 의미이다. 보편적인 공사보다 훨씬 상승된 추가비용이 발생하게 되는 것이다. 이러한 변화를 위한 지불위험 *the risk of expense*은 각각의 변수에 따른 압축된 스케줄에 의해 더욱 악화시키게 된다.

8.7 코스트

Cost

프로젝트의 프로그래밍 단계에서는 어떤 정확한 등급으로 최종 코스트 *final cost*를 견적할 수는 없지만 최종코스트에 가장 근접한 가격 개산 코스트를 결정해 두는 일은 중요하다. 장래의 예산에 대한 계획을 하거나 자금의 적용, 기부채납에 대한 제안 등이 이 개산견적에 의해 이루어진다. 만약 비용이 충분하지 않다면, 장래의 건축 프로젝트는 이전의 건축 프로젝트에서 고무했던 필수적인 것들을 지급하지 못할 수도 있다. 사적으로 볼 때, 프로그래밍 단계에서 비용측정은 자금조달에 대한 노력보다 우선시 되고, 자금을 조달하는 클라이언트는 견적의 총액이 공사를 진행하는데 충분할 것이라는 근거 있는 확신을 갖고 일을 진행할 필요가 있다. 만약 우리가 이 단계에서 견적에 오차가 생겼다면 공사비를 견적하는 부분에서 실제보다 더 많은 견적에 생긴 오차이기를 바라고, 누구나 예상했던 계획의 범위를 벗어나 비용이 많이 소요되는 상황을 좋아하지는 않는다.

이를 위한 최초의 임무는 프로젝트의 전체적인 그로스면적을 결정하는 일이다. 이 그림은 코스트 견적을 위한 기초가 된다. 이 전체적인 면적은 프로젝트의 질적인 레벨을 나타내는 단위면적당 단가로 곱하여 계산된다.(식 8.3)

단위면적당 단가는 동일한 종류의 프로젝트에 대한 코스트 분석에 의해서 얻어진다. 또한 전국적인 견적단가는 각 데이터를 이용할 수 있는 서비스를 제공한다.

8.7.1 단위면적당 건설단가 Square Foot Costs

단위면적당 건설단가는 프로젝트의 시공 중간단계에서 인상할 수 있다. 시공업자는 건설을 개시하는 시점에서 모든 자재가 구입되어 있어야 한다. 왜냐하면, 비용적인 면에서 시공 과정의 물가변동에 대한 영향은 물론 인건비에도 영향을 미치기 때문이다. 시공상의 중간 날짜는 정해지지 않았지만 시공 도중의 물가상승에 대응하여 코스트를 조정하기 위한 시공중에 적절한 날을 선정한다. 그러나 이러한 물가변동이 발생하는 일은 상대적이므로 우려가 없다는 역설적인 부분도 가능하다.

어떤 사람은 인플레이션의 형태가 어떤 것인지 정확하게 예언하는 것이 가능하다는 것을 알아야 한다.

예를 들면, 어떤 건축물 형식의 1998년초 평균 단가가 $85.00/square foot이었다고 보고, 프로젝트의 중간 시기를 2000년 10월로 견적했다. 인플레이션 경향이 있다고 하면 초기 건설단가는 시공 중간 시기까지인 2년 10개월간 상승을 계속하게 되는 것이다. 1998년의 인플레이율은 3%, 나머지 기간을 4%로 상정했을 때 다음의 값을 산출할 수 있다.

$ 85.00 × 1.03 = $ 85.55	1998년 12월까지
$ 85.55 × 1.04 = $ 91.05	1999년 12월까지
$ 91.05 + ($ 91.05 × 1.04 × 10/12) = $ 94.09	2000년 10월까지

2000년 10월에서 건설단가는 $94.09/$f^2$이다. 코스트 상승의 배려에 대한 실패는 프로젝트에 중대한 영향을 미치는 문제의 원인이 된다. Inflated cost는 전체적으로 10.7%라는 상승이 발생하는 것을 사전에 고정시켜 두지 않으면, 한정된 예산 범위 내에서 그로스면적의 감축이나 부득이하게 프로젝트의 질을 떨어뜨리는 상황을 초래한다.

8.7.2 총 프로젝트 비용 Total Project Cost

이상과 같은 코스트 견적의 포맷에서 나타난 총 프로젝트 비용은 건설단가의 기초가 된다. 건물의 건설비(Line A)는 부지개발을 포함한 총 건축비(Line A+B+C)와 동일하지 않다는 것과 그러한 총 건축비는 총 프로젝트비(Line J)와 서로 다르다는 것을 깨닫게 된다. 클라이언트가 이러한 차이를 이해하는 것은 매우 중요한 요소가 된다.

실험을 통해 다루었던 예는 건물이 30,000 gross square feet와 $45,000의 토지대금과 같이 상정한다. 따라서 프로젝트의 총 예산은

고정 설비장치 : 배기관이 있는 가마를 포함하여 건축구조를 연결해주는 품목 또는 전력공급을 위해 전기기술자에 의해 연결되어야 하는 장치. 학구(교육행정상의 필요로, 아동이 취학할 학교를 지정하여 갈라놓은 구역)와 같이 자주 부설하는 건축주들은 아마도 특이한 생각을 가지고 있을 것이다. 당신의 건축주에 대해 명확한 정의를 하고, 당신의 생각이 아닌 건축주들의 생각을 활용하라.

다음과 같이 산출했다.

A.	건물 건설비 : 94.09 × 30,000square feet	=	2,822,700
B.	고정설비 : A의 8% (.8 × 2,822,700)	=	225,816
C.	부지개발 : A의 20% (.2 × $2,822,700)	=	564,540
D.	총건축비 : A+B+C	=	$3,613,056
E.	부지 취득 :	=	$45,000
F.	가구, 집기비용 : A의 20% (.2 × $2,822,700)	=	564,540
G.	설계 · 컨설턴트 비 : D의 6% (.06 × $3,613,056)	=	216,783
H.	예비비 : D의 10% (.1 × $3,613,056)	=	361,306
I.	관리비 : D의 3% (.03 × $3,613,056)	=	108,392
J.	총 프로젝트 비 : D + (E~J)	=	$4,909,077

부지개발 : 터고르기와 되메우기, 유틸리티 설비, 조경, 주차, 기타 등을 포함한다. 어떤 거리의 구간에 위치하더라도 유틸리티 설비는 매우 고가이다. 제6장의 대지분석에 관한 내용은 현재 위치와 수용인원을 결정하는데 도움된다.

대부분의 클라이언트는 이러한 총 프로젝트비가 건물비용의 1.7배로 높은 것에 대해 놀라움을 금치 못한다. 모든 코스트를 한 번에 열람하게 하는 배경은 클라이언트에게 총 프로젝트비의 예산과 건설비의 예산 분담을 확실하게 해 둔다는 데 의미가 있다. 예를 들면, 가구가 없는 건물은 이용하기에 편리한 건물은 아니다. 만약 클라이언트가 완성된 텅 빈 건물을 보고 큰 실망을 느끼지 않을 수 없다. 그들은 왜, 예산배분에 대한 정보를 사전에 알리지 않았는가?라고 바로 추궁할 것이다.

8.7.3 건물의 규모와 프로젝트비용의 조정

Reconciling Building Size and Projects Costs

앞에서 서술한 $4,909,077에 대한 사례는 클라이언트가 목표한 예산을 초월한 것일 수도 있다. 만일 그러한 일이 발생된다면 이 시점에서 조정작업이 이루어져야 한다. 예산을 늘리거나 추가하게 된다면 문제는 해결된다. 그러나 일반적으로 이와 같은 경우, 전체 그로스면적당 단가와 면적당 단가를 불문하고, 그 양쪽을 모두 감축해야 하는 일이 많아진다. 면적당 단가를 내리는 것은 건설의 질적인 부분에 영향을 미친다. 총 면적을 삭감하는 것은 건물의 기능에 영향을 미치게 될 것이다.

삭감은 이미 결정된 프로세스에 따라 클라이언트의 자발적인 동의를 모토로 이루어질 수 있다. 이상적으로 말하면, 건물에서 얻어지는 것에 관한 마지막으로 누군가의 결정에 의해서 나중에 스스로 결심을 하게 될 것이다. 이 시점에서 프로그래머는 그들의 밀접한 관련성과 삭감을 위한 것 중 하나를 택하는 대체안을 제시함으로써 클라이언트에게 도움을 주어야 한다.

몇 종류의 건물들은 총체적인 것보다, 작은 전체면적과 다른 스페이스끼리 서로 통합해서 보는 것이 보다 효과가 있다. 예를 들면, 어떤 전문가 사무실에서 도서실이나 회의실 같은 대화의 장소에서 회의가 진행되고 있을 때, 클라이언트가 도서실을 사용하지 못하게 한다면, 회의실보다 약간 더 큰 단독공간에서 진행할 수도 있다. 이중으로 중복된 공간은 아마, 미리 준비된 단일공간을 설립하는 경영방식의 스케줄에 의해 사전에 효과적으로 고려할 수 있을 것이다. 공간의 창의성에 대해 6.9절의 내용을 다시 검토해 볼 수 있다. 만일 사무직의 업무공간이나 중간 관리직의 업무공간처럼 반복되는 공간으로 인해 스페이스 비율을 약간 감소시킨다면 전체적인 스페이스를 억제하는 것이 되므로 그 의미가 있다.

이 외에 또 다른 것을 고려해야 할 문제는 선택된 단위면적당 비용에 대한 상세한 조사연구가 포함된다. 지역의 하도급업체들과 의론을 함께 하는 방식을 적용함에 따라 건물의 질적인 부분에 중대한 영향을 미치지 않고, 코스트는 오히려 약간 내려갈 수도 있을 것이다. 만일 클라이언트인 당신이 프로젝트의 건설시기가 불확정적이라면 적합한 견적을 제공하는 것은 불가능하다. 이러한 사례는, 설계작업에 있어 프로그램이 완료된 시점에서 즉시 시작된다면 건설비용에 관한 견적을 클라이언트는 곧바로 얻게 된다. 이러한 경우 견적에 소요되는 날짜가 있고, 스케줄이 확정된 때에 재견적을 낼 수밖에 없다는 것을 기재해 둔다. 만약 클라이언트가 시공업자들이 2년 후에나 공사를 시작한다고 생각한다면, 지금으로부터 2년 후에 동일한 견적가격으로 동일한 스페

이동 가능한 장비 : 가구, 창문덮개 등 기타, 카펫은 이동 가능한 물품에 해당된다. 또한 건축시공비 예산에도 포함되며, 사무기기와 원격통신 또한 체크해야 한다. 그리고 고객의 예산 형태나 모든 예산 외의 중요한 장비들을 확실히 해야 한다.

전문직 보수 : 이러한 할당은 건축가와 그들의 컨설턴트를 위함이다.

우연성 : 노동자 파업, 기초 근로환경 등과 같은 항목들은 예상치 못한 문제들이다. 이러한 문제들은 곧 비용을 증가시킬 수 있고, 인플레이션에 의해서 비용이 상승될 수도 있다. 전면적인 개편을 위해 비용의 15%를 사용하고, 그리고 오래된 구조 개편을 위해서 최소한 비용의 20%을 써야 한다.

관리비용 : 대지조사, 토질조사, 사무절차과정을 위한 보조 사원, 조닝을 재검토하는 요금과 같은 부류에 도움을 주는 비용이다. 지방세는 적절한 곳에 추가되어야 한다.

이스를 확보할 수 있는지 여부를 확실하게 명시하여 둔다.

이렇게 클라이언트의 예산상의 목적과 코스트 견적이 균형을 이룬다면 프로그램의 면적비율은 종료되었다고 할 수 있다.

때때로 프로그램의 성과가 자금 획득이나 타당성 조사인 경우는 예산 조정의 프로세스는 발생되지 않는다. 이러한 경우 프로그램의 목적은 필요로 하는 자금의 총량을 찾아 볼 수 있다. 즉 입법상의 범위에서 청하게 될 것이다. 만약, 획득되는 자금이 예산보다 적은 경우는 예산을 조정해야 한다. 나중에 기술하게 될 케이스 스터디-#4에서 the Classroom/Laboratory/Office Building Program은 이 목적을 위하여 실험하였다.

8.8 경제적 가능성

Economic Feasibility

시설의 총 예산이 설정되고, 또 프로젝트가 경제적으로 성립되면 그것에 대한 가능성 여부를 검토할 필요가 있다. 당신의 클라이언트는 이 분야와 스스로의 연구에 대해 경험이 풍부하지 않기 때문에 재무담당자에게 검토를 의뢰할 수도 있다. 클라이언트는 이러한 연구를 위해 프로그래밍하는 건축가를 찾게 될 것이다. 만약 당신이 프로그래밍에서 이러한 분야에 대한 경험이 없다면 세심한 주의를 기울여 검토해야 하고, 완성된 프로젝트에 대한 예측을 통해 경제적인 부분을 마무리짓지 못한다면 클라이언트는 당신에게 책임이 있다고 느낄 것이다. 이 스터디는 견적을 한다.라는 것을 명기하여 두고 싶다.

경제적인 타당성 조사를 위해 기본적 방식은 총수입이 지출을 넘어서는 안 된다. 또 ;

총수입 > 담보금 지불 + 활동비용 (식 8.6)

총수입은 프로젝트로부터 -차용수입/소매인건비/판매상품, 즉 돈을 만들어내는 모든 것들이다. 담보금이나 금리는 담보시기 및 기간에 따라 다르다. 활동비용은 광열비, 급료 고용세와 복리후생을 포함, 지급품, 부동산세, 보험, 수선비, 그리고 다른 출자비 등을 포함한다.

공식 8.7의 내용은 클라이언트가 현금으로 프로젝트에 투자한 경우이다. 현명한 클라이언트는 투자에 대하여 대범함을 보임으로써 모두는 수입이 충분하고 높은 금액을 원한다. 현금운용은 위험성이 비교적 낮은 차이이고, 상대적으로 양보하는 낮은 퍼센트의 운용방식이지만 저축을 권장한다. 거의 대부분의 부동산사업은 상당한 위험을 내포하고 있지만 그 투자의 위험을 오히려 가치 있는 것으로 만들어 다시 되돌려 소생시켜야 한다.

건축 행위에 있어 올바른 경제활동이란 어떻게 적은 비용으로 좋은 건축물들을 보다 많이 제공할 수 있는지를 아는 일이다. 그러나 우리는 인간을 위해 집을 짓고 있다는 것을 절대 잊어서는 안 된다. 모든 건축의 경제활동은 제품의 질과 가격 사이의 관계에 대한 공통문제를 가지고 있다. 만약 우리가 제품의 질에 관해서 생각해 두지 않는다면 건축을 포함한 여타의 다른 분야에서도 완전히 갖춰진 경제활동은 무의미할 수 있다.
Alvar Aalto

프로젝트 투자에 의한 전환 > 양자택일의 투자에 대한 전환 (식 8.7)

경제적인 실행 가능성은 본 서의 내용에서 훨씬 벗어난 매우 광범위한 주제이다. 이러한 부분은 실제 부동산개발업자들이 다루는 대규모의 부분이다. 물론 여러 고객의 동의하에 자신이 프로젝트의 복잡한 사항에 관한 주택개발자, 공인부동산업자, 은행원, 그리고 대부업자와 논의함으로써—당신의 클라이언트의 허락과 함께 스스로 개발할 수 있다. 클라이언트는 활동비용에 대한 정보를 가지고 있어야 하고, 때로는 이러한 정보는 직업적인 정기간행물에서 찾아 볼 수 있다.

경제적 실현 가능성에 대하여 모두에게 알리려고 하는 자신들이 가지고 있는 정보의 주된 목적은 클라이언트들에 대한 책임서비스를 다하기 위함이다. 아마 고객이 토지나 건축적인 서비스 사업에 현금을 투자하기 전에 불확실한 모험임을 분간할 수 있도록 도울 수 있을 것이다. 이 경고는 윤리적인 질문을 이끌어낸다. 건축 프로그래머는 프로젝트를 망칠 수도 있는 정보를 얻으려고 애써야 할 것인가? 이에 대한 윤리적 답안은 "예스"이고, 프로그래머가 프로젝트의 본질을 정확히 평가할 수 있는 능력을 가지고 있다고 간주한다. 비록 당신의 재정적 능력이 적당하다 할지라도 이 프로젝트가 진실로 수행할 수 없을 거라는 의심이 든다면 클라이언트에게 알려야 한다.

비록 그 상황의 윤리성이 그다지 큰 이슈는 아니지만 비즈니스적 관점에서 볼 때, 클라이언트가 심각한 재정적 실수를 하는 경우 그저 자리만 지키고 있는 것은 매우 근시안적인 태도이다. 희생이 큰 과실을 피하도록 도움을 받는 클라이언트는 재정적으로 생존하여 사업기획이나-그리고 꼬리에 꼬리를 물고 또 다른 사업에 손을 댈 수 있게 된다. 그 사람이 바로 그의 모든 재무상의 건전성이 오로지 당신의 최대 관심사에 달려 있는 고귀한 클라이언트가 될 것이다.

8.9 특수 케이스

Special Cases

몇몇의 예에서는 스페이스의 엄격한 규모설정이 적절하지 않은 경우가 있다. 워싱턴 DC의 Dulles Airport(그림 8.7)의 사례에 대해 세부적으로 살펴보면 다음과 같다. Dulles Airport는 여행객을 터미널로부터 비행기로 운반하는 지상 자동차의 컨셉에 의해 설계되었다. 만일 여행객을 운반하기 위해 콘코스의 면적 배분이 결정되어 마지막 설계가 그에 따른다면 현실적으로 볼 때 초기구상은 결코 시험을 거치지 않고 실행한 것에 지나지 않게 된다. 어떻든 Dulles Airport의 사례에서 터

그림 8.7 댈러스 공항 *Dulles Airport*

미널로부터 공항 안에까지 여행객을 운반하는 많은 기능에 대한 할당은 문제 해결을 위한 재정상의 가능성을 도울 수 있다. Dulles'의 모빌 라운지 등 건물의 기능적인 문제 해결이 빌딩만은 아니라는 가정을 받아들일 것이다.

건축 프로그래밍의 목적은 설계상 해결해야 할 과제를 정의하는 일이다. 이러한 해결책은 건물에 따라 표출되는 잠재된 사실이라고 생각하지 말고, 오직 하나의 빌딩을 건설하고, 설계를 해결해야만 한다. 디자이너들은 프로그램선상의 입장에서 읽고 미리 준비해 두어야 한다.

만약 어떤 사람이 기술이나 기량에 뛰어나다면 그 사람은 기술이 허락하는 것에만 의존하게 될 것이다.
Isamu Noguchi

8.10 사례 연구 Case Study

Case Study #1
주립기록 센터와 아케이브 : 양적 요구
A State Records center and Archives : Quantitative Requirements

최초의 양적 요구로서 주립기록센터와 아케이브의 면적 요구를 검증하였다. 그림 8.8은 최종 보고서에 기재된 리스팅〈일람표〉된 스페이스의 일부이다. 기록된 코스트 분류의 난에는 다섯 가지 다른 카테고리-를 나타내고 있다. 이 분류에 의하면 견적을 할 때, 코스트의 카테고리-에 의한 스페이스 분류를 가능하게 한다. 기록지에는 또한 주요한 부문에 번호를 부여하고 있는 (예를 들면, Lobby and Public Service는 1,000번) 각 부문의 스페이스에는 참조하기 쉽도록 개별 번호를 붙이고 있다.

따라서 이 절에서는 클라이언트가 스페이스의 합당한 비율을 이해하기 쉽도록 스페이스의 요약 도표(그림 8.9)를 포함시키고 있다. 물론 정방형은 추상적인 표현이다.

건물의 프로젝트 코스트는 앞의 Cost coding System을 사용한다. 그림 8.10은 Cost Categories의 할당 면적과 단가를 곱한 표의 한 예이다. by the appropriate dollar-per-square-foot cost (in 1989 dollars, in

		코스트 분류 *COST CLASSIFICATION*	현존	10년	25년
	1000	로비와 공공서비스 *LOBBY AND PUBLIC SERVICE*			
2	1001	로비 *Lobby*		600	
2	1002	전시실 *Display*		1,200	
2	1003	회의실 *Meeting Room*		80	
1	1004	영사실 *Projection*		7	
		소계 *Subtotal*	0	2,380	3,330
1	2000	관리 서비스 *ADMINISTRATIVE SERVICE*			
1	2001	책임자 *Administrator*		300	
1	2002	부책임자 *Deputy Administrator*		200	
1	2003	회계사무실 *Fiscal Office*		150	
1	2004	특별실 *Special Project*		100	
1	2005	정보시스템 분석실 *Information Systems Analyst*		100	
1	2006	역무비서실 *Executive Secretary*		100	
1	2007	접수 *Receptionist*		100	
1	2008	타이피스트 *Typist*		100	
1	2009	비서-1 *Administrative Secretary 1*		100	
5	2010	비서-2 *Administrative Secretary 2*		100	
1	2011	컴퓨터실 *Computer Room*		350	
1	2012	보안실 *Security*		100	
1	2013	대회의실 *conference Room*		160	
5	2014	사무용품창고 *Office Supply Storage*		80	
1	2015	주방 *Kitchen*		200	
1	2016	스태프용 라운지 *Staff Lounge*		350	
	2017	스태프용 라커 실 *Staff Lockers*		250	
		소계 *Subtotal*	1,447	2,840	4,000
	3000	기록 센터 *RECORDS CENTER*		100	
	3001	기록 분석실-1 *Records Analyst 1*		100	
	3002	기록 분석실-2 *Records Analyst 2*		100	
	3003	기록 분석실-3 *Records Analyst 3*		100	
	3004	기록 분석실-4 *Records Analyst 4*		100	
	3005	기록/시스템 분석실 *Records/System Analyst*		100	
	3006	창고지배인실 *Warehouse Manager*		100	
	3007	창고관리인실 *Warehouse Supervisor*			
	3008	창고계원실-1 *Storekeeper 1*			

그림 8.8 주립기록 센터와 아케이브의 규격을 위한 부문에 요구되는 바닥면적

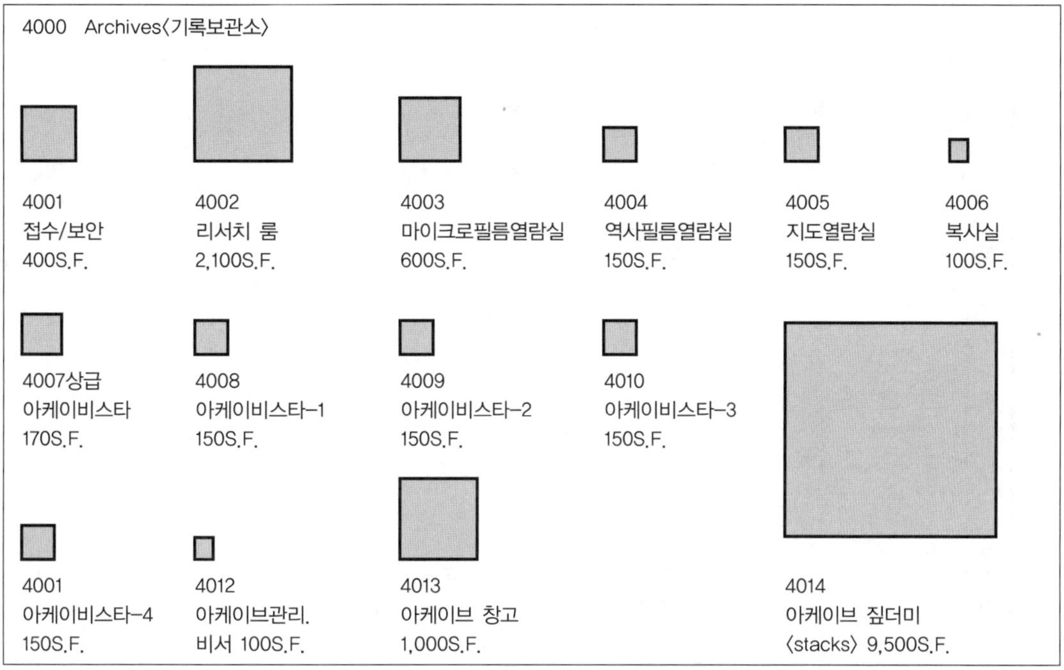

그림 8.9 주립기록센터와 아케이브의 치수를 위한 공간의 Graphic summary

공간의 등급	총 네트면적 S.F.	유효율 (%)	총 그로스면적 S.F.	단가/면적 S.F.	단가/등급 S.F.($)
1. 사무실과 작은 공간들 양호한 마감 *Office & small spaces : good finishes*	8,915	0.65	13,715	$56.00	$768,040
2. 로비, 회의실 및 연구실 : 양호한 마감 *Lobby, meeting areas and research rooms : good finishes*	14,800	0.70	21,143	$62.00	$1,310,866
3. 창고, 높게 쌓은 적재화물 *Warehouse, high live loads : unfinished*	26,000	0.84	30,952	$34.00	$1,052,368
4. 금고 *Vaults*	3,500	0.82	4,210	$62.00	$261,020
5. 실험실, 유틸리티, 기계설비와 전기실 필요 *Labs, utilitarian, mechanical & electrical needs*	4,550	0/65	7,000	$56.00	$392,000
소 계	57,765	Overall 0.75	77,020		
				Spec System*	$212,275
				총계	$3,996,569 1989 dollars

*기계실과 구조를 위해, $6.86/S.F.

그림 8.10 특별한 타입의 실은 그것과 함께 관련하여 특별한 코스트를 가진다. 이 차트는 전체 타입의 공간과 할당된 코스트의 평방피트로 곱한〈면적과 단가〉 것이다.

가능한 최대 시공비 *MAXIMUM ALLOWABLE CONSTRUCTION COST(MACC)* $5,275,385.00				
1 제의한 건축비 *Proposes Building cost*	3,784,294.00			
2 에너지 보전비 *Energy Conservation*	378,429.00			
3 특수시스템비 *Special Systems*	212,275.00			
4 제안대지개발비 *Proposed Site Development Cost*	212,294.00			
5 인플레이션 요소 *Inflation Factor*	688,093.00			
A. 대지취득비 *LAND ACQUISITION (PHASE-1)*			$226,800.00	
B. 계획과 설계 *PLANNING AND DESIGN (PHASE-2)*				
1 건축/엔지니어링학과(설계의 73%) *A/E Fees (73% total)*		238,763.00		
2 건축/엔지니어링 상환비 *A/E Reimbursables*		45,790.00		
3 토목엔지니어비 *Soils Engineer*		2,700.00		
4 지질조사비 *Land Surveyor*		12,349.00		
5 견적 및 적산비 *Cost Engineer*		52,753.00		
6 계획과 설계비 *TOTAL PLANNING & DESIGN FEES*				
C. CONSTRUCTION (PHASE-3)			$352,355.00	
1 가능한 최대시공비 *MACC*		5,275380.00		
2 건축/엔지니어링학과(설계의 27%) *A/E Fees(27% total)*		88,309.00		
3 현장 상주비 *Full-Time Representative*		211,015.00		
4 예비비 *Contingency*		342,900.00		
5 관리비 *Administrative Costs*		951.00		
6 통신비 *Telecommunications*		25,410.00		
7 건설비 합계 *TOTAL CONSTRUCTION COSTS*				$5,943,970.00
D. 집기와 가구비 *EQUIPMENT AND FURNITURE (PHASE-4)*				$1,639,344.00
E. 프로젝트 총비용 *TOTAL PROJECT COST*				$8,162,470.00
F. 기존대지 매각비 *LESS OTHER FUNDING (SALE OF PRESENT SITE)*				$1,008,775.00
G. 소계-필요한 자료 *SUBTOTAL-AMOUNT REQUESTED*				$7,153,695.00
H. 공용부분의 아-트비(환경조각비) *ART IN PUBLIC PLACES*				$71,537.00
I. 총 소요예산의 합계 *TOTAL REQUESTED BUDGET*				$7,225,232.00

노트 :
주(시)가 대지취득비의 가이드라인은 $40,000.000이다. 이 비용은 대지의 평균값보다 낮다($0.92/f^2).

그림 8.11 주립기록센터와 아케이브을 위한 총 프로젝트 코스트

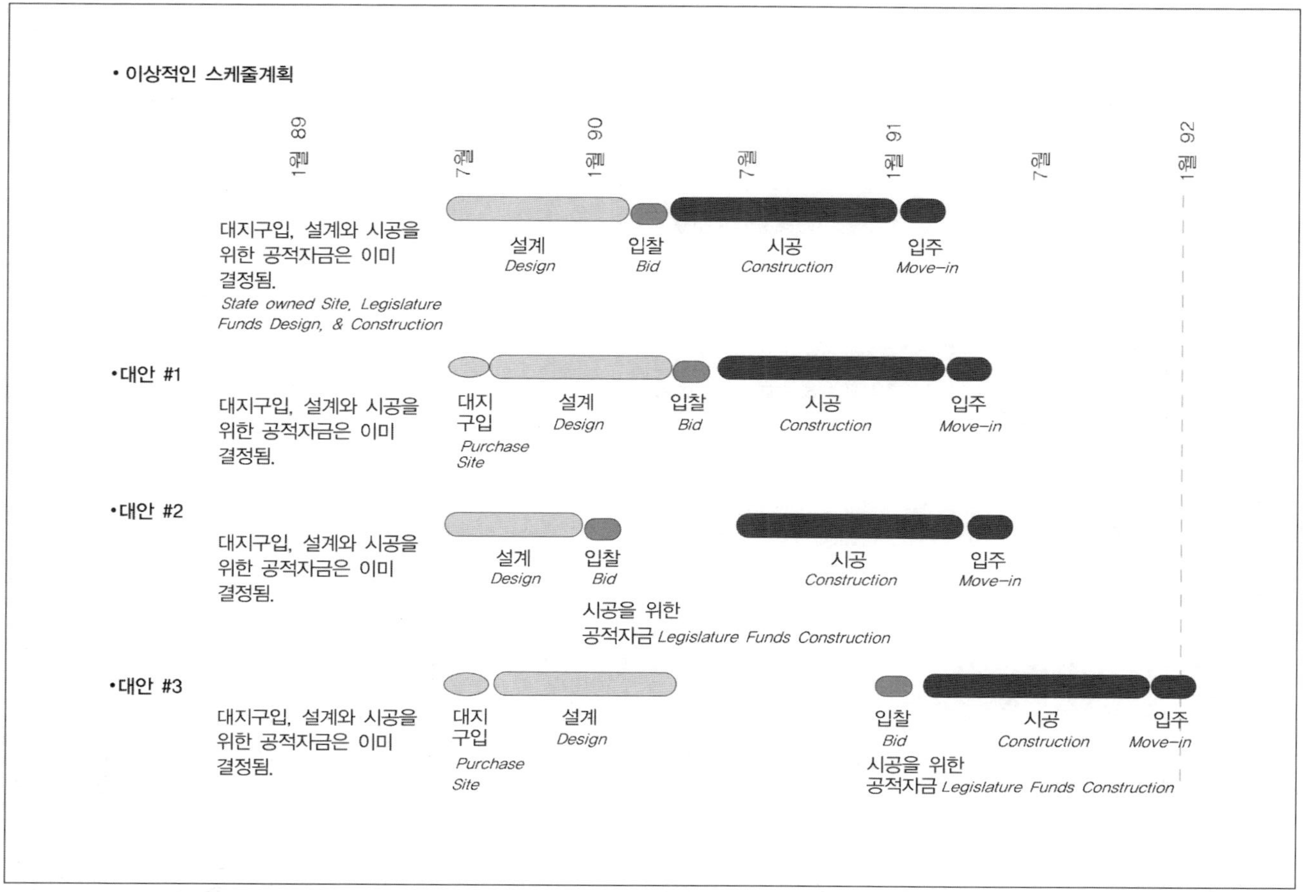

그림 8.12 이 다이어그램들은 몇 가지 스케줄 옵션을 제공받았고, 획득한 대지와 입법상 기금조성의 다채로운 결합의 기초가 되었다. 이 이상적인 스케줄은 주 *state-own*가 소유한 대지의 획득과 함께 1989년 입법에 의해 full funding을 위해 이름지었다.

실명		조도	자외선 보호	내부 조망	외부 조망	사실	데이 라이트	동급 제어
기준값, 예외기록		70						
1000	로비와 공용서비스							
1001	로비	30	×	×	×		×	×
1002	전시실	5~30	×	×	×			×
1003	회의실	30				×		×
1004	영사실	20			×			×
2000	관리서비스							
2001	관리책임자				×	×	×	
2002	부책임자				×	×	×	
2003	회계사무실					×	×	
2004	특별실					×	×	
2005	정보시스템분석실					×	×	
2006	비서실			×	×	×	×	
2007	접수			×	×		×	
2008	타이피스트			×	×		×	
2009	비서실 1			×	×		×	
2010	비서실 2			×	×		×	
2011	컴퓨터실	50						
2012	보안실	30~70		×	×	×		×
2013	대회의실	20~50				×	×	×
2014	사무용품실	20						
2015	주방	30				×		×
2016	스탭라운지	20		×		×	×	
2017	락카	20				×		
3000	기록부서							
3001	기록분석실 1	70~150				×	×	×
3002	기록분석실 2	70~150				×	×	×
3003	기록분석실 3	70~150				×	×	×
3004	기록분석실 4	70~150				×	×	×
3005	기록/시스템분석실	70~150				×	×	×
3006	창고지배인실				×	×	×	
3007	창고관리인실				×	×	×	
3008	창고계원실 1			×	×		×	
3009	창고계원실 2			×	×		×	
3010	창고계원실 3			×	×		×	
3011	컴퓨터 스테이션				×	×	×	×
3012	기록열람실		×	×	×		×	
3013	창고	30	×					
3014	마이크로필름보관실	30						
3015	컴퓨터테이프보관창고	30						
3016	선적장	30		×	×		×	
3017	일시 보관장	30		×	×		×	
3018	구제실	30		×	×		×	

실명		조도	자외선 보호	내부 조망	외부 조망	사실	데이 라이트	동급 제어
기준값, 예외기록		70						
4000	공문서보관							
4001	접수/보안		×	×	×		×	
4002	연구실		×	×	×	×	×	×
4003	마이크로필름열람실	5~10		×	×	×		×
4004	역사필름열람실	5~10		×	×	×		×
4005	지도열람실	5~15	×	×	×	×		×
4006	복사실		×	×	×			
4007	상급아키비스트	70~150	×		×	×	×	×
4008	아키비스트 1	70~150	×		×	×	×	×
4009	아키비스트 2	70~150	×		×	×	×	×
4010	아키비스트 3	70~150	×		×	×	×	×
4011	아키비스트 4	70~150	×		×	×	×	×
4012	관리보안실		×	×	×		×	
4013	아케이브 창고	30	×			×		
4014	아케이브 선반	30	×	×	×	×		
4015	보전계원	70~150	×			×	×	×
4016	보전실	70~200	×			×	×	×
4017	자료준비/손상발견	70~200	×			×	×	×
4018	약품창고	20						
5000	규칙과 출판물							
5001	규칙과 출판물계		×		×	×	×	
5002	스탭		×	×	×	×	×	
5003	현행규칙의 스텝	50	×	×	×		×	
5004	독서실	50	×	×	×	×	×	×
6000	역사서비스					×		
6001	역사서비스 오피스	70~150	×			×	×	×
6002	프로젝트 연습실	70~150	×				×	×
7000	마이크로 그래픽							
7001	마이클 기술실 1			×	×	×	×	×
7002	마이클 기술실 2			×	×	×	×	×
7003	검사실	5~150		×	×	×		×
7004	복사실	5~30				×		×
7005	제작실	5~30				×		×
7006	사실암실	5~30				×		×
7007	마이크로 필름 암실	5~30				×		×
7008	하무하치장							
8000	유지관리							
8001	유지관리실				×		×	
8002	비품창고	20						
8003	청소용구창고	20						
8004	청소비품고	20						
8005	작업실				×	×	×	×
8006	가연물질창고	20						
8007	건물과지반단면	30			×		×	

그림 8.13 주립기록 센터와 아케이브에 존재하는 공간의 위치를 위한 시각적 기준

전시명 *Name*	전시면적 *Exhibit SF*	동선면적 *Circulation SF*	관리면적 *Curatorial SF*	전시 % *Exhibit*	동선 % *Circulation*	관리 % *Curatorial*
1. 산기운/산여울 *Thunderstorm/Mountain Stream*	600	600	240	40%	40%	20%
2. 비-버 댐 *Beaver dam*	450	350	160	45%	35%	20%
3. 대어 *Squaw fish*	300	300	180	35%	35%	30%
4. 수달 *River otter*	450	350	160	45%	35%	20%
5. 기획전시 *Changing exhibits*	675	525	300	40%	35%	25%
6. 작은 고기 *Socorro Isopod*	60	150	90	20%	50%	30%
7. 접동새 *두견새-Diving birds*	850	650	300	45%	35%	20%
8. 바다새/파수조 *Shorebirs/Tide pool*	600	400	175	50%	35%	15%
9. 박쥐가오리 *Bat rays*	2,300	1,200	350	60%	30%	10%
10. 산호초 *Coral reef*	1,050	1,200	750	35%	40%	25%
11. 젤 탱크 *Jewel tank*	475	1,175	550	20%	50%	30%
12. 상어수조 *Shark tank*	3,000	1,500	1,500	50%	25%	25%
13. 큰 고기 *Large fish*	144	88	48	50%	30%	20%
14. 거북 *Turtle*	306	190	102	50%	30%	20%
15. 교육 *Educational*	200	500	300	20%	50%	30%
평균(A)	764	611.9	347	40.33%	37%	22%
합계	11,460	9,178	5,205			

〈First Phase of Exhibits〉

그림 8.14 수족관을 위한 phase-1 면적의 필요조건(요구사항)

thiscase.)

그림 8.10의 합계는 프로젝트 코스트 계산에 사용된다. (그림 8.11의 제안건축비 $3,784,294 plus item 3과, 특수 시스템 $212,275의 합계는 $3,996,569로 되어 있다). 기록된 Planning and Design, Item "B", and Construction, Item "C"는 나누어 표기되고 있다. 설계를 위한 자금은 모두 확보되고 있지만 건설자금은 또한 확보되어 있지 않기 때문이다. 시공자금의 확보는 의회에 의해 다음의 순으로 승인되었다.

의회승인 시기에 따라 몇 가지 스케줄이 옵션으로 나타났다(그림 8.12).

Albuquerque 생태공원 마스터플랜
깜짝 수족 공원, Albuquerque 수족관, 그리고 Rio Grande 시설물 정원

입증할 수 있는 건설비 견적 *ESTIMATE OF PROBABLE COST OF CONSTRUCTION*				
A. 건설비종목 *Construction Cost*				
관리/서포트 *Administrative/Support*	$120.00	/SF X	22,278	$2,673,333
전시실 단위 *Exhibit Shell*	$95.00	/SF X	7,549	$717,144
전시공간 코스트 *Exhibit Space Cost*	$15.00	/SF X	12,222	$183,333
전시동선비용 *Exhibit Circulation*	$120.00	/SF X	8,333	$1,000,000
동선 코스트 *Circulation Cost*	$60.00	/SF X		
		소계	$119.86	$119.86
B. 총건설비와 기기비의 합계 *Fixed Equipment*		B. 7.0% of A		$320.167
C. 대지개발비 *Site Development Cost (Includes Entrance Feature)*		C. 4.0% of A		$182.952
D. 이동기기 비 *Moveable Equipment*		D. 3.5% of A		$160.083
E. 총건설비와 기기비의 합계 *TOTAL CONSTRUCTION COST & EQUIPMENT COST (Sum of A+B+C+D의 합계)*			$137.24	$5,237,014
F. 전시개발비 *Exhibit Development*				$1,388,200
G. 생명유지비 *Life Support*				$1,099,450
H. 총 프로젝트비 *TOTAL PROJECT COST (Sum of E+F+G의 합계)*			$202.43	$7,724,664
I. 설계예비비 *Design Contingency*		10.0% of H		$772,466
J. 총계 *TOTAL (Sum of H+I)*				$8,497,130
K. 세금 *Tax*		5.81% of J		$493,683
L. 총계 *GLAND TOTAL (Sum of J+K)*			$235.61	$8,990,813

그림 8.15 수족관의 phase-1을 위한 건설비의 가능한 견적표

또한 시각적 기준과 대기의 기상적인 기준, 공조와 전기서비스에 관한 각 스페이스에 대하여 상세한 코멘트가 양적인 요구에 함축되어 있다. 그림 8.13은 시각적인 기준의 일부이다.

Case Study #2
수족관 : 양적 요구
An Aquarium : Quantitative Requirements

수족관의 양적 요구는 세 가지의 주요한 스페이스에 대하여 나타냈다. 제1기의 건설 시기에 요구되는 면적은 그림 8.14와 같다. 전시마다

생명유지(또는 관리)와 internal circulation space에 필요한 면적이 표에 포함되어 있다. 설계자는 이것에 의해 전시마다 필요한 관리와 circulation space의 필요면적을 알 수 있다.

면적 요구에 대한 정보는 시공비의 어림 견적으로 사용된다.(그림 8.15) 이러한 고시는 다른 공간들과 자산관리/시설의 재정적 원조이다. 공간의 각 코스트 카테고리는 공간타입을 위해 the dollar-per-square-foot allocation에 의한 요소의 집합이다.

여기서 관리나 서포트의 코스트 카테고리마다 대응하는 단가를 곱하고 있다. F-line의 전시개발이나 G-line의 생명유지가 실리적인 bottom line=손익계산만을 문제로 삼는 것은 장소의 전체 프로젝트를 생산하는 코스트를 부언해 주기 위한 것이다. 즉 프로젝트의 전체 합계를 산출하기 위하여 산입하고 있다.

Case Study #3
Harley Davidson 판매점 : 양적 요구

A Harley-Davidson Motorcycle Dealership : Quantitative Requirements

이 프로젝트는 양적 요구에 관한 심플한 케이스 스터디이다. 필요한 조건상의 면적 요구는 각 액티비티나 기기면적을 단순한 비율 배당방식에 의해 결정했다.

제6장과 p.213 case-#3의 정보에서 보여준 바이크를 위한 공간 기준은 이와 같은 목적을 위해 설정했다. 그림 8.16은 서비스 부문의 기능을 위한 공간의 상세를 나타내고 있다.

이 차트는 기존 점포의 기능으로 비율을 배당한 스페이스와 그에 관련한 공간이 기준 (그림 8.10의 *표의 난 참조=column entitled "SF per item") (비율)을 나타내고 있다. 더불어 다른 코스트를 각 스페이스로 비율을 배당하기 위해 "실내, 환기공조이고, 마감임=Enclosed, HVAC, finished", "실내, 환기공조이고, 마감 없음=Enclosed, HVAC,

스페이스 서비스 타입	현재 면적	아이템들의 수효	면적 아이템	요구면적 환기가능	둘러싸인 HVAC, 환기 불가능	둘러싸여 있는 HVAC 환기 불가능	둘러싸여 있지 않은 HVAC 환기 불가능	밤에 이용할 수 있는 창고의 통로	주간용 외부창고	소계	비고
서비스 데스크 에어리어	대기실 288 inc.			288	288						
고객 대기실	76			80	100						
새로운 오토바이 보관	서쪽 창고 안에 665 sf	8	66.8	534			534				
새로운 오토바이 부품 창고	60	8	6	48			48				
히스터 창고	점포 안에	1	3x6	in wrhs		in wrhs					
서비스 오토바이 창고	외부나 서쪽 창고	10	66.8	668			668	40 외부	3,340		
기계운전 에어리어	점포 복도 안에- 168sf		time 2	336	336						
숍 카탈로그/포맷	점포 안 - 50	2	40	80	80						
서비스 구간들	9.5 x 25 = 238	15	286	4,290	4,290			3120			
서비스 베이를 위한 사이드 카-	없음	1	308	308	308			224			
세차구간	261	2	133	266		266		200			
선택하는 오토바이실	대기실 복도 안에	8	66.8	534			534		534		
라커	16	16	2	32	32						
담보파트 창고	점포-16안에			16			16				noise insult'n
고객이 확보한 부품창고	점포 안에			w/above							
배터리 창고	세차실 구간 안에			20			20				
에어콤프레셔	서쪽 창고 안에			30			30				
사고난 오토바이 창고	교차골목	12	66.8	802			802				
부분 총계					5,434	266	2,652			8,332	

그림 8.16 Harley - Davidson 판매점의 서비스 에어리어 면적

공간의 타입 *Type of Space*	실내환기 공조마감 *Enclosed, HVAC, finished*	실내환기-마감 없음 *Enclosed, HVAC unfinished*	옥외환기 공조-마감 없음 *Enclosedno HVAC unfinished*	단위합계 *Sub Totals*
서비스 *Service*	5,434	266	2,652	**8,332**
부품 *Parts*	0	1604	0	**1,604**
쇼룸 *Show Room*	6,899	0	0	**6,899**
서포트에어리어 *Support Areas*	670	30	225	**925**
네트면적 *Net Assignable Square Feet*	12,333	1870	2,652	**16,835**
테러면적 *Tare Area* @ 15% 그로스 *of Gross*	2,176			2,971
테러 *Tare Area @ 12%* 그로스 *of Gross*		255	362	
총 그로스면적 *Total Gross Square Feet*	**14,509**	**2,125**	**3,014**	**19,806**
단가	at $60/sf	at $45/sf	at $35/sf	
총계($)	870,565	$95,625	105,477	**1,071,667**

그림 8.17 Harley - Davidson 판매점 면적의 필요조건(요구) 개요

A	건설비 *Building Cost*	sf	19807x	변화*varies*	$/sf =	1,071,697
B	특수설비기 설치 *Special Built-in Equipment*		8% of	A		85,736
C	대지개발 *Site Development*		15% of	A		160,755
D	건설비(세금 포함) *Construction Cost inc. tax*					160,755
E	대지구입비 *Site Acquisition*					0
F	건축/엔지니어비 *A/E Fee at. 0525 of D*					69,250
	세금 F의 5.825% *Tax on F at. 05825*					4,031
G	〈건축주의관리비〉 *Administrative Costs (Owners')*					
	a. 대지 고저 측량 비 *Site Topo Survey*					1,000
	b. 토질조사비 *Soils tests*					1,500
	c. 입찰도서인쇄비 *Printing of Bid Sets*					1,200
H	쇼룸설계. 시공비 *Show Room Design and Construction/Provision*					30,000?
I	새로운 가구, 선반, 설비기기 *New furniture, shelving, equipment*					10,000?
J	예비비. D의 5%* *Contingecy at 5% of D**					65,909
	총 프로젝트비 *Total Project Coat*					1,501,033
	*변화한 설비 확장을 포함 **Including Utility Extension Charges (UECs)*					
	비포함 : 보안시스템과 전화 *Not included : security system and telephone*					

그림 8.18 Harley – Davidson판매점의 프로젝트 예산

뉴멕시코 주립대학 강의실, 실험실, 사무소 빌딩 *NMSU Classroom/Laboratory/Office Building* 목표비율*Target*

신축 *New Construction*	네트면적 NASF	그로스면적 GSF	NASF % 합계	NASF % 합계
예술과 과학학부 *College of Arts and Sciences*				
일반 *General*	1,650	2,426		
영어과 *Department of English*	4,230	6,221		
사회학과 인류학 *Department of Scoiology and Anthropology*	7,810	11,485		
	13,690	20,132	20.68%	19.00%
인간과 커뮤니케이션학과 *College of human and Community Services*				
일반 *General*	1,650	2,426		
학부장실 *Dean's Office*	2,745	4,037		
건강과학학과 *Department of Health Sciences*	3,910	5,750		
사회복지학과 *Department of Social Work*	6,840	10,059		
간호학과 *Department of Nursing*	7,340	10,794		
	22,485	33,066	33.96%	34.00%
경영학, 경제학부 *College of Business Administration and Economics*				
일반 *General*	5,380	7,912		
관리학과 *epartment of Management*	3,650	5,368		
비지니스 컴퓨터 시스템학과 *Department of Business Computer Systems*	1,000	1,471		
회계학과 *Department of Accounting*	1,000	1,471		
	11,030	16,221	16.66%	19.00%
일반교실 *General University*	19,000	27,941	28.70%	28.00%
총 합계 *TOTAL*	66,205	97,360		

그림 8.19 대학건물을 위한 필요조건(요구)의 면적 개요

Unfinished", "실내, 환기 없고, 마감 없음 = Enclosed, no HVAC, Unfinished"의 세 가지 난을 포함시켰다. 왜냐하면 비용분리는 각각 배당했기 때문이다

그림 8.17은 각 부문의 면적을 마감한 개요이다. 그림 8.16에서 보여주고 있는 디테일은 서비스 카테고리를 포함하고 있다. 각 타입의 공간을 위해 스페이스마다 코스트를 통지표의 맨 하단에 표기해 두고 있다.

그림 8.18은 프로젝트의 총비용을 위한 예산이다. 통지표선상의 H와 I는 다음에 나타내게 한 물음표 question mark 가 있다. 이 프로그래머는 클라이언트의 견적을 돕는 빌딩 타입에서 확신을 가지고, 이러한 아이템을 견적하는 충분한 경험을 갖지 못했다. 그러나 불확실하다고 해도 클라이언트에 따라 별도의 방법으로 재조사를 촉진하기 위해 그것을 포함해 두는 것은 중요하다. 이 경우에 클라이언트는 별도의 계열 점토로부터 그 정보를 얻을 수 있다.

Case Study #4
대학교실 · 실험실 · 사무소동 : 양적 요구

A University Classroom/Office/Laboratory Building : Quantitative Requirements

이 프로젝트는 의회에 대학이 필요로 하는 사항을 보고하여 자금을 획득하기 위해 하는 일이다. 정략적인 현실에서 볼 때 그곳에 필요한 자금을 전액 제공받는다는 것은 아니다. 프로그램에 대답하는 질문은 "가장 우선적으로 해야 할 상당량의 논리는 무엇인가?" 그리고 "만약, 예상 외로 보다 더 많은 양의 자금을 얻는다면, 포함되어야 할 다음 공간의 양적인 우선 사항은 무엇인가?"에 있다. 이러한 난처한 직무는 어렵다. 왜냐하면, 대학이 필요로 하는 것은 얼마든지 차용해 줄 수 있기 때문에 그러한 것은 가능한 방식으로 매우 효과적이다.

그림 8.19는 전체 대지 97,360sf의 그로스면적과 각 학과가 바라는 면적비율을 나타내고자 하는 내용이다. 상세한 면적 요구는 초기 단계

뉴멕시코 주립대학 강의실, 실험실, 사무소 빌딩 *NMSU Classroom/Laboratory/Office Building*

조달 가능한 자금에 의한 프로젝트 골-의 대체안

이 프로그램에서 나타내고 있는 시설은 $12million(건축비의 상한은~$9.5 MACC)의 합계프로젝트 예산에 합치하도록 계획하고 있다. 여기에서는 별도 자금을 제공시킨 프-드 서비스는 포함하지 않는다.

요구자금보다 수취금액이 적은 경우나 건설 코스트의 변동을 가미하여, 기본 대체안은 계획시설의 85% 이하로 하고 있다. 나머지의 15%는 추가 대체안으로서 설계시켜 가는 시설이다.

- 기본 대체안은 다음을 포함 :
  대체
  다음을 포함한 중심시설
  -인간과 커뮤니티 서비스 학과
  -일반교양 :

  더해서
  -추가 대체안-1 (예술 · 과학학부)
  또는
  -추가 대체안-2 (경영학 · 경제학부)

- 프로그램이 된 시설은 중심시설과 추가 대체안-1과 추가 대체안-2를 포함.

	NASF 면적	GSF 면적	설비계획률 %Planned Facility
중심적인시설 *Core Facilities*	41,485	61,007	62.66%
인간과 커뮤니티 서비스 학과 *Human and community Services*			
일반 *General*	1,650	2,428	
학부장식 *Dean's Office*	2,745	4,037	
건강과학학과 *Dep. of Health Sciences*	3,910	5,750	
사회복지학과 *Dep. of Social Works*	6,840	10,059	
간호학과 *Dep. of Nursing*	7,340	10,794	
	22,485	33,066	
일반교양 *General University*	19,000	27,941	
추가 대체안-1 *Additive Alternative-1*	13,690	20,132	20.68%
예술 · 과학학부 *Arts and Sciences*			
일반 *General*	1,650	2,426	
영어학과 *Department of English*	4,230	6,221	
사회학과 인류학 *Dep. of Sociology & Anthropology*	7,810	11,485	
	13,690	20,132	
추가 대체안-2 *Additive Alternative-2*	11,030	16,221	16.66%
경영학 · 경제학과 *Bt. Siencess Administration and Economics*			
일반 *General*	5,380	7,912	
관리학과 *Dep. of Management*	3,650	5,368	
비니니스 컴퓨터학과 *Dep. of B.C.S*	1,000	1,471	
회계학과 *Dep. of Accounting*	1,000	1,471	
	11,030	16,221	
합계 시설 *Total Facility*	66,205	97,360	100.00%

- 기본 대체안은 중심 시설과 추가 대체안-1 또는 -2를 포함.
- 프로그램시킨 시설은 중심시설과 양편의 대체안을 포함.

그림 8.20 조달 가능한 자금의 접근에 의한 project scope의 기본안

강의실 건물 *NMSU Classroom Building*

학부 *DEPARTMENT* : 사회학과 *Social Work*

실명 *ROOM NAME* : 사무실 *Offices*

총면적 *NET SQUARE FOOTAGE* :
- 1 학부장실 *Department Head* @ 200 Ea.=200 SF
- 1 사무실구역 *Clerical Area* @ 700 Ea.=700 SF
- 1 작업연구실구역 *Workstudy Area* @ 100 Es.=100 SF
- 20 상근교수실 *FT–Faculty Offices* @ 150 Ea.=3,000 SF
- 6 비상근교수실 *PT–Faculty Offices* @ 150 Ea.=900 SF
- 5 일반관리실 *GA Offices* @ 120 Ea.=600 SF

일상적인 이용 *Daily Occupancy Use*
- 8시간 *8 Hours* (8:00–5:00) ____
- 16시~24시(8시간) *Between 8 Hours and 16 Hours* ✓
- 24시간 *24 Hours* ____
- Other *기타* ____

환경조절 *Environmental Conditions*
- 온도 *Temperature* 68° – 75° F±2 ____
- 68° – 75° F±5 ✓
- 기타 *Other* ____
- 온도조절 *Humidity Control* :
- 공기의 환류 *Air Recycle* O *Yes* ____
- X *No* ✓
- 기압 *Air Pressure* 정상 *Positive* ____
- 부압 *Negative* ____
- 제어없음 *Uncontrolled* ✓
- 공기정화 *Air Filltration* 흡기 *Supply* ✓
- 배기 *Exhaust* ✓

음향조건 *Acoustical Conditions*
- 소리의 사적성 *Speech Privacy* ✓
- 간접조명 *Acoustical Treatment* ____

조명 *Lighting*
- 작업용 조명 *Task Lighting* ____
- 간접조명 *Overhead–Indirect* ____
- 직접조명 *Overhead–Direct* ✓
- 존 *Zoned* ____

전기 *Electrical*
- 전원 *Power* :
- 120V, 20A, 1 단상표준 *Phase is Standard*
- 특수콘센트 *Special Outlets* :
- 208V, 30A, 1 단상 *Phase* ____
- 208V, 30A, 3 상 *Phase* ____
- 480V, 30A, 1 단상 *Phase* ____
- 480V, 30A, 1 단상 *Phase* ____
- 플러그접속 *Plug Connection* ✓
- Direct Connection ____
- Nema Receptable Configuration:

- 스탠더드, 듀얼콘센트 *Standard, Duplex Outlets* :
- 벽고정 2구 *Two Per Wall* ✓
- 기타 *Other* ____

- 수량과 위치 *Number & Locations* : ✓

- 수량과 위치 *Number & Locations* : ____

통신 *Communication*
- 세틀라이트 *Satellite* ✓
- 광파이버 *Fiber Optic* ✓
- 전화/인터콤 *Telephone/Intercom* ✓
- 컴퓨터 네트워크 *Computer Network* ✓
- CATV ____
- 서큐리티/카드접근 *Security/Card Access* ____
- ITV ____

급수설비 *Plumbing*
- 일수 *Hot Water* ____
- 냉수 *Cold Water* ____
- 싱크타입 *Sink Type* : ____
- 가스 *Gas* ____

가구/설비비품 *Furnishings/Equipment**
- 책상/의자 *Desk/Chair* Quantity ____
- 책상+리턴테이블 *Desk w/Return Table* Quantity ____
- 방문자의자 *Guest Chairs* Quantity ____
- 책장 *Bookcases* Quantity ____ Type ____
- 파일 *Files* Quantity ____ Type ____
- 회의용 테이블 *Conference Table* Quantity ____
- 컴퓨터스테이션 *Computer Stations* Quantity ____

*** 집기 및 가구는 학부에 따라 증정받음.**
Furnishings owned by Department.

지시 및 고시사항 *Instructions*

그림 8.21 대학건물에서 사회복지실험실 *social work laboratory*을 위한 space criteria

에서 설명하였다(그림 6.46 Nursing, for an example을 참조 바람).

그림 8.20은 자금의 분량에 관한 대체안 제시의 토론이다. 만약 여유 자금이 있으면 건설되는 두 가지 대체안을 추가하여 함께 중심이 되는 코어의 시설을 서술하고 있다.

그림 2.21은 사회복지학 사무실을 위한 상세 요구를 나타내고 있다. 이 시트는 각 학과에 대하여 작성했다.

8.11 요약

Summary

이 장에서는 프로젝트의 측정 가능한 모든 관점에 대해서 평가와 묘사를 해보았다. 설계되는 전체적인 공간의 바닥 면적과 제공되는 각 에어리어의 규모를 결정했고, 이용할 수 있는 예산의 범위 내에서 공간의 코스트를 결정하고, 공간을 위해 공간이 필요로 하는 것을 조정했다. 더욱이 스케줄을 제안하고, 또 경제적인 실행 가능성 검토에 대해서도 살펴보았다. case studies에서는 검토되어야 할 양적 정보의 종류를 예로 들었다.

이제까지 이 단원의 작업에서 프로젝트의 양적인 모든 양상을 고려했지만, 여기서 전혀 다른 타입의 프로세스로 생각을 전환해갔다. 다음 장에서는 설계과제의 종합을 위해 개발규칙에 의한 목적을 위해 이제까지 배운 모든 규칙을 필요로 한다.

그림 9.1 설계문제의 통합은 건축 프로그래밍의 프로세스에 있어 〈EUREKA〉다. 즉 〈지금 알았다〉라는 것

9

설계문제의 통합

The Synthesis of the Design Problem

그 문제에 관에 언급해 봅시다.
Le Corbusier, "Towards a New Architecture"

Journalism의 세계에서는 무엇인가를 집필할 때 어드바이스로 "자신이 말하고 있는 것을 글로 쓰시오. 그렇게 말한 다음 자신이 무엇을 말했는가를 얘기해야 한다."를 정식화하고 있다. 프로그래머는 지금까지 해왔던 작업을 마감하는 단계에 있다. 이 지점에 이르기까지 프로그래밍의 프로세스는 목적과 목표를 확립하고, 관련 있는 모든 데이터를 분석하고, 적절한 전략을 정의하고, 양적인 요구를 확정한다. 그러므로 모든 정보를 간결하게 요약하여 진술을 통합해야 한다.

요약한 진술은 어렵다. 왜냐하면 그들은 그들로부터 위탁한 위원회이기 때문에 위원회에 회부한다. 설계를 달성하기 위해 설계개발 중간 정도에서 독특한 기회를 개발하여 설계문제의 해결 착수에 노력한다. 그것은 어렵고 난처한 일이지만 의문점을 분명히 한다. 그리고 프로그램 프로세스는 동일하게 간주한다. "We are see that such and such should be done." 설계에서 해결해야 할 주요 문제를 제시하는 이 진술은 책임 있게 요약해야 한다. 따라서 프로그래머의 직업상의 한 부분인 소양을 여기서 묻게 된다. 그러나 이제까지의 프로세스가 적절하게 이루어졌다면 적합한 진술을 요약하는 것은 그렇게 어렵지 않다.

그들은 단지 일부만을 분석했을 뿐 전체를 연구하는 데는 실패하였고, 심지어 그에 대해 놀랄만한 무지함을 보이기까지 했다. 그리고 그 전체적인 것은 오늘날까지도 여전히 그들의 두 눈 앞에 확고하고도 난공불락의 상태로 남아 있다.
Fyodor Dostoevsky, "The Brothers Karmazov"

복잡한 프로그래밍 작업이 완료된 마지막에는 무엇을 할 것인지가 명쾌하게 정리된다면, 여기서 적절한 통합이 이루어진다는 것을 확신할 수 있다.

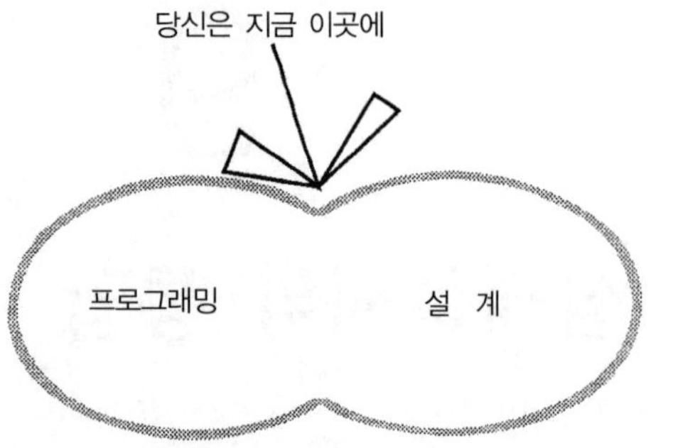

그림 9.2 설계문제의 통합은 프로그래밍이 설계자에게 직접 전달될 때에 실시된다. 임시로 프로그래머와 설계자가 동일의 인물이라면 문제의 정의에서 과제의 해결에 향해서 생각을 새롭게 바꿀 필요가 있다.

"여기까지 오는데 왜 이렇게 많은 걸 했지(많이 소요되었지?)"라고 당신이 느낄 때, 당신은 이제까지 믿고 있는 정확한 무언가를 종합해 왔음을 알게 될 것이다.

문제의 본질을 이해하는 것은 효과적인 설계에 대한 결정적 요인이다. 프로그램의 통합은 설계문제를 제시하는 일이고, 그에 대한 이해가 없는 그대로의 설계는 초점이 정해지지 않는 프로세스에 당도하는 것이 된다.

이 시점에서 프로그래밍작업은 설계작업으로 옮겨지게 된다(그림 9.2). 프로그래머와 설계자의 팀작업에 의해 대부분 이행작업이 이루어지게 된다. 특히 소규모의 설계사무소에는 프로그래머와 설계자가 서로 동일한 사람인 경우가 많다.

의사들은 어떤 병에 대해 일단 진단을 받으면, 그 병은 대부분 치유가 된다고 단언하고 있다.
Leon Battle Alberti

디자이너의 다른 부분에서 아직 선택하지 않았다. 그러나 상황이 어떻든 우리가 생각하는 초점은 "문제의 정의"로부터 "해결책의 특정"으로 옮겨가야 한다. 프로그래머는 프로그램에서 얻어진 정보에 접근해야 하고, 설계자의 관점에서 설계문제를 결정하는 일을 도와주는 작업이 필요하다. "이 시점에서 해결해야 할 주요 문제는 무엇인가?"

클라이언트는 프로그램의 통합을 리뷰하고, 그 진술이 프로젝트 주요과제의 핵심에 접촉하는 것인지 어떤지를 확실히 해야 한다. 클라이언트에 의해 통합된 프로그램 리뷰는 클라이언트와 설계자가 공통의 관점에서 주요한 과제를 받아들이기 위한 계약이 이루어진다.

클라이언트의 참여는 건축공사가 잘 진행될 수 있도록 엄선된 과정을 설명하기 위한 건축가가 해야 할 교육적 기회임을 보여준다. 더욱이 프로그램 통합에 대한 고객의 신중한 검토는 클라이언트가 건축가와 같은 위치에서 중대한 문제를 이해하도록 보장하는 것을 돕는다. 이러한 과정은 유익한 설계 단계에서 필수적인 요건이 된다.

따라서 이 스태프는 그 시점에서 설계작업을 계속 진행할 것인가, 아닌가에 대한 결정적인 키포인트가 된다.

여러 유형의 프로젝트는 각기 다른 개요를 갖는다. 실현 가능한 연구에 대한 보고는 전력을 다하여 프로젝트를 진행하라는 충고 내지는 전혀 진행할 수 없다는 충고로 귀착될 수 있다. 계획입안 연구는 정책 수단이 될 수도 있다. 건축 프로그램은 어떤 설계의 노력이 평가될 수 있을지에 대한 설계기준을 약술하여 요약한다.

문제를 올바르게 정했다는 것이 사전에 이미 해결됐다는 것을 뜻하는 것만은 아니다.
André Gide,
"Preface to The Im-moralist"

건축은 어떤 문제든지 완벽하게 해결되는 것이 아니기 때문에 건축 그 자체는 근본적으로 미심쩍고, 의구심이 갈 수밖에 없다.
Daniel Libeskind

9.1 프로그램 통합

Program Synthesis

통합의 본질은 개체간의 상호작용으로부터 새로운 전체를 생성시키는 일이다. 그것은 "전체는 부분의 화(和) 이상의 것"이라는 게슈탈트의 개념이다. 프로그래밍작업 자체의 목적은 설계에서 해결해야 할 문제를 특별하게 정하는 일이고, 프로그래머는 그것을 명쾌 또는 간결하게 해야 한다. 상세한 문제는 설계과제를 스테이트먼트하게 하는 것이 아니고, 지금까지의 스태프나 부록에 포함시켜 가는 것이다.

프로그램 통합은 W. Pena의 "Program Seeking"에 의한 형태, 기능, 경제, 시간 등 4개 항목에 대한 고찰에 의해서 반드시 실시된다. 또한 스테이트먼트*역자주)는 문제의 특이성에도 반드시 접촉하게 된다. 그러나 이것은 물리적인 해결책이 아니라 원하는 성능을 서술하는 것이어야 된다.

역자 주) Statements란 진술이다. 진술이란 자세히 말하는 것이다. 즉 어떠한 강요 없이 관계 사항을 구술 또는 서면으로 자기의 주장을 말하는 것이다. 아이디어작업이 필요한 디자인작업에서는 하나의 전제사항이 된다. 또한 가설의 의미도 있다. 프로그래밍에서는 목표로 하는 내용을 일컫는 일종의 Concept이라고 본다. 따라서 건축의 프로그래밍 과정에서는 반드시 진술에 의한 작업계획이 이루어져야 한다고 본다.

1) 경제와 형태가 서로에게 관여하는 스테이트먼트의 예

"대지에서 최고의 조망은 북쪽을 향해 열려져 있다. 이 조망의 이점은 건물의 에너지 효과를 잃지 않고 위태롭지 않게 활용할 수 있다."

아이디어에 관한 나의 관심은 본질적으로 각 아이디어가 갖는 내부구조와 다양한 양상이나 그 주제 간의 상호작용을 넘어선 것이다. 나는 아이디어 사이에 존재하는 연관성과 아이디어가 뒤섞이면서 비롯되는 엇갈린 양상에 열중하고 있는 것이다.
Mortimer J. Adler,
"A Vision of the Future"

이 스테이트먼트는 설계자에게 물리적으로 많은 해결책 제안을 가능하게 하고 있다. 만약 "최고의 조망은 북쪽을 향한 것이지만 창은 에너지를 보전하기 위해 작아야만 한다."라는 스테이트먼트라면 설계에서 해결책을 부적절하게 제한하여 마감한다.

2) 부지와 건물에 관한 스테이트먼트의 예

"대지는 전체의 각 방향에서 보이기 때문에 건물의 모든 면을 매력적으로 하고 싶다." 그렇게 함과 동시에 중요한 입구의 Facade는 명확하게 표현되어야 한다.

3) 부지에 관계하는 또 다른 스테이트먼트의 예

"공원의 대지는 14acres 51,710m^2 이다. 커뮤니티센터는 600f^2 550m^2 이다. 건물은 이 큰 부지에서 약간 두드러지도록 배치할 것."

4) 건물의 규모, 형태 및 기능에 관한 스테이트먼트의 예

"Clinic의 설계는 불안감을 가진 환자에게 안심감을 주어야 한다. 동시에 전문성에 대한 신뢰감이 드는 디자인으로 더욱 나타내고 싶다."

5) 동일다고 생각하는 플래닝 프로젝트 기능과 형태에 관한 스테이트먼트의 예

"분양지를 관통하는 간선도로는 15,000대/1일 자동차를 통과시켜야 한다. 그리고 이 설계는 한가하고 조용한 도시의 이미지를 보전해 두고 싶다."

6) 직업기능 훈련시설에 관한 경제적 요인은 다음의 스테이트먼트에 대한 결과이다.

"교실과 공작실의 건설 단가는 높이고 싶지만 시설은 캠퍼스 내의 다른 건물과 동일한 수준을 유지하도록 설계해야 한다."

7) 시간의 목적, 스페이스에 관한 요구, 예산 요인 등의 통합은 다음 과 같은 스테이트먼트의 결과에 따른다.

"왜냐하면, 마스터플랜은 연도에 따라 채권의 자금에 따라 수행해야 하므로 프로젝트는 몇 년을 걸쳐 단계적인 건설계획을 세워야 하기 때문이다. 그러나 이것은 각 단계의 방법이라 해도 시설이 완성되어 보여야 한다."

경우에 따라 스테이트먼트는 프로그래밍 프로세스에서 발견된 모순을 취급할 수 있다. 예를 들면, 하나의 평면 위에 건물이 세워지는 범위가 대지 중앙으로 한정한다는 것이 발견되었을 경우 요구되는 스페이스가 단층 건물에 수용할 수 없다면 여러 층의 건물을 검토해 둘 수밖에 없다. 그러나 다른 한편으로 생각할 때 클라이언트는 자사의 스태프들 간의 원활한 커뮤니케이션을 바랄 것이다. 그를 위해 건물은 단층을 바란다는 생각에 이를 수도 있다.

어느 경우나 반대되는 것과 동시에 반드시 조화를 이루는 것이 존재해야 한다.
Alvar Aalto

8) 건물의 설계는 이러한 모순을 해결하도록 노력해야 한다. 이 경우 스테이트먼트는 다음과 같이 표현한다.

"대지의 제한에 따라 이루어지는 건물은 다층화와 클라이언트의 기능적인 요구인 원활한 커뮤니케이션 표현은 건물설계시에 조정되어야 한다."

위의 스테이트먼트는 형태와 기능적인 요인을 가지고 있는 것으로 본다.

9) 이러한 진술은 형태와 기능적인 요소들과 결합시킨다. 때때로 스테이트먼트는 풀어야 하는 문제뿐만 아니라 다음과 같은 단순한 요점을 기술해야 하는 것도 있다.

"버스터미널의 설계는 유연하고, 안전한 서큘레이션을 확보하는 것이 대지계획의 첫 번째 목표이다."

10) 이상과 같은 Logistical한 스테이트먼트에서조차 설계에 큰 영향을 미치게 하는 중요한 요건을 나타내고 있다. 예를 들면

"초등학교는 9월 4일까지 반드시 개교해야 하므로 학교이사회, 건축가, 시교육청의 건설관계 부서는 효과적인 의사결정을 위해 긴밀하게 작업해야 한다."

이러한 경우의 목적은 효율적인 스케줄과 프로젝트 매니지먼트를 촉진하는데 있고, 반드시 물리적인 설계의 해결책을 찾고자 한다는 뜻은 아니다. 그러나 동시에 설계에서 시간이 걸리는 건설기술을 선택하지 않는다는 과제의 제시도 포함하고 있다. 이것은 과연 별도로 제시되는가 아니면 거부되는가는 여러 가지 다른 제시의 중요도에 따른다. 가장 중요한 사항만을 문제의 제시로 기술할 수 있다. 중요한 또 다른 사항이 있다면, 짧은 공사기간의 건설기술에 관하여 프로그램 외에 다른 부분으로 포함시킬 수 있다.

9.2 진술된 것에 대한 설계 문제의 종합화

Synthesizing Design Problem Statements

이러한 시험(설계과제의 제시를 마감하는 작업을 할 때)에 도움을 줄 수 있다면 요약한 진술과 함께 갈등을 일으키게 되는데, 이때 다음과 같은 방법을 참고할 수 있다.

1. 살며시 눈을 감고, 프로젝트의 설계에 대한 준비에 착수한다고 이미지를 상기해 본다. 기발한 아이디어가 발상되도록 하는 쾌적하게 조성된 환경에서 명상하는 것도 중요하다. 그곳에서 "이 프로젝트에 가장 중요한 과제는 무엇인가?"에 대해서 열 개 정도의 키워드를 찾아낸다. 프로그램의 종합 진술에서 바꾸어 말할 수 있다. 그리고 기록해 두고 명상을 끝낸다. 그 다음 단계는 새롭게 질문한다." 이러한 중요한 과제를 달성하는 데 있어

제약되는 사항들은 무엇인가?"를 스스로 물어본다. 이러한 두 가지의 질문에 대한 답을 프로젝트의 주요한 설계과제로 종합하는 스테이트먼트를 표현한다.

2. 1의 방법의 Variation으로서, 프로젝트의 목적과 목표 리스트를 살펴볼 수 있다.

   그리고 "바라는 것(목적, 목표, 양적 요구)", "활용하는 것(정보)", "그것이 이루어지는 방법(전략)을 알아두는 일"이 필요하다. 그리고 "(이 프로젝트를 끝까지 완수해내는데 걸림돌이 되는 어려운 요인이나 특수한 조건은 무엇인가?)를 스스로 묻는다. 그리고 다음과 같은 조건문의 형식으로 곤란한 요인이 되고 있는 상황들에 대해 진술해 둔다.

   "(왜냐하면 ________인데, 설계는 ________ 반드시 그렇게 해야 할 것 아닌가?)"라는 내용의 많은 사례가 이와 같은 형식으로 표현되고 있다.

3. 연습문제－#1에 관해 눈을 감는다. 이 프로젝트를 위해 수집된 크고 작은 모든 상세한 것들을 마음으로부터 지운다. 정보는 열려진 장소에 있다는 이미지를 상기해 보도록 한다. 그 전체를 건네주기 위해서 항공사진작가와 같이 그 장소에서 충분하게 떨어져 있다는 것을 이미지화시켜 본다. 그렇게 해서 마음에 드는 정보가 쌓인 언덕을 보도록 한다(그림 9.3). 눈을 멈추고, 그 특징을 생각해 본다. "왜 그것이 두드러지게 보이는가?"라는 것에 대해 개략적으로 기록해 두고, 그것을 간결한 스테이트먼트로 다듬어 간다.

종합하는 것이 어렵다고 느껴도 그것을 두려워할 필요는 없다.

원한다면, 정보수집은 기계적인 프로세스라는 것을 마음으로부터 정해둔다. 그리고 "어떤 데이터가 중요한가"를 결정하기 위해 살펴보아야 한다. 모든 정보에 대해 "그것이 무엇을 의미하는가"를 결정하는 것은 어렵다. "어떤 정보가 가장 중요한가?" 의미를 결정하는 것은 논리적인

주제가 10개 *ten main idea* 이상인들 뭐 어떤가? 그렇다 해도 반드시 가장 중요한 문제들은 다루어져야만 한다. 심지어 복잡한 프로젝트라 해도 아이디어가 분류되어 있다. 어떤 아이디어가 분류등급 *hierarchy of ideas*의 상층에 있겠는가?

배우는 길은 흡수하는 것이고, 아는 길은 잊는 것이다.
Lao Tzu

시간이 됐든 −진화과정이 됐든, 역사든, 개인적 의식이든− 과거로의 여행을 하면 누군가는 창조적인 에너지의 전형적인 정보(출처, 자원)를 발견할지도 모른다.
Anne G. Tyng,
"Louis Ⅰ. Kahn's 'Order' in the Creative Process"

프로세스가 아니면 안 되고, 단절되게 제어한다든가 계획적으로 진행해서도 안 된다. 정신적인 활동이 가장 활발하게 이루어지는 시간과 환경에 몸을 맡겨놓고 심사숙고해야 할 것이다. 스테이트먼트의 원안을 작성한 후 곧바로 시간을 잡아, 이윽고 의심의 눈으로 재검토하고, 필요에 따라 수정할 수도 있다. "이렇게 말하는 것이 최고의 표현이다"라고 느낄 때까지 그것을 세련되게 다듬어 간다.

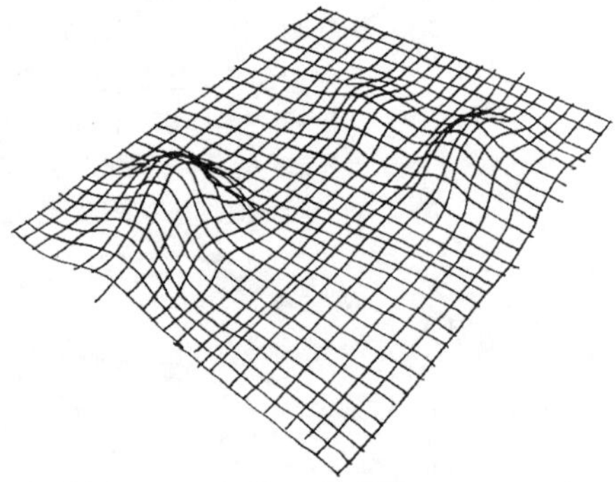

그림 9.3 모든 정보가 눈에 보인다고 상상하면서 가장 중요한 것을 생각해 볼 것.

그렇게 한 다음, 케이스 스터디는 설계문제에 대한 스테이트먼트를 한 예로 나타냈다. 다만, 그곳에 이르기까지의 노고 정도라고 단순하게 표현하고 있다. 그러나 단순성이 그 프로젝트에 대한 이해의 결과이다. "설계과제의 요점은 무엇인가?"

설계문제의 스테이트먼트가 완성되고, 클라이언트에 대한 리뷰가 끝나면 프로그램의 최종적인 보고서 작성에 착수하게 된다. 다음 장에서는 보고서의 작성법에 대해 검토한다.

9.3 사례 연구 Case Study

Case Study #1
주립 기록센터와 아케이브-설계문제의 종합

A State Records Center And Archives-Synthesis Of The Design Problem

설계과제의 종합은 요구되는 설계문제를 완성하는 일이 중요하다. 이것은 일반적으로 프로젝트의 "형태의 카테고리, 기능, 경제, 시간"에 대한 카테고리의 특이한 이슈를 취급하는 일이다.

형태 Form

정부가 기준으로 하는 건물은 단층을 원하고 있다. 따라서 시설은 비교적 편이하게 증가하는 신축성 있는 수평적 메스의 낮은 볼륨으로 하는 것을 설계의 초점으로 하고 있다.(이것은 물리적인 요구를 표현한 것이다. 본래 이와 같은 스테이트먼트는 피해야 하지만, 정부가 승인하고 있는 기준에서는 이상하게 지가가 높은 범위의 단층 건물을 찾고 있다.)

형태/경제 Form/Economy

여러 종류의 스페이스에 대한 예산 배분은 충분하다. 특히 아케이브 부문과 공공 부문에는 질이 높은 이미지, 특별하게 퍼블릭 에어리어와 archives를 위해 요구하고 있다. 설계는 이러한 요인을 조정해야 한다.

기능 Function

기록과 아케이브를 위한 이상적인 조건을 나타내고 있는 정부의 기준을 만족시키기 위해 설계는 그것을 달성하기 위한 코스트 분석에서 예산과의 밸런스를 배려해 둔다.

특히 설계에서 주의를 요하는 것은 보안문제이다. 이를 잊지 않는 조건에서 스태프와 방문자의 편리성을 고려한 서큘레이션을 제공할 수 있다.

시간과 경제 Time/Economy

건물을 사용할 때는 기록 관리의 기술적인 변화가 일어난다고 예측한다. 이러한 변화를 반드시 정확하게 예지할 수는 없지만 건물 설계는 예산 범위 내에서 변화에 대응하도록 고려해야 한다.

시간 Time

건물의 증축이 예정되어 있지만 이때에도 건물을 완성하는 것처럼 보이도록 설계할 것. 약간의 내부 변경으로 여러 부문이 추가되는 것을 배려해 둘 것. 장래의 증축에 대해서도 집중성 있는 표정의 건축물 외관이 얻어지도록 배려한다.

대지 Site

대지는 아직 선정하지 않았지만 최종 리스트에 있는 세 종류의 대지는 각각 특이한 설계문제가 있다. 프로그램은 설계문제에 관계되는 항목에 대하여 대지 평가가 되었다. 다음은 그 중 두 가지 예이다.

Site－A : Cerrillos Road로부터 시각적 인식성은 훌륭하다. 또 교통 액세스는 Camino Entrada 통행로이다. 따라서 건물은 앞서 기술한 양 방향에 따라 적절하게 배치할 수 있다.

Site－B : 대지는 남북으로 세장하고, 그 긴 동측에서 액세스한다. 이 형상은 여러 종류의 액세스를 용이하게 분리하는 것이 가능하다. 따라서 이것은 건물 내부에서 서큘레이션 효과를 얻을 수 있을 것이다.

Case Study #2
수족관 건물－설계문제의 종합

An Aquarium－Synthesis Of The Design Problem

제1기 수족관의 건물은 다음의 중요한 문제를 포함한다.

◆ 장래의 증축과 새로운 전시 코스의 추가를 예측하면서 그곳에 위치하고 있는 제1기 수족관의 건물이 완벽하게 기능하도록 설계하는 일.

- Central Avenue를 드라이브하는 방문자에게 매력적인 인상을 느끼도록 하는 건물을 설계할 것. 다만, 색상이나 무늬가 화려한 디자인은 불가.
- 건물은 생태공원의 디자인 스타일과 서큘레이션 패턴으로 종합되지만 그 자체의 Identity를 유지할 것.

◆ 방문자의 리턴을 촉진하기 위한 인상적인 조성으로 해야 하지만 예산범위의 한도에서 끝내는 설계로 할 것.

- 방문자의 시각적인 즐거움을 위해 자연식물과 수생동물에 의한 컬러풀한 표현을 최대한 발휘하도록 훌륭한 설계를 해야 한다.
- 동물원 직원은 가능한 한 전시설계에 참가할 것.

◆ 방문자의 흐름을 제어하여 방문자가 모든 전시를 보는 시설의 설계로 할 것.

- 방문자가 집중하는 에어리어는 방문자의 흐름을 촉진하고, 더

욱 Peak hours에도 많은 방문자가 견학할 수 있도록 전략적으로 배치하고 있다.

Case Study #3
할리 데이비드슨 판매점-설계문제의 종합
A Harley-Davidson Motosycle Dealership-Synthesis Of The Design Problem

형태와 이미지 Form/Image

◆ 설계는 멋지게 대학의 지역 스타일로 개방적 또는 Harley의 방문객에게 마음 편하고 기분 좋게 함은 물론 시작하는 시점에서 다른 업종에 건물을 매입할 수 없을 정도로 특수해야 한다.

◆ 설계는 살아 있는 풍경의 이점을 살려야 하고, 점포의 보안을 잃지 않고, 외부에서 상품이 보이도록 해야 한다.

기능 Function

◆ 고객의 편리성은 매우 중요하기 때문에 상품을 알기 쉽게 배치해야 한다. 동시에 스태프의 편리성도 잃지 않도록 한다.

◆ 자전거를 진열한 스페이스는 안전을 우선시한다는 타성보다 보기도 하고, 잡고 흔들어 보기도 하고, 타보기 싶도록 할 것.

경제 Economy

◆ 예산은 충분하지만 불필요한 낭비는 없어야 한다. 해결책은 최소한의 조건에서 최대한 효과를 발휘해야 한다는 의미의 경제성을 고려해야 한다.

시간 Tine

◆ 건물은 최소한 내부의 변경을 용이하게 할 수 있는 증축방식의 설계가 되어야 함과 동시에 각 단계에서 완성할 수 있는 설계로 해야 한다.

Case Study #4
유니버시티 대학의 교실 · 실험실 · 사무소 건물-설계문제의 종합
A University Classroom/Lavaratory/Office Building-Synthesis of The Design Problem

형태 Form

이 건물의 설계는 21세기 초에 세워졌다는 것을 후세에까지 메시지를 전달함은 물론 캠퍼스 내의 기존 건축의 양식도 더불어 존중해야 한다.

건물에 입주한 각 학부는 각각 명확한 Identity가 있기를 간절히 희망하고 있다. 그러나 동시에 건물의 콤플렉스는 일체감을 잃지 않아 보이도록 설계해야 한다.

기능 Function

독립한 3학부의 스페이스와 일반 교실은 건물 내에 포함되도록 한다. Circulation과 Orientation은 학생들의 입장을 고려해서 명쾌하게 해야 한다. 각 스페이스나 경로가 일목요연하게 파악되도록 하는 것은 주요한 명제이다.

경제 Economy

21세기의 기술이 바라는 것이지만, 그 테크놀로지가 시설에 적용될 것인지의 여부는 아직 미정이다. 새로운 건물은 비용이 많이 들지 않도록 하고, 기술적인 변화에 대응되도록 배려해야 한다.

건물은 높은 건설비가 소비되지 않고, 또 장기적인 측면에서 유지경비도 최소한 억제하는 설계가 되도록 해야 한다.

운영 Operational

프로그램된 건물의 총 프로젝트 비용은 약 $12million(실제, 약 $9.5 million의 건축비)이 든다. 프로그램에서는 총 비용의 약 85%로 건설이 가능해야 한다는 것을 우선 사항으로 제안하고 있다. 만약, 프로젝트의 총 비용이 그 이하가 될 때는 우선 사항을 다시 결정하는 프로세스로 되돌아가야 한다.

시간 Time

자금이 획득되지 않았기 때문에 건설 시기는 미정이다. 프로젝트 건설이 착수되기까지 3년 이상이 경과하는 경우는 우선 사항과 코스트는 다시 정밀하게 조사되어야 한다.

9.4 요약

Summary

이 장에서는 프로그래밍 작업의 종합에 대해 검증했다. 프로그래밍의 본 목적은 설계문제를 확립하는 일이었다. 주요한 설계문제를 정의하기 위해서 수집된 모든 정보와 생성된 아이디어를 종합하였다. 이 지적인 프로세스의 어려움을 기술하고, 이 난처함을 극복하는 방법을 다루었다. 프로그래밍 프로세스는 여기서 완료한다. 다음 장에서는 지금까지의 프로세스를 사람들과 커뮤니케이션을 통해 그리는 것으로부터 보고서를 마감하는 작업에 대하여 검토하도록 한다.

그림 10.1

10

문서자료 정리 및 보고서 작성

Documentation

문서에 대한 본문 작업내용과 그것을 전달하는 형식에는 두 가지 독립된 문제로 생각할 수 있다. 그렇다 하더라도 Marsal Mcluhan이 우리에게 말한, "메디아는 메시지다"라고 한 말을 거짓이 아니라고 믿는다면, 프로그래밍 프로세스는 여러 가지 스태프 작업에 대한 문서정리의 과정에 따라 전하는 것보다 강한 메시지가 전달되는 수단이 되기를 바란다.

독일의 사회학자이자 철학자인 Georg Simmel은 내용과 형식간의 차이점과 관련성에 관해 연구했다. 내용으로서의 프로그램을 위한 형식으로서의 물리적 설계 해결에 관해 생각할 때 건축적 사고를 위한 한 가지 교훈이 있다. 건축가는 내용으로서 전달되는 정보와 형식으로 제시되는 문서를 생각할 수 있어야 한다.

더 나아가 마지막 프로그래밍 문서의 제출은 그 안에서 서술했던 프로그래밍 해독작업과 감각의 정서에 관한 메시지를 보내야 한다.

프로그래밍 프로세스는 그것을 통해 찾아낸 아이디어를 다듬는 여과작용의 연속과정이라고 볼 수 있다. 프로그래머와 클라이언트는 작업 시작 시점에서는 많은 가능성의 보고 작업을 시작하지만, 프로세스의 진행에 따라 우선적으로 처리해야 할 사항들이 정리되기도 하고, 아이디어도 다듬어간다.(그림 10.2)

이러한 아이디어에 관한 도큐멘테이션에 대한 수준의 질이나 가치의 변화는 정보를 세련화시키는 내용과 함께 하는 정도라고 볼 수 있다. 초기 단계의 도큐멘테이션 스타일은 루스하게 하는 스케치풍이다. 아이디어가 선명하게 되어감에 따라 도큐멘테이션은 보다 정확하게 정리된다. 프로그래밍 프로세스의 마지막 단계는 정리된 형식의 최종 제출문을 위해 방대한 분량의 원고를 준비하게 된다. 이 장에서는 프로그래머와 클라이언트를 도울 수 있는 도큐멘테이션 타입에 대하여 관찰·조사했다. 끝으로 정보의 수취인인 설계자, 출자단체, 공적 단체, 그리고 또 다른 독자들과의 커뮤니케이션 촉진에 의해 작성되는 보고서의 종류를 검증한다.

10.1 데이터 수집과 초기 원고

Gathering Data and Early Drafts

82페이지 제3장 클라이언트의 인터뷰 편에서 얻어진 정보의 문서방법을 검토했다. 초기단계에서 개인의 인터뷰는 개인적인 노트를 가지고 기록하는 일이 가장 단순한 어프로치 방법이다. 여러 사람이 출석한 모임에서 모든 참가자에게 보이는 형식의 기록을 희망했다. 그에 따라 다른 참가자에 의해 리뷰와 편집을 가능하게 하기 위해서이다. 이젤에 올려놓은 게시판은 이를 위해 매우 유용하다. 처음 시트의 기술에 대해 만족하게 되면 그것은 떼어내어 벽에 붙여두고, 동시에 다음 시트로 별도의 아이디어를 전개시킨다.

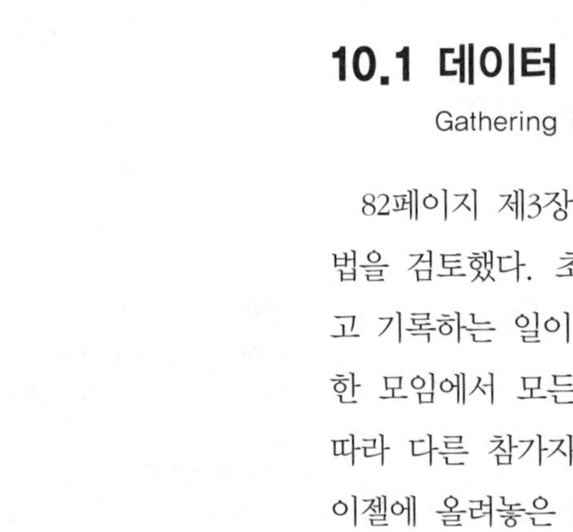

그림 10.2 프로그래밍의 프로세스는 제일 먼저 정의되어야 하고, 아이디어를 세련시키는 필터과정을 연속적으로 생각할 수 있다.

인터뷰가 종료되면 프로그래머는 노트를 리뷰–하고, 아이디어를 카테고리별로 분류할 수 있다. "카테고리는 무엇인가?라든가" 그것은 항상 사용되는 프로그래밍 포맷과 프로젝트의 기능이다. 이 텍스트에서는 기본적인 아웃트라인의 목적과 목표, 정보, 전략, 양적 요구, 그리고 프로그램의 종합을 위해 어떤 카테고리에 속하는가를 추천한다. 또 이러한 카테고리의 각 범위에서 프로젝트의 특이한 본질에 관한 부차적인 카테고리가 있다. 이러한 분류의 프로세스는 쉽게 만들어진다. 만약 각 아이디어의 정보가 개별 카드에 기록되도록 한다면 이 분류는 보다 간단하게

그림 10.3 구금센터에 근무하는 대규모 시설의 증축을 위해 프로그래밍 카드를 리뷰 하고 있다.

진행될 수 있다.

아주 오랜 옛날, 우리가 고등학교 시절에 영어교사에게서 두려워했던 리서치 페이퍼를 처음으로 받아들였다. 찾아낸 아이디어의 정보와 함께 카드를 읽으며 이야기했었다. 그때 우리는 아우트라인에 따라 종류별로 분류하여 그 윤곽을 만들었다.

이러한 어프로치를 사용하게 되면 다른 정보의 근원에서 아이디어를 얻을 수 있고, 또 그 해당 카테고리 그룹에서 부가하는 작업이 가능하게 된다. 그러나 프로그래머는 특정한 순번과 관계없이 아이디어를 조직화할 수 있다. 조직화된 카드는 다음에 일어나는 타협 장에서는 물론 정보 수집을 촉진하기 위해 벽에 붙인다.

프로그램 초기단계에서 러프한 형식으로 된 그래픽은 프로세스를 통해 편집하고, 보완 혹은 삭제되기도 한다. 메디아는 아이디어가 최종적인 형태에서 냉혹한 것이 아니라 더욱 검토될 수밖에 없는 것이라는 메시지를 클라이언트에게 발신하고 있다. 이 단계에 이르면 새로운 아이디어도 환영받게 된다. 프로그램 개발에 의해 변경할 필요가 없는 정보는 보다 더 최종적인 형태에 가까워지는 규격으로 표현된다. 예를 들면, 대지분석, 기후 데이터, 사람의 수 등 사실적인 정보나 다른 조사 결과는 중간 타협 단계에서 최종적인 형태로 표현된다. 프로젝트를 발전시켜 가는 가운데 이와 같은 최종 그래픽을 만들어두면 마지막 제작품을 위해 추진하는 작성 시기를 단축시키는 계기가 된다.

Word Processing과 Computer drawn Graphics는 프로그래머의 보고서 작성에 매우 편리한 도구가 되었다. 노트북 형식의 PC는 어느 회의에도 지참할 수 있고, 각종 메모 내용들을 곧바로 컴퓨터에 작성하기도 한다. 초기 프로세스에서 컴퓨터를 사용하는 유일한 결점은 개발도중에 발생되는 아이디아를 프레젠테이션 작업을 통해 보다 세련된 결과의 모습을 볼 수 있는 경향이 주어진다. 그러나 도큐멘테이션을 완성품처럼 보이도록 해 놓으면, 클라이언트는 때때로 모든 일을 변경할 때 시간이 늦어진다는 느낌을 가지게 되는 것으로 끝날 수도 있다. 마음이 열린 프로그래머라면 이러한 해석의 차이를 피할 수 있다. 정보는 그 종류마다 가장 명쾌하게 표현되는 각자의 고유 방법을 가지고 있다. 우리는 여기서 graphic presentation에 대해 우선 스피킹을 한다.

그래픽에 의한 프레젠테이션을 활용하는 것은 3가지 이유가 있다.

(1) 공간 관계를 나타내는 정보는 언어보다 그래픽에 의한 편이 보다 쉽게 이해된다.

(2) 그룹을 대상으로 하는 프레젠테이션인 경우는 멀리 앉아 있는 사람도 잘 보이게 한다.

(3) 최종 프레젠테이션을 듣는 중요 상대인 설계자는 시각적 이해력이 뛰어나다. 제6장~제8장에 포함되어 있는 여러 가지 그래픽을 참조하도록 했다. 또 지금까지 언급한 케이스 스터디의 Graphical은 생생한 사실적 표현의 문장에 관한 예를 들었다.

10.2 끝맺는 원고

Final Drafts

정보에 관한 Final drafts는 조정 · 완료 · 혼합 · 통합된 다음에 최종적인 원고를 정리해 간다. 끝맺기 전의 원고는 열람자가 코멘트를 기입할 여백을 남긴 큰 사이즈로 해주기를 원한다. 여기까지 코멘트가 이루어지게 되면 이제까지 표면화된 의견 차이를 조정하기 위한 추가 회의를 개최할 필요성이 발생할 수도 있다.

최종 원고에 대한 독자는 그 정리작업 전에 상정해 둘 필요가 있다. 독자의 경향이나 그들이 무엇을 알고 있는가에 따라 거기에 포함된 정보와 삭제할 정보를 선별한다. 예를 들면, 독자가 대지나 법률, 상세한 기후에 대한 설계자라면 이러한 정보를 포함할 필요가 없다. 만약 독자가 설계자가 아니라면 건축적인 전문용어를 사용할 수 없다. 프로그램은 내용과 양식이 독자에게 전하기 쉬운 방법을 반영하여 문서를 만들 필요가 있다.

문서의 표지에 계속되는 머리말 부분은 서론이다. 전통적인 Old Journalists의 형식에 의하면 서론에는 누가, 언제, 어디서, 왜 등을 기술한다. 〈'누가'에서는〉 누가 클라이언트이고, 누가 프로그래머이고, 누가 프로그램 개발에 참가하고, 누가 독자인가를 기술한다. 〈'무엇을'에서는〉 프로그래밍 작업 자체의 목적을 기술한다. 〈'언제'에서는〉 작업하는 날과 최종 원고의 마감 날을 기입한다. 〈'어디서'는〉 어디서 작업이 이루어지는가 및 프로젝트가 위치하는 장소를 기술한다. 〈'왜'라는 이유에서는〉 클라이언트가 왜 프로그래밍을 필요로 하는가를 기술한다. 서론에서 중요한 것은 작업의 콘텍스트를 설명하는 것이다. 서론에 포함해야 할 기타의 토픽으로는 어떻게 정보가 표현되고, 어떤 형식이 사용되는가이다. 감사에 대한 글도 머리글에 포함할 수 있다. 그것은 참가한 사람들에 대한 감사하는 마음을 전한다는 의미에서 중요하다. 여러 단계에서 클라이언트 그룹이 참가한다면, 그들 모두는 프로그램에 대한 공헌에 감사하게 될 것이다. 독자의 경향이나 그들이

리포트를 읽는 독자는 그 내면의 디자인 의도를 눈치챌 수 없어야 한다.
Edward Tufte

무엇을 알고 있는가에 따라 그곳에 포함시켜야 할 정보와 삭제할 정보를 선별한다. 예를 들면, 독자가 대지나 법률, 기후에 대한 지식이나 기술을 갖춘 섬세한 설계자라면 이러한 정보를 포함할 필요는 없다. 만약 독자가 설계자가 아니라면 건축적인 전문용어를 사용하지 않는다. 프로그래머는 내용과 양식이 독자에게 전하기 쉬운 방법에서 도큐멘테이션의 요구를 받아들여 만들 필요가 있다.

보다 복잡한 프로젝트에서는 서언 전에 "별도의 발취 요약문"을 서술하는 경우도 있다. 이러한 일은 프로그래밍에서 주요한 결정을 기술하게 하는 경우이다. 상세 및 Back up information 정보는 포함하지 않는다. 이러한 요약이라면 작업에 대한 본질을 끌어내고 그 간결성에 따라 보다 많은 불필요한 비용이 들지 않게 기획한다.
프로그램의 내용은 제4장에서부터 제9장까지 기술해 두었다. 그러나 이러한 정보를 바르게 알리는 데는 개선작업이 따른다. T.S. Eliot는 다음과 같이 말하고 있다.

"어쩌면…… 저자 자신의 작품을 편집할 때 작업의 대부분은 비평적인 작업, 전환작업, 겹침과 구축, 삭제, 정정이다 ; 이러한 것에 소비하는 노력은 Creative한 작업과 동등하게 비평적*critical*이다."

많은 "기호논리학"상의 결정이 프로그래밍 최종 보고서 제작에 관해서 이루어질 뿐이다. Page Format, Font Choices, number of copies 등은 이러한 선택의 2~3에 지나지 않는다. 공표할 보고서의 디자인은 그 자체가 예술적인 일이고, 그 상세에 관해서는 본 서의 범위를 벗어난다.라고 말하는 것은 보고서의 레이아웃은 바로 예술성의 바탕 위에서 이루어진 디자인작업이라는 것을 이해해 두어야 한다.

레이아웃의 디자인이 프로그램 내용을 유지하려면 명쾌하고 더욱 간결해야 한다. "정보의 하이어라기The Hierarchy of Information"는 문자를 강조하는 포맷의 종류, 장, 절을 세우는 방법, 그래픽 프레젠테이션 등 레이아웃 기술에 따라 하이어라기를 나타낸다.

10.3 컨셉에서 최종 보고서에 이르기까지의 아이디어 전개

Following an Idea from Concertion through Publication

설명을 위해 클라이언트 회의 끝 무렵에 발언된 아이디어와 그 내용들을 최종보고서로 끝내기까지의 과정에 대한 전개를 예시하여 둔다. 예로 들었던 프로젝트는, The girl Scouts of America의 지역위원회 본부 동일한 프로젝트의 대지 분석을 위해 181페이지 참조 이다. 시설은 어린 소녀나 어른의 볼런티어가 회의 및 훈련, 실내 · 실외에서 액티비티를 즐기기 위한 센터임과 동시에 광역권의 걸스카우트 관리사무소이다. 여기서 다루고 있는 아이디어는 접수 에이어나 로비에 대한 문제이다. 기존 시설에는 그곳에 매점과 안내 카운터가 있고, 2~3개의 의자와 놀이기구가 놓여 있다. 새로운 시설에는 보다 큰 “La Tienda”와 상품을 품평하기 위해 모아 세워둔 많은 Volunteers나 통상 업무를 하는 스태프, 작은 아이들에게 편의를 주기 위해 마련하고 있다.

그림 10.4는 “지원 스태프”와 “인터뷰 회의”에서 발췌한 노트의 일부를 나타낸 내용이다. 노트는 손으로 급하게 기록했기 때문에 깔끔하게 하는 정렬은 배려하지 않았다. 철하는 것에도 차이가 있다. 다른 두 사람의 프로그래머도 이 회의에서 동일한 노트를 선택했다.

초기 회의가 끝난 후에 3인의 프로그래머가 작성한 노트를 통합하여 리뷰하였다. 건설위원회의 전원이 모이는 다음 회의 때 여기서 얻어진 모든 정보를 공표하기 위해 러프하게 기입한 카드를 마련하였다. 그림 10.5의 접수에는 접수와 관련된 기능을 가리키고 있다. 손으로 쓴 러프한 문자로 세련되게 하지 않는 정보는 그것이 앞으로 변경되거나 변경 가능성이 있다는 것을 시사하고 있다.

건설위원회의 회의에서 공간 관계에 대한 다이어그램을 리뷰시켰다. 그림 10.6은 접수에 직접 관계된 기능에 대한 모든 것을 가리키고 있다. “창고”와 “시각적인 액세스”에 대한 검토를 도중에 추가했다. 그림 10.7의 내용은 다음과 같다. 즉 사무 스태프는 접수창구에서 누군가를 기다리고 있다는 것을 알 수 있도록 해 두었고, 동시에 자신의 책상에

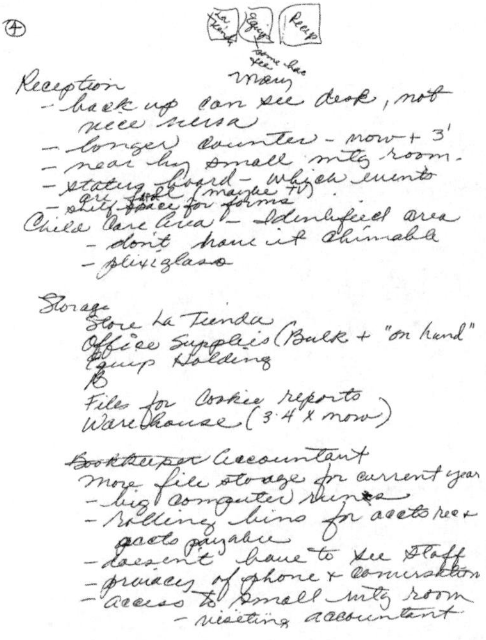

그림 10.4 지원 스태프와의 초기 인터뷰 노트

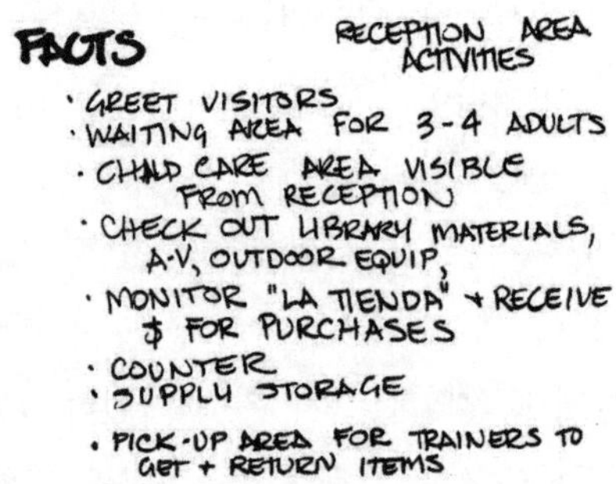

그림 10.5 접수 에어리어에 관련한 기능을 나타내고 있는 러프한 초기안 카드

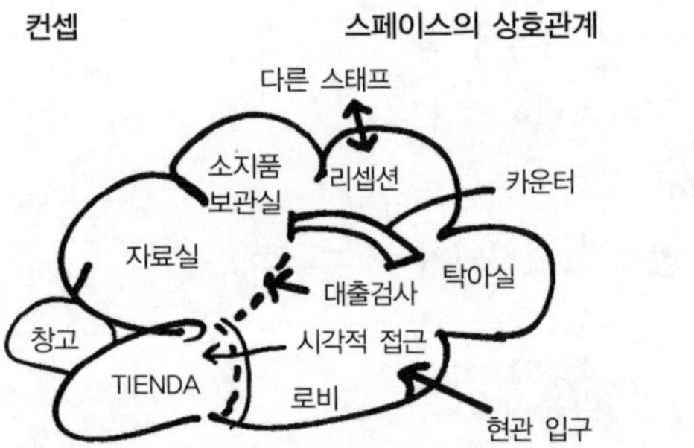

그림 10.6 접수 로비 에어리어에 대한 룸 관계를 나타내는 러프한 초기안의 카드

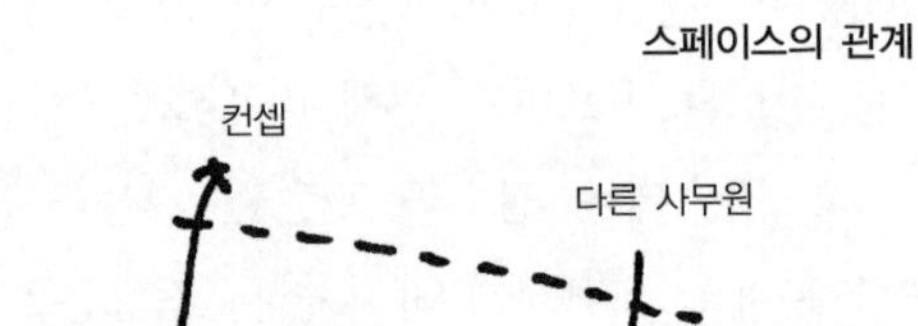

그림 10.7 접수 창구 부근의 상세를 나타내고 있는 rough-draft 가이드

액티비티 *Activities*	
회의실 *Meeting Rooms*	주방의 액티비티 *Kitchen Activities*
▪ 회의실은 빈번하게 사용한다. ▪ 업무시간외나 주말에도 사용할 필요가 있다. ▪ 여러 가지 규모가 필요 ▪ 몇 가지는 오염을 수반한 액티비티용으로 청보가 용이한 바닥과 트랩, 트랩붙인 싱크가 필요하다.	▪ 접시를 사용한다. – 자원 보전을 위해 종이는 안 된다. ▪ 대규모 이벤트를 개최한다. ▪ 150인 분의 음식을 시중들 것 ▪ 페이스 1 : 레인지, 식기장, 싱크, 식기 세척기, 냉장고, 냉동고, 장만하기 위한 에어리어 ▪ 식품은 그 정도 마련한다. ▪ 풀–키친보다 주로 식품을 데우기 위해 사용한다. ▪ 숙박자가 식품을 데우고 냉동 보전할 수 있을 것
접수 에어리어 *Reception Area*	도서/자료실 *Library/Resource Room*
▪ 방문객에게 혼잡하다. ▪ 3~4인의 기다림 스페이스 ▪ 접수에서 돌보는 탁아 에어리어 ▪ 도서, 시청각자료 *A–V*, 야외용 도구의 대출 ▪ La Tienda의 관리와 금품을 받아 전달한다. ▪ 카운터 ▪ 재료 창고 ▪ 트레이너에 의해 빌린 것과 되돌림	▪ 서적 ▪ 그래픽 ▪ A–V기기와 체크아웃

그림 10.8 최종 초고로부터 접수 에어리어에서 액티비티

서 일에 방해되는 택배작업을 도큐멘트하는 접수 책상의 상세를 가리키고 있다.

그림 10.8은 프로그램의 최종 원고에 기재된 접수의 액티비티를 가리키는 사실적인 부분에 대한 복사물의 내용이다. 그림 10.5의 내용은 변경되었지만 액티비티의 리스트는 마지막 남은 부분의 원고와 같은 폰트로 타이프했다.

그림 10.9는 entry area의 Bubble diagram이다. 이 다이어그램은 그림 10.7의 디테일을 가리키지는 않았지만 접수와 그 외의 스태프와 분리가 적당하다는 것을 가리키고 있다.

그림으로 기술한 관계와 액티비티는 그림 10.10에서 표현하고 있는 스태프의 인수와 공간의 실수에 대하여 할당된 최종 면적 관계를 보여주고 있다. 표는 이러한 기능으로 할당되고 있는 기존 시설의 면적도 보여주고 있다. 이미 시설이

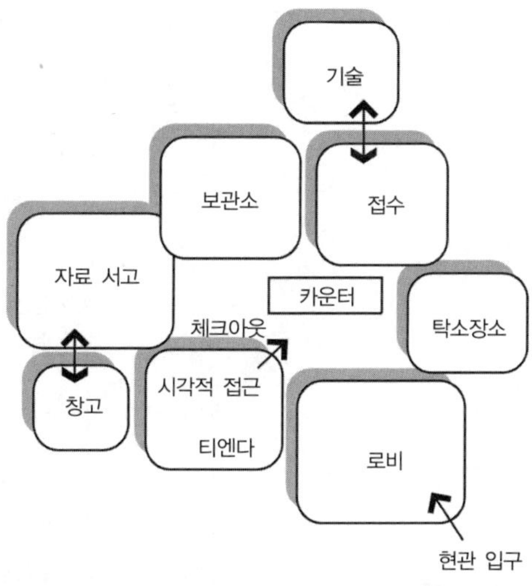

그림 10.9 최종 그림으로부터 reception/lobby area에서 상호관계와 규모

네트면적				
실번호	실 명	현존	제안	스태프 수
	단계 - 1			
4.0	로비/접수/Tienda/도서실			
4.1	창고 (La Tienda)	157	500	
4.2	La Tienda를 위한 창고		80	
4.3	로비	265	100	
	좌석		100	
	트인 코너		100	
	전시/열람	46	100	
4.4	접수	103	150	
4.5	도서/미디어/자료	58	200	
4.6	시청각자료창고		80	
			1410	

그림 10.10 최종 그림으로부터 reception/lobby area, La Tienda, 면적 할당

존재하고 있는 경우는 현재 각 기능에 할당 게시된 면적에 대해 클라이언트는 그것을 비교해 볼 수 있다.

그림 10.10에 표기되어 있는 내용은 룸을 할당할 때, 룸의 개수와 스태프 수를 보여주고 있다. 빠른 시간 내에 면적과 룸의 개수를 결정하는 특수 스페이스 확보에 관심이 집중된다. 스페이스 조정이 한창 이루어질 때, 예산이나 기타, 다른 이유로 면적이 삭감되는 경우도 발생한다. 이러한 경우가 발생할 때는 룸의 수 조절이나 기능을 삭제할 경우 반드시 올바른 논리적 이해를 바탕으로 결정되어야 한다.

스태프 수는 스태프가 근무하는 실의 리스트로 나타내는 것이 편리하다. 스태프 수는 설계자가 초기 공간계획 단계에서 편리하도록 문제를 풀어가는 정보가 주어진다.

이러한 정보를 도큐멘트하는 방법은 많이 있다. 중요한 것은 프로그램과 클라이언트의 커뮤니케이션을 촉진하는 일이다. 어떤 프로그래머는 그림 10.5에서부터 그림 10.7과 같은 Rough-Draft형식으로 정보를 나타내지 않는다. 또 러프한 그래픽을 제공한 프로그래머의 프로페셔널한 능력을 의심하는 클라이언트도 있다. 그러나 여기서 보여주고 있는 예는, 클라이언트는 그 프로세스와 멤버의 참가에 의한 형식에 흥미를 가지는 속성이 있다. 그들은 자유스런 타입의 원고를 좋아한다.

프로그래머는 클라이언트가 기대하고 있는 것을 알아차려야 하고, 클라이언트가 부담을 느끼지 않도록 프로그래밍의 프로세스에 참가하는 방법으로 정보를 가리켜야 한다.

10.4 요약

Summary

이 장에서는 프로그래밍 프로세스에 포함된 도큐멘테이션의 종류를 검토했다. 정보 도큐멘테이션의 방법은 프로그래머의 수와 동일하게 다양하지만 가장 중요한 것은 클라이언트와 커뮤니케이트가 되는 일이다. 다음 프로그래머는 독자와의 커뮤니케이션을 위해 문서를 정리해야 하는 것이다.

다음 장에서는, 지금까지의 정보를 되돌아보고, 프로그래밍 프로세스 자체를 어떻게 종합하는가에 대해 검증하도록 한다.

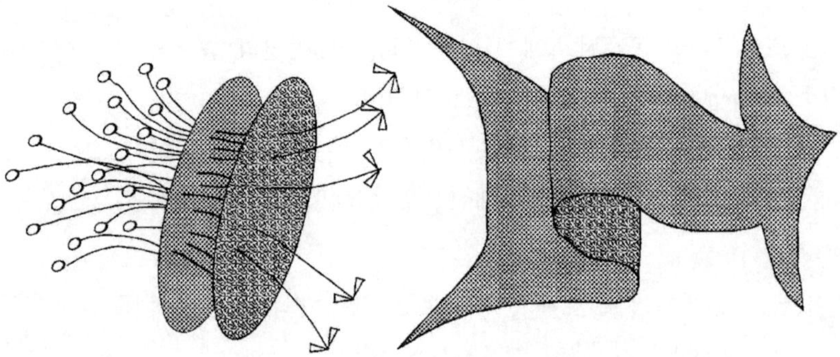

그림 11.1 사전의 심사숙고와 우리의 미적인 리듬(Artistic rhythm)

11

건축 프로그래밍 작업의 통합

A Synthesis of the Architectural Programming Task

만일, 우리의 예술적인 리듬에 이르는-원인-이 의미 있는 일이라면, 우리가 심사숙고하는 것들은 보다 더 중요한-결실-을 맺는다.

-Louis. H. Sullivan

건축이 뜻 깊은 것으로 존재하려면 프로그램 또한 그래야 한다.

"어떻게 하면 프로그램을 뜻 깊은 것으로 할 것인가?", "프로그래밍하는 일 중에 가장 중요한 것은 무엇인가?", "프로그래밍의 작업은 어떻게 종합해야 할 것인가?"에 대해 제9장에서 기술했던 내용은 프로그래머가 하는 프로젝트의 목적과 목표를 리뷰하는 어드바이스의 내용이었다. 그리고 "처음으로 알게 된 설계 문제에 대해, 지금 무엇을 알게 되었는가?" 설계에서 풀어야 할 문제를 보다 간결한 진술로 끝내기 위해서 "설계에서 프로그램을 어떻게 종합하면 좋은가?" 등에 대해 물었다.

초보자에게 프로그래밍을 이해하도록 해야 한다는 의미는 건축프로그래밍작업을 종합하는 것과 동일한 입장의 테스트를 하는 일이 된다. "전혀 모르는 건축 프로그램에 대해 지금 무엇을 알고 있는가?"라는 질문에서 프로그래밍의 종합에 대한 큰 아이디어를 찾을 수 있다. 아마 이제까지 내놓은 작은 다이어그램들은 그렇게 중요하지 않다고 볼 수 있다. 전체면적과 단위면적의 비율, 프로그램을 발표할 때의 형식,

스케줄, 예산 등은 상세한 것에 해당할 뿐이지, 큰 아이디어는 아니다. 따라서 건축프로그래밍의 본질을 명백히 정의하는 것을 원한다.

본 서의 목적은 다음과 같은 목표를 가지고 집필했다.

1. 독자가 적당한 규모의 프로젝트를 프로그램하도록 그 이론적인 기초와 수법의 고찰과 함께 그 실천 경험을 예시하는 일.
2. 프로젝트의 대상시설을 이용하는 사람과 공동작업을 한다든가, 그들과 접촉할 때의 자세를 보이도록 하는 일.
3. 문제를 효과적으로 취급하기 위한 어프로치나 눈 앞의 문제에 대해 명쾌한 생각을 위한 수법을 보이도록 하는 일.

첫째 목적 : 적정 규모의 프로젝트 프로그램

Program A Moderately Sized Project

이 텍스트북의 제Ⅱ부인 "건축 프로그래밍 프로젝트"는 적당한 규모의 프로젝트를 프로그램하기 위해 사례를 보충하는 핸드북이다. 이 장에서는 학생이나 건축프로그래밍에 대한 취급자인 전문가들이 다른 전문가 팀을 위해 실시하는 보조작업을 하도록 하는 목적 설정에 대해 고려하고 있다.

제Ⅱ부의 첫 부분에서 프로그래밍 방법을 배우는 것과 프로그래밍 작업을 읽히는 것에 대해 서로 다른 차원이라는 것을 이해해야 할 것이다. 나의 할머니께서 "좋고 나쁜 것도 사정 나름이다."라는 말을 한다고 말씀하셨던 것처럼 속담에도 "잔을 입으로 가져가는 사이에도 실수는 얼마든지 있을 수 있다. 입에 든 떡도 넘어가야 제 것이다"라는 말이 있다.

건축 프로그래밍은 프로젝트의 특이성을 찾아내는 일이었다. 어떠한 매뉴얼이라 해도 거기서 발생하는 모든 상황을 예지할 수 있는 것은 아니다. 상황의 다양성에 따라 프로그래머도 또 다재다능한 사고를 하는 사람이고, "다재다능한 매니저"이어야 한다. 제2장에서는 그를 위한 수법을 소개했다.

클라이언트가 하는 작업이 매우 비슷하더라도 모든 클라이언트는 다르게 생각한다는 것을 암시하고 있다. 예를 들면 세 사람의 클라이언트가 "동일한 현실"을 보아도, 그림 2.8과 같이 판정자로서 다르게 생각한다는 것을 보여준다. 제3장은 클라이언트 타입의 범위를 위한 프로그래머 범위에 대해 준비했다. 그러나 프로그래머는 프로그래밍의 프로세스에서 클라이언트가 가리키는 다양성을 적극적으로 받아들일 뿐이다.

훌륭하고 멋진 아이디어를 얻기 위해 큰 숲은 보지 않고, 나무의 섬세한 작은 부분만을 보고 대답하는 일들은 가끔 초급 프로그래머에게서 발생하는 문제점이다. 그러나 적정한 규모의 프로젝트를 프로그램할 수 있도록 하면, 보다 크고 복잡한 프로젝트라 해도 별다른 문제없이 대응할 수 있게 될 것이다. 그를 위해서는 복잡한 프로젝트를 부분적으로 세분화하고, 그것을 프로그램한 후에 전체를 프로그래밍하는 방향으로 재구축해야 할 것이다. (42~43페이지의 규모치수에 관한 정보와 위계에 관한 토론과 56~57페이지의 Tempus와 Hora의 시계공들에 대한 이야기는 Hempel's에게 되돌렸다)

당면한 정보의 다양성에 압도되는 경우에 프로그래머는 한걸음 물러서서 다음과 같은 프로그래밍에 관한 질문을 해 보도록 한다. "여기서 무슨 일들이 일어나고 있는가?", "그래서 어떻다는 것인가", 그곳에서 "가장 크게 생각해야 하는 아이디어는 무엇인가?"를 찾아야 한다. 가장 큰 아이디어에 초점이 맞추어지면 작고 상세한 것들은 그 문맥 안에서 다루어지게 된다.

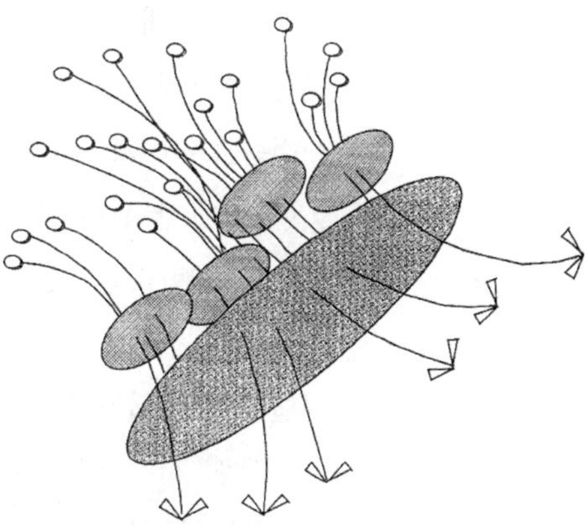

그림 11.2 복잡한 프로젝트는 전체를 부분으로 분해하고, 부분을 다른 관계성으로 재구성

둘째 목적 : 설계에 유저 참가
Accommodate Users of Design

설계과정에 유저를 참가시키는 방법에 대해서는 이 텍스트북이나 다른 참고 자료에서도 보여주고 있다. 그러나 그 목적을 달성하는 데는 유저들의 적극적인 코멘트 없이 진행되어서는 안 된다.

"왜, 유저의 참가가 필요한가?"는 이미 많은 건물들이 나름대로 능숙하게 기능을 발휘하고 있는데도 구태여 유저를 참가시키는 일이 "설계를 위해 왜 필요한 것인가?" 등의 물음에 대한 답은 다음과 같다. 이러한 질문은 프로그래머에 대한 주의사항이다. 즉 기능에 대해서만 흥미를 가지지 말라는 의미이다. 프로그래밍이 단순히 건물의 기능만 취급하는 것이 아니라 전체를 망각해서는 안 된다는 지적을 기억해 두면 도움이 될 것이다.

예리한 프로그래밍을 하는 학생이라면 겉으로 보기에 모순적인 점들에 관해 "도대체 무슨 일이지?", 많은 건물들이 이미 제 역할을 잘 하고 있는데 왜 우리는 건축물 이용자들에 대해 더 많은 관심을 가져야 할 필요가 있는 것일까?라고 물어야 한다. 이 질문에 대한 답을 사용자들은 오로지 기능에만 치중해 있고 프로그래밍은 기능과 관련한 것이다.라는 추측(전제, 가정)을 넘어서는 데 있다.

1970년대 후반부터 1990년대 후반까지 건축에 둘러싸여 있던 이론은 초기에 포스트모던 형태로 진행되었다. 당시의 경향으로 볼 때 그것은 Deconstruction에 계속 집중하는 추세가 강하게 작용했었다. 이러한 형태에 관한 움직임은 비인간적인 인터내셔널 스타일의 모든 양상을 초월한다는 것을 목적으로 했지만, 그 결과는 어떠한 경우라도 대부분이 건축물의 형태에 대한 조작에만 전념하는 것에 지나지 않았고, 설계에 유저가 관여하는 것에는 미진하게 취급되었다.

오랜 시간 형태주의 the form-making acpects를 추종했던 대학의 건축교육은 사용자가 잠재적으로 가능성 있는 수용자라는 것을 인식하지 못한 채 많은 건축가를 배출하게 되었다. 그로 인해 건축설계는 고객과 멀어지게 되었다. 소위 이용자가 잠재적 수익자라는 것을 알아채지 못한 결과를 낳게 되었다. 전문가들로 구성된 다섯 개 대학에 달하는 대학의 세대(각 4년씩)를 만들어냈다. 이러한 형태주의의 반성에서 출발한 이 텍스트북의 목적은 이용자를 단순히 하나의 교육적 놀이 상대로서가 아니라 동등한 자격을 부여받은 참가자로서 건축의 창작과정에 유저의 참가를 고려하는 초점에 중점적인 비중을 두었다.

유저의 요구와 기능적인 요구를 동일시하는 것을 좋아하지 않는 경향이 있다. 이와 같은 시각에서 보는 전제는 누구를 위한 건물인가를 과소평가하고 있는 일이다. 반드시 유저는 기능적인 시설을 필요로 한다. 그러나 그들의 정신을 고양하고, 더욱 윤택한 생활을 하도록 설계된 환경을 더 필요로 하고 있다. 현실적인 실행과 꿈을 가지는 것은 사람들의 기본적인 요구이다. 프로그래머나 설계자의 윤리적 권한은 건축의 유저들의 디자인이 되는 것과 꿈을 가져 보기 위한 장을 제공할 수도 있다.

셋째 목적 : 명료한 사고
Think Clearly

이 목표는 독자인 여러분과 나 자신을 위한 개인적 소망이기 때문에 이 글을 쓴다. 여러 분과 저는 이제 함께 한 시간의 종점을 향해 가고 있으며, 나는 개인적인 짧은 편지로 이해를 구하는 바이다.

내가 건축학부의 학생이었을 때, 이름이 Anderson Todd라는 교수의 수업을 받았다. Todd 교수는 오후의 비평을 위해 나의 작업실 앞에 와서 "명료하게 생각할 것이라고 자주 말했다. 처음에는 그가 무엇을 말하는가를 잘 알 수 없었다. 자신이 무엇인가를 생각하고 있는가는 알고 있지만, 다른 방법으로 생각해 볼 수 있는 것에 대해서는 잘 이해하지 못했다. 나는 설계문제를 풀어가는 중에 그것을 발견한 때의 감각을 느끼고 있다. "당면한 이 문제를 다른 방식으로 보다 더 명료하게 생각할려면 어떻게 하는 것이 좋은가?"를 나 스스로에게 물었다.

30년 이상의 프로페셔널한 경험을 쌓은 것에도 관여하지 않고, 사물을 대할 때 언제나 보다 명쾌하게 생각한다는 것은 어렵다는 것을 항상 실감하고 있다.라고 말하는 것은 그 외의 사고방법에 대한 이해와 "왜 그것을 생각하고 있는가?"라든가, "이 과제의 종류는 무엇인가?"의 의문의 분류에 따라 의도하는 방향으로 가깝게 근접할 수 있다는 것을 알았다.

독자들이 자신의 기술적 능력을 증진시킬 뿐만 아니라 기술적 능력을 발휘할 수 있도록 하기 위해 명확하게 생각하라. Anderson Todd's의 지침을 독자들에게 전수하고 있다.

11.1 종합적인 프로그래밍 작업

A Synthesis of The Programming Task

불합리 *absurdity* 의 유일한 해결책은 바로 명확함 *clarity* 이다.
Albert Camus

본 서의 목적을 되돌아보면, 여러 해 동안 나 자신이 설계와 프로그래밍 실무와 교육에서 배운 것을 살펴보고, 건축프로그래밍 작업을 종합하기 위한 3가지 아이디어가 떠오른다. 첫째, 확실한 역할이고, 둘째, 목적과 실행에는 다른 사고의 프로세스다.라고 할 수 있다. 셋째, 간결한 설명에 이르는 까다로움과 그 아름다움이다. 이 3가지는 서로 어울려 엉켜 있고, 명쾌하게 생각하는 것에 깊이 관여하고 있다.

11.1.1 명백한 규칙 The Role of the Obvious

"명료하다는 것은 의심해 보일 뿐이다"는 미스터리 소설의 격언이다. 예를 들면, 프로젝트의 인터뷰에서 회답자 A는 "이 프로젝트는 명백하게……이다."라고 말했고, 회답자 B는 그의 관점에서 같은 모습으로 코멘트를 한다. 회답자 C, D로부터 N의 사람들도 같은 모습이다. 그러한 모든 회답은 다르다. 이러한 상황에서 이끌어낸 하나의 결론은 "명백한 것은 사람으로 말미한다."는데 있고, 속을 뒤집으면 어떤 관점도 진정으로 확실한 것이 아니고, 보편적이지도 않다.

따라서 "명백한 것"은 어느 정도 감안해서 생각해도 좋다는 것으로 된다.

서구 사람들의 사고법은 모순을 쉽게 받아들이지 않는 서양철학에 의해서 결론에 이른다. 그러나 그것을 다른 접근방식에 의한 근거로 한다면 모든 "명백한 것"을 현실로 받아들일 수 있다. 이러한 모든 명백한 것을 포함하는 "아주 명백한 것"은 어딘가에 존재한다. 프로그래머의 역할은 이 크고 명백한 것을 발견하고, 그것을 기술하는 일이다. 어떤 동물의 모습에 대해 부분만을 접촉할 수 있는 맹인에게 코끼리에 대해 설명한 인도의 이야기를 생각해 보도록 한다(그림 11.3). 프로그래머들은 코끼리의 전체를 보고 이해해야 한다.

영화 "Rashomon"에서는 사물을 바라보는 방식을 정보전달로 변화시키는 인간적인 측면의 문제를 다루고 있다.

어떠한 이유라도 반드시 확실하게 들어맞는 것은 아니지만, 그것에 대해 반대입장이어도 그러한 생각은 분명히 주의가 필요하다. 이와 같은 여러 종류의 명백성은 의심하고, 더욱이 재작업을 한다는 것은, 어쩌면 미련 없이 버리고 가야 하는 전통적인 관습일지도 모른다. 지혜의 타입은 명백히 20－20이다.

이 경우에 적합하지 않은 강제적 지시에 대해 주의해야 할 분명한

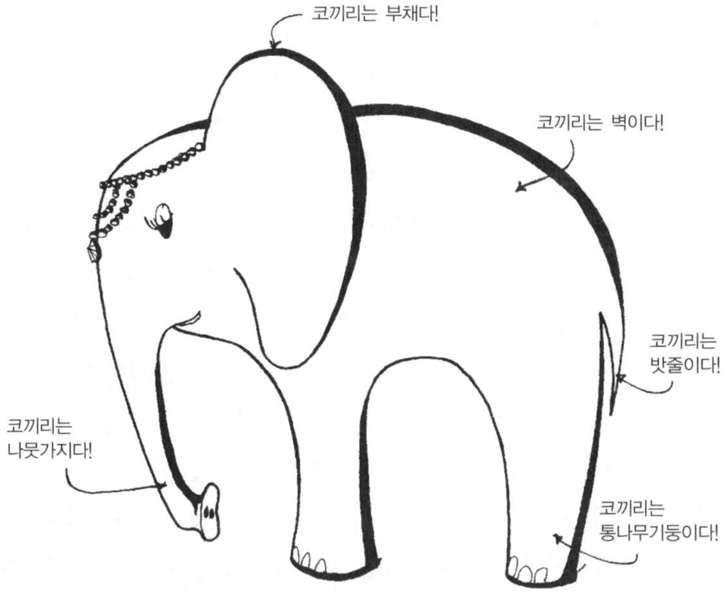

그림 11.3 프로그래머는 코끼리의 전체상을 보고 이해해야만 한다.

사실이 있다. 이 분명한 사실은 연구와 개정, 그리고 불필요한 것은 버려져야 하는 상식이기 때문이다. 분명한 것은 전통적인 지혜인데 그것은 의문을 가져야 하고, 재작업해야 하고, 가능하면 버려야 한다.

지지되어야 하는 명백성과 재검토되어야 하는 명백성의 차이를 말로 하는 유일한 방법은 포괄적인 방법으로 프로그래밍작업을 올바르게 바로 잡아 두는 일이다. 즉 "프로젝트에 대해서 알아두어야 할 사항을 모두 정리정돈한 상태에서 그러한 명백한 단편성은 정당한 의미가 있을 것인가?"라고 생각해 보아야 할 것이다. 지금 우리는 멋진 판단력이나 명쾌하게 사고하는 방법에 대해서 언급하고 있다.

11.1.2 목적과 실행 Intention and Execution

프로그래밍은 목적으로 하는 의향이고, 설계는 실행이다. 프로그래밍은 과제의 제시이고, 설계는 해결책이다. 이러한 것들이 서로 다른데도 사람들은 그러한 것에 대해 많이 관여하지 않을 뿐만 아니라 자주 그러한 것을 혼동한다. 앞에서도 설명한 바와 같이 설계와 프로그래밍의 분리에 관한 시비에 대해 프로그래머와 설계자들에게 논의의 공격 대상이 되는 것이다. 명백하게 이 두 가지가 동시에 이루어지는 예는 주문주택이나 기존 스페이스의 개·보수 건축행위가 있다.

설계라는 단어는 여러 방면에서 사용되고 있다. 이 책에서 우리는 설계라는 것을 특별한 물리적 해결책으로 선별할 의도로 사용한다. 물론 설계란 의도와 실행 모두를 달성하기 위해 사용될 수 있다.

중요한 것은 사실인데 "지금, 나는 '의향'에 대해서 생각하고 있다" 그리고 적절한 때에 "지금은 실행에 대해서 생각하고 있다."라는 것을 의식하도록 하는 일이다. 작업내용에서 −변경을 찾을 때는 그것이 '의향의 변경인가, 실행에 대한 변경인가'를 명쾌하게 할 필요가 있다. 우리가 설계를 비평할 때, 특히 그 아이디어와 관련 있는 몇 가지는 다음 프로젝트에서 사용되는지 어떨지 모를 때, −설계가 무엇을 달성하도록 하는 것인가, −어떤가를 검증하는 것인가" 혹은 "설계의 물리적 선택인 실행을 검증하는 것인가"를 명쾌하게 할 필요가 있다. "의향과 실행"은 다른 것이다. 이와 같은 사리분별의 바탕 위에서 이루어지는 프로그래밍이나 설계가 이루어지게 되면 각자가 가지고 의도하는 아이디어에 대한 사고의 내용이나 방식은 확실히 자연스럽고 개성적이 될 수 있다.

11.1.3 간결한 설명의 아름다움 The Beauty of the Simple Explanation

ARC의 대표인 John Petronis와 나는 "설계문제의 종합 또는 문제 제시의 본질을 검토"한다. 나의 동료인 John Petronis는 프로그래밍작업의 종합에 관하여(또는 그가 부르는 문제의 진술서는 페냐 W.Penás 가 20년 넘게 축적한 problem seeking을 이용하고 있다) "내가 누군가에게 간결한 언어로 프로젝트를 설명할 때는 스스로 자신이 그것을 충분히 이해하고 있다는 것을 알았다. 그러나 반대로 간결하게 그것을 설명하지 못할 때는 아직 충분하게 그것을 이해하고 있지 않다."라고 말했다.

단순한 진술에 도달하는 것에 어느 정도의 시간이 소요될 것인가는 프로젝트의 규모나 복잡성에 따라 다르겠지만, 여기까지 도달하는 감각을 가진다는 것은 확실히 프로그램의 진정한 종합이라 할 수 있다. 다음의 상세한 프로그래밍과 설계를 위해 콘텍스트를 제공하는 거대한 아이디어가 된다. 이 간결한 진술은 그 자체가 아름다움이다.

단순한 것이 가장 복잡한 것이다.
Simplicity is a most complex form.
Duke Ellington

11.2 요약

Summary

명료한 것의 역할, 의향과 실행을 이해하기 어려운 구분, 그리고 간결한 설명의 아름다움은 서로 엮여 있다. 의향과 실행의 차이를 이해하는 것은 명료한 것을 분석하는 일을 촉진시켜 특수한 프로젝트를 위해 적절한 판단으로 귀결한다. 간결한 진술에 도달되기까지 세련되게 명료한 일을 계속 쌓아 가는 일이다.

끝으로 명료한 일의 역할, 의향과 실행의 구분, 간결한 설명의 아름다움을 발견해내는 기술은 건축 프로그래밍뿐만 아니라 여러 가지 수많은 일에서 매우 유효하다는 것을 지적해 두고 싶다. 이러한 것은 몰인정하고, 냉철하다고 말할 뿐만 아니라 침착하고, 명쾌한 사고를 촉진시키기 위해 감정의 분리를 요구한다. 본 서를 사용해서 "과제의 정의와 아름답고 간결한 진술을 겨냥"하고 있는 독자들에게 지금부터 "즐거운 헌팅의 여행"을 나는 기대한다.

APPENDIX

A

대지선정기준

Site Selection Criteria

다음의 대지선정 기준과 선정 과정은 Cherry/See Architects and ARC에 의해 발전된 것이다. 이 예는 East Side(맨해튼 동부) 자치의 지역 도서관을 위해 실시된 연구에서 적용된 것이다.

A.1 서부 외곽지역의 도서관 대지선정 기준

대지선정 기준은 지역 도서관의 견본을 위한 건축학적 프로그램의 필요 조건들과 도서관 서비스 발전에 관한 다음 가정들로 인해 발전되었다.

- Main Library Downtown은 도시의 남 · 북, 그리고 중심지역을 위한 지역 도서관으로서의 기능을 현재, 그리고 미래에도 수행할 것이다.
- Carnegie Branch 도서관은 West Side지역 도서관이 되기 위해 점차 성장하게 된다.

1. 중요한 기준 Weighting Criteria

대지선정에 있어 모든 기준이 동일한 중요성을 가지는 것은 아니다. 그 선정 기준은 선정 과정에 관계된 중요성에 따라 세 가지 범주로 묶

일 수 있다.

- 대지의 크기 (15~25점)
- 중요한 기준 (최대 15점)
- 바람직한 기준 (최대 10점)

바람직한 기준은 중요한 기준 만큼 필수적이지도 않고 그만큼 많은 영향을 끼쳐서도 안 된다. 마찬가지로 중요한 기준은 대지의 크기만큼 많은 영향을 끼쳐서도 안 된다. 왜냐하면 특정한 크기의 새로운 지역 도서관 대지를 개발할 장점이 없어지기 때문이다. 현재 지역 도서관은 지역 도서관의 필요조건에는 너무 작아 보이는 곳에 위치해 있다.

제시된 대지들은 각각의 기준에 의해 평가되고, 중요성에 따라 중점 사항들이 주어져 있다. 가장 높은 수치적 가치를 갖는 대지가 다른 대지에 비해 낮게 평가되는 어떤 특징을 가질 수 있지만 결국 그곳이 가장 좋은 대지라는 가정에 도달한다.

각 기준에 관련된 배경과 고려 사항들은 다음 장에 설명된다.

2. 대지 크기 Site Size

새로운 도서관 대지의 선택에 있어 우선적인 기준은 크기이다. 만약 이 항목에서 높은 점수를 내지 못한다면 그것은 고려사항에서 배제되어야 한다. 왜냐하면 아무리 다른 항목에서 높은 점수를 얻는다 하더라도 그것은 적합하지 않기 때문이다.

3. 대지 크기에 대한 점수 Scoring for Site Size

권장 크기의 대지에는 25점을 준다. 3에이커 미만의 대지는 고려되어서는 안 된다. 3~4에이커 사이의 대지는 다음과 같은 점수를 얻는다.

- 4에이커 ———————— 25점
- 3.5에이커 ———————— 20점
- 3에이커 ———————— 15점

4. 중요한 기준(최대 15점) Important Criteria

1) 최소한의 토지가격 Minimal Land Costs

토지에 소요되는 비용을 최소로 유지하는 데는 몇 가지 전략이 있다. 가장 좋은 대안은 이미 시 소유의 대지나 지역 도서관 용도로 전환이 가능한 시 소유의 시설물을 선정하는 것이다. 경제적 관점에서 비견할 만한 좋은 대안은 남아 있는 시유지나 공공이나 사적으로 소유된 대지를 현금 없이 매매하는 것이다. 가장 바람직하지 않은 대안은 적절한 대지를 매입하는 일이다.

대지 평가에서 가장 높은 점수를 주는 것은 이미 시의 소유지에 주어야 한다. 그런 후 남게 된 시유지와 매매될 수 있는 시 기관들 사이에 현금으로 교환될 수 있는 대지에 부여한다. 현금이 소요되는 대지, 즉 비싼 비용이 소요되는 곳은 더 낮은 점수가 주어져야 한다.

2) 서비스 지역에 대한 위치 관계 Location Relative to Service Area

East Side 도서관의 서비스 지역은 북쪽으로 군사시설, 동쪽으로 국유림 지역, 남쪽으로 Madison 산업 단지, 서쪽으로는 Sunset Boulevard와 주간 고속도로에 둘러 싸여 있다.

- 1995년과 2000년도의 계획은 현존하는 지역 도서관이 담당하는 지역을 보여주는 것이고, 북쪽 도서관의 분원은 가장 많은 이용자가 밀집되어 있는 곳이다.
- 분원 도서관들의 위치는 지역 도서관의 위치에서 주 역할을 수행해서는 안 된다. 지역 도서관들은 서적을 참고하거나 학술적 연구에 초점을 맞춘다. 만약 2마일 이내에 지역 도서관의 분원이 있다면 지역 도서관 역시 도서관의 분원 기능을 하게 될 것이다.
- 만약 분원 도서관이 가까이 있다면 아이들을 위한 프로그램도 지역 도서관이 아닌 분원 도서관에서 개최될 것이다. 지역 주 도서관은 지역 도서관이 가져야 할 모든 자료를 가지고 있다. 지역 도서관에서 자료에 대해 상담을 원하는 이용자들에게 해당 시설물의 위치가 어디가 더 편리할지, 중앙 도서관과 새로운 지역 도서관

중 하나를 선택할 수도 있다. 앞에서 언급한 서비스 지역의 위치상 중앙 도서관이 더 편리할 수도 있지만 이와 같은 고려 사항은 서비스 지역의 남서쪽에 위치한, 중앙 도서관보다 더 가까운 지역 도서관에 무게를 두고 있다.

3) 이용자 접근 User Access

지역 도서관은 도시의 동부 지역에서 오는 모든 사람들에게 제공하려는 의도를 가지고 있다. 비록 지역 도서관이 간선도로에 위치해야 한다는 강제성은 없지만, 그 장소에 접근이 쉬워야 한다는 점도 중요하다. 자동차나 대중교통 또는 이동도서관이나 다른 교통수단을 이용함으로써 그곳에 접근이 적절해야 한다. 좁거나 복잡한 도로는 피해야 한다. 보행자나 자전거 이용자들에게도 안전한 접근이 필요하기도 하다.

4) 올바른 대지 형태 Good Site Shape

적절한 크기의 대지는 지역 도서관의 효율적인 위치 설계에 도움이 되는 형태이어야 한다. 비록 대지의 형태가 건물, 주차장, 그리고 경관에 적합하다 하더라도, 어떤 지역권이나 계약에 효율적인 이용에 대한 문제를 제기할 수도 있다.

5) 경제적인 대지 개발 Economic Site Development

이상적인 전기, 상하수도, 가스배기, 그리고 방화수와 같은 적절한 시설도 그 대지에 위치하게 될 것이다. 다른 대지개발 비용은 시설 확장비, 대지 청소비, 구조물 철거, 그리고 정비를 포함하여 최소화해야 한다.

어떤 특징은 대지 개발을 제한하거나 대지개발 비용의 증가를 가져올 수도 있다. 이 안에는 과도한 경사, 개울, 그리고 약한 지반 문제도 있다. 만약 그 대지에 이러한 문제들이 존재한다면 대지 점수는 내려가야 한다.

6) 환경오염의 가능성 Potential of Environmental Pollution

비교적 새로운 법안은 대지의 현재 소유주가 공해문제 해결에 대한 책임이 있다고 정하고 있다. 대지가 오염되었다는 표면적 증거는 청소에 소요되는 비용 때문에 대지가 낮게 평가되는 결과를 초래하게 된다.

7) 이미지 Image

대지는 지역 도서관의 이미지와 일관성을 유지해야 한다. 대지와 그 근방에 현존하는 건물들은 전체 이미지에 미치는 영향에 대해 평가해야 한다. 만약 부정적이거나 제거되어야 한다면 대지개발 비용은 상승하게 될 것이다. 부정적 이미지의 특징을 가진 대지는 도서관의 이미지를 강화시킬 특징을 가진 대지에 비해 낮게 평가되어야 한다.

8) 다른 지역사회 시설과의 연계 Proximity to Other Community facilities

학교, 지역센터, 그리고 쇼핑지역과의 연계성은 지역 도서관의 접근과 노출을 증가시킨다. 따라서 이러한 조건에 가장 알맞게 된다면 그 대지는 더 높게 평가되어야 한다.

5. 바람직한 기준(최대 10점) Desirable Criteria

1) 위치 확인의 용이 East of Orientation

지역 도서관은 찾기 쉬워야 한다. 지역 도서관으로 가는 방향은 알기 쉽고, 이해하기 쉬워야 하며, 이용자가 시설물로의 접근과 교통 결정이 쉽도록 충분히 눈에 띄어야 한다.

2) 좀 더 적절한 대안적 사용 More Appropriate Alternative Uses

지역 도서관에 적합한 대지도 있겠지만 분명히 다른 목적을 위해서도 보유되어야 한다. 만약 다른 목적을 위한 대안이 제한된다면 그들을 위해 대중적 관심에 그 대지의 보유는 더 분명해져야 한다.

3) 사용 가능한 기존의 시설 Existing Facilities Capable of Use

기존 시설물 중 지역 도서관을 위해 사용되는 경우 시설에 소요되는 우선적인 비용을 줄일 수 있다. 그러나 이러한 대안을 결정할 때는 심사숙고해야 한다.

구조물의 조건과 형태에 의존한다거나 시설물이 경제적으로 사용될 수 없다면 계획하는데 있어 실제로 추가 비용이 소요될 수 있다.

만약 기존의 시설을 사용한다면 지역 도서관의 기능이 그 시설물 안에서 적용 가능한지의 여부에 대해 신중한 조사가 필요하다. 도서관의 이미지는 결코 단기적인 경제적 이득을 실현시키기 위한 노력에서 타협될 수 없는 문제이다.

후보 대지에 제거해야 할 건물이 존재한다면, 이 부정적인 영향은 "경제적인 대지개발" 평가에 고려되어야 하는 것은 물론, 그러한 평가는 적절하지도 않은 것이다.

4) 토지의 시기적절한 이용가능성 Timely Availability of Land

높은 점수를 얻기 위해 대지는 1999년까지 이용해야 한다는 조건이 가능해야 하는 것은 물론 건축적 준비가 되어야 한다.

5) 현재와 미래의 주변 토지사용의 호환성
Compatibility Pith and Fufure Surrounding Land

비록 시의 포괄적인 지역 법규가 도서관들이 많은 다양한 지역에 위치하도록 허용한다 하더라도, 올바른 도시계획을 위해 주변 토지와의 호환성을 고려하는 것이 중요하다. 현재 토지이용 패턴은 물론 앞으로의 이용도 긍정적인 면에서 중요하게 다루어져야 한다. 주변의 개발규모는 지역 도서관과 양립해야 하고, 주변 지역에 대한 도서관의 영향 또한 고려되어야 하며 도서관이 주거 지역 안에 위치한다면 더욱 그러하다. 주변에 대한 시각적인 것과 교통에 대한 영향력은 기존 구조와 함께 반드시 양립되어야 한다.

6. 대지 평가 Evaluation Site

각 대지는 거래되는 다른 대지와 비교하여 평가되고 점수가 매겨져야 한다. 다음은 대지선정 기준에 할당된 최고점을 요약해 놓은 것이다.

1) 대지 크기 – 15~25점 Site Size

- 4에이커 (25점)
- 3.5에이커 (20점)
- 3에이커 (15점)

이것은 기본적 기준이고, 25점까지의 가치를 지니게 된다. 3에이커가 안 되는 대지는 고려 대상에서 제외된다.

2) 가장 중요한 기준 – 최대 15점 Most Important Criteria

- 최소한의 토지 가격
- 서비스 지역과의 위치 관계
- 사용자의 접근성
- 적합한 대지 형태
- 경제적인 대지 개발
- 환경오염의 부재
- 이미지
- 다른 지역사회 시설과의 호환성

3) 바람직한 기준 – 최대 10점 Desirable Criteria

- 위치 확인의 용이
- 좀 더 적절한 대안적 사용
- 사용 가능한 기존의 시설
- 토지의 시기적절한 이용가능성
- 현재와 미래에 주변 토지 사용의 호환성

4) 가능한 최고점은 195점이다 The maximum possible score is 195 points

점수표는 모든 기준의 목록에 대해 평가할 수 있고, 공백은 대지 평가원에 의해 채워지게 된다. 각 대지의 총점은 밝혀지게 된다. 평가가 끝난 후 최고 등급의 대지는 좀 더 자세히 조사되어야 한다고 권고한다. 첫 단계에서 어떤 기준은 아주 피상적으로 평가된다. 경제적인 대지 개발과 재사용이 가능한 기존 시설물들은 자세히 평가되어야 한다. 예를 들어 공익사업 확장에 소요되는 비용은 동등하게 대립되어 보이는 두 대지 사이에서 결정적인 요소가 될 수도 있다.

APPENDIX

B

경제적인 실현 가능성 검토

Economic Feasibility Analysis

경제적 실현 가능성 검토 형태(format)는 진행 예정인 프로젝트가 경제적으로 실행 가능한지의 여부를 알아보기 위해 이용된다. 많은 가정들은 이러한 실행가능성 여부에 관한 조사를 수행하기 위해 만들어졌으나 결과는 가정한 만큼 정확하지 못하다. 8장에서도 이미 언급했듯이 프로그래머는 고객에게 이러한 정보를 제공하는데 있어서 신중해야 한다. 즉 이러한 서비스가 항상 보장되지는 않다는 사실을 고객이 분명히 알도록 설명해야 하고, 재무성과는 매우 다른 것이다.

몇몇 원리들이 이러한 실무과정의 작업에서 나타난다.

- 대출 비용이 소요된다.
- 시간과 돈은 서로 연관성이 있다. '돈의 시간적 가치'라는 말은 하루 동안 소비한 돈은 앞으로 쓸 수 없음을 말한다. 만약 어떤 사람이 x퍼센트 이자로 받은 돈을 저축했다면, 이자로부터 얻는 수익에 대해 연구하는 것이 이 프로젝트에서 얻는 수익에 관해 연구하는 것보다 더 가치 있을까? 만약 프로젝트가 다른 투자보다 더 큰 가치가 있는 방향으로 전환되지 않을 경우, 이 프로젝트는 재정적으로 현명한 투자가 될 수 없다. 그러나 당연히 이 프로젝트는 투자할 다른 이유가 있다.
- 부동산 투자의 총 비용은 시설물 비용을 포함(276페이지 J 라인에

서 확인해 볼 수 있음)해서 대출비용, 그리고 조사 기간에 걸친 건물 공사비용 등을 포함한다.(또는 건물이 매매될 때까지의 유지비용 포함)

다음에 보여주는 공식은 부동산(소유물)이 임대용으로 개발되었다고 전제한 상태에서 이러한 공식은 다른 사업 유형에서도 사용 가능하다.

1. 프로젝트 총 운임 비용 Total Project Delivery Cost
    a. 총 프로젝트 비용 (276페이지 J 줄 참고)
    + b. 임시건물의 총 임대비용 (대출자의 견적)
    + c. 수익을 얻을 준비가 된 건물의 세금, 보험료, 그리고 잡다한 비용
    = d. 프로젝트 총 운임 비용

2. 현금의 소요 Cash Need
    a. 총 프로젝트 운임 비용 (항목 1d)
    − b. 예상 저당금액
    = c. 현금 또는 순이익에 필요한 프로젝트 투자 자본 (소유하고 있는 재산의 가치)

3. 연간 현금 흐름 분석 Annual Cash Flow Analysis
    a. 연간 저당 잡혀 지불해야할 원금과 이자.
    + b. 세금과 보험
    + c. 다른 공사비용
    + d. 프로젝트 투자 자본에 대한 수익(프로젝트 투자 자본에 원하는 이익률을 곱한 것)
    = e. 연간 현금 수요

4. 연간 임대 결정 Determination of Annual Rent

$$\frac{a.\ \text{연간현금수요(항목}\ 3e)}{b.\ \text{총평방피트}} = c.\ \text{연간임대발전가능성}$$

여러 다른 상황에서 시도 :

상황 1 : 건물의 효용성 100%와 100% 점유율 (건물 전체를 임대함)

$\frac{4a}{4b} =$ 1년에 연간 현금 흐름에 충족되기 위해 필요한 평방미터당 임차료

상황 2 : 건물의 효용성 70%와 100% 점유율(이 건물은 임대하는데 총 70%의 임대 가능한 할당 공간이 있음)

$\frac{4a}{4b}$=1년에 연간 현금 흐름에 충족되기 위해 필요한 평방미터당 임차료

상황 3 : 건물의 효용성 70%와 점유율 90% (건물의 총 70%가 임대 가능하지만 70% 전체 임대는 불확실)

$\frac{4a}{.90 \times .70 \times 4b}$=1년에 연간 현금 흐름에 충족되기 위해 필요한 Square foot당 임차료

5. 시장 상태 점검 Market Check

주로 현 임대 동향에 근거를 두고, 해당 지역에서 자신이 원했던 임대 공간과 임대비용을 비교해 보자. 경쟁할만한가? 만약 경쟁이 안 된다면 실행 가능한 예산에 균형을 맞추는 과정으로 돌아갈 필요가 있다. 임대 이용률, 그리고 원하는 산출액과 같은 가정에 대해 검토해 보고, 원하는 산출액이 결정되면 고객의 경제적 유리함 또한 감소한다. 수익의 확정 포인트에 미치지 못하면, 고객은 더욱 수익이 남는 다른 프로젝트를 투자 대상으로 삼을 것이다.

이 형태(format)는 다른 종류의 프로젝트를 수용하는데 적용될 수 있다. 예를 들어 프로젝트가 소매상을 시작하는 것이라면, 수입은 연간 소매로부터 얻게 될 것이고, 연간 임대료 결정(항목4)은 연간 현금 흐름 소요에 충족되기 위해 없어서는 안 될 소매량의 평가로 변경할 수 있다. 한 음식점은 적정 가격에 판매할 메뉴를 미리 정해 놓을 필요가 있다. 어린이집에서는 필요로 하는 수입을 산출하기 위해 필수 불가결한 적정 원비에 맞춰 등록학생 수를 미리 정해 놓을 필요가 있다.

MEMO

APPENDIX

C

맞춤형 주택설계 과정

The Process of Custom-Designing a Home

맞춤형 설계 주택과 간단한 프로그래밍 질문의 개발과정에 관한 설명서이다. 건축과정에 관해 경험이 없는 고객이 이러한 과정에 대해 알 수 있도록 교육한다는 것을 가정한다. 이러한 과정은 제한된 범위에서 건축 프로젝트를 진행하는 건축가와 오너 사이에서 이루어지는 계약 표준 방식인 AIA B151을 따른다.

이러한 자료는 Cherry/See 건축가들이 맞춤형 주택설계와 관련된 독특한 프로그래밍 과정을 착수하기 위해 개발되었다. 이러한 프로그래밍 과정은 다른 어떤 종류의 프로젝트보다 설계의 프로그래밍에서 더 많이 보여진다. 맞춤형 주택 설계는 오너가 주택 사용자이기 때문에 설계에 관한 결정은 대부분 주관적이다. 결국, 고객은 자신에게 가장 알맞은 집으로 이주할 수 있다.

이러한 자료는 Cherry/See의 허가하에 사용할 수 있다. 그러나 회사가 이러한 자료를 모방하는 일에 대해 신뢰하게 된다면 서류상의 허가 없이 자료 이용을 허가한다.

C.1 단계 : 활동들의 기술(記述)

Phases : Description of Activities

1. 프로그래밍 Programming

프로그래밍은 집을 설계할 때 이용자의 명확한 기준을 알기 위해 가족의 생활양식을 검토 · 분석하는 일이다. 여기서 가족 구성원 모두는 자신이 매일 어떻게 생활하는지에 관해 생각해 보는 일에 참여해야 한다. 그리고 가족 구성원들에게 자신이 현재 살고 있는 주거 환경에서 어떤 기능이 좋고, 어떤 기능이 좋지 않은지에 관해 말해주길 부탁한다. 가정에서 각 구성원들이 좋아하는 공간은 어디인지에 대해서 그 이유를 묻고, 가족 구성원들이 계속 이러한 것들을 염두에 두거나 친구나 다른 집, 그리고 잡지 등을 통해 아이디어를 얻도록 하라. 한 가정에 대해 고객이 원하는 모든 조건을 충족시켜 줄 수 없기 때문에 가족 구성원들이 가장 원하는 것을 먼저 설정하도록 해야 한다.

이러한 과정을 research phase라 하고, 주로 고객들이 많은 역할을 하게 된다. 건물 자체가 이 프로그래밍의 프로그램과 다름 없음을 기억하자!

1) 계획 설계 Schematic Design

예비설계 preliminary design(s)는 대지의 정보, 기후 정보, 그리고 프로그램에 바탕을 두고 개발된다. 이 단계까지는 건축가가 대부분의 일을 하는데, 이때 고객은 자신의 아이디어를 설계에 반영하도록 하고, 마침내 계획 설계 schematic plans를 승낙한다. 이 단계에서 자세한 내용은 없다. 단지 이 시점에서는 예비적인 추산을 하는 단계까지만 다다를 수 있다.

2) 설계 개발 Design Development

주의 설계 아이디어가 승인되는 즉시 주 아이디어의 변동으로 인해 낭비되는 시간에 대한 우려 없이 자세한 사항들이 개발될 수 있다. 이 단계에서는 요리, 취미 등과 같은 복잡한 활동을 하는 프로그램에 대한 세부 사항들을 검토하는 일이 중요하다.

3) 구조 설계 Construction Documents

이 단계는 건축물의 청사진을 이끌어내는데 있다. 만약 다른 단계가 신중히 잘 검토 · 완료되었고, 가족들의 재검토가 끝났다면, 다음 단계는 구조적인 기술적 문제 technical problems 만 남아 있어야 한다. 건축물의 기능적인 문제들은 이미 준비되어 있어야 한다.

구조 설계는 고객이 상상하는 것보다 더 많은 시간이 소요된다. 많은 고객들이 잘 모르는 것 중에 하나는 거의 모든 도면의 라인 하나하나에 건축가의 결정, 정확한 계산 또는 제작물 정보에 대한 조사가 필요하다는 것이다.

4) 입찰 또는 협상 Bidding or Negotiation

이 시기에는 건축업자가 건설할 건축물에 대해 정확한 견적을 고려해야 한다.

5) 건축공사 Construction

끝으로 눈에 보이는 것, 즉 앞에서 언급했던 모든 서류작업이 끝난 후에 대부분의 사람들이 생각하는 것처럼 집을 축조하는 home construction 단계에 이르게 된다. 이 단계 또한 고객이 상상하는 것 이상으로 많은 시간이 소요된다. 시간이 소요된다 해도 기다리는 것은 집을 축조하는데 기본 구성 요소인 건축 자재 building materials 만큼이나 중요하다.

C.2 주택건설 프로그램에서 참작해야 할 질문사항
Questions to Consider in The Program for A Home

- 여러분의 집이 자신의 성격과 라이프스타일을 확실하게 반영할 계획이라면, 한 가족의 구성원으로서 당신에 대해 어떤 것이든 말해봐라. 어떤 것인지? 당신의 가족에 대해 묘사할 만하다고 느끼는 형용사적인 것들에 대해 생각해 보아라. 이 단계에서 당신의 집이 시각적으로 어떠한 모습일 것인가에 대해 지나치게 염려하지 말라. 당신이 좋아하는 집을 보고, 그 집을 설명할 만한 형용사적인

리스트를 작성해 보아라. 이러한 연습 과정을 통해 당신이 이룩하기 원하는 것, 그리고 자신이 원하는 집에 대한 이미지를 묘사하는 것이다. 이 단계에서 구체적인 디자인을 하는 것은 아직 시기상조이다.

- 가족은 나이가 들어가고, 그에 따라 필요로 하는 것들도 변한다. 시간이 갈수록 변해가는 집에 필요한 것들을 어떻게 알 수 있는가?
- 무엇이 여러분의 일상생활이 될 것이고, 이러한 일상생활을 뒷받침하는데 어떤 외부환경, 관계, 공간의 규모, 그리고 용품과 비품을 필요로 하는가? 단순히 방이라는 용어로 생각하기 보다는 분리된 활동공간이라는 용어로 생각해 봐라. 최근 며칠 간의 일상생활 가운데 자신들이 생활했던 일들은 무엇이고, 이러한 활동을 하는데 얼마나 많은 시간을 소비했는지에 관해 기록하여라. 새 집New home에서 이룩하고자 하는 꿈의 변화를 잘 생각해 두어라.
- 어떤 용도의 저장 공간이 필요하는가?(자동차, 철 지난 옷, 정원손질에 필요한 장비 등)? 저장 창고의 보관형태와 크기와 필요한 선반의 길이에 관한 리스트를 작성하시오.
- 외부의 구역에 대한 이용은 어떻게 하기를 원하는가?
- 대략 어느 정도의 금액을 예상하고 있는가? 간단히? 장기간에 걸친 공사비용은? (공익 설비비용은 점점 더 오르고 있다!) 현재 유틸리티에는 어떤 것들을 사용하고 있는가?
- 일상생활을 제외한 재미있는 일들, 가족 방문, 휴일 등과 같이 특별한 일들이 있다. 이러한 일들을 하는데 어떤 환경, 전망, 공간의 크기, 그리고 장비와 가구를 필요로 하는가?
- 생각해 둔 일정이 있는가?
- 생각해 둔 건축시공자가 builder 있는가?

BIBLIOGRAPHY AND REFERENCES

The works included here are of two types. One type is works referred to in the text. The second type is works on programming and related topics such as design methodology. This second type of reference is included for those students who wish to take on the topics of programming or design methodology as a serious research exercise.

Adams, J. L. *The Care and Feeding of Ideas: A Guide to Encouraging Creativity.* Reading, MA: Addison-Wesley, 1986.

———. *Conceptual Blockbusting: A Guide to Better Ideas,* 2nd ed. New York: W.W. Norton, 1979.

Agostini, E.J. "Programming: Demanding Specialty in a Complex World." *Architectural Record,* September, 1968, pp. 93–94.

———. "The Value of Facilities Programming to the Client." *Building Research,* April–June, 1969.

Argon, G., and M. Moore. "Health Care Facilities," In W.F.E. Preiser, ed. *Facility Programming: Methods and Applications.* Stroudsburg, Penn: Dowdin, Hutchinson & Ross, 1978, pp. 199–230.

Alexander, C. "Information and an Organized Process of Design." Proceedings of the Building Research Institute, Spring, 1961, pp. 115–124.

———. *The Use of Diagrams in Highway Route Location.* Cambridge: Civil Engineering Systems Laboratory, MIT, 1962.

———. "Determination of the Components for an Indian Village." In J.C. Jones and D.G. Thornley, eds. *Conference on Design Methods.* London: Pergamon; New York: Macmillan, 1963, pp. 83–114.

———. *HIDECS 3: Four Computer Programs for the Hierarchical Decomposition of Systems Which Have an Associated Linear Graph.* Cambridge: Civil Engineering Systems Laboratory. MIT, 1963.

———. *Notes on the Synthesis of Form.* Cambridge: Harvard University Press; London: Oxford University Press, 1964.

———. "The City is Not a Tree." *Architectural Forum,* Part I, April, 1965, pp. 58–62, and Part II, May, 1965, pp. 46–55.

———. "The Question of Computer in Design." *Landscape,* Spring, 1965, p. 68.

———. "The Theory and Invention of Form." *Architectural Record,* Vol. 139, April, 1965. pp. 177–186.

———. "The City as Mechanism for Sustaining Human Contact." *Transactions of the Bartlett Society,* Vol. 4, 1966, pp. 93–136. Also in W.R. Ewald, Jr., ed., *Environment for Man: The Next Fifty Years.* Bloomington, IN: Indiana University Press, 1967, pp. 60–102.

———. "The Coordination of the Urban Rule System." Berkeley, CA: Center for Planning and Development Research, University of California, Berkeley, published in Regin Basiliensis Proceedings. Basle, Switzerland, 1966.

———. "From a Set of Forces to a Form." In G. Kepes, ed., *The Man Made Object.* New York: Braziller, 1966, pp. 96–107.

———. "The Pattern of Streets." *Journal of the American Institute of Planners,* Vol. 32, 1966, pp. 273–278; reprinted in *Architectural Design,* Vol. 37, 1967, pp. 529–531.

———. *The Timeless Way of Building.* New York: Oxford University Press, 1969.

Alexander, C., and M. Manheim. *HIDECS 2: A Computer Program for the Hierarchical Decomposition of a Set Within an Associated Linear Graph.* Publication #160. Cambridge: Civil Engineering Systems Laboratory, MIT, 1962.

———. *The Design of Highway Interchanges: An Example of a General Method for Analyzing Engineering Design Problems.* Cambridge: Civil Engineering Systems Laboratory, MIT, 1962.

Alexander, C., and B. Poyner. "The Atoms of Environmental Structure." In G.T. Moore, ed. *Emerging Methods in Environmental Design and Planning.* Cambridge: MIT Press, 1973.

Alexander, C., C. Wilson, L. March, C. Norberg-Schultz, and M. Browne. "Design Innovation: An Exchange of Ideas." *Progressive Architecture,* Vol. 48, November, 1967, pp. 126–131.

Alexander, C., S. Ishikawa, and M. Silverstein. *A Pattern Language Which Generates Multi-Service Centers.* University of California, Berkeley: Center for Environmental Structure, 1968.

Alexander, C., V.M. King, M. Baker, and S. Ishikawa. "Relational Complexes in Architecture." *Architectural Record,* Vol. 140, September, 1966, pp. 185–190.

Alexander, C., et al. *Houses Generated by Patterns.* University of California, Berkeley: Center for Environmental Structure, 1969.

Alexander, C., et al. "An Early Summary of a Timeless Way of Building." In J. Lang et al., eds. *Designing for Human Behavior: Architecture and Behavioral Sciences.* Stroudsburg, PA: Dowden, Hutchinson and Ross, 1974.

———. *The Oregon Experiment.* New York: Oxford University Press, 1975.

———. *A Pattern Language.* New York: Oxford University Press, 1977.

———. *The Production of Houses.* New York: Oxford University Press, 1985.

———. *A New Theory of Urban Design.* New York Oxford University Press, 1987.

———. *The Linz Café/Das Linz Café*. New York: Oxford University Press, 1980.

Alger, J.R.M., and C.V. Hays. *Creative Synthesis in Design*. Englewood Cliffs, NJ: Prentice Hall, 1964.

Alonzo, W. "Predicting Best with Imperfect Data." *Journal of the American Institute of Planners*, Vol. 34, 1968, pp. 240–255.

Altman, I., and M. Chemers. *Culture and Environment*. Monterey, CA: Brooks/Cole Publishing, 1979.

Anderson, R.G., and W.R. Mitchell. "Teaching Them to Deal with the Real World." *American Institute of Architects Journal*, January, 1971, pp. 43–45.

———. "An Overview of the Structure of the Design Process." In G.T. Moore, ed. *Emerging Methods in Environmental Design and Planning*. Cambridge: MIT Press, 1973.

Architectural License Seminars. *Annually Preparing for the Professional Exam*. P.O. Box 64188, Los Angeles, CA 90064.

Arensburg, C.M., and N.H. Niehoff. *Introducing Social Change: A Manual for Community Development*. New York: Aldine Atherton, 1971.

Aristotle, *Nicomachean Ethics*.

Asimow, M. *Introduction to Design*. Englewood Cliffs, NJ: Prentice Hall, 1962.

Austin, R. *Report Graphics: A Handbook for Writing the Design Report*. New York: Van Nostrand Reinhold, 1984.

Babbie, E. *Survey Research Methods*. Belmont, CA: Wadsworth Publishing, 1973.

Backstrom, C.H., and G.D. Hursh. *Survey Research*. Evanston, IL: Northwestern University Press, 1963.

Balchen, B. "Where Programming is the Design." *American Institute of Architects Journal*, April, 1973, pp. 39–48.

Banham, R. "Convenient Benches and Handy Hooks." In M. Whiffen, ed. *The History, Theory and Criticism of Architecture*. Cambridge: MIT Press, 1965.

Barker, R. *The Stream of Behavior*. New York: Meredith, 1970.

———. *Ecological Psychology*. Stanford, CA.: Stanford University Press, 1968.

Barzun, J., and H.F Graff. *The Modern Researcher*, rev. ed. New York: Harcourt, Brace and World, 1970.

Basjanac, V. "Architectural Design Theory: Models of the Design Process." In W. Spillars, ed. *Basic Questions of Design Theory*. New York: North Holland/American Elsevier, 1974.

Becker, N. "Space Analysis in Architecture." *American Institute of Architects Journal*, April, 1959, pp. 40–47.

Becker and Becker Associates, Inc. *Design Guide: Administrative Office Functional Areas*. New Canaan, CT: Becker and Becker Associates, 1975.

Benjamin, A. *The Helping Interview*. Boston: Houghton Mifflin, 1969.

Bertalanffy, L. *General System Theory*. New York: Braziller, 1968.

Black, J.M. *How to Get Results from Interviewing*. New York: McGraw-Hill, 1970, pp. 17–45.

Blake, P. *Form Follows Fiasco*. Boston: Little, Brown, 1977.

Bobrow, P.D. "Experimental Changes to the Architectural Process." *Industrialized Forum*, Vol. 5, No. 5, 1974, pp. 9–20.

Bolding, K.E. *The Image: Knowledge in Life and Society.* Ann Arbor, MI: University of Michigan Press, 1956.

Borrego, J.G. "Synthesis in Urban Design: Notes on Systematic Techniques for Generating Alternative Designs for Urban Area." Masters thesis, MIT, 1968. Mimeographed.

Bott, E. *Family and Social Networks.* London: Tavistock Publications, 1957.

———. "Family, Kinship and Marriage." In M. Douglas et al., eds. *Man in Society: Patterns of Human Organization.* London: Macdonald, 1964, 82–103.

Brauer, R.L., and W.F.E. Preiser. "Impact on Organization Form on Identification of User Requirements in Building Delivery." *Proceedings of the CIB-65 Symposium on Organization and Management of Construction.* Washington, DC: U.S. National Academy of Science, 1976.

Brill, M. *Architecture and Planning: Using the Systems Approach.* Report of the Building Systems Section. Washington, DC: Institute for Applied Technology, National Bureau of Standards, 1968.

———. *Performance Evaluation Techniques as Developed in Federal Government Building Programs.* Washington, DC: Institute for Applied Technology, National Bureau of Standards, 1968.

———. "Performance Requirements for Housing." In Department of Housing and Urban Development. *The Performance Concept: A Study of Its Application to Housing.* Washington, DC: Department of Housing and Urban Development, 1968.

———. "Rank Ordering Techniques." In Department of Housing and Urban Development. *The Performance Concept: A Study of Its Application to Housing.* Washington, DC: Department of Housing and Urban Development, 1968.

———. *PAK: Planning Aid Kit.* Paper presented at the Session on Environmental Architecture and Psychiatry, 123rd annual meeting of the American Psychiatric Association, San Francisco, 1970.

———. "Techniques for Developing Performance Specification for Buildings." In B.E. Foster, ed. *Performance Concept in Buildings.* National Bureau of Standards Special Publication, Vol. 1. Washington, DC: U.S. Government Printing Office, 1972, pp. 171–180.

———. "Evaluating Buildings on a Performance Basis." In J. Lang et al., eds. *Designing for Human Behavior: Architecture and Behavioral Sciences.* Stroudsburg, PA: Dowden, Hutchinson and Ross, 1974.

———. *Using Office Design to Increase Productivity,* Vols. 1 and 2. Buffalo, NY: Workplace Design and Productivity, 1984.

Brill, M., and R.W. Blake. "Systems, Performance, and the Office Building." *Building Research,* Vol. 5, July–September 1968, pp. 40–47.

Brill, M., and R. Krauss. "Planning for Community Mental Health Centers: The Performance Approach." In H. Sanoff and Cohn, eds. *EDRA 1, Proceedings of the First Annual Environmental Design Research Conference.* Raleigh, NC: EDRA, 1970.

———. *Health Planning Aid Kit (Health PAK).* Washington, DC: National Institute of Mental Health, 1972.

Brill, M., and C.H. Masterson. *Some Thoughts on the Direction of User Requirements Research.* American Institute of Architects. Washington, DC, 1972.

Bristol, K. "The Pruitt-Igoe Myth." *Journal of Architectural Education,* Vol. 44, No. 3, May, 1991, pp. 163–171. Washington, DC: ACSA.

Broadbent, G.H. "Creativity." In S.A. Gregory, ed. *The Design Method.* London: Butterworths; New York: Plenum Press, 1966, pp. 111–119.

———. "Design Method in Architecture." *Architect's Journal,* Vol. 144, 1966, pp. 679–685. Reprinted in A. Ward and G. Broadbent, eds. *Design Methods in Architecture.* London: Lund Humphries; New York: Wittenborn, 1969.

———. "A Plain Man's Guide to Systematic Design Methods." *Royal Institute of British Architects Journal,* Vol. 5, May, 1968, pp. 223–227.

Bross, I.D.J. *Design for Decision.* New York: Free Press, Macmillan, 1953.

Brolin, B.C. "Chandigarh Was Planned by Experts, But Something Has Gone Wrong." *Smithsonian,* Vol. 3, No. 3, June, 1972, pp. 56–62.

———. *The Failure of Modern Architecture.* New York: Van Nostrand Reinhold, 1976.

———. *Architecture in Context.* New York: Van Nostrand, 1979.

Brown, I.C. *Understanding Other Cultures.* Englewood Cliffs, NJ: Prentice-Hall, 1963.

Bruner, J. *The Process of Education.* Cambridge: Harvard University Press, 1962.

Building Research Vol. 6, No. 2, April-June, 1969 (nine articles on architectural programming).

Bullivant, D. "Information for the Architect." *Architect's Journal,* Vol. 129, April, 1959. pp. 504–521.

Cannell, C., and R.L. Kahn. "Interviewing." In G. Lindsey and E. Aronson, eds. *The Handbook of Social Psychology,* Vol. 2. Reading, MA: Addison-Wesley, 1968, pp. 526–595.

Canter, D. *Psychology for Architects.* New York: John Wiley, 1974.

Capra, F. *The Tao of Physics.* Boulder, CO: Shambala Publications, 1975.

Caudill Rowlett Scott Energy Task Force. *Energy Estimate Analysis.* Houston: Caudill Rowlett Scott, 1978.

Channell, C. and R.L. Kahn, "Interviewing" in *The Handbook of Social Psychology,* Vol. 2. Reading, MA: Addison-Wesley, 1968. pp. 526–595.

Chen, R. and K.A. Benne, eds. *The Planning of Change.* New York: Holt, Rhinehart and Winston, 1969.

Chermayeff, S. and C. Alexander. *Community and Privacy.* Garden City, NY: Doubleday, 1963.

Chermayeff, S. and R. D'Harnancourt. "Design for Use." In *Art in Progress.* 1944, pp. 190–201.

———. "The Architectural Condition." In M. Whiffen. *The History, Theory and Criticism of Architecture.* Cambridge: MIT Press, 1965.

Cherry, E. "A Planning Guide for Socially Responsive Low Income Residential Development." Masters thesis, Rice University, 1970. Photocopied.

Churchman, C.W. *Measurement: Definitions and Theories.* New York: John Wiley, 1959.

———. "Direction and Value Theory." In R.L. Ackoff, ed. *Progress in Operations Research,* Vol. 1. New York: John Wiley, 1961, pp. 35–64.

———. *Prediction and Optimal Decision.* Englewood Cliffs, NJ: Prentice Hall, 1961.

———. *Challenge to Reason.* Berkeley: University of California Press, 1968.

———. *The Systems Approach.* New York: Delacorte, 1968.

———. *The Design of an Inquiring System.* New York: Basic Books, 1971.

Churchman, C.W., and M.W. Webber. *Technology and Urban Management.* Berkeley: Space Sciences Laboratory, University of California, n.d.

Churchman, C.W., R.L. Ackoff, and E.L. Arnoff, *Introduction to Operations Research.* New York: John Wiley, 1957.

Clark, C.H. *Brainstorming.* Garden City, NY: Doubleday, 1958.

Cogswell, A.R. "Programming and a Computer-Based Cost Analysis System." *Building Research,* April, 1969, pp. 33–55.

Conway, J., R.E. Jennings, and M.M. Milstein. *Understanding Communities.* Englewood Cliffs, NJ: Prentice Hall, 1974.

Cook, D. *Program Evaluation and Review Technique.* Washington, DC: University Press of America, 1979.

Corkill, P.A., and R.F. Guenter. "A Systematic Approach to Design." *American Institute of Architects Journal,* December 1968, pp. 75–77.

Cross, N. *Design Participation.* London: Academy Publications, 1971.

Davis, G. "Using Interviews of Present Office Workers in Planning New Offices." In *Proceedings of the Environmental Design Research Association Conference.* Los Angeles: University of California, 1972.

Davis, G. "A Process for Adapting Existing Buildings for New Office Uses." In W.F.E. Preiser, ed. *Facility Programming.* Stroudsburg, Pennsylvania: Dowden, Hutchinson & Ross, 1978.

———. "The Relationship of Evaluation to Facilities Programming." Symposium of Evaluation of Occupied Designed Environments, Georgia Institute of Technology, Atlanta, GA, 1982.

Davis, G., and F. Szigoti. "Using a Joint Planning Process in Adaptive Reuse." In W.F.E. Preiser, ed. *Programming the Built Environment.* New York: Van Nostrand Reinhold, 1985.

Davis, J. *Elementary Survey Analysis.* Englewood Cliffs, NJ: Prentice Hall, 1971.

Dawes, R. *Fundamentals of Attitude Measurement.* New York: John Wiley, 1972.

Deasy, C.M. *Social Psychological Considerations in Architectural Planning.* Los Angeles: Deasy and Bolling, 1966.

———. *People in the Streets—People in the Parks.* Los Angeles: Deasy and Bolling, 1967.

———. "When Architects Consult People." *Psychology Today,* March, 1970, pp. 54–57, 78–79.

———. *Design for Human Affairs.* New York: Halsted Press, 1974.

de Bono, E. *The Five-Day Course in Thinking.* New York: Basic Books, 1968.

———. *New Think.* New York: Basic Books, 1968.

De Chiara, J., and J. Callender. *Time Saver Standards for Building Types,* 2d ed. New York: McGraw-Hill, 1980.

Dehliner, H., and J. Protzen. "Some Considerations for the Design of Issue Based Information Systems." *DMG-DRS Journal,* April-June, 1972, pp. 38–41.

Demoll, L. "Operations Programming and Planning." In W.D. Hunt, Jr., ed. *Comprehensive Architectural Services: General Principles and Practice.* New York: McGraw-Hill, 1965.

Dewey, J. *How We Think.* New York: D.C. Heath, 1933.

Dluhosch, E. "The Support-Infill Concepts as a Methodology for User Participation in Mass Housing Projects." In W.F.E. Preiser, ed. *Facility Programming: Methods and Applications.* Stroudsburg, Penn: Dowden, Hutchinson & Ross, 1978, pp. 85–106.

Downs, R., and D. Stea, eds. *Image and Environment.* Chicago: Aldine Publishing Co., 1973.

Dreyfus, H. *Designing for People.* New York: Simon and Schuster, 1955.

———. *The Measure of Man; Human Factors in Design.* New York: Whitney Library of Design, 1960.

Duerk, D. P. "Enabling Environments: People, Wheelchairs, and Standards." Masters thesis, MIT, MArch Program, 1980.

———. *Architectural Programming: Information Management for Design.* New York: Van Nostrand Reinhold, 1993.

Duffy, F., and J. Torrey. "A Progress Report on the Pattern Language." In G.T. Moore, ed. *Emerging Methods in Environmental Design and Planning.* Cambridge: MIT Press, 1973.

Durkheim, E. *The Rules of Sociological Method.* New York: Free Press, 1964.

Durken, M. *A Review of Architectural Methods and Their Effectiveness for Communicating Human Requirements.* Technical Report D-54. Champaign, IL: Construction Engineering Research Lab, University of Illinois, 1975.

Eastman, C. "On the Analysis of Intuitive Design Processes." In G.T. Moore, ed. *Emerging Methods in Environmental Design and Planning.* Cambridge: MIT Press, 1970.

Eberhard, J.P. "A Computer Based Building Process: Its Potential for Architecture." *Architectural and Engineering News,* Vol. 4, December, 1962, pp. 16–18.

———. "A Humanist Case for the Systems Approach." *American Institute of Architects Journal,* Vol. 50, July, 1968, pp. 34–38.

———. "Systems and the City: Hardware and Software." *Society for General Systems Research Bulletin,* Vol. 8, January, 1969.

———. *The Performance Concept: A Study of Its Application to Housing.* Washington, DC: U.S. Department of Commerce, 1969.

———. "Computer Based Code Systems and the Performance Concept." In B.E. Foster, ed. *Performance Concept in Buildings.* Washington, D.C.: U.S. Government Printing Office, 1972.

Eckstein, G. *The Body Has a Head.* New York: Harper and Row, 1970.

Ehrenzwel, A. "Conscious Planning and Unconscious Scanning." In G. Kepes, ed. *Education of Vision.* New York: George Braziller, 1965.

Eisen, S. "A Problem-Solving Program for Defining a Problem and Planning Action," Washington, DC: National Institute for Applied Behavioral Science, 1969.

Elliott, D. "The Social Role of the Professional Designer." *DMG-DRS Journal,* April-June, 1974, pp. 103–106.

Equal Employment Opportunity Commission. *Americans with Disabilities Act Handbook.* Washington, DC: U.S. Department of Justice, 1991.

Evans, B. "Architectural Programming Practices." *Building Research*, April-June, 1967, pp. 12–15.

Farbstein, J. "The Definition and Description of Activity." *Journal of Architectural Research*, January, 1974, pp. 18–25.

———. "Organization, Space and Activity: The Relationship of Task and Status to the Allocation and Use of Space in Certain Organizations," Ph.D. thesis, University of London, 1975.

———. "Assumptions in Environmental Programming." In Suedfeld, P. et al. eds. *The Behavioral Basis of Design, EDRA Proceedings*, Stroudsburg, PA: Dowden, Hutchinson and Ross, 1977.

———. "A Juvenile Services Center Program." In Preiser, ed. *Facility Programming: Methods and Applications*. New York: Dowden, Hutchinson & Ross, 1978, pp. 67–84.

———. "Using the Program, Application for Design, Occupancy, and Evaluation." In Preiser, ed. *Programming the Built Environment*. New York, NY: Van Nostrand Reinhold, 1985, pp. 13–29.

Farbstein, J., and M. Kantrowitz. *Retail Design Guidelines*. Washington, DC: USPS Facilities Department, Philatelic and Retail Services Department, 1987.

Fathy, H. *Architecture for the Poor.* Chicago, IL: University of Chicago Press, 1973.

Foster, G. *Applied Anthropology.* Boston: Little Brown, 1969.

Foster, B.E., ed. *Performance Concepts in Buildings*. National Bureau of Standards Special Publication, Vol. 1. Washington, DC: US Government Printing Office, 1972.

Freire, P. *Education for Critical Consciousness*. New York: Seabury Press, 1973.

Friedman, Y. *Toward a Scientific Architecture*. Cambridge: MIT Press, 1975.

Fuller, R.B. *Intuition*. Garden City, NY: Doubleday, 1972.

Geiger, R. *Climate near the Ground.* Cambridge: Harvard University Press, 1965.

Gans, H.J. *The Urban Villagers*. New York: Free Press, 1962.

Gardner, M. *The Night Is Large*. New York: St. Martins Press, 1996.

General Services Administration, Public Buildings Service. *Guide for Space Planning and Layout*. Washington, DC: U.S. Government Printing Office, 1972.

Goodrich, R. "Surveys, Questionnaires and Interviews." In J. Lang et al, eds. *Designing for Human Behavior.* Stroudsburg, PA: Dowden, Hutchinson and Ross, 1974.

Gordon, W.J. *Synectics*. New York: Harper and Row, 1961.

Gould, B.P. "Managing the Building Program: Two Scenarios." *Architectural Record*, July, 1980, pp. 59–63.

Gould, S.J. *Full House: The Spread of Excellence from Plato to Darwin*. New York: Harmony Books, 1996.

Grant, D.P., and J. Protzen. "Interview with Horst Rittel" DMG-DRG Journal, April-June, 1973, pp. 143–147.

Gregory, S.A. "Morphological Analysis: Some Simple Explanations." In A. Ward and G. Broadbent, eds. *Design Methods in Architecture*. London: Lund Humphries; New York: Wittenborn, 1969.

Gregory, S.A., ed. *The Design Method*. London: Butterworths; New York: Plenum Press, 1966.

Gruber, H.E., G. Terrel, and M. Wertheimer, eds. *Contemporary Approaches to Creative Thinking*. New York: Atherton Press, 1962.

Gutman, R. "The Sociological Implications of Programming Practices." *Building Research,* April-June, 1969, pp. 26–26.

———. "Architecture and Sociology." *The American Sociologist,* November, 1975, pp. 219–228.

Gulley, H., and D. Leathers. *Communication and Group Process: Techniques for Improving the Quality of Small Group Communication,* 3d ed. New York: Holt, Rinehart and Winston, 1977.

Habraken, N.J. *Supports.* New York: Praeger, 1972.

Habraken, N.J., et al. *Variations: The Systematic Design of Supports.* W. Wieval, trans., S. Gibbons, ed. Cambridge: Laboratory of Architecture and Planning at MIT, 1976.

Haefele, J.W. *Creativity and Innovation.* New York: Reinhold, 1962.

Hagen, E.E. *On the Theory of Social Change.* Homewood, IL: Dorsey Press, 1962.

Hail, A. *A Methodology for Systems Engineering.* Princeton, NJ: Van Nostrand, 1962.

Hall, E.T. *The Silent Language.* Garden City, NY: Doubleday, 1959.

———. "Notation of Proxemic Behavior." *American Anthropologist,* Vol. 65, October, 1963, pp. 1003–1026.

———. *The Hidden Dimension.* Garden City, NJ: Doubleday, 1966.

———. *Beyond Culture.* Garden City, NJ: Doubleday, 1977.

Halprin, L. *RSVP Cycles.* New York: George Braziller, 1969.

Harrigan, J.E. "Human Factors Information Taxonomy: Fundamental Human Factors Applications for Architectural Programs." *Human Factors,* Vol. 16, 1974, pp. 433–440.

———. "Shopper Movement and Activity: A Case Study." *DMG-DRS Journal,* Vol. 8, 1974, pp. 117–120.

———. *An Introduction to the Human Factors Aspect of Design.* San Luis Obispo, CA: Polytechnic, 1975.

Harrigan, J.E., and R.J. Harrigan. *Human Factors Program for Architects, Interior Designers and Clients.* San Luis Obispo, CA: Blake Printing and Publishing, 1976.

Harrison, A. and R. Bramson. *Styles of Thinking.* Garden City, NY: Anchor Press/Doubleday.

Hattis, D.B. "The Relationship of the Performance Concept to the Planning Process: Developing Requirements for Community Mental Health Centers." *Performance Concepts in Buildings.* National Bureau of Standards Special Publication, Vol. 1. Washington, DC: U.S. Government Printing Office, 1972.

Haviland, D. ed. American Institute of Architects. *Handbook of Professional Practice.* Washington, DC: American Institute of Architects, 1994.

Heath, T.F. "Second Generation Design Methods and Architectural Practice." *DMG-DRS Journal,* July-September, 1972, pp. 91–98.

Heinlein, R. *Stranger in a Strange Land.* New York: Putnam, 1961.

Hempel, C.G. *Philosophy of Natural Science.* Englewood Cliffs, NJ: Prentice Hall, 1966.

Hershberger, R. "Toward a Set of Semantic Scales to Measure the Meaning of Architectural Environments." In W. Mitchell, ed. *Environmental Design: Research and Practice.* Los Angeles, CA: Regents of the University of California, 1972.

———. "Values: A Theoretical Foundation for Architectural Programming." In Preiser, W. ed. *Programming the Built Environment.* New York: Van Nostrand Reinhold, 1985.

Herzog, E. *Some Guidelines for Evaluative Research.* Washington, DC: U.S. Department of Health, Education and Welfare, Social and Rehabilitation Service, 1959.

Hodnett, E. *The Art of Problem Solving.* New York: Harper and Brothers, 1955.

Horowitz, H. "The Program's the Thing." *American Institute of Architects Journal,* May, 1967, pp. 94–100.

Hunsacker, P., and A. Alessandra. *The Art of Managing People.* Englewood Cliffs, NJ: Prentice Hall, 1980.

Hunt, W.D., ed. *Comprehensive Architectural Services: General Principles and Practice.* New York: McGraw-Hill, 1965.

Illich, I. *Tools for Conviviality.* New York: Harper and Row, 1973.

Ittelson, W.H., et al. "The Use of Behavioral Maps in Environmental Psychology." In H.M. Proshansky et al., eds. *Environmental Psychology.* New York: Holt, Rinehart and Winston, pp. 658–668.

Jacobson, M. "Interview with Christopher Alexander by Max Jacobson." *DMG Newsletter,* March, 1971, pp. 3–7.

———. "Max Jacobson Interviews Christopher Alexander." *Architectural Digest,* December, 1971, p. 768.

John-Steiner *Notebooks of the Mind: Explorations of Thinking.* Albuquerque, NM: University of New Mexico Press, 1985.

Jones, J.C. "Automation and Design." *Design,* Nos. 103, 104, 106, 108, 110, 1957–1958.

———. "A Systematic Design Method." *Design,* No. 124, 1959, pp. 49–51.

———. "A Method of Systematic Design." In J.C. Jones and D.G. Thornley, eds. *Conference on Design Methods.* London: Pergamon; New York: Macmillan, 1963, pp. 53–73.

———. "Systematic Design Methods and the Building Design Process." In *Proceedings of CIB Congress: Towards Industrialized Building.* London: Elsevier. Reprinted in *Architects' Journal,* Vol. 145, 1965.

———. "Design Methods Compared: 1. Strategies, 2. Tactics." *Design,* Part 1, No. 212, August, 1966, pp. 32–35; Part 2, No. 213, September, 1966, pp. 46–52.

———. "Design Methods Reviewed." In S.A. Gregory, ed. *The Design Method.* London: Butterworths; New York: Plenum Press, 1966, pp. 295–309.

———. "The Designing of Man-Machine Systems." In W.T. Whitfield, R.S. Easterby, and D.C. Whitfield, eds. *The Human Operator in Complex Systems.* London: Taylor and Francis. Reprinted in *Ergonomics,* Vol. 10, 1967.

———. "Traditional and Modern Design Methods." *Ark* (Royal College of Art, London), Summer, 1967.

———. "A Credible Future for Urban Traffic." In *Proceedings of the First European Conference on Technological Forecasting.* Edinburgh: Edinburgh University Press, 1969.

———. *Design Methods.* New York: John Wiley, 1980.

Jones, J.C., R.J. Talbot, and C.A. Goodwin, eds. *Design Research Reports.* Manchester: Department of Building, Manchester Institute of Science and Technology, Manchester, England, 1967.

Jones, J.C., and D.G. Thornley, eds. *Conference on Design Methods.* London: Pergamon; New York: Macmillan, 1963.

Journal of Architectural Education, Vol. 33, No. 1, September, 1979.

Kant, I. *Foundations of the Metaphysics of Morals,* or *Grundlegung zur Metaphysik der Sitten. English,* translated by T.K. Abbott. Buffalo, NY: Prometheus Books, 1988.

Kantrowitz, M. "Demystifying Social Science Research: A Handbook for Environmental Designers." Masters thesis, University of New Mexico, 1976.

Kepes, G. *The Man Made Object.* New York: Braziller, 1966.

Kiersey, D. and M. Bates. *Please Understand Me: Character and Temperament Types.* Del Mar, CA: Prometheus Nemesis, 1984.

King, J. "User Requirements and Performance Design." B.E. Foster, ed. *Performance Concepts in Buildings,* Washington, DC: U.S. Government Printing Office, 1972.

Kirk, S. *Creative Design Decisions: A systematic Approach to Problem Solving in Architecture.* New York: Van Nostrand Reinhold, 1988.

Kliment, S.A. *Creative Communications for a Successful Design Practice.* New York: Whitney Library of Design, 1977.

Koberg, D., and J. Bagnall. *Values Tech.* Los Altos, CA: William Kaufmann, 1976.

———. *The Universal Traveler,* rev. ed. Los Altos, CA: Crisp Publications, 1991.

Kuhn, T. *The Structure of Scientific Revolutions.* Chicago: University of Chicago Press, 1970.

Kumlin, R. *Architectural Programming: Creative Techniques for Design Professionals.* New York: McGraw-Hill, 1995.

Landau, R. "Complexity and Complexing." *Architectural Design,* October, 1972, pp. 608–610.

Lang, J., C. Burnette, W. Moleski, and D. Vaihon, eds. *Designing for Human Behavior: Architecture and Behavioral Sciences.* Stroudsburg, PA: Dowden, Hutchinson and Ross, 1974.

Laseau, P. *Graphic Thinking for Architects and Designers.* New York: Van Nostrand Reinhold, 1980.

Laszlo, E. *The Systems View of the World.* New York: Braziller, 1972.

Lawson, B. *How Designers Think.* London: Architectural Press, 1980.

Lee, K., R. Chalmers, and G. Genova. "Computer-Aided Facilities Programming in Environmental Design Education and Research." In Preiser, ed. *Facility Programming: Methods and Applications.* Stroudsburg, PA: Dowden, Hutchinson & Ross, 1978.

Lindzey, G., and D. Byrne. "Measurement of Social Choice and Interpersonal Attractiveness." In Lindzey, G. and Aronson, E. eds. *The Handbook of Social Psychology,* 2d ed., Vol. 2. Reading, MA: Addison-Wesley, 1968.

Lofland, J. *Analyzing Social Settings.* Belmont, CA: Wadsworth, 1971.

Lombard, F. "An Organized Process for Programming—Application to the Centre Beaubourg." *Industrialized Forum,* Vol. 5, No. 5, 1974, pp. 31–38.

Lynch, K. *Image of the City.* Cambridge: MIT Press, 1960.

Lynch, K., and G. Hack. *Site Planning,* 3d ed. Cambridge: MIT Press, 1984.

McHarg, I. *Design with Nature.* New York: John Wiley and Sons, 1992.

McLaughlin, H. "Programming." In R. Class and R. Koehler, eds. *Current Techniques in Architectural Practice.* Washington, DC: American Institute of Architects, 1976.

———. "Programming, Predilections, and Design." *Architectural Record,* January, 1979, pp. 69–71.

McLuhan, M. *Understanding Media: The Extensions of Man.* New York: McGraw-Hill; also London: Routledge and Kegan Paul, 1964; Cambridge: MIT Press, 1994.

Mann, T. "Play Ibis: A Design Game Based upon the Argumentative Model of Design." *DMG-DRS Journal,* October-December, 1972, pp. 161–165.

Mann, T., and R. Bender, "The Complementary Use of Research and Negotiations with Users in the Development of Performance Standards." in Foster, B. ed. *Performance Concept in Buildings.* National Bureau of Standards Special Publications 361, Vol. 1. Washington, DC: U.S. Government Printing Office, 1972, pp. 93–99.

Marcus, C.C., and W. Sarkissian. *Housing as If People Mattered: Site Design Guidelines for Medium-Density Family Housing.* Berkeley and Los Angeles, CA: University of California Press, 1975.

Markus, T., et al. *Building Performance.* London: Halsted Press, 1972.

Marti, M., Jr. *Space Operational Analysis.* West Lafayette, Indiana, PDA Publishers, 1981.

Maslow, A.H. *The Psychology of Science.* New York: Harper and Row, 1966.

Mattox, R.F., et al. *Computer Aided Campus Planning for Colleges and Universities.* Houston: Caudill Rowlett Scott, 1976.

Mazria, E. *The Passive Solar Energy Book.* Emmaus, PA: Rodale Press, 1979.

Means, R.S. *Square Foot Cost Data and Building Construction Cost Data,* 100 Construction Plaza, P.O. Box 800, Kingston, MA 02364-0800. Issued annually.

Mendoza, G. *The World From My Window,* New York: Hawthorn Books, 1969.

Merton, R. M. Fiske, and P. Kendall. *The Focused Interview.* Glencoe, IL: Free Press, 1956.

Mesarovic, M.D. *Views on General Systems Theory.* New York: John Wiley & Sons, 1964.

Miller, G. "The Magical Number Seven, Plus or Minus Two: Some Limits on Our Capacity for Processing Information." In D. Beardslee and M. Hertheimer, eds. *Readings in Perception.* New York: Van Nostrand, 1958.

Minor, H. "Body Ritual Among the Nacirema," *American Anthropologist,* Vol. 58, 1956, pp. 503–507.

Mitchell, J.C. *Social Networks in Urban Situations.* Manchester, England: Manchester University Press, 1969.

Moleski, W.H. "Behavioral Analysis and Environmental Programming for Office Settings." In J. Lang et al., eds. *Designing for Human Behavior.* Stroudsburg, PA: Dowden, Hutchinson and Ross, 1974.

———. "Environmental Programming for Human Needs." In W.F.E. Preiser. *Facility Programming: New Concepts and Directions.* Stroudsburg, PA: Dowden, Hutchinson and Ross, 1977.

Moore, G.T., ed. *Emerging Methods in Environmental Design and Planning.* Cambridge: MIT Press, 1970.

Morris Dixon, John, ed. " 'I'm an Architecture.' Kids, Parents, Faculty, and Administration Were Involved in the Design of a New School in Columbus, Indiana," in *Progressive Architecture,* May, 1974, p. 84.

Napier, R., and M. Gershenfeld. *Groups: Theory and Experience.* Boston: Houghton Mifflin, 1973.

National Bureau Of Standards. *Performance Specifications for Office Buildings.* Washington, DC: U.S. Government Printing Office, 1971.

Norberg-Schulz, C. *Intentions in Architecture.* Cambridge: MIT Press, 1965.

Norman, D. *The Psychology of Everyday Things.* New York: Basic Books, 1988.

Ohlsen, M. *Group Counseling.* New York: Holt, Rinehart and Winston, 1970.

Oppenheim, A.M. *Questionnaire Design and Attitude Measure.* New York: Basic Books, 1966.

Osborn, A.F. *Applied Imagination Principles and Procedures of Creative Problem Solving.* New York: Scribners, 1963.

Osgood, C.E., G.J. Suci, and P. Tannenbaum. *The Measurement of Meaning.* Urbana, IL: University of Illinois Press, 1957.

Ostrander, E.R. "Environmental Analysis in Design." *Human Ecology,* Autumn, 1972, pp. 1–4.

Ouye, J.A. *"A Building Planning Information System." DMG-DRS Journal,* April-June, 1974, pp. 90–98.

Palmer, M. *The Architect's Guide to Facility Programming.* Washington, DC: American Institute of Architects Press, New York: Architectural Record Books, 1981.

Parnes, S.J. *Creative Behavior Guidebook.* New York: Scribners, 1967.

Patton, R.R., and K. Griffin. *Problem Solving Group Interaction.* New York: Harper and Row, 1973.

Payne, S.L. *The Art of Asking Questions.* Princeton, NJ: Princeton University Press, 1951.

Pelz, D. "What It Takes to Make a Problem Solver Productive." *Innovation,* No. 9, 1970, pp. 2–12.

Peña, W.M. "People and Program: Background for the Architect." *The National Elementary Principal,* Vol. 33, No. 1, September, 1959.

———. "Organizing for Programming." *Building Research.* April-June, 1969.

———. "Analysis of Values." Unpublished draft copied at CRS, Houston, Texas.

———. *Problem Seeking: An Architectural Programming Primer.* Washington, DC: American Institute of Architects Press, 1987.

Peña, W.M., and W.W. Caudill, "Architectural Analysis: Prelude to Good Design." *Architectural Record,* May, 1959, pp. 178–182.

Peña, W.M., and J. Focke, *Problem Seeking.* Houston: Caudill Rowlett Scott, 1969.

———. "Performance Requirements of Buildings and the Whole Problem." In B.E. Foster, ed. *Performance Concepts in Buildings,* Washington, DC: U.S. Government Printing Office, 1972.

———. "Programming: Analysis as Prelude to Design Synthesis." *Architectural Record,* October, 1975, p. 65.

Peña, W.M., and L. Good, "Architectural Programming." *Junior College Journal,* October, 1967, pp. 34–37.

Perin, C. *With Man in Mind: An Interdisciplinary Prospectus for Environmental Design.* Cambridge: MIT Press, 1970.

Perrow, C. *Organizational Analysis: A Sociological View.* Belmont, CA: Wadsworth Publishing Co., 1970.

Petronis, J. "Facilitating Architectural Design: An Analysis of Selected Approaches to Architectural Programming." Master's thesis, University of New Mexico, 1977. Photocopied.

———. "Facilities Planning on a Large Scale: New Mexico State Police Facilities Master Plan." In Preiser, W.F.E., ed. *Programming the Built Environment.* New York: Van Nostrand Reinhold, 1985.

Petronis, J., L. Kline, and R. Pugh. "Programming Across Culture: A Cultural Food Preparation Center for Cochiti Indian Pueblo." In Preiser, W.F.E., ed. *Facility Programming: New Concepts and Direction.* Stroudsburg, PA: Dowden Hutchinson and Ross, 1978.

Pevsner, N. *A History of Building Types.* Princeton, NJ: Princeton University Press, 1976.

Pino, A. "Towards a New Paradigm in Architecture." *DMG-DRS Journal,* January-March, 1974, pp. 3–11.

Pirsig, R.M. *Zen and the Art of Motorcycle Maintenance.* New York: Bantam Books, 1974.

Poincare, H. "Mathematical Creation." in *The Creative Process—A Symposium,* B. Ghiselin, ed. New York: Mentor Publishing, the New American Library, 1952.

Polya, B. *How to Solve It,* 2d ed. Garden City, New York: Doubleday Anchor, 1957.

Popper, K.R. *The Logic of Scientific Discovery.* London: Hutchinson, 1959.

Preiser, W.F.E. "Verbalized User Response and the Building Performance Concept: A Case Study in University Residence Hall Evaluation" and "Application of Unobtrusive Observation Techniques in Building Performance Appraisal." In B.E. Foster, ed. *Performance Concept in Buildings.* Washington, DC: U.S. Government Printing Office, 1972.

———. *Programming for Habitability.* Champaign, IL: University of Illinois, 1975.

———. "Manifesto: Needed Directions in Environmental Design." In W.F.E. Preiser, ed. *Psyche and Design.* Orangeburg, NY: Association for the Study of Man-Environment Relations, 1976.

———. *Psyche and Design.* Urbana-Champaign, IL: University of Illinois, 1976.

———. "Programming of User-Oriented Facilities." in P. Suedfeld et al. eds. *The Behavioral Basis of Design, EDRA 7 Proceedings.* Vol. 2 Stroudsburg, PA: Dowden, Hutchinson and Ross, 1977.

———. *Professional Practice in Facility Programming.* New York: Van Nostrand Reinhold, 1993.

———. *Programming the Built Environment.* New York: Van Nostsrand Reinhold, 1985.

———. *Building Evaluation.* New York: Plenum Press, 1989.

Preiser, W.F.E. ed. *Facility Programming: Methods and Applications.* Stroudsburg, PA: Dowden, Hutchinson and Ross, 1978.

Preiser, W.F.E., and I. Vigil. "Towards an Activation Process Model." In W.F.E. Preiser, ed. *Building Evaluation,* New York: Plenum Press, 1989.

Proshansky, H.M. "Environmental Psychology and Design Professions." In J. Lang et al., eds. *Designing for Human Behavior.* Stroudsburg, PA: Dowden, Hutchinson and Ross, 1974.

Proshansky, H.M., W.H. Ittelson, and L.G. Rivlin, eds. *Environmental Psychology: Man and His Physical Setting.* New York: Holt, Rinehart and Winston, 1970.

Protzen, J.P. "The Poverty of the Pattern Language." *DMG Journal,* Vol. 12, No. 314, September-December, 1978, pp. 191–194.

Rainwater, L. *Behind Ghetto Walls: Black Families in a Federal Slum.* Chicago: Aldine Publishing Co, 1970.

Rapoport, A. *House Form and Culture.* Englewood Cliffs, NJ: Prentice Hall, 1969.

Ramsey, C., and Sleeper, H. *Architectural Graphic Standards,* 8th ed. J. Hoke, ed. New York: John Wiley and Sons, 1988.

Richardson, S. "The Value of a Program to the Architect." *Building Research,* April, 1969, pp. 40–42.

Rittel, H.W.J. *The Universe of Design.* Berkeley: Institute of Urban and Regional Development, University of California, 1966.

———. *Measuring the Performance of Buildings.* Washington, DC: Institute for Applied Technology, National Bureau of Standards, 1968.

———. "Some Principles for the Design of an Educational System for Design: Part I." *DMG Newsletter,* December, 1970, pp. 3–10.

———. "Some Principles for the Design of an Educational System for Design: Part II." *DMG Newsletter,* January, 1971. pp. 2–11.

———. "Son of Rittel Think." *DMG Fifth Anniversary Report.* Berkeley: University of California Press, January, 1972.

———. "Dilemma in a General Theory of Planning." *DMG-DRS Journal,* Vol. 8, No. 1, January, 1974.

Rittel, H.W.J., and M. Webber. "Dilemmas in a General Theory of Planning." Working Paper No. 194. Berkeley: Institute of Urban and Regional Development, University of California, 1972.

Robinette, G. *Plants, People, and Environmental Quality.* Washington, DC: U.S. Department of the Interior, National Park Service, 1972.

Robinson, I.M. "A Simulation Model for Renewal Programming." *American Institute of Planners Journal,* May, 1965.

Rossetti, L. "Building Programming." In W.D. Hunt, Jr., ed. *Comprehensive Architectural Services: General Principles and Practice.* New York: McGraw-Hill, 1965.

Rothwell, D. "Cognitive Mapping of the Home Environment." In P. Suedfeld et al., eds. *The Behavioral Basis of Design, EDRA 7 Proceedings,* Stroudsburg, PA: Dowden, Hutchinson and Ross, 1977.

Rowe, P. "A Question of Architecture, A Matter of Style." *Architctural Design,* August, 1972, p. 466.

———. "A Priori Knowledge and Heuristic Reasoning in Architectural Design." *Journal of Architectural Education,* Washington DC: Association of Collegiate Schools of Architecture, 1982, pp. 18–23.

———. *Design Thinking.* Cambridge: MIT Press, 1987.

Royal Institute of British Architects. *Handbook of Architectural Practice and Management.* London: Royal Institute of British Architects, 1967.

Rubenstein, H.M. *A Guide to Site and Environmental Planning.* New York: John Wiley & Sons, 1969.

Sanoff, H. *Techniques of Evaluation for Designers.* School of Design, N.C. State University.

———. *Methods of Architectural Programming.* Stroudsburg, PA: Dowden, Hutchinson and Ross, 1977.

———. *Design Games.* Los Altos, CA: W. Kaufmann, 1979.

———. "Designing a Senior Center." In W. Preiser, ed. *Programming the Built Environment.* New York: Van Nostrand Reinhold, 1985.

Seaton, R. "Research for Building Program." *Building Research,* April, 1969, pp. 36–39.

Sherman, D.R. "Building Programming at Wayne State University." *Building Research,* April, 1969, pp. 22–25.

Silverstein, M. *Pattern Language Report.* Berkeley: Center for Environmental Structure, 1969.

Silverstein, M., and M. Jacobson. "Restructuring the Hidden Program: Toward an Architecture of Social Change." In W.F.E. Preiser, ed. *Programming the Built Environment.* New York: Van Nostrand Reinhold, 1985.

Simon, H.A. *The Sciences of the Artificial.* Cambridge: MIT Press, 1969.

———. *Models of Man.* New York: John Wiley & Sons, 1957.

Simonds, J. *Landscape Architecture,* New York: McGraw-Hill, 1983.

Sloan, S. "Clerks and People." *Ekistics,* November, 1972, pp. 359–366.

Soen, D. "Physical Environment and Human Behavior." *The Canadian Architect,* May, 1974, pp. 44–46.

Sommer, R., *Personal Space: The Behavioral Basis of Design.* Englewood Cliffs, NJ: Prentice Hall, 1969.

———. *Tight Spaces and How to Humanize Them.* Englewood Cliffs, NJ: Prentice Hall, 1974.

Spicer, E., *Human Problems in Technological Change, A Casebook.* New York: Russell Sage Foundation, 1952.

Spivak, M. "Archetypal Place." *Architectural Forum.* Vol. 139, No. 3, October, 1973, pp. 44–49.

Spradley, J.P., and M.A. Rynkiewich. *The Nacirema.* Boston: Little, Brown, 1975.

Steele, F. *Physical Settings and Organization Development.* Reading, MA: Addison-Wesley, 1973.

Steiner, G.A., ed. *The Creative Organization.* Chicago: University of Chicago Press, 1965.

Stribbing, L.S. *A Modern Introduction to Logic.* New York: Harper and Row, 1961.

Studer, R.G. "On Environmental Programming." *Arena: The Architectural Association Journal,* May, 1966.

Studer, R.G., and D. Stea, "Architectural Programming, Environmental Design and Human Behavior." *Journal of Social Issues,* Vol. 22, No. 4, October, 1966, pp. 127–136.

Swinburne, H.H. "Change is the Challenge." *American Institute of Architects Journal,* May, 1967, pp. 83–90.

Task Force on Facility Programming. *1978 Facility Programming: Emerging Techniques in Architectural Practice.* Washington, DC: American Institute of Architects, 1978.

Taylor, C.W., and F. Barron, eds. *Scientific Creativity.* New York: John Wiley & Sons, 1963.

Taylor, I.A. "The Nature of the Creative Process." In P. Smith, ed. *Creativity: An Examination of the Creative Process.* New York: Hastings House, 1959.

Texas A & M University Research Center. *Environmental Criteria: MR Preschool Daycare Facilities.* College Station, Texas: Texas A & M College of Architecture and Environmental Design, n.d.

Tribus, M. "The Power of Uncertainty in Organizations." *Innovation,* No. 14, 1970, pp. 2–10.

Tschumi, B. "Architecture and Limits, Part I." *Artforum.* December, 1980, p. 45 ff.

———. "Architecture and Limits, Part II." *Artforum.* March, 1981, p. 45 ff.

———. "Architecture and Limits, Part III." *Artforum.* September, 1981. p. 40 ff.

———. "Violence of Architecture." *Artforum,* September, 1981. p. 44 ff.

———. *Cinégramme Folie: Le Parc de La Villette,* Princeton, NJ: Princeton Architectural Press, 1987.

———. "Winners in the 1989 Shikenchiku Residential Design Competition—Theme: Disprogramming," *Japan Architect.* March 1990, p. 9 ff.

———. *Architecture and Disjunction.* Cambridge, MIT Press, 1994.

Tufte, E. *The Visual Display of Quantitative Information.* Cheshire, CT: Graphic Press, 1983.

———. *Envisioning Information.* Cheshire, CT: Graphic Press, 1990.

———. *Visual Explanations: Images and Quantities, Evidence and Narrative.* Cheshire, CT: Graphic Press, 1997.

Turbayne, C.M. *The Myth of Metaphor.* Columbia, SC: University of South Carolina Press, 1970.

Turner, G.E. "Toward the Creation of a Format for Architectural Programming." Paper distributed at AR/9, the Annual AIA Research Conference. Chicago, IL, November 17, 1972.

———. *Architectural Building Programming: An Annotated Bibliography.* Council of Planning Librarian Exchange. Bibliography #384, April, 1973.

Turner, J.F.C., and R. Richter. *Freedom to Build.* New York: Macmillan, 1972.

Van Der Ryn, S., and M. Silverstein. *Dorms at Berkeley.* Berkeley: Center of Planning and Development Research, 1967.

Von Fange, E.K. *Professional Creativity.* Englewood Cliffs, NJ: Prentice Hall, 1959.

Vargiu, J.G. "The Creative Act." *Fields Within Fields,* Vol. 5, No. 1, 1972, pp. 64–65.

Wachs, M., and J.L. Schoffer. "Abstract Values and Concrete Highways." *Traffic Quarterly,* Vol. 13, No. 1, January, 1969, pp. 133–156.

Wade, J.W. *Architecture, Problems, and Purposes: Architectural Design as a Basic Problem-Solving Process.* New York: John Wiley & Sons, 1977.

Wallas, B. *The Art of Thought.* New York: Harcourt, Brace, 1926.

Warwick, D.P., and C.A. Lininger. *The Sample Survey: Theory and Practice.* New York: McGraw-Hill, 1975.

Webb, E., D.T. Campbell, R.D. Schwartz, L. Sechrest. *Unobtrusive Measures.* New York: Rand McNally, 1966.

Weick, K. "Systematic Observational Methods." In G. Lindsey and E. Aronson, eds. *Handbook of Social Psychology,* Vol. 2. Reading, MA: Addison-Wesley, 1968. pp. 357–451.

Wertheimer, M. *Productive Thinking,* rev. ed. New York: Harper and Row, 1959.

Wheeler, C.H., and B.H. Evans. *Emerging Techniques 2: Architectural Programming.* Washington, DC: American Institute of Architects, 1969.

Wheeler, L., and E.H. Miller. "Human Factors Analysis." In W.D. Hunt, Jr., ed. *Comprehensive Architectural Services: General Principles and Practice.* New York: McGraw-Hill, 1965.

Whiffen, M., ed. *The History, Theory and Criticism of Architecture.* Cambridge: MIT Press, 1965.

White, E.T. *Introduction to Architectural Programming.* Tucson, AZ: Architectural Media, 1972.

———. *Site Analysis.* Tucson, AZ: Architectural Media, 1983.

———. *Space Adjacency Analysis: Diagramming Information for Architectural Design.* Tucson, AZ: Architectural Media, 1986.

———. *Programming, Post-Occupancy Evaluation and the Financial Success of the Architect.* Tucson, AZ: Architectural Media, 1988.

———. *Interviews with Architects About Facility Programming.* Tucson, AZ: Architectural Media, 1991.

———. *Project Programming: A Growing Architectural Service.* Tucson, AZ: Architectural Media, 1991.

———. *Learning Decision-Making for the Building Process.* Tallahassee, FL: Florida A&M University, n.d.

———. *Teaching Architectural Programming.* Tallahassee, FL: Florida A&M University, n.d.

———. *The Value of Post Occupancy Evaluation to the Architect in Government.* Tallahassee, FL: Florida A&M University, n.d.

Whiting, B., and J. Whiting. "Methods for Observing and Recording Behavior." In R. Narool and R. Cohen, eds. *Handbook of Methods in Cultural Anthropology.* Garden City, NY: Natural History Press, 1970, pp. 282–315.

Wright, J.R. "Performance Criteria in Buildings." *Scientific American,* Vol. 224, No. 3, 1971, pp. 17–25.

Zeisel, J. *Sociology and Architecture.* New York: Russel Sage Foundation, 1975.

———. *Inquiry by Design.* Monterey, CA: Brooks/Cole, 1981.

Zeisel, J., et al. "Technical Handbook for Design Programming," *Building Diagnostics,* Vol. 1, 1982, Cambridge, MA.

———. "Administrative Handbook for Design Programming," *Building Diagnostics,* Vol 2, 1982, Cambridge, MA.

Zevi, B. "History as a Method of Teaching Architecture." In M. Whiffen, ed. *The History, Theory and Criticism of Architecture.* Cambridge: MIT Press, 1965.

ILLUSTRATION CREDITS

GRAPHICS

Architectural Research Consultants, Inc.
Figures and Text: Case Studies #2 & #4
figures 2.12 and 6.10

Boston Redevelopment Authority
Figure 1.4

Cherry/See Architects
Figures 1.1, 1.2, 1.6–1.8, 2.2, 2.3, 2.5–2.11, 2.13, 3.3–3.5, 4.3–5.5, 6.1–6.3, 6.5–6.8, 6.11–6.27, 6.29–6.34a, 6.35–6.40, 6.43, 6.44, 7.1–7.34, 7.38–7.40, 8.1–8.6, 8.8–8.13, 8.16–10.2, 10.4–11.3.

Edward Mazria, AIA
Figure 6.34b

United Feature Syndicate, Inc
Figure 2.1 DILBERT cartoon

PHOTOS

Edith Cherry, FAIA
Figures 2.4, 3.1, 3.2, 3.7, 4.1, 4.2, 5.6, 6.4, 6.9b, 10.3.

D. James See, AIA
Figures 1.3, 3.6, 6.4, 6.9a, 6.28, 8.7.

| 옮긴이 |

김 수 인(siakim@chosun.ac.kr)

공학박사 金秀璘은 교수이며 한국건축가이다. 字 一謀, 雅號 坨舌, 堂號는 慧山堂이다.

- 학력–조선대학교 건축공학과 공학사 동 대학원에서 건축학석사 취득–건축계획전공 한양대학교 대학원 건축공학 박사 학위취득–건축계획전공
- 경력–육군중위 전역, 한국건축설계연구소, 조선대학교 병설 공업전문대학 조교수, 2009년 현재 조선대학교 공과대학 건축학부 교수로 재직하고 있다.
- 강의–4년제 건축공학과 : 건축설계, 건축계획, 주택 · 주택 · 학교를 강의, 5년제 건축학 : 건축설계, 건축프로그래밍, 건축행태론 강의, 대학원 : 건축계획이론, 건축계획결정법, 주택설계연구, 건축생물학, BAUBIOLOGY 건축.
- 학회활동 및 연구–대한건축학회 광주전남지회장, 대한건축학회 전국지회연합회장, 한국건축가협회 광주전남지회장, 대한건축학회 부회장을 역임했고, 대한건축학회 종신회원, 한국교육시설학회 종신회원, 한국생태건축학회 정회원, 한국주거학회 정회원, 일본건축학회 정회원, 일본의료복지협회 회원으로 활동했다.
- 건축연구 분야–주거시설, 교육시설, 의료 · 복지시설, 노인과 아동을 대상으로 연구. 동지나 권역의 주거건축과 중국 동부 3성의 조선족 도시와 농촌주거실태를 실측조사 연구했다. 최근에는 새생명건축에 몰두하고 있다.
- 저술–설계결정론(공역), 건축디자인원점(역서), 건축설계계획노트가 있다. 지금은 "坨舌宅術"을 집필 중

건축설계 프로그래밍

Programming for Design

2009년 12월 5일 1판 1쇄 인쇄
2009년 12월 10일 1판 1쇄 발행

저 자	Edith Cherry, FAIA
옮긴이	김 수 인
발행인	강 해 작
발행처	기 문 당
주 소	서울시 성동구 공명길 39(왕십리동 966-22)
전 화	02)2295-6171(代)~5
팩 스	02)2296-8188
출판등록	1976. 10. 7(1-44)
홈페이지	http://기문당 http://www.kimoondang.com
I S B N	978-89-6225-189-0 93540
정 가	22,000원